Christian Solmecke, Jürgen Taeger, Thorsten Feldmann (Hrsg.)

Mobile Apps

De Gruyter Praxishandbuch

Mobile Apps

Rechtsfragen und rechtliche Rahmenbedingungen

Herausgegeben von
Christian Solmecke, LL.M., Rechtsanwalt, Partner, Wilde Beuger Solmecke Rechtsanwälte, Köln
Prof. Dr. iur. **Jürgen Taeger**, Carl von Ossietzky Universität Oldenburg
Thorsten Feldmann, LL.M., Rechtsanwalt und Fachanwalt für Urheber- und Medienrecht, Partner, JBB Rechtsanwälte, Berlin

Bearbeitet von
Christian Denker, M.Sc., 2denker GmbH, Köln; Dr. phil.-nat. **Marcus Denker**, 2denker GmbH, Köln; Dr. iur. **Tim Engelhardt**, LL.M., Rechtsanwalt und Attorney at Law, JBB Rechtsanwälte, Berlin; **Norbert Hartl**, 2denker GmbH, Köln; Dipl.-Finanzwirt Dr. iur. **Carsten Höink**, Rechtsanwalt und Steuerberater, AWB Steuerberatungsgesellschaft mbH, Münster; Dr. iur. **Ansgar Koreng**, Rechtsanwalt, JBB Rechtsanwälte, Berlin; **Kilian Kost**, Rechtsanwalt, Wilde Beuger Solmecke Rechtsanwälte, Köln; **Matthias Lachenmann**, Rechtsanwalt, Kanzlei Lachenmann, Paderborn; **Christian Solmecke**, LL.M., Rechtsanwalt, Partner, Wilde Beuger Solmecke Rechtsanwälte, Köln; Prof. Dr. iur. **Jürgen Taeger**, Carl von Ossietzky Universität Oldenburg; Dr. iur. **Markus Wiedemann**, Rechtsanwalt und Fachanwalt für Gewerblichen Rechtsschutz, Zirngibl Langwieser Rechtsanwälte, Berlin

DE GRUYTER

Zitiervorschlag: Solmecke/Taeger/Feldmann/*Bearbeiter*, Kap. 3 Rn 25.

Hinweis:
Alle Angaben in diesem Werk sind nach bestem Wissen unter Anwendung aller gebotenen Sorgfalt erstellt worden. Trotzdem kann von dem Verlag und den Autoren keine Haftung für etwaige Fehler übernommen werden.

ISBN 978-3-11-030480-0
e-ISBN 978-3-11-030503-6

Bibliografische Information der Deutschen Nationalbibliothek
Die Deutsche Nationalbibliothek verzeichnet diese Publikation in der Deutschen Nationalbibliografie; detaillierte bibliografische Daten sind im Internet über http://dnb.d-nb.de abrufbar.

Einbandabbildung: iStockphoto
Datenkonvertierung/Satz: jürgen ullrich typosatz, 86720 Nördlingen
Druck: Hubert & Co. GmbH & Co. KG, Göttingen
♾ Gedruckt auf säurefreiem Papier
Printed in Germany

www.degruyter.com

Vorwort

Kaum eine neue Technologie hat in den letzten Jahren die Phantasien der Medienwirtschaft in vergleichbarer Weise beflügelt wie die Entwicklung hin zum mobilen Internet. Während das „klassische" stationäre Internet in den vergangenen Jahren mehr und mehr wegen der dort angeblich vorherrschenden Kostenlos-Mentalität in die Kritik geriet, hat die Technologiebranche neue Plattformen entwickelt, die als geschlossene Systeme den Vertrieb kostenpflichtiger Dienste sowohl für Anbieter als auch für Nutzer so anwenderfreundlich machen, dass die Bezahlung der Leistungen eine scheinbar nur geringe Hürde für den Nutzer darstellt. Insbesondere die Medienbranche setzt mit Recht große Hoffnungen in die Welt der Apps, die einen neuen Markt für den bezahlten Vertrieb von digitalem Content verheißt. Als die „Rettung der Verlagsindustrie" etwa bezeichnete Mathias Döpfner, der Vorstandsvorsitzende der Axel Springer AG, schon 2010 das damals von Apple neu vorgestellte iPad. Doch nicht nur die Verlage setzten und setzen große Hoffnungen in diese neue Technologie – Mobilität, Lokalisierbarkeit und das mit den mobilen Geräten verbundene „always on" ermöglichen völlig neue Anwendungen. Ganze Branchen entwickeln sich in dem App-Biotop der unterschiedlichen Plattformbetreiber von Grund auf neu. Von einer regelrechten „App-Economy" ist die Rede. Noch steht das mobile Internet erst am Anfang. Technologien wie die im Aufstreben begriffene LTE-Datenübertragung werden die Durchsetzung des mobilen Internets beschleunigen. Viele bekannte Startups gründen ihren Erfolg auf einer App, und noch mehr möchten diese Erfolge nachahmen: Eine regelrechte Aufbruchstimmung ist zu spüren.

Dementsprechend hoch ist auch der Beratungsbedarf. Denn wie jede neue Technologie bringt auch die Welt der mobilen Apps zunächst einmal eine Reihe von Unsicherheiten mit sich. Welcher regulatorische Rahmen gilt für Apps? Was ist bei der Entwicklung zu beachten, was bei ihrem Vertrieb? Welche Anforderungen stellt der Verbraucherschutz an das Angebot von Apps, welche der Jugendschutz? Vom Steuer- und Datenschutzrecht ganz zu schweigen.

Der Ratgeber, den Sie gerade in den Händen halten, möchte Ihnen Antworten auf viele Ihrer Fragen liefern und Ihnen ein zuverlässiger Wegbegleiter durch die Welt der Apps sein – von der Idee bis zum Verkauf und darüber hinaus. Es richtet sich an alle, die Apps entwickeln, vertreiben und gestalten möchten, vor allem natürlich an Inhouse-Juristen, Rechtsanwälte und Steuerberater, die im Medien- und IT-Recht beratend tätig sind. Die Autoren dieses Buches sind Juristen, die sich als Praktiker und Rechtswissenschaftler im Schwerpunkt mit den von ihnen bearbeiteten Rechtsgebieten befassen und aus ihrer täglichen eigenen Praxis wissen, welche Fragen Ihnen wichtig sind und wo die Tücken sowie Schwerpunkte bei der Beratung in den jeweiligen Bereichen liegen. Durch Muster, Praxistipps und Checklisten ist gewährleistet, dass Sie keinen wesentlichen Punkt übersehen werden.

Die Herausgeber danken den Autoren für ihr großes Engagement bei der Erstellung dieses Werkes. Für Anregungen und Kritik sind wir stets offen und dankbar.

Sie erreichen uns unter:

Christian Solmecke – solmecke@wbs-law.de

Jürgen Taeger – j.taeger@uni-oldenburg.de

Thorsten Feldmann – feldmann@jbb.de

Köln/Oldenburg/Berlin, im Juni 2013
Christian Solmecke, Jürgen Taeger, Thorsten Feldmann

Inhaltsübersicht

Inhaltsverzeichnis

[redacted]

Abkürzungsverzeichnis

3D	dreidimensional
Abs.	Absatz
Abschn.	Abschnitt
AG	Arbeitsgericht
ABl.	Amtsblatt
a.E.	am Ende
a.F.	alte Fassung
AGB	Allgemeine Geschäftsbedingungen
Alt.	Alternative
Anm.	Anmerkung
AO	Abgabenordnung
API	application programming interface
App	Applikation bzw. Application software
BBSLA	BlackBerry Software-Lizenzvereinbarung
BDSG	Bundesdatenschutzgesetz
BeckRS	Beck-Rechtsprechung
Beschl.	Beschluss
BfDI	Bundesbeauftragte für den Datenschutz und die Informationsfreiheit
BFH	Bundesfinanzhof
BGB	Bürgerliches Gesetzbuch
BGBl.	Bundesgesetzblatt
BGH	Bundesgerichtshof
BNetzA	Bundesnetzagentur
BT-Drucks.	Bundestags-Drucksache
BVerfG	Bundesverfassungsgericht
BYOD	Bring your own device
CA	Kalifornien
CD-ROM	Compact Disc Read-Only Memory
CI	Continuous Integration
CR	Computer und Recht (Zeitschrift)
CRM	Customer Relationship Management
d.h.	das heißt
DB	Der Betrieb (Zeitschrift)
DDA	Developer Distribution Agreement
DVD	Digital Versatile/Video Disc
DMCA	Digital Millennium Copyright Act
DStR	Deutsches Steuerrecht
DuD	Datenschutz und Datensichersicherheit (Zeitschrift)
D-U-N-S	Data Universal Numbering System
€	Euro
EG	Europäische Gemeinschaft
EGBGB	Einführungsgesetz zum Bürgerlichen Gesetzbuch

EG-DSRl	Europäische Datenschutzrichtlinie
EG-RL	Richtlinie der Europäischen Gemeinschaft
EGL	Ergänzungslieferung
engl.	englisch
EnZW	Zeitschrift für das gesamte Recht der Energiewirtschaft
etc.	et cetera
EU	Europäische Union
EU-DSGVO-E	EU-Datenschutz-Grundverordnung
EuGH	Europäischer Gerichtshof
EuGVO	Verordnung über die gerichtliche Zuständigkeit und die Anerkennung und Vollstreckung von Entscheidungen in Zivil- und Handelssachen
EULA	End User License Agreement
EuVTVO	Verordnung zur Einführung eines europäischen Vollstreckungstitels für unbestrittene Forderungen
EWR	Europäischer Wirtschaftsraum
f./ff.	folgende/fortfolgende
FAQ	Frequently Asked Questions
FernUSG	Fernunterrichtsgesetz
Fn	Fußnote
FOSS	Freie und Open Source Software
FSF	Free Software Foundation
FSM	Freiwillige Selbstkontrolle Multimedia
gem.	gemäß
GEMA	Gesellschaft für musikalische Aufführungs- und mechanische Vervielfältigungsrechte
GewO	Gewerbeordnung
GG	Grundgesetz
GNU/GNU GPL	General Public License
GPS	Global Positioning System
grds.	grundsätzlich
GRUR	Deutsche Vereinigung für gewerblichen Rechtsschutz und Urheberrecht
GRUR-Int.	Gewerblicher Rechtsschutz und Urheberrecht, Internationaler Teil
GRUR-Prax	Gewerblicher Rechtsschutz und Urheberrecht, Praxis im Immaterialgüter- und Wettbewerbsrecht
GRUR-RR	Gewerblicher Rechtsschutz und Urheberrecht, Rechtsprechungs-Report
GVG	Gerichtsverfassungsgesetz
h.M.	herrschende Meinung
HGB	Handelsgesetzbuch
Hs.	Halbsatz
HWG	Heilmittelwerbegesetz
i.S.d./v.	im Sinne des/von
i.V.m.	in Verbindung mit
iDPLA	iPhone/iPad Developer Program License Agreement
ifrOSS	Instituts für Rechtsfragen der Freien und Open Source
Inc.	Incorporated

inkl. MwSt.	inklusive Mehrwertsteuer
iOS	Standard-Betriebssystem der Apple-Produkte
IP	Internetprotokoll
IStR	Internationales Steuerrecht (Zeitschrift)
IT	Informationstechnik
ITRB	Der IT-Rechtsberater (Zeitschrift)
JMStV	Jugendmedienschutz-Staatsvertrag
jurisPR-ITR	juris PraxisReport IT-Recht
JurPC	Internet Zeitschrift für Rechtsinformatik und Informationsrecht
JuSchG	Jugendschutzgesetz
K & R	Kommunikation & Recht (Zeitschrift)
KG	Kammergericht
KJM	Kommission für Jugendmedienschutz
KunstUrhG	Gesetz betreffend das Urheberrecht an Werken der bildenden Künste und der Photographie
LAN	Local Area Network
LG	Landgericht
LGVÜ	Lugano Vollstreckungsübereinkommen
lit.	litera (= Buchstabe)
LMK	Landeszentrale für Medien und Kommunikation
LOC	Library of Congress
Ltd.	Limited
m. Anm.	mit Anmerkung
m. zust. Anm.	mit zustimmender Anmerkung
m.w.N.	mit weiteren Nachweisen
MAC	Apple Macintosh Computer
MDStV	Staatsvertrag über Mediendienste
MFM	Mittelstandsgemeinschaft Foto-Marketing
Mio.	Million
MMR	MultiMedia und Recht (Zeitschrift)
MMR-Aktuell	Newsletter zur Zeitschrift MultiMedia und Recht
Mrd.	Milliarde
MwSt-DVO	Mehrwertsteuerdurchführungsverordnung
MwStSystRL	Mehrwertsteuersystemrichtlinie
n.F.	neue Fassung
n.v.	nicht veröffentlicht
NJ	Neue Justiz (Zeitschrift)
NJOZ	Neue Juristische Online-Zeitschrift
NJW	Neue Juristische Wochenschrift (Zeitschrift)
NJW-RR	Neue Juristische Wochenschrift, Rechtsprechungs-Report
nPA	Neuer Personalausweis
Nr.	Nummer
NWB	Neue Wirtschaftsbriefe (Zeitschrift)

o.ä.	oder ähnliches
o.g.	oben genannt/e/s
OLG	Oberlandesgericht
openJur	freie juristische Datenbank
OTA	over the air
PAngV	Preisangabenverordnung
PC	Personal Computer
PDA	Personal Digital Assistant
PW	Passwort
RIM	Research In Motion
RIW	Recht der internationalen Wirtschaft (Zeitschrift)
RL	Richtlinie
Rn	Randnummer
Rspr.	Rechtsprechung
RStV	Rundfunkstaatsvertrag
S.; s.	Seite; siehe
s.o.	siehe oben
SAP	Systemanalyse und Programmentwicklung, Unternehmen
SDK	Software Development Kit
Slg.	Sammlung
SMS	Short Message Service
sog.	sogenannt/e
SSL	Secure Sockets Layer (Transport Layer Security)
st. Rspr.	ständige Rechtsprechung
StGB	Strafgesetzbuch
TCP/IP	Transmission Control Protocol/Internet Protocol
TK	Telekommunikation
TKG	Telekommunikationsgesetz
TKGuaÄndG	Gesetz zur Änderung telekommunikationsrechtlicher Regelungen
TMG	Telemediengesetz
TÜV	Technischer Überwachungsverein
u.a.	unter anderem
u.U.	unter Umständen
u.v.m	und vieles mehr
UDID	Unique Device Identification Number
UGP-RL	EU-Richtlinie über unlautere Geschäftspraktiken
UKlaG	Unterlassungsklagengesetz
UPR	Urheberpersönlichkeitsrecht
UrhG	Gesetz über Urheberrecht und verwandte Schutzrechte
URL	Uniform Resource Locator
Urt.	Urteil
US-$	US-Dollar
UStAE	Umsatzsteuer-Anwendungserlass
UStG	Umsatzsteuergesetz

USt-IdNr.	Umsatzsteueridentifikationsnummer
usw.	und so weiter
UWG	Gesetz gegen den unlauteren Wettbewerb
VerbKrG	Verbraucherkreditgesetz
VG	Verwaltungsgericht
vgl.	vergleiche
VO	Verordnung
VoIP	Voice over Internet Protocol
vs.	versus
VPN	Virtual Private Network
vzbv	Verbraucherzentrale Bundesverband
WahrnG	Urheberrechtswahrnehmungsgesetz
Web-Dok.	Internet Dokument
WIPO	World Intellectual Property Organization
WLAN	Wireless Local Area Network
WM	Wertpapier-Mitteilungen (Zeitschrift)
WRP	Wettbewerb in Recht und Praxis (Zeitschrift)
z.B.	zum Beispiel
ZD	Zeitschrift für Datenschutz
Ziff.	Ziffer
ZIP	Zeitschrift für Wirtschaftsrecht
ZPO	Zivilprozessordnung
ZUM	Zeitschrift für Urheber- und Medienrecht
ZUM-RD	Zeitschrift für Urheber- und Medienrecht – Rechtsprechungsdienst
zust.	zustimmen(d)

[redacted]

Literaturverzeichnis

Anderson, Chris, How today's smartest businesses profit by giving something for nothing, New York 2010 (zit.: *Anderson*)
Arndt, Hans-Wolfgang/Fetzer, Thomas/Scherer, Joachim, Telekommunikationsgesetz, Kommentar, Berlin 2008 (zit.: Arndt/Fetzer/Scherer/*Bearbeiter*)
Auer-Reinsdorff, Astrid/Conrad, Isabell, Beck'sches Mandatshandbuch IT-Recht, München 2011 (zit.: Auer-Reinsdorff/Conrad/*Bearbeiter*)
Baumgartner, Ulrich/Ewald, Konstantin, Apps und Recht, München 2013 (zit.: *Baumgartner/Ewald*)
Beck, Kent, Test Driven Development: By Example, Amsterdam 2002 (zit.: *Beck*)
Billmeier, Eva, Die Düsseldorfer Sperrungsverfügung, Münster 2007 (zit.: *Billmeier*)
Birkenfeld, Wolfram/Wäger, Christoph, Das große Umsatzsteuer-Handbuch, 60. EGL, Köln 2012 (zit.: Birkenfeld/Wäger/*Bearbeiter*)
Bunjes, Johann/Geist, Reinhold, Umsatzsteuergesetz UStG, Kommentar, 11. Aufl., München 2012 (zit.: Bunjes/Geist/*Bearbeiter*)
Clark, Josh, Tapworthy: Designing Great iPhone Apps, Sebastopol 2010 (zit.: *Clark*)
Comer, Douglas, Computernetzwerke und Internets, 3. Aufl., Amsterdam 2004 (zit.: *Comer*)
Conway, Joe/Hillegass, Aaron, iOS Programming: The Big Nerd Ranch Guide, 3. Aufl., Amsterdam 2012 (zit.: *Conway/Hillegass*)
Dreier, Thomas/Schulze, Gernot, Urheberrechtsgesetz, 3. Aufl., München 2008 (zit.: Dreier/Schulze/*Bearbeiter*)
Dwivedi, Himanshu/Clark, Chris/Thiel, David, Mobile Application Security, Worcester 2010 (zit.: *Dwivedi/Clark/Thiel*)
Fezer, Karl-Heinz, Markenrecht, 4. Aufl., München 2009 (zit.: *Fezer*)
Freeman, Steve/Pryce, Nat, Growing Object-Oriented Software, Guided by Tests, Amsterdam 2009 (zit.: *Freeman/Pryce*)
Gola, Peter/Schomerus, Ulrich, BDSG Bundesdatenschutzgesetz, Kommentar, 11. Aufl., München 2012 (zit.: Gola/Schumerus/*Bearbeiter*)
Grönemeyer, Tim, Die Einwilligung im Beschäftigtendatenschutz, Edewecht 2012 (zit.: *Grönemeyer*)
Hafner, Katie/Lyon, Matthew, ARPA KADABRA oder Die Anfänge des Internets, 3. Aufl., Heidelberg 2008 (zit.: *Hafner/Lyon*)
Hahn, Werner/Vesting,Thomas, Beck'scher Kommentar zum Rundfunkrecht, 3. Aufl., München 2012 (zit.: Hahn/Vesting/*Bearbeiter*)
Härting, Niko, Internetrecht, 4. Aufl., Köln 2010 (zit.: *Härting*)
Hartmann, Alfred/Metzenmacher, Wilhelm, Umsatzsteuergesetz, Loseblatt, 7. Aufl., Berlin 2012 (zit.: Hartmann/Metzenmacher/*Bearbeiter, UStG*)
Heidrich, Jörg/Forgó, Nikolaus/Feldmann, Thorsten, Heise Online-Recht, Der Leitfaden für Praktiker und Juristen, Loseblatt, 3. EGL, Hannover 2011 (zit.: Heidrich/Forgó/Feldmann/*Bearbeiter*)
Hiltzik, Michael A., Dealers of Lightning: Xerox PARC and the Dawn of the Computer Age, New York 2000 (zit.: *Hiltzik*)
Hoeren, Thomas/Sieber, Ulrich/Holznagel, Bernd, Handbuch Multimedia-Recht, 33. EGL, München 2012 (zit.: Hoeren/Sieber/Holznagel/*Bearbeiter*)
Hoffmann-Becking, Michael/Rawert, Peter, Beck'sches Formularbuch Bürgerliches, Handels- und Wirtschaftsrecht, 11. Aufl., München 2013 (zit.: Hoffmann-Becking/Rawert/*Bearbeiter*)
Hoober, Steven/Berkman, Eric, Designing Mobile Interfaces, Sebastopol 2011 (zit.: *Hoober/Berkman*)
Ingerl, Reinhard/Rohnke, Christian, Markengesetz, 3. Aufl., München 2010 (zit.: *Ingerl/Rohnke*)
Jaeger, Till/Metzger, Axel, Open Source Software, 3. Aufl., München 2011 (zit.: *Jaeger/Metzger*)
Jakob, Wolfgang, Umsatzsteuer, Lehrbuch, 4. Aufl., München 2009 (zit.: *Jakob*)

Jauernig, Othmar, Bürgerliches Gesetzbuch, 14. Aufl., München 2011 (zit.: Jauernig/*Bearbeiter*)
Kempen, Bernhard/Hillgruber, Christian, Völkerrecht, 2. Aufl., München 2012 (zit.: *Kempen/Hillgruber*)
Kilian, Wolfgang/Heussen, Benno, Computerrechts-Handbuch, 30. EGL, München 2011 (zit.: Kilian/Heussen/*Bearbeiter*)
Köhler, Helmut/Bornkamm, Joachim, Gesetz gegen den unlauteren Wettbewerb, 30. Aufl., München 2012 (zit.: *Köhler/Bornkamm*)
Koreng, Ansgar, Zensur im Internet. Der verfassungsrechtliche Schutz der digitalen Massenkommunikation, Baden-Baden 2010 (zit.: *Koreng*)
Kreutzer, Till, Verbraucherschutz bei digitalen Medien, Berlin *2007* (zit.: *Kreutzer*)
Krüger, Wolfgang/Rauscher, Thomas, Münchener Kommentar, Zivilprozessordnung, 4. Aufl., München 2013 (zit.: MüKo-ZPO, *Bearbeiter*)
Leupold, Andreas/Glossner, Silke, Münchener Anwaltshandbuch IT-Recht, 2. Aufl., München 2011 (zit.: Leupold/Glossner/*Bearbeiter*)
Liesching, Marc/Schuster, Susanne, Jugendschutzrecht, 5. Aufl., München 2011 (zit.: *Liesching/Schuster*)
Lippross, Otto-Gerd/Janzen, Hans-Georg, Umsatzsteuerrecht 2013, Stuttgart 2012 (zit.: *Lippross*/Janzen/Bearbeiter)
Loewenheim, Ulrich, Handbuch des Urheberrechts, 2. Aufl., München 2010 (zit.: Loewenheim/*Bearbeiter*)
Marly, Jochen, Praxishandbuch Softwarerecht, 5. Aufl., München 2009 (zit.: *Marly*)
Möhring, Philipp/Nicolini, Käte, Urheberrechtsgesetz, 2. Aufl., München 2000 (zit.: *Möhring/Nicolini*)
Moritz, Hans-Werner/Dreier, Thomas, Rechts-Handbuch zum E-Commerce, 2. Aufl., Köln 2005 (zit.: *Moritz/Dreier*)
Münchener Kommentar zum Bürgerlichen Gesetzbuch, Band 10, 5. Aufl., München 2010 (zit.: MüKo-RomI/*Bearbeiter*)
Münchener Kommentar zum Bürgerlichen Gesetzbuch, Band 2, 6. Aufl., München 2012 (zit.: MüKo-BGB/*Bearbeiter*)
Münchener Kommentar zum Handelsgesetzbuch, Band 4, 2. Aufl., München 2007 (zit.: MüKo-HGB/*Bearbeiter*)
Oelschlägel, Kay/Scholz, Jochen, Handbuch Versandhandelsrecht, Köln 2013 (zit.: Oelschlägel/Scholz/*Bearbeiter*)
Offerhaus, Klaus/Söhn, Hartmut/Lange, Hans-Friedrich, Umsatzsteuer Kommentar, 256. EGL, Heidelberg 2012 (zit.: Offerhaus/Söhn/Lange/*Bearbeiter*)
Palandt, Otto, Bürgerliches Gesetzbuch, Kommentar, 71. Aufl., München 2012 (zit.: Palandt/*Bearbeiter*)
Peter, Karl/Burhoff, Arnim/Stöcker, Ernst-Erhard, Umsatzsteuer-Kommentar, 101. EGL, Herne 2012 (zit.: Peter/Burhoff/Stöcker/*Bearbeiter*)
Pieroth, Bodo/Schlink, Bernhard/Kniesel, Michael, Polizei- und Ordnungsrecht, 6. Aufl., München 2010 (zit.: *Pieroth/Schlink/Kniesel*)
Piper, Henning/Ohly, Ansgar/Sosnitza, Olaf, Gesetz gegen den unlauteren Wettbewerb, 5. Aufl., München 2010 (zit.: *Piper/Ohly/Sosnitza*)
Plath, Kai-Uwe, Bundesdatenschutzgesetz BDSG, Köln 2013 (zit.: Plath/*Bearbeiter*)
Rau, Günter/Dürrwächter, Erich, Kommentar zum Umsatzsteuergesetz, 152. EGL, Köln 2012 (zit.: Rau/Dürrwächter/*Bearbeiter*)
Redeker, Helmut, Handbuch der IT-Verträge, Loseblatt, 24. EGL, Köln 2012 (zit.: Redeker/*Bearbeiter*)
Redeker, Helmut, IT-Recht, 5. Aufl., München 2012 (zit.: *Redeker*)

Reiß, Wolfang/Kraeusel, Jörg/Langer, Michael, Kommentar zum Umsatzsteuergesetz, Loseblatt, 102. EGL, Bonn 2012 (zit.: Reiß/Kraeusel/Langer/*Bearbeiter*)

Sauter, Martin, Grundkurs Mobile Kommunikationssysteme – UMTS, HSDPA und LTE, GSM, GPRS und Wireless LAN, 4. Aufl., Wiesbaden 2011 (zit.: *Sauter*)

Schmeh, Klaus, Kryptografie: Verfahren, Protokolle, Infrastrukturen, 4. Aufl., Heidelberg 2009 (zit.: *Schmeh*)

Schönke, Adolf/Schröder, Horst, Strafgesetzbuch StGB, 28. Aufl., München 2010 (zit.: Schönke/Schröder/*Bearbeiter*)

Schricker, Gerhard/Loewenheim, Ulrich, Urheberrecht, Kommentar, 4. Aufl., München 2010 (zit.: Schricker/Loewenheim/*Bearbeiter*)

Simitis, Spiros, Bundesdatenschutzgesetz, 7. Aufl., Baden-Baden 2011 (zit.: Simitis/*Bearbeiter*)

Soergel, Theodor, Bürgerliches Gesetzbuch mit Einführungsgesetz und Nebengesetzen, 13. Aufl., Stuttgart 2001 (zit.: Soergel/*Bearbeiter*)

Sölch, Otto/Ringleb, Karl, Umsatzsteuergesetz, Kommentar, Loseblatt, 68. EGL, München 2012 (zit.: Sölch/Ringleb/*Bearbeiter*)

Spindler, Gerald/Schuster, Fabian, Recht der elektronischen Medien, 2. Aufl., München 2011 (zit.: Spindler/Schuster/*Bearbeiter*)

Staudinger, Julius von, Kommentar zum Bürgerlichen Gesetzbuch, 16. Aufl., Berlin 2012 (zit.: Staudinger/*Bearbeiter*)

Taeger, Jürgen, Die Welt im Netz – Folgen für Wirtschaft und Gesellschaft, Tagungsband DSRI-Herbstakademie, Edewecht 2011 (zit.: *Bearbeiter* in: Taeger, Die Welt im Netz, 2011)

Taeger, Jürgen, Digitale Evolution – Herausforderungen für das Informations- und Medienrecht, Tagungsband DSRI-Herbstakademie, Edewecht 2010 (zit.: *Bearbeiter* in: Taeger, Digitale Evolution, 2010)

Taeger, Jürgen, IT und Internet – mit Recht gestalten, Tagungsband DSRI-Herbstakademie, Edewecht 2012 (zit.: *Bearbeiter* in: Taeger, IT und Internet – mit Recht gestalten, 2012)

Taeger, Jürgen/Gabel, Detlev, Kommentar zum BDSG und zu den Datenschutzvorschriften des TKG und TMG, Frankfurt a.M. 2010 (zit.: Taeger/Gabel/*Bearbeiter*)

Taeger, Jürgen/Wiebe, Andreas, Von AdWords bis Social Networks – Neue Entwicklungen im Informationsrecht, Tagungsband DSRI-Herbstakademie, Edewecht 2008 (zit.: *Bearbeiter* in: Taeger/Wiebe, Von AdWords bis Social Networks, 2008)

Teplitzky, Otto, Wettbewerbsrechtliche Ansprüche und Verfahren, 10. Aufl., Köln 2011 (zit.: *Teplitzky*)

Vogel, Alfred/Schwarz, Bernhard, Kommentar zum Umsatzsteuergesetz, 164. EGL, Freiburg 2012 (zit.: Vogel/Schwarz/*Bearbeiter*)

Wandtke, Axel/Bullinger, Winfried, Praxiskommentar zum Urheberrecht, 3. Aufl., München 2009 (zit.: Wandtke/Bullinger/*Bearbeiter*)

Westphalen, Friedrich Graf von/Thüsing, Georg, Vertragsrecht und AGB-Klauselwerke, Loseblatt, 32. EGL, München 2012 (zit.: v. Westphalen/Thüsing/*Bearbeiter*)

[redacted]

Bearbeiterverzeichnis

Christian Denker, Jg. 1981; Studium der Ingenieurwissenschaften an der Universität Siegen und der Fachhochschule Köln, Master of Science. Gründer und geschäftsführender Gesellschafter der 2denker GmbH. Schwerpunkt Mobile Application Development.

Marcus Denker, Dr. phil.-nat., Jg. 1975; Studium der Informatik an der Universität Karlsruhe. Promotion an der Universität Bern/Schweiz. 2009 Postdoc an der Universität Chile. Gründer und Gesellschafter der 2denker GmbH sowie Forscher und permanentes Mitglied der Forschungsgruppe RMoD am staatlichen französischen Forschungsinstitut Inria. Bei Inria ist er maßgeblich an der Entwicklung des Pharao Programmiersystems beteiligt, das von 2denker eingesetzt wird.

Tim Engelhardt, Dr. iur., Jg. 1974; Studium der Rechtswissenschaften in Berlin und München. LL.M. an der Columbia Law School in New York mit anschließender Zulassung zur Anwaltschaft in New York. Promotion an der Universität Zürich. Rechtsanwalt bei JBB Rechtsanwälte in Berlin mit Spezialisierung auf den IT-Sektor und Fragen Freier und Open Source Software.

Thorsten Feldmann, Jg. 1971; seit 2001 Partner der Berliner Sozietät JBB Rechtsanwälte (www.jbb.de). Er berät große und mittelständische Unternehmen, vor allem Verlage und andere Medienhäuser, in den Bereichen TMG, IT und Datenschutz. Studium der Rechtswissenschaft an der Universität des Saarlandes, Saarbrücken, und an der Universität zu Köln. Erstes Staatsexamen 1995. LL.M. an der University of California at Los Angeles (UCLA) 1996. Seit dem Jahre 2000 Rechtsanwalt, seit 2009 Fachanwalt für Urheber- und Medienrecht.

Norbert Hartl, Jg. 1970; seit den frühen 90er Jahren im Bereich Internet, Software-Entwicklung und Open Source tätig. Gesellschafter und Geschäftsführer der 2denker GmbH. Schwerpunkt Backends und Software-Workflows.

Carsten Höink, Dr. iur., Jg. 1974; Rechtsanwalt, Steuerberater, Dipl. Finanzwirt ist Geschäftsführer der auf die Beratung in den Bereichen Umsatzsteuer, Zoll und Exportkontrolle spezialisierten AWB Steuerberatungsgesellschaft mbH sowie der AWB Wolffgang & Harksen Rechtsanwaltsgesellschaft mbH mit Sitz in Münster/München. Dr. Höink widmet sich schwerpunktmäßig den Fragen des Verbrauch- und Verkehrsteuerrechts, insbesondere der Umsatzsteuer im Bereich des grenzüberschreitenden Waren- und Dienstleistungsverkehrs sowie der Umsatzsteuer bei Bank- und Finanzdienstleistungen. Er ist Mitautor im Umsatzsteuerkommentar Offerhaus/Söhn/Lange und Einkommensteuerkommentar Kirchhof/Söhn/Mellinghaus; zudem ist er Autor und Dozent bei diversen Seminaranbietern zu Fragen des Umsatzsteuerrechts, Gastdozent an der Bundesfinanzakademie, Brühl und Lehrbeauftragter an der Westfälischen Wilhelms-Universität zu Münster.

Ansgar Koreng, Dr. iur., Jg. 1982; Studium der Rechtswissenschaften in Leipzig und Rom. Danach wissenschaftlicher Mitarbeiter am Institut für Rundfunkrecht der Universität Leipzig, dort Promotion bei Prof. Dr. Degenhart mit einer Arbeit zum Thema „Zensur im Internet". Referendariat in Berlin. Seit 2011 bei JBB Rechtsanwälte tätig mit den Schwerpunkten Medienrecht, Urheberrecht, IT-Recht.

Kilian Kost, Jg. 1980; Studium der Rechtswissenschaften an der Universität zu Köln, Rechtsanwalt der Medienrechtskanzlei WILDE BEUGER SOLMECKE mit Schwerpunkt im Internet- und Wettbewerbsrecht.

Matthias Lachenmann, Jg. 1982; Studium der Rechtswissenschaften an der Universität Augsburg; Referendariat in Frankfurt a.M. und Mailand; Doktorand an der Carl von Ossietzky Universität Oldenburg. Tätigkeit bei dem App-Entwickler Pretty Digits Legal und selbstständiger Rechtsanwalt mit den Schwerpunkten IP, IT und Datenschutz.

Christian Solmecke, Jg. 1973; Rechtsanwalt und Partner der Kölner Medienrechtskanzlei WILDE BEUGER SOLMECKE hat sich auf die Beratung der IT- und Internetbranche spezialisiert. Neben seiner Kanzleitätigkeit ist er Lehrbeauftragter der Fachhochschule Köln für Social Media und Recht sowie Geschäftsführer des Deutschen Instituts für Kommunikation und Recht im Internet an der Cologne Business School. Vor seiner Tätigkeit als Anwalt hat er über 10 Jahre als Reporter für den WDR gearbeitet. RA Solmecke betreut zahlreiche App-Entwickler und hat mit dem PocketAnwalt selbst eine sehr erfolgreiche App in die App Stores gebracht.

Jürgen Taeger, Univ.-Prof., Dr. iur., Jg. 1954; Lehrstuhl für Bürgerliches Recht, Handels- und Wirtschaftsrecht sowie Rechtsinformatik, Direktor des Instituts für Rechtswissenschaften an der Carl von Ossietzky Universität Oldenburg, Leiter des berufsbegleitenden weiterbildenden Studiengangs ‚Informationsrecht, LL.M.' an der Universität Oldenburg, Vorsitzender des Vorstands der Deutschen Stiftung für Recht und Informatik (DSRI).

Markus Wiedemann, Dr. iur., Jg. 1976; Studium der Rechtswissenschaften und Promotion an der Universität Regensburg zu dem Thema „Lizenzen und Lizenzverträge in der Insolvenz", mehrjähriger wissenschaftlicher Mitarbeiter am Lehrstuhl Prof. Dr. Dr. h.c. Peter Gottwald, Lehrstuhl für Bürgerliches Recht, Verfahrensrecht und internationales Privatrecht, seit 2005 Rechtsanwalt, seit 2013 bei ZIRNGIBL LANGWIESER Rechtsanwälte (www.zl-legal.de) forensisch und beratend tätig mit den Schwerpunkten Wettbewerbsrecht, Urheber- und Markenrecht sowie Recht der Allgemeinen Geschäftsbedingungen. Fachanwalt für Gewerblichen Rechtsschutz seit 2013.

Kapitel 1
Apps

A. Entwicklung des Mobile Internet und der Smartphones

I. Der Computer wird mobil

Die Vision eines portablen Computers ist fast so alt wie die Idee des persönlichen Computers selbst. Bereits Ende der 1960er Jahre zeichnete der Informatiker **Alan Kay** ein erstaunlich genaues Bild eines tragbaren Tablet-Computers in seiner Vision des „Dynabook". 1

Alan Kay arbeitete in einem Forschungszentrum der Firma Xerox, das in den 1970er Jahren viele der heute in allen Computern verwendeten Technologien entwickelte, z.B. Ethernet Netzwerk Technologie, Laserdrucker, graphische Benutzeroberfläche und darauf basierende Programme (z.B. Textverarbeitung).[1] 2

Die Vision des **Dynabook** war mehr als nur die der Technik eines Geräts. Grundlage war ein portabler Computer in Tablet-Form mit graphischer Oberfläche und drahtlosem Netzwerk. Zielgruppe waren Kinder, für die es eine neue Art Medium werden sollte: ein Buch, das aber auch die Erstellung von Simulationen und damit einen konstruktivistischen Lernansatz unterstützt. Aus heutiger Sicht ist zum einen erstaunlich, wie stark die Dynabook-Vision von der Form und Technik her modernen **Tablet-Computern** gleicht, zum anderen aber auch, dass die Idee des konstruktivistischen Mediums verlorengegangen ist. 3

Bis diese frühen Visionen Realität würden, sollte es noch eine ganze Weile dauern. IBM, Apple und andere frühe Pioniere realisierten die Idee des Persönlichen (Desktop-)Computers in den 1980er Jahren. 4

Erste mobile PC/Laptops wurden parallel entwickelt, aber erst in den 1990er Jahren war die Technologie weit genug entwickelt, dass **Laptops** eine echte Alternative zu den stationären PCs darstellten. Bei der Firma **Apple** machen heute Laptops einen großen Teil des Umsatzes aus.[2] 5

Von der Idee bis zur Herstellung moderner Smartphones bzw. Tablet-Computer waren Fortschritte in vielen Bereichen nötig: Batterien, Bildschirme, energieeffiziente Prozessoren und nicht zuletzt die Entwicklungen im Mobiltelefon-Bereich. 6

1 Vgl. dazu *Hiltzik*, S. 163.
2 Apple Reports Fourth Quarter Results, Oktober 2012, abrufbar unter: http://www.apple.com/pr/library/2012/10/25Apple-Reports-Fourth-Quarter-Results.html.

II. Datennetze: Internet und Mobilfunk

7 Grundlage der Smartphone-Revolution sind überall verfügbare **drahtlose Datennetze**, die eine Anbindung an das Internet ermöglichen. Beide Entwicklungen fanden parallel statt: zum einen wurde Technologie geschaffen, die drahtloses Telefonieren[3] ermöglichte, zum anderen entwickelte sich die Datenkommunikation zwischen Computern. Die Vernetzung von (Groß-)Computern wurde im wissenschaftlichen Bereich schon seit Ende der 1960er Jahre in der Praxis eingesetzt.[4] Im PC-Umfeld begann **lokale Vernetzung** (LAN) zum lokalen Datenaustausch Ende der 1980er Jahre. Mit den Internet-Technologien (TCP/IP) setzt sich in den 1990er Jahren ein Standard durch.[5]

III. Entwicklung des Smartphone: Konvergenz der Technologie

8 Die 1990er Jahre brachten einige Vorgängertechnologien hervor, die später im Smartphone aufgehen sollten.

1. PDA

9 Der **PDA** (Personal Digital Assistent) ist ein handliches, tragbares Endgerät, das die typischen Anwendungen abdeckt, die man unterwegs benötigt: Kalender, Notizbuch sowie Telefonbuch. Zusatzprogramme waren später verfügbar, aber durch die sehr eingeschränkten Plattformen aufwändig zu entwickeln und teuer.

2. Feature Phone

10 Das **Feature Phone** ist ein drahtloses Telefon, das direkt vom Hersteller mit einem umfangreichen, aber festen Funktionsumfang ausgestattet ist. Zusatzprogramme können geladen werden; diese stehen aber nicht im Zentrum der Plattform. Meist sind Zusatzprogramme mit anderen Entwicklerwerkzeugen zu erstellen (z.B. Java Mobile), die stark eingeschränkt sind. Ein **App Store-Konzept** gab es nicht und Programme sind nicht einfach zu erstellen. Der Umfang der Features wird vom Anbieter oder häufig von Netzbetreiber kontrolliert.

11 Der aktuelle Stand in der Entwicklung der mobilen Endgeräte, d.h. Smartphone und Tablet, ist als das Produkt der **Konvergenz** mehrerer Technologien zu sehen:

---

3 Siehe dazu *Sauter*, Kap. 1.

4 *Hafner/Lyon/Lyon*.

5 Dazu *Comer*.

- PC: Der Computer wird persönlich.
- PDA: Ein elektronischer Assistent.
- Netzwerk/Internet: Alle Geräte sprechen die gleiche Sprache.
- Drahtlose Datennetze aus dem Mobilfunk: Netzwerk ist immer verfügbar.

3. Zukünftige Entwicklung

Die Entwicklung ist natürlich nicht beendet. Ganz im Gegenteil sehen wir eine extreme Beschleunigung. Sowohl die Nutzungszahlen als auch Investitionen weisen extreme Steigerungsraten auf. Die Grundlagentechnologien werden weiterentwickelt. Beispiele sind der **Mobilfunk der 4. Generation** oder die außerordentliche Steigerung der Rechenleistung von Mobilprozessoren (64 Bit Multicore und Integration moderner 3D-Graphik-Technologien).[6] 12

Dies führt zu einer Dynamik, die sich z.B. in der Veränderung der Marktanteile widerspiegelt. Mit **Apple** und **Google** gibt es zurzeit zwei große Anbieter, die den Markt der Plattformen dominieren (iOS und Android). Aber neue Marktteilnehmer kommen hinzu **(Windows Phone)**; in der Vergangenheit sehr erfolgreiche Firmen haben hingegen große Probleme **(RIM, Nokia)**. Eine interessante Frage ist die nach dem Einfluss von Mobile Computing auf dem traditionellen Desktop-Computer. Wird der Personal Computer komplett im Mobile Computing aufgehen? 13

IV. Apps und Applikationen

Grundsätzlich sind Apps nichts anderes als Applikationen, wie sie schon lange auf jeder Computerplattform existieren – vom Laptop bis zum Großrechner. Mit der Kurzform „App" werden heute meist Applikationen in Verbindung gebracht, die auf **mobilen Endgeräten** verwendet werden. Anfänglich waren dies im Vergleich zu herkömmlichen Applikationen sehr reduzierte, eher einfache Programme. Aktuelle Apps, vor allem für Tablets mit größerem Bildschirm und großer Rechenleistung, sind aber von einer vergleichbaren internen Komplexität wie ihre Desktop-Versionen. 14

Zunehmend wird der Begriff App daher einfach zum Synonym für eine Applikation, die ohne großen Aufwand direkt von einem **zentralen Marktplatz** installiert wird. Apple hat das App-Konzept erfolgreich auf sein Desktopbetriebssystem übertragen. Im Folgenden konzentrieren wir uns auf Apps im Sinne von mobilen Applikationen. 15

---

6 Ericsson Mobility Report 2012, abrufbar unter: http://www.ericsson.com/ericsson-mobility-report.

B. Typische Anwendungsbereiche von Apps

I. Der Ersatz für andere Geräte

16 Als Steve Jobs im Jahre 2007 das erste iPhone der Öffentlichkeit vorstellte, tat er dies mit den Worten:

> *„Heute werden wir Ihnen drei revolutionäre Produkte vorstellen. Erstens ein iPod mit extra großem Multitouch-Display, zweitens ein neuartiges Gerät, um das Internet zu bedienen, und ein Mobiltelefon.“*[7]

Mittlerweile kann ein modernes Smartphone weit mehr Geräte ersetzen: Digitalkameras, Navigationssysteme, Taschenlampen, Spielekonsolen, Apps zum Scannen und Faxen von Dokumenten oder Taschenrechner sind nur einige Beispiele hierfür. Zunehmend werden **Smartphones** durch Firmen als zentrales Element in ihre Produkte integriert. So kann ein iPhone mithilfe eines kleinen Adapters zu einem vollwertigen Blutzuckermessgerät erweitert werden, Flugdrohnen fernsteuern oder die heimische Musikanlage bedienen.

II. Die Bibliothek in der Tasche

17 Sowohl Mobiltelefone als auch die Tablet-Computer eignen sich für den Konsum von **Medien** verschiedener Art. Das Telefon ist mittlerweile ständiger Begleiter im Alltag und erlaubt so, auch kurze Zeiten des Wartens zum Lesen zu nutzen. **E-Books** und Magazine sind ein schnell wachsender Markt;[8] Magazine und Bücher können auf einem Gerät in großer Zahl mitgeführt werden. Somit muss auch im Urlaub nicht auf den heimischen Bücherschrank verzichtet werden. Zudem entfällt der Weg in den Buchladen. Bücher können bequem von unterwegs gekauft und geladen werden.

III. Das Universelle Internet Interface

18 Mit einem modernen Smartphone und einem möglichst schnellen Datentarif bekommt das Internet Taschenformat. Neben einem mobilen Webbrowser, der auf den meisten Smartphones installiert ist, stehen auch viele Apps mit dem Internet in

---

7 Apple Keynote 2007, abrufbar unter: http://www.youtube.com/watch?v=t4OEsI0Sc_s.

8 Vgl. *Brühl*, in: Süddeutsche.de v. 4.6.2012, abrufbar unter: http://www.sueddeutsche.de/wirtschaft/e-books-im-aufschwung-der-geist-in-der-maschine-1.1371461.

mehr oder weniger regem Austausch. Apps können so zu spezialisierten Schnittstellen zu bestehenden Diensten wie z.B. Wettervorhersagen oder Aktienkursen werden. Solche kleinen Apps mit überschaubarem Funktionsumfang legen den Fokus oftmals auf möglichst **intuitive Interaktion** von Mensch und Maschine.

Zweifelsohne kann der Nutzer mit einem Internetbrowser die Website eines 19
Wetterdienstes ansteuern, um sich das aktuelle Wetter für einen bestimmten Ort anzeigen zu lassen. Eine App kann dies mit nur einem Klick für den Nutzer erledigen und die Inhalte für das **Endgerät optimiert darstellen**. Aus dieser Vereinfachung der Interaktion und Präsentation kann ein Mehrwert für den Nutzer entstehen.

Der Ansatz des **Universellen Interfaces** findet sich auch in geschäftlichen An- 20
wendungsbereichen wieder. So können durch Apps bestehende IT-Systeme eines Unternehmens auf Tablets und Smartphones genutzt werden. Der Blick in das Warenwirtschaftssystem des Unternehmens ist somit auch von unterwegs möglich.

IV. App und Service Interaktion

Weitere Anwendungsbereiche erschließen sich aus der Betrachtung auf die Interak- 21
tion von Apps mit sog. **Services** verschiedener Unternehmen. Ob Facebook, Twitter oder Google – viele Firmen bieten die Möglichkeit, ihre Dienste über definierte Schnittstellen zu benutzen. Neben einer Twitter-App, mit der ein Nutzer Tweets lesen und erzeugen kann, können Drittanbieter verschiedene Dienste kombinieren und beispielsweise Tweets in der Umgebung in einer Karte von Google anzeigen.

C. Vertriebsphilosophie von Apple und Google

Im Folgenden werden wir die Entwicklung und den **Vertrieb** von Apps anhand von 22
zwei Plattformen beschreiben: zum einen Apple mit der iOS-Plattform (iPhone, iPad, iPod), zum anderen Googles Android-Betriebssystem. Beide Systeme folgen sehr unterschiedlichen Philosophien und decken den Großteil des aktuellen Marktes ab.

I. Apple: iOS – Eine monolithische Plattform

Die Idee der Apps in Kombination mit einem **integrierten Marktplatz** wurde von 23
Apple als Erstes für das iPhone umgesetzt. Im Gegensatz zum normalen PC- oder Mac-Betriebssystem kann der Endanwender auf einem iPhone keine beliebigen Programme installieren. Das Betriebssystem iOS stellt sicher, dass einzig Apps aus dem Apple App Store installiert und gestartet werden können. Apps, die für das Be-

triebssystem iOS erstellt wurden, können auf den folgenden Geräten betrieben werden:
- iPhone,
- iPad/iPad mini,
- iPod Touch.

24 Der **App Store** wird von Apple betrieben. Alle in diesem Marktplatz verfügbaren Programme müssen Apple zur Begutachtung vorgelegt werden. Apple entscheidet anhand eines Kriterienkatalogs, ob eine Anwendung in den Marktplatz aufgenommen wird. Die Preise setzt der Entwickler anhand einer von Apple definierten Preisstruktur fest. Für den Betrieb des Marktplatzes und die Kreditkartenabrechnung behält Apple 30% des Verkaufspreises als **Provision** ein:

USA (US-$)		**Europa (€)**	
Verkaufspreis	Erlös	Verkaufspreis	Erlös
0,99	0,70	0,89	0,54
1,99	1,40	1,79	1,09
2,99	2,10	2,69	1,64
...	...	...	...
999	700	899,99	547,82

25 Eine vollständige Liste mit allen Ländern und Preisen kann im Entwicklerbereich der Apple-Website nachgeschlagen werden.[9]

II. Google: Android – Vielfalt und Wildwuchs

26 Google stellt mit Android die zweite große mobile Software-Plattform. Im Gegensatz zu Apple stellt Google aber die Android-Technologie anderen Firmen als **quelloffene Software** zur Verfügung. Unternehmen, die Telefone oder Tablets auf Android-Basis entwickeln, haben **viele Freiheiten**, die Plattform individuell anzupassen. Es gibt verschiedene App Stores, teilweise von den Hardware-Herstellern, von Google selbst (Play Store)[10] oder auch anderen Unternehmen, z.B. Amazon.

27 Apps können auch ohne einen App Store direkt installiert werden. Dies bedeutet, dass auch die Hersteller der Apps **nicht an einen App Store-Vertrieb gebunden** sind. Es findet auch keine Prüfung der Apps statt. Eine Teilnahme an großen

9 Apple Store Pricing Matrix, http://itunesconnect.apple.com.
10 Google Play Store, https://play.google.com/store.

App Stores (Google Play Store) ist allerdings für die Sichtbarkeit und den Verkauf von Apps sehr wichtig.

III. Apps jenseits von Apple und Google

1. Weitere mobile Betriebssysteme

Google und Apple dominierten 2012 den Markt der mobilen Apps. Daneben existieren noch weitere Plattformen. Die wichtigsten sind Research in Motion (**RIM**) mit BlackBerry und **Microsoft** Phone. Beide Plattformen haben nach dem großen Erfolg von Apple ebenfalls Apps und eine zentrale Marktplattform eingeführt. 28

2. Web basierte Apps

Eine weitere Plattform für Apps ist das Prinzip, **Web-Applikationen** (also Internetseiten) auf mobile Endgeräte anzupassen. Der große Vorteil hier besteht in der Unabhängigkeit vom mobilen Betriebssystem: Eine mobile Web-App läuft auf allen Smartphones und Tablets. Somit muss eine App nicht mehr für jede einzelne Plattform gesondert implementiert werden. Technisch ist es aber schwierig, mit Internet-Technologien wie **HTML5** die Qualität der Oberflächeninteraktionen auf gleichem Niveau zu realisieren. 29

Facebook hat lange Zeit mit viel Aufwand versucht, alle Mobilplattformen über Web-Technologien zu realisieren, musste aber nach langer, verlorener Zeit mit hohem Aufwand doch native Smartphone Apps entwickeln. Als Facebook-Gründer Mark Zuckerberg den Strategiewechsel des Unternehmens bekannt gab, bezeichnete er die anfängliche Fokussierung auf Web-Technologien als den größten Fehler, den Facebook bisher begangen hat.[11] 30

---

11 Vgl. *Orlanoff*, in: Techcrunch.com v. 11.9.2012, abrufbar unter: http://techcrunch.com/2012/09/11/mark-zuckerberg-our-biggest-mistake-with-mobile-was-betting-too-much-on-html5.

[redacted]

[redacted]

Kapitel 2
Technische Aspekte

A. Besonderheiten von Apps gegenüber sonstiger Software

I. Entwicklung von Apps

Die Entwicklung einer App für Smartphones unterscheidet sich nicht grundsätzlich 1
von der Erstellung von Software für andere Geräte wie einem Desktop-Computer. Es ergeben sich aber durch die Anforderungen der mobilen Plattform auch spezielle **Anforderungen** an die Entwicklung der Apps, die wir im Folgenden diskutieren.

II. Software Design für Apps

1. Besondere Anforderungen mobiler Softwareprojekte

Zentral für das **Software Design** einer App ist der Umstand, dass es für ein mobiles 2
Gerät entwickelt wird. Hieraus ergeben sich einige zentrale Anforderungen, die sich von anderen Softwareprojekten unterscheiden:

- Bedienung durch Multi-Touch-Interfaces,
- begrenzter Platz des Displays,
- eventuell geringe Bandbreite der Internetverbindung,
- Richtlinien und Vorgaben des Plattformbetreibers.

Im Gegensatz zu einer Website sollte sich eine App auf die wichtigen Bestandteile 3
eines Dienstes fokussieren und dabei dem Nutzer nicht nur Inhalte der Website anbieten, sondern ermöglichen, die **Kernfunktionen eines Dienstes** zu bedienen.[1]

Praxistipp !
Fokussieren Sie sich auf die wichtigsten Funktionen Ihres Dienstes und legen Sie bei der Umsetzung Wert auf eine einfache Bedienbarkeit.

1 Diverse Fachliteratur zum Thema Interaktionsdesign für Mobile Applikationen ist in den letzten Jahren erschienen, u.a. *Hoober/Berkman* und *Clark*.

2. Besondere Möglichkeiten mobiler Plattformen

a) Sensoren

4 Plattformen wie Googles Android oder Apples iOS gestatten Apps Zugriff auf einige **Sensoren** der Geräte. So kann eine App den Standort des Benutzers abfragen, den das Gerät mithilfe eines GPS-Sensors ermittelt hat. Weitere gängige Sensoren sind:

- Helligkeitssensor zur Messung der Umgebungshelligkeit,
- Bewegungssensor zur Bestimmung der Beschleunigung des Geräts,
- Gyrosensor, der die Lage des Geräts wiedergibt,
- Mikrofon,
- Fotokamera.

5 Die Verarbeitung dieser Daten innerhalb einer App kann erstaunliche **Synergien** ermöglichen. Ein einfaches Beispiel ist die Anreicherung eines Fotos mit den Ortungsdaten eines GPS-Sensors.

b) Stetige Internetverbindung

6 Die Tatsache, dass ein Smartphone, zumindest in der Theorie, kontinuierlich mit dem **Internet** verbunden ist, eröffnet eine Reihe von Anwendungsfeldern.

c) Überall und zu jeder Zeit

7 Eine wesentliche Besonderheit mobiler Plattformen gegenüber herkömmlichen Computern liegt in der Tatsache begründet, dass ein Nutzer in vielen verschieden Situationen Zugriff auf das Gerät hat. Applikationen wie ein Fahrtenbuch oder eine Navigationsanwendung machen erst im richtigen Kontext Sinn.

d) Push-Nachrichten

8 Mittels **Push-Nachrichten** können kurze Meldungen an den Nutzer gesendet werden. Dies kann sowohl von einer App lokal ausgehen als auch von einem Server im Internet, deren Dienste eine Applikation verwendet. So kann eine App auch Nachrichten versenden, wenn sie selber nicht aktiv ist. Ein typisches Beispiel findet sich in Kalender-Apps: Eine Erinnerung an einen Termin wird auch angezeigt, wenn der Kalender gerade nicht benutzt wird.

3. Hardware-Vielfalt

9 Es gibt viele verschiedene Hersteller von Android-Smartphones. Um einen Unique Selling Point zu erzeugen, passen Hersteller das Android-Betriebssystem an. Zudem existiert eine große Anzahl von Geräten mit verschiedenem Funktionsspektrum (Bildschirmgröße, Leistung des Prozessors usw.). Dies kann, je nach Applikation, zu

einem hohen **Anpassungs- und Testaufwand** führen. Es ist unmöglich, auf allen Geräten zu testen. Nicht nur die Anzahl der Varianten führt hier zu einem Problem, auch die geographische Verfügbarkeit. Einige Smartphones werden nur in einzelnen Ländern oder Regionen (Asien) vermarktet.

Apple bietet wenig Vielfalt in den einzelnen Produktlinien. Die verschiedenen 10
Versionen des iPhones unterscheiden sich nicht grundsätzlich. Ebenso sind die Unterschiede der Softwareversionen gering. Googles Android-Betriebssystem hingegen wird von unterschiedlichen Hardwareherstellern eingesetzt. Dies hat zu einer Vielfalt an verschiedener Hardware gesorgt. Das Betriebssystem unterscheidet sich zwischen einzelnen Versionen teilweise erheblich.

III. Der App Store: Beispiel Apple

1. Entwickler-Account

Um eine App in den Markplatz platzieren zu können, benötigt der Entwickler einen 11
Zugang, den sog. Entwickler-Account, für den eine **jährliche Gebühr** gezahlt werden muss. Apple bietet zurzeit vier verschiedene Zugangsarten an:[2]

- iOS Developer Program Individual – Kosten: 99 US-$. Einzelpersonen können Apps über den App Store vertreiben.
- iOS Developer Program Company – Kosten: 99 US-$. Firmen mit einem Entwicklerteam können Apps über den App Store vertreiben.
- iOS Developer Program Enterprise – Kosten: 299 US-$. Firmen mit einem Entwicklerteam können Apps ausschließlich innerhalb der eigenen Firma veröffentlichen.
- iOS Developer University Program – kostenlos. Für den Einsatz in Forschung und Lehre.

Praxistipp !
Beginnen Sie frühzeitig, den geeigneten **Account** für Ihren Anwendungsfall zu erstellen. Es kann in der Praxis einige Tage dauern, bis ein Account durch Apple freigeschaltet wird.

Neben der Berechtigung, Apps in Apples App Store zu platzieren, eröffnet ein Ent- 12
wickler-Account Zugang zu einer Vielzahl an Hinweisen, Beispielen und der notwendigen Software, um Apps zu programmieren. Diese Entwickler-Software steht ausschließlich für die Apple-Plattform zur Verfügung. Ein MAC-Computer ist also Voraussetzung für die Entwicklung von Apps für iPhone, iPad oder iPod Touch. Für einige Länder müssen zusätzlich Unterlagen für die Steuerbehörde ausgefüllt werden.

2 Apple Developer Programs, abrufbar unter: https://developer.apple.com/programs.

Praxistipp

Für die Programme „Company“ und „Enterprise“ ist eine sog. **D-U-N-S Nummer** zwingend erforderlich. Dabei handelt es sich um einen international anerkannten Zahlencode, der zur Identifizierung von Firmen verwendet wird. Eine D-U-N-S Nummer kann bei der Firma Dun & Bradstreet (D&B)[3] kostenlos beantragt werden.

2. Review-Prozess

13 Bevor eine App im App Store veröffentlicht werden kann, muss sie einen Begutachtungsprozess, das sog. **Review**, durch Apple durchlaufen. Während dieses Prozesses wird geprüft, ob eine Applikation den Voraussetzungen zur Veröffentlichung im App Store entspricht. Eine abschließende Aufstellung der Kriterien gibt es nicht. Im Dokument „App Store Review Guidelines“[4] werden einige Themen konkret angesprochen, doch Apple behält sich vor, Apps zurückzuweisen, die *„in Inhalt oder Funktion eine gewisse Grenze überschreiten“*. Letztlich kann keine belastbare Aussage getroffen werden, ob eine App für den App Store zugelassen wird.

- **Prüfen** Sie Ihre App mithilfe der „App Store Review Guidelines“ und ergänzenden Anmerkungen.
- **Testen** Sie Ihre App auf den aktuellen Soft- und Hardware-Versionen.
- Stellen Sie sicher, dass alle notwendigen **Metadaten** wie Beschreibungstexte und Vorschaubilder eingetragen wurden. Apple bietet hierzu eine Checkliste an.

14 Eine praxistaugliche Vorgehensweise ist primär die Vermeidung der bekannten Ursachen, die einer App den Zutritt zum App Store verwehren. Ein Konzept sollte bereits im Vorfeld hinsichtlich seiner Veröffentlichbarkeit geprüft werden.

15 Nach dem **erfolgreichen Review** wird die App automatisch im App Store veröffentlicht. Statusänderungen werden per E-Mail kommuniziert. Es kann einige Stunden dauern, bis die App für alle Nutzer sichtbar ist.

Praxistipp

Wenn eine Applikation zum **Review** eingereicht wird, kann zwischen automatischer Veröffentlichung und einer Veröffentlichung durch den Entwickler gewählt werden. Somit können Sie eine vorzeitige Veröffentlichung vermeiden.

3 Vgl. dazu http://www.dnbgermany.de/wp-content/uploads/2011/07/DnB_DUNSBrosch2010_screen3.pdf.

4 App Store Review Guidelines, abrufbar unter: https://developer.apple.com/appstore/resources/approval/guidelines. html.

3. Testen von Apps

Wie in jedem Softwareprojekt ist das **Testen** der Software ein zentraler Bestandteil des Entwicklungsprozesses. Fehler in der Programmierung und Umsetzung von Anforderungen sollen möglichst früh erkannt und behoben werden. Je komplexer eine Software ist, desto aufwändiger kann es sein, alle Zustände einer Software zu erreichen, in die sie ein Endanwender versetzen kann. Besonders bei Apps mit einem aufwändigen Review-Prozess ist es sehr wichtig, Probleme frühzeitig schon während der Entwicklung zu beheben. Nachdem die App im App Store veröffentlicht ist, dauert es eine Woche, bis eine Korrektur, selbst für triviale kleine Fehler, beim Kunden ankommt. 16

Praxistipp !
Neben manuellen Tests durch einen Menschen sollten schon im Programmcode **automatisierte Tests** erstellt und einzelne Programmteile auf ihr korrektes Verhalten getestet werden.

Es gibt verschiede Ansätze, einen möglichst umfassenden **Testprozess** zu implementieren. Wir verweisen auf weiterführende Literatur zum Thema.[5] Das Thema Testen wurde über die letzten Jahre als äußerst wichtig erkannt und es existieren einige sehr gute Vorgehensmodelle. In der Praxis lässt sich jedoch beobachten, dass schon sehr einfache Maßnahmen sehr viel bewirken. 17

Praxistipp !
Es ist besser, einen sehr einfachen Prozess heute in der Praxis einzusetzen, als erst morgen einen Besseren.

Neben diesen sog. **Komponententests** (engl. unit test) gibt es noch weitere Tests, die auf anderen Ebenen stattfinden. Es wird im Wesentlichen zwischen den folgenden Testarten unterschieden: 18

a) Komponententests

Komponententests finden auf **Programmcodeebene** statt und werden durch den Entwickler selbst erstellt. Sie sollten möglichst bei jeder Änderung im Programmcode durchlaufen werden. 19

5 Dazu *Beck*.

b) Integrationstest

20 Integrationstests sollen die **fehlerfreie Zusammenarbeit einzelner Softwarekomponenten** sicherstellen. Ebenso wie Komponententests finden Integrationstests auf der Ebene des Programmcodes statt.

c) Systemtest

21 Systemtests betrachten das **Programm als Gesamtsystem**. Es werden alle an das Programm gestellten Anforderungen betrachtet. Systemtests finden auf Benutzerebene statt.

d) Abnahmetest

22 Diese Testart dient der Abnahme des **fertigen Softwareprodukts** durch den Kunden. Auf einen ersten Blick könnte ein Prozess mit nur einem Abnahmetest als ausreichend erscheinen. Das Problem ist jedoch, dass der Abnahmetest viel zu spät erfolgt. Tests schon am Beginn eines Projekts können nur automatisierte Tests auf Ebene der Komponenten leisten. Zudem haben Tests in der Entwicklungsphase einen positiven Einfluss auf die Qualität des Programmcodes.[6]

! **Praxistipp**
Fragen Sie Ihren Dienstleister, ob neben einem reinen Systemtest auch automatisierte Tests einzelner Komponenten implementiert werden.

---

4. Continuous Integration

23 Continuous Integration (CI) oder **Kontinuierliche Integration** bezeichnet die Idee, dass jede Änderung im Programmcode unmittelbar zu einer automatischen Erzeugung des Endprodukts führt. Bei Apps bedeutet dies, dass eine installierbare App zum Testen erzeugt wird, nachdem eine Änderung durchgeführt wurde.

24 Continuous Integration geht Hand-in-Hand mit **Software-Tests**. Zum einen dienen Komponententests zum automatisierten Überprüfen des Systems: Nur wenn die Komponententests erfolgreich sind, wird eine neue Version erzeugt. Diese dient dann als Basis für System- und später auch Abnahmetests. Continuous Integration stellt sicher, dass die App bei allen Testern und eventuell bei einem Auftraggeber immer in der aktuell letzten Version getestet werden kann.

---

6 Dazu *Pryce/Freeman*.

Praxistipp
Eine Investition in Continuous Integration sollte direkt am Beginn eines Projekts erfolgen.

5. Updates

Jede Änderung an einer App muss den Review-Prozess erneut durchlaufen. Es wird 25 nicht zwischen einer neuen App und einem Update unterschieden. Dies betrifft sowohl Änderungen zur **Fehlerbehebung** als auch neue Funktionen. Dies führt dazu, dass auch zeitkritische Änderungen nicht unmittelbar möglich sind, auch wenn dies für die Nutzer mit erheblichen Problemen verbunden ist. Es besteht die Möglichkeit, einen Review-Prozess mit Priorität bei Apple zu erbitten; dieser wird aber in nur gravierenden Fällen ausnahmsweise gewährt. Gründe können sicherheitskritische Fehler sein.[7]

Praxistipp
Einer App kann der Zugang zum App Store verwehrt bleiben. Dies sollte allen Beteiligten bewusst und vertraglich geklärt sein. Planen Sie in Ihrem Projekt Zeit für ein zweites Review-Verfahren ein. Apple bietet die Möglichkeit, ein beschleunigtes Review zu erbitten.

6. Kundenfeedback

Der App Store bietet Kunden die Möglichkeit, eine App zu bewerten. Diese Bewer- 26 tung setzt sich aus der Vergabe von einem bis fünf Sternen und einem optionalen Freitext zusammen. Diese **Bewertung** ist für jeden Kunden einsehbar. Leider können Sie als Anbieter nicht direkt auf eine Rezension antworten oder Rückfragen an den Verfasser stellen. Somit kann durch Missverständnisse oder Einzelfälle leicht ein verzerrtes Bild entstehen.

Praxistipp
Bieten Sie dem Nutzer eine Möglichkeit **Feedback** direkt aus der App an Sie zu senden. Somit kann ein Dialog stattfinden und eine potenziell negative Bewertung in ein Lob für Ihren Support verwandelt werden. Stellen Sie die wichtigsten Fragen und Antworten in einem speziellen Bereich in Ihrer App zur Verfügung. Diese Inhalte sollten dynamisch nachgeladen werden, damit sie ohne ein Update erweitert werden können.

7 Formular zum Antrag eines beschleunigten Review-Prozesses, abrufbar unter: https://developer.apple.com/appstore/contact/appreviewteam/index.html.

IV. Wirtschaftliche Aspekte

27 Das Konzept App hat Einfluss auf die **wirtschaftlichen Aspekte**. Traditionell wird Software zu relativ hohen Preisen pro Stück verkauft, auch weil sich Kleinstbeträge durch den Aufwand, der durch den Abrechnungsprozess entsteht, nicht rechnen.

1. Verkauf der App

28 Der günstigste mögliche Preis einer App bei Apple liegt bei unter 1 € (89 Cent). Vor allem für einfache Spiele und kleine Dienstprogramme kann ein solcher Preis nur bei sehr hohen Stückzahlen interessant sein, da die Abwicklung des Kaufs durch die Plattform übernommen wird. Der Entwickler bekommt 70% des **Verkaufspreises** ausgezahlt. Bis Sommer 2012 zahlte Apple rund 2,5 Mrd. US-$ an App-Entwickler aus,[8] inzwischen sollen die Auszahlungen auf 7 Mrd. US-$ angestiegen sein.[9]

2. Werbefinanziert

29 Sowohl Apple und Google selbst als auch externe Dienstleister bieten Werkzeuge an, mit denen man Werbung in Apps anzeigen kann. Jede Anzeige bzw. jeder Klick auf die Werbung wird vergütet. Bei Apps mit sehr vielen täglichen Programmstarts kann **Werbung** eine interessante Alternative zum Verkauf darstellen. Wichtig ist aber, dass die App wirklich häufig eingesetzt wird, damit pro Nutzer auch genug Werbung angezeigt wird. Bei selten genutzten Apps, z.B. sehr speziellen Werkzeugen oder saisonalen Apps, kann die Nutzungshäufigkeit so gering sein, dass sich Werbung im Vergleich zu einem Verkauf nicht lohnt.

3. In-App-Käufe

30 In-App-Käufe erlauben es dem Entwickler, Inhalte oder zusätzliche Funktionen direkt in der App zu verkaufen. Somit kann die Einstiegsschwelle niedrig gehalten werden und eine Monetarisierung ist auch nach dem initialen Verkauf möglich. Apple bietet verschiedene Arten von In-App-Käufen an:

31 **Consumables** sind Verbrauchsgüter, die jedes Mal erworben werden müssen, wenn der Kunde sie benötigt. Beispielsweise fallen SMS-Guthaben oder zusätzliche Spielversuche unter diese Kategorie.

---

8 Apple Keynote 2012, abrufbar unter: http://www.youtube.com/watch?v=TrXBcK21G_o.

9 Vgl. dazu http://www.internetworld.de/Nachrichten/Mobile/Zahlen-Studien/App-Statistik-von-Apple-Milliarden-fuer-Entwickler-72702.html.

Non-Consumables sind Käufe, die einem Kunden nach dem einmaligen Erwerb auf allen Geräten unbegrenzt zur Verfügung stehen, beispielsweise eine Exportfunktion oder zusätzliche Level eines Spiels. 32

Subscriptions-Abonnements können kostenfrei, automatisch verlängerbar oder zeitlich begrenzt sein. Unter diese Kategorie fallen neben regelmäßig erscheinenden Ausgaben einer digitalen Zeitung auch Services wie der Zugang zu einem Online-Archiv.[10] 33

Praxistipp
In-App-Käufe müssen ebenfalls ein Review-Verfahren durchlaufen. Prüfen Sie daher im Vorfeld, unter welche Kategorie Ihre Leistung fällt und ob Ihr Vorhaben den Richtlinien für In-App-Käufe entspricht.

4. Freemium-Modell

Das sog. **Freemium-Modell** stellt den Benutzern Grundfunktionalität kostenlos zur Verfügung. Premiumdienste, wie sie z.B. im Firmeneinsatz nötig sind, müssen dann zusätzlich bezahlt werden. Freemium kann eine kostenlose (oder günstige) Basisversion mit Werbung und In-App-Käufen verbinden.[11] 34

B. Gefährdung der Datensicherheit/Malware durch Apps

I. Datensicherheit

Datensicherheit in Computersystemen ist ein komplexes und schnell wachsendes Thema. Das folgende Kapitel kann nur ein Überblick über die wesentlichen Aspekte vermitteln. 35

1. Betriebssystemebene

Mobile Geräte entwickeln sich seit Jahren vermehrt zum **Universalwerkzeug**. Diese Entwicklung wird durch mehrere Faktoren begünstigt. Smartphones sind heute in vielerlei Hinsicht dem Desktop-Computer ähnlicher als den Telefonen früherer Generationen, die Hardware der einzelnen Geräte unterscheidet sich nicht mehr so stark. Infolge dessen gibt es eine Konzentration bei Smartphone-Betriebssystemen. 36

10 In-App Purchase Guidelines, abrufbar unter: https://developer.apple.com/appstore/in-app-purchase/In-App-Purchase-Guidelines.pdf.
11 Dazu *Anderson*.

Deutlich wird es daran, dass die Thematisierung von Smartphone-Betriebssystemen heute üblich ist, wie z.B. iOS von Apple oder Android von Google, während die Betriebssysteme bei älteren Telefonen in der Regel unbekannt blieben.

37 Eine Konzentration auf wenige Betriebssysteme/Plattformen ermöglicht es erst, dass Drittanbieter Software für Smartphones schreiben und die Geräte nicht mehr nur mit Software des Geräteherstellers daher kommen. Im Zuge der Verbreitung der Plattformen rücken diese zunehmend in den Fokus der Hersteller von **Viren und Malware**.

2. Benutzerdaten

38 Abgesehen von den neuen Möglichkeiten bei der Software bestechen moderne Smartphones aber auch damit, dass viele neue Hardware-Technologien in die Geräte integriert werden. Eine Geräte-Erweiterung wie ein Gyrosensor, der ermitteln kann, in welcher Lage man ein Gerät hält, mag dabei unkritisch sein. Erweiterungen wie GPS hingegen ermitteln personenbezogene Daten, und Technologien wie Bluetooth und WLAN ermöglichen sogar den Kontakt mit dem Smartphone von außen.

39 Auf Smartphones werden **sicherheitsrelevante Daten gesammelt**, die durch immer vielfältigere Nutzung anfallen. Je mehr Software installiert oder Hardware integriert ist, desto größer die Gefahr eines Fehlers, der Unberechtigten Zugang zum Smartphone und somit Zugang zu den eigenen Daten verschafft.

! **Praxistipp**
Installieren Sie nur Software, die Sie unbedingt brauchen. Entfernen Sie ungenutzte Software. Schalten Sie alle Kommunikationsteile am Gerät ab, wenn Sie diese nicht brauchen.

---

40 Mit fallenden Kosten für Datenverbindungen sind immer mehr mobile Geräte permanent mit dem Internet verbunden. Im Gegensatz zu Technologien wie **WLAN** oder **Bluetooth** spielt beim Internet die Distanz zum mobilen Gerät keine Rolle. Schadhafte Programme, die auf dem mobilen Gerät installiert sind, können vom anderen Ende des Globusses ausgenutzt werden, um Zugriff auf das Smartphone herzustellen.

3. Das Prinzip „sandbox“

41 Um dies zu verhindern, werden Apps in einer **„sandbox“** installiert. Eine „sandbox“ ist eine geschlossene Umgebung, in der die App ausgeführt werden darf. Damit soll sichergestellt werden, dass kein Zugriff auf das Betriebssystem oder auf die Daten von anderen Apps möglich ist. Ist eine App fehlerhaft, so wird lediglich der Zugriff auf die „sandbox“ der schadhaften App ermöglicht, der Rest des Systems bleibt unversehrt.

In extremen Fällen ist die schadhafte Software das Betriebssystem des Smartphones selbst und aus der „sandbox“ kann ausgebrochen werden. Das bekannteste Beispiel hierfür ist der **„Jailbreak“** unter Apples iOS. Hierbei wird durch die Überlistung der „sandbox“ Zugriff auf das Betriebssystem verschafft und Software installiert, die den Zugriff auf das System permanent ermöglicht. Sobald das Betriebssystem zugreifbar ist, gilt das auch für alle Daten der installierten Apps. Nur die Apps, die eigene Maßnahmen zur Sicherung ihrer Daten treffen, sind dann noch vor dem Zugriff sicher. 42

4. Daten sicher auf dem Gerät speichern

Apps sollten sensible Daten wie Passwörter nicht in den Einstellungen der App speichern, sondern die **Schlüsselverwaltung** des Betriebssystems verwenden. Diese können nur mit einem Masterpasswort gelesen werden, das nirgendwo gespeichert wird. Andersgeartete sensible Daten sollten verschlüsselt auf dem Smartphone gespeichert werden. Auch die Schlüssel für die Verschlüsselung können der Schlüsselverwaltung des Betriebssystems anvertraut werden.[12] 43

Praxistipp !

Um Daten zugreifbar zu machen, muss man nicht unbedingt eine App und das Betriebssystem des Smartphones aushebeln. Manchmal wird dieser Zustand herbeigeführt, ohne dass man es mitbekommt. Erstellt man ein Backup des Smartphones auf einem anderen Computer, dann sind die Backup-Kopien meist nicht verschlüsselt. Auf Daten, die eine App unverschlüsselt gespeichert hat, ist nun auf dem Computer, auf dem man das Backup gemacht hat, recht leicht zuzugreifen.

---

5. Daten sicher übertragen

Ein Teil der sensiblen Daten, die gespeichert werden, bestehen aus Zugangsdaten zu Online-Diensten oder aus persönlichen Daten. Diese werden bei Benutzung der Online-Dienste ins Internet übertragen. Dabei ist der Weg vom Smartphone zum Online-Dienst nicht als vertrauenswürdig anzusehen. Jeder, der Verfügung über einen der Knotenpunkte auf dem Weg hat, kann die vorbeikommenden Daten lesen. Um dies zu verhindern, sollten die Daten während der Übertragung **verschlüsselt** sein. 44

Praxistipp !

Apps sollten beim Übertragen von sensiblen Daten ins Internet eine verschlüsselte Verbindung benutzen. Momentan sind das überwiegend **SSL-Verbindungen**. Prüfen Sie bei den Online-Diensten, die Sie benutzen, ob deren Schnittstellen eine gesicherte Übertragung anbieten.

---

12 *Dwivedi/Clark/Thiel*, S. 3.

6. Daten sicher in der Cloud speichern

45 Viele Daten werden nicht nur kurzfristig ins Netz übertragen, sondern in **Cloud-Diensten** wie Amazon S3[13] oder Dropbox gespeichert. Hierbei sind die Daten während der Übertragung verschlüsselt, aber nicht unbedingt im benutzten Online-Service. Amazon S3 ist lediglich ein Speicher-Dienst, hier ist man selbst in der Pflicht, die eigenen Daten zu verschlüsseln. Bei Dropbox werden die Daten vom Online-Dienst **Dropbox** verschlüsselt, bevor sie dort gespeichert werden. Die Daten sind somit verschlüsselt, doch der Online-Dienst ist in der Lage, die Daten zu entschlüsseln. Im Falle von Dropbox hat die US-Regierung einen vergleichsweise einfachen Zugriff auf die dort gespeicherten Daten. Die Modalitäten richten sich hier nach dem Land, in dem der Online-Dienst beheimatet ist.

! **Praxistipp**
Hinterlegen Sie keine sensiblen Daten in Online-Services, solange nicht sichergestellt werden kann, dass die Daten ausreichend verschlüsselt sind. Es sollte geprüft werden, ob eine zusätzliche Absicherung möglich ist. Ein ideales Szenario zeichnet sich dadurch aus, dass die Daten **verschlüsselt** werden, bevor sie das Gerät verlassen.

---

7. Zugriff auf persönliche Daten

46 Bei **Social Media** ist es heute üblich, allerhand Daten abzufragen und ins Internet zu übertragen. Dies betrifft persönliche Daten des Benutzers, Adressbuch, Kalender, die aktuelle Position oder gar die eindeutige Identifizierungsnummer des benutzten Geräts. Es ist oftmals nicht nachvollziehbar, ob diese Daten für den Betrieb des Dienstes nötig sind und wie sie verwendet werden. Oft entsteht der Eindruck, die Daten werden lediglich gesammelt.

! **Praxistipp**
Apps sollten nur diejenigen Daten übertragen, die für den Betrieb des Dienstes unerlässlich sind. Sie sollten dem Nutzer klare Hinweise geben, welche Daten übertragen und wie sie verwendet werden.

---

8. Authentizität von Daten

47 In manchen Anwendungsfällen ist der komplette Schutz der Daten, wie er bisher besprochen wurde, keine Option. In diesen Fällen soll der lesende Zugriff gewährt werden, die Daten sollen aber vor **Manipulation** geschützt sein. Je wichtiger die Daten, desto weniger kann man sich dann auf den Schreibschutz verlassen, den das

---

13 Amazon Simple Storage Service (Amazon S3), abrufbar im Internet unter http://aws.amazon.com/de/s3.

Betriebssystem vorgibt. Der Schutz vor Manipulation lässt sich auf zwei Wegen herstellen:

a) Asymmetrisches Verschlüsselungsverfahren

Werden Daten durch ein asymmetrisches Verschlüsselungsverfahren[14] verschlüsselt, so existieren zwei Schlüssel. Was mit dem einen verschlüsselt wird, kann mit dem anderen wieder entschlüsselt werden. Ist man im Besitz eines Schlüssels, der entschlüsseln kann (öffentlicher Schlüssel oder **Public Key** genannt), kann man die verschlüsselten Daten lesen, aber man ist nicht in der Lage, Daten zu verschlüsseln, die mit dem gleichen Schlüssel wieder lesbar sind. 48

b) Signierte Daten

Im zweiten Fall werden die Inhalte nicht verschlüsselt, sondern signiert. Die **Signatur** zeigt an, von welcher Quelle die Daten stammen. Werden die Daten manipuliert, so verliert die Signatur ihre Gültigkeit und die Verbindung zwischen Inhalt und Quelle besteht nicht mehr. Auf diesem Weg wird das Schreiben nicht verhindert, aber es wird nachprüfbar, ob die Daten authentisch sind oder nicht. 49

Praxistipp !
Apps sollten Daten zum Schutz vor Manipulation verschlüsseln oder signieren.

Beide Verfahren haben ihre Vor- und Nachteile. Je nach Anwendungsfall ist es sogar üblich, beide Verfahren zu kombinieren. Die Daten werden dann verschlüsselt und signiert. 50

9. Datenverlust und Verfügbarkeit

Daten sind für uns nur dann sinnvoll, wenn wir mit ihnen arbeiten können. Das Thema der **Datensicherheit** umfasst ebenso die Verfügbarkeit von Daten. Ständige Verfügbarkeit ist besonders in verteilten Systemen wie dem Internet von großer Bedeutung. 51

Verfügbarkeit kann temporär eingeschränkt werden, wenn Systeme ausfallen, auf denen benötigte Daten gespeichert sind. Im schlimmsten Fall – dem Verlust der Daten – wird die Verfügbarkeit permanent eingeschränkt. In den meisten Fällen 52

---

14 *Schmeh*, S. 159.

kann Verfügbarkeit durch Redundanz kompensiert werden, indem identische Systeme gleichzeitig in Betrieb sind und von Daten Sicherheitskopien erstellt werden.

! **Praxistipp**
Erstellen Sie Sicherheitskopien von ihren Daten. Legen Sie Systeme, die Daten zur Verfügung stellen, redundant aus.

II. Sicherheit im Unternehmenseinsatz

53 Viele Daten in Unternehmen werden als besonders schützenswert betrachtet. Die Veröffentlichung von **firmeninternen Daten** oder der Verlust kann einem Unternehmen wirtschaftlichen Schaden zufügen. Der sensible Umgang mit Daten ist sehr wichtig. Unternehmen betreiben mitunter großen Aufwand, ihre Daten sicherzuhalten. Die Anwendung/Benutzung von mobilen Geräten öffnet neue Probleme in diesem Bereich.

1. Einsatz privater Smartphones

54 Brauchte man für die berufliche Ausübung seines Berufs ein Mobiltelefon, so war es vor wenigen Jahren noch üblich, dass man dafür ein zweites Telefon bekam. Die Überlassung des Firmentelefons für private Zwecke und die Entwicklung von **Dual-Sim-Karten** eröffneten die Möglichkeit, ein Gerät für beide Zwecke zu benutzen.

55 Dem gesteigerten Komfort und der Flexibilität stehen Probleme bei der Datensicherheit gegenüber. Wird das Smartphone geschäftlich benutzt, so hat man z.B. Zugriff auf das firmeninterne Adressbuch. In der privaten Benutzung werden Apps verwendet, die Zugriff auf das Adressbuch anfordern. Über diesen Weg können firmeneigene Daten ins Internet gelangen.

! **Praxistipp**
Bevor man einer App den Zugriff auf Daten gewährt, sollte überprüft werden, ob nicht der Zugriff auf Daten erlaubt wird, die einem nicht gehören.

---

2. Anbindung externer Dienste

56 Jederzeit Zugriff auf seine Arbeitsergebnisse und benötigte Dokumente zu haben, ist besonders dort wichtig, wo es mehrere Orte gibt, an denen gearbeitet wird. Viele **Cloud-Dienste** wie Dropbox bieten den nötigen Komfort, jederzeit Zugriff zu haben. Wie weiter oben schon besprochen, ist es schwierig, die Sicherheit der Daten zu gewährleisten.

Praxistipp
Vor Benutzung eines Online-Dienstes sollte beim Arbeitgeber vorher um Erlaubnis gefragt werden. !

Viele Unternehmen untersagen die Ablage von firmeninternem Material in anderen Online-Services. Zugriff auf firmeninterne Daten wird hier per **VPN (Virtual Private Network)** realisiert. Mitarbeiter bekommen hierfür einen verschlüsselten Zugang zum firmeninternen Netz. Befindet sich auf dem Smartphone eine schadhafte App, so kann diese Zugriff auf firmeninterne Daten und Strukturen erlangen. 57

Praxistipp
Beenden Sie die Verbindung in Firmennetze, wenn Sie ungesicherte Apps benutzen. !

Stellen Sie selbst eine Software her, die im Unternehmen eingesetzt werden soll, ziehen Sie in Betracht, einen **externen Gutachter** zurate zu ziehen. Die Möglichkeiten reichen von der Beauftragung eines externen Entwicklers für ein Sicherheitsaudit bis hin zur Beauftragung von Spezial-Anbietern wie dem TÜV. 58

[redacted]

[redacted]

Kapitel 3
Entwicklungs-, Vertriebs- und Endkundenverträge

A. Beteiligte Personen und Vertragsbeziehungen

I. Beteiligte Personen/Begriffsdefinitionen

Bei Herstellung und Vertrieb von Apps sind eine Vielzahl von Personen beteiligt, 1
deren Beziehungen im Folgenden kursorisch dargestellt werden sollen.

- Hergestellt wird die App durch den **Entwickler (Ersteller)**. Dieser ist ein Softwareprogrammierer, der die App konzipiert und programmiert.
- Unterstützt werden kann er z.B. durch **Designer**, die graphische Elemente beisteuern oder **Content-Schreiber**, die die Inhalte verfassen.
- Im App Store bereitgestellt wird die App durch den **Anbieter**. Dieser kann, muss aber nicht mit dem Entwickler identisch sein, je nachdem, ob der Anbietende die App selbst erstellt hat oder einen Entwickler beauftragt hatte.
- Der Anbieter macht die Apps dem Anwender in der Regel nicht direkt zugänglich, sondern bedient sich dazu der **App Stores**. Die **Betreiber** dieser App Stores (vor allem: Apple und Google) zwingen den Anbieter durch ihre Vertragsbedingungen in ein enges Korsett von Voraussetzungen, unter denen die Apps in die Stores aufgenommen werden und wie die Abrechnung erfolgt.
- Letzter Vertragsbeteiligter ist nun der **Anwender** der App, der als **Endkunde** die App aus dem Store herunterlädt.

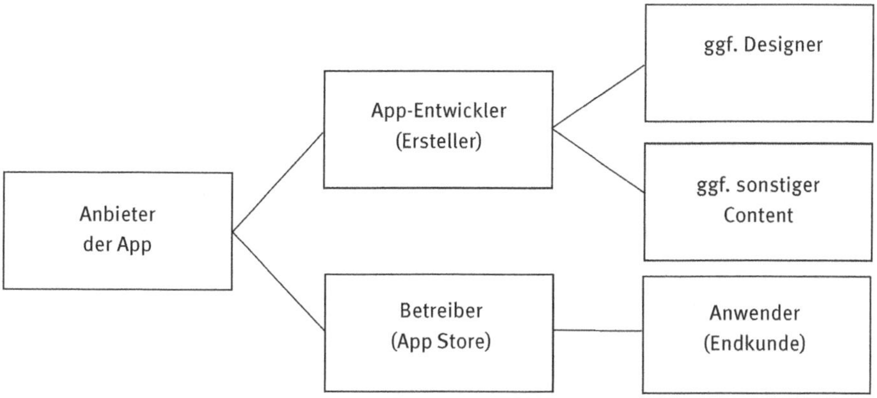

II. Vertragsbeziehungen

1. Zwischen Entwickler und Anbieter

2 Wenn der Anbieter einen Entwickler mit der Erstellung einer App beauftragt, schließen diese einen Softwareentwicklungsvertrag.[1] Dieses Verhältnis von Entwickler zu Anbieter ist nach den Regeln zu **Softwareüberlassungsverträgen** zu beurteilen. Als zusätzliche Komponente fließen jedoch die Vertragsklauseln zwischen Anbieter und Betreiber in den Vertrag mit ein, da der Entwickler diese bei der Programmierung berücksichtigten muss.

2. Zwischen Anbieter und (App Store-)Betreiber

3 Mit Ausnahme von Android schränken alle Anbieter der Betriebssysteme die **Vertriebsmöglichkeit der Apps** stark ein: Die Apps können nur über die offiziellen Stores verteilt werden, bei welchen der Anbieter sich den umfassenden Vertragswerken der Betreiber zu unterwerfen hat. Dies gilt auch für den Google Play Store, den wichtigsten Vertriebskanal für Android-Apps. Wer als Anbieter fungiert, wird im App Store genannt und Vertragspartner des Store-Betreibers.[2]

3. Zwischen (App Store-)Betreiber und Anwender (Endkunde)

4 Der Anwender erwirbt die App für ihn komfortabel über den App Store, wobei eine **Unklarheit** über den **Vertragspartner** besteht, da keine der gesetzlich vorgeschriebenen Informationspflichten erfüllt werden[3] und die AGB der Betreiber den Endkunden im Unklaren lassen.[4]

4. Zwischen Anbieter und Anwender (Endkunde)

5 Bei dem App-Erwerb über einen Store entsteht ein **indirektes Verhältnis** zwischen Anbieter und Anwender, wenn der Betreiber der Verkäufer ist. Eigene Lizenzbedingungen der Anbieter können zwar nach den AGB der Betreiber einbezogen werden, wobei diese der Anwender nicht vor dem Kauf einsehen kann, was das deutsche AGB-Recht jedoch verlangt.

6 Ein **direktes Verhältnis** zwischen dem App-Anbieter und dem Kunden entsteht bei Diensten, die der Produzent über die App erbringt (z.B. Kauf von Fahrtkarten im öffentlichen Verkehr). Der Anbieter hat dafür sämtliche rechtlichen Bestimmungen

---

1 Siehe Rn 8ff.
2 Siehe Rn 166ff.
3 Siehe Kap. 4 Rn 72ff.
4 Siehe Rn 177ff. und 339ff.

selbst einzuhalten.[5] Ebenfalls ist der Anbieter zuständig für den Jugendschutz[6] sowie den Datenschutz[7] seiner angebotenen Apps.

5. Besonderheit: Direktverkauf der Apps/Enterprise-Programme

Die Betreiber der App Stores und Betriebssysteme sehen auch Möglichkeiten vor, 7
dass die Apps außerhalb der App Stores verkauft werden. Dadurch können größere Unternehmen **Apps direkt vom Entwickler** beziehen und auf ihren Endgeräten installieren. Der Store-Betreiber fällt aus der Vertragsbeziehung heraus. Darauf wird bei den Entwicklungsverträgen näher eingegangen.[8]

B. App-Entwicklungsverträge

Dieser Abschnitt[9] widmet sich Verträgen, die ein **App-Entwickler mit dem Anbieter schließt**, in dessen Namen die App verkauft werden soll. Der Schwerpunkt liegt dabei in der Darstellung der in einem App-Entwicklungsvertrag zu regelnden Punkte. Dies betrifft neben der Entwicklung selbst auch die weitere Pflege der fertiggestellten Apps. Zu beginnen ist jedoch mit einer abstrakten Darstellung der Rechtslage zu Softwareentwicklungsverträgen, da diese noch immer sehr umstritten ist. Die korrekte vertragstypologische Einordnung ist notwendig, um den zum Sachverhalt passenden Vertrag zu erstellen. 8

I. Vertragstypologische Einordnung

1. Arten von Apps

Apps lassen sich grob in **drei Arten** unterteilen, die zu einer unterschiedlichen 9
rechtlichen Bewertung der Entwicklungsverträge führen können:
- Anwendersoftware (z.B. Tagesschau-App, Marktplatz-Apps wie eBay),
- Spiele (z.B. Angry Birds) und
- Marketing-Apps.[10]

---

5 Siehe Kap. 4 Rn 1 ff.
6 Siehe Kap. 4 Rn 164 ff.
7 Siehe Kap. 5 Rn 1 ff.
8 Siehe Rn 14.
9 Wir danken der wissenschaftlichen Mitarbeiterin der Kanzlei WILDE BEUGER SOLMECKE, Frau Sibel Kocatepe, LL.M., für ihre wertvolle Unterstützung bei der Verfassung dieses Beitrags.
10 Siehe weitere Beispiele bei Oelschlägel/Scholz/*Klinger*, S. 258, 266.

Die Entwicklung von Anwendersoftware und Spielen stellt meist ein größeres Projekt dar, in dem Software umfangreich konzipiert und entwickelt wird. Die Überlassung erfolgt meist auf Dauer, der Anbieter erhält dabei die vollen Nutzungsrechte. Bei kleineren Projekten, wie z.B. im Mobile Marketing,[11] vereinbaren Anbieter und Entwickler in der Regel ein zeitlich beschränktes Nutzungsrecht der App. Der Entwickler übernimmt dabei die weiteren für den Betrieb der App nötigen Aufgaben inklusive der Anmeldung in den App Stores und Aufrechterhaltung des Betriebs.

10 Einen **Sonderfall** stellen die **Enterprise-Apps** dar. Diese werden ohne jegliche Beteiligung des Anbieters auf den Smartphones installiert und komplett durch den Nutzer selbst betrieben. Die Nutzung von Eigenentwicklungen für den Betrieb ist genauso möglich wie Standardsoftware, z.B. von SAP, zur Anbindung der Smartphones an das Firmennetzwerk. Die Ausgestaltung der Verträge kann nach allen Arten der Softwareüberlassungsverträge erfolgen.

Checkliste: Arten von Apps

Vertrieb über den App Store:
- Anwendersoftware
- Spiele
- Marketing-Apps

Enterprise-Programm/Interner Vertrieb:
- neu entwickelte Anwendersoftware
- Standardprogramme

2. Distribution der Apps

11 Bekannt ist bei Apps vor allem der Vertrieb über die App Stores, obwohl die Bandbreite der Distribution deutlich größer ist:

Checkliste: Möglichkeiten der App-Distribution
- Bereitstellung in einem App Store (z.B. iTunes oder Google Play);
- Hosting auf eigenem Server (bei Android problemlos möglich; ansonsten nur mittels eines Jailbreaks[12]);
- Enterprise-Programm von Apple und Microsoft (s.o.);

11 Z.B. App der Kanzlei Lachenmann: http://itunes.apple.com/us/app/kanzlei-lachenmann/id532175018 oder WBS Pocket-Anwalt: http://itunes.apple.com/de/app/id449210590.

12 Dies wird hier nicht weiter behandelt, da dies für Firmen – insbesondere aufgrund der Sicherheitsrisiken – nicht zu empfehlen ist, vgl. *Deutsch* in: Taeger, IT und Internet – mit Recht gestalten, 2012, S. 821, 832 und Fn 17 m.w.N. Dennoch sollen laut einer Studie der Arxan Technology Inc. 92% der Top 100 kostenpflichtiger iOS-Apps gehackt und im Netz frei verfügbar sein: http://www.arxan.com/software-protection-resources/state-of-the-app-economy/pdf/state-of-security-app-economy.pdf.

- Custom B2B-Apps-Programm von Apple (Plattform zur Beauftragung eines Entwicklers zur Entwicklung einer individuellen App für Unternehmen);[13]
- Ad-hoc-Distribution (Durchführung von Betatests bei Apple; Ziff. 7.2 iDPLA);
- App-Systeme von Drittanbietern wie z.B. die Hockey-App (externer Server für Beta-Tests; kein dauerhaftes Hosting).[14]

a) Öffentliche App Stores

Die am weitesten verbreitete Vertriebsmöglichkeit für Apps sind die App Stores. Für 12 alle Arten von App Stores gilt, dass die App in den Store eingestellt wird, um durch Endnutzer (weltweit) dauerhaft heruntergeladen zu werden.[15] Dazu wird die App dem Anbieter vom Entwickler überlassen, was dauerhaft oder für eine bestimmte Zeit erfolgen kann.

b) App Stores für Firmen

Für Geschäftskunden gibt es spezielle B2B-Stores, wie die „Volume Purchase Pro- 13 gram Site“[16] bei Apple. Diese bieten auch speziell auf die Bedürfnisse von Betrieben zugeschnittene Apps an. Ebenfalls ermöglichen diese den Erwerb von **Volumenlizenzen**, die dann mittels Distributionscodes an Mitarbeiter verteilt werden können. Auch Preisanpassungen beim Kauf mehrerer Lizenzen sind möglich. Diese unterliegen grundsätzlich denselben Regeln.[17]

c) Firmeninterne Lösungen

Demgegenüber gibt es Möglichkeiten, die Apps ohne jede Beteiligung der Store- 14 Anbieter zu nutzen. So können Firmen interne Apps betreiben, die nur an bestimmte, definierte Personenkreise ausgegeben werden. Bei Android als freiem Betriebssystem sind Apps beliebig installierbar. Bei Apple und Microsoft ist für Firmenkunden in erster Linie das Enterprise-Programm relevant, welches sich deutlich von den App Stores unterscheidet.[18]

Die **In-House-Apps sind unabhängig von App Stores**. Es wird weder eine Zu- 15 lassungsprüfung durchgeführt, noch werden diese über deren Server gehostet. Das

---

13 Abrufbar unter https://developer.apple.com/programs/volume/b2b.

14 Abrufbar unter http://www.hockeyapp.net.

15 Siehe Rn 302ff.

16 Informationen: http://www.apple.com/business/vpp; Login: http://vpp.itunes.apple.com.

17 Bei Apple: Ziff. 7.1 iDPLA i.V.m. Schedule 2 und 3.

18 Bei Apple: http://www.apple.com/business/accelerator und Schedule 3 des iDPLA; bei Microsoft: Application Provider Agreement lit. 3) h) sowie Exhibit C.

Hosting der App erfolgt entweder über die IT des Verwenders oder über einen durch den Entwickler bereitgestellten Server.[19] Hier gelten kaum Besonderheiten gegenüber jeder anderen in Betrieben verwendeten Software. Ein Sonderfall ist das Custom B2B-Apps-Programm von Apple, bei welchem zwar der Entwickler direkt beauftragt wird, die Apps jedoch durch Apple überprüft werden, ob die technischen Anforderungen eingehalten wurden.

d) Beta-Tests

16 Die Ad-Hoc-Distribution und Hockey-App können zum Test der sich im Entwurfsstadium befindlichen Apps angewendet werden und haben keinen Einfluss auf die vertragliche Einordnung des App-Überlassungsvertrags.

3. Typische Leistungen bei App-Entwicklungsverträgen

17 Viele Anbieter von Apps entwickeln und programmieren diese selbst. Andererseits werden viele Apps von einem externen Entwickler programmiert und durch den Anbieter nur bereitgestellt. Der Entwickler kann dabei auch Dritte, z.B. Designer, Künstler oder Werbeagenturen einschalten. Dieses Verhältnis zwischen dem Anbieter der App und dem Entwickler soll hier näher untersucht werden.

18 **Apps sind** als **Software** zu qualifizieren, denn diese werden in Programmiersprachen wie Objective-C oder Java programmiert.[20] Kommt man nun zum Aspekt der vertraglichen Typologisierung, so ist die Erstellung einer App dem Typus der Software-Erstellungsverträge zuzuordnen. Ziel ist die Konzeption und Programmierung einer App durch den Entwickler für den Anbieter. Da bei vielen Apps neben dem technischen Aspekt auch der visuelle Aspekt eine große Rolle spielt, vor allem bei solchen für das Marketing der Anbieter eingesetzten, sind Regelungen nahe einem Webdesign-Vertrag zu treffen.

19 Von entscheidender Bedeutung für die vertragsrechtliche Einordnung ist dabei die Reichweite der Nutzungsrechte: Wird die App durch den Entwickler dauerhaft übereignet oder nur für eine gewisse Dauer überlassen? Eine Festlegung des Vertragsgegenstands ist zur Beantwortung dieser Frage unerlässlich. Zu unterscheiden ist dabei zwischen rein internen Firmenlösungen, bei denen die Installation direkt auf den Endgeräten des Kunden vorgenommen wird (sog. Enterprise-Programme), und demgegenüber Apps, die in die App Stores aufgenommen werden sollen und dort zum Download für jedermann bereitstehen.

---

19 Vgl. http://www.apple.com/business/accelerator/deploy/app-distribution.html.
20 Siehe oben Kap. 2 Rn 1ff.; http://de.wikipedia.org/wiki/Mobile_App.

4. Rechtliche Grundlagen bei Softwareverträgen

Die wichtigsten Vertragsarten sind nachstehend zusammengefasst: 20

Checkliste: Die wichtigsten Vertragsarten !

- Kaufvertrag, § 433 BGB: Ein solcher liegt vor, wenn das Eigentum an einer Sache gegen Zahlung eines einmaligen Entgeltes dauerhaft auf einen neuen Eigentümer übertragen wird.
- Werkvertrag, § 633 BGB: Dieser liegt vor, wenn ein bestimmtes Werkstück hergestellt und dauerhaft übereignet werden soll. Geschuldet wird die tatsächliche Herstellung eines solchen Werks als ein konkreter Erfolg.
- Werklieferungsvertrag, § 651 BGB: Dies ist eine Mischung der vorgenannten Verträge. Es handelt sich um einen Kaufvertrag über eine Sache, die der Verkäufer erst noch herzustellen hat.
- Mietvertrag, § 535 BGB: Hier wird eine Sache für eine bestimmte oder unbestimmte, durch Kündigung beendbare Zeit, also nicht dauerhaft, dem Mieter zu dessen Nutzung überlassen.
- Dienstleistungsvertrag, § 611 BGB: Bei einem solchen ist das bloße Tätigwerden an sich geschuldet, also ein ungewisses Ergebnis statt eines konkreten Erfolgs.[21]

a) Einteilung nach den gesetzlichen Vertragstypen

An sich besteht bei Verträgen hinsichtlich der Einteilung in die vom BGB nicht ab- 21
schließend vorgegebenen Vertragstypen kein **Typenzwang**. Allerdings gilt ein solcher im Falle des Vorliegens von AGB durchaus, da gem. § 307 Abs. 2 Nr. 1 BGB vom wesentlichen Grundgedanken einer Vorschrift nicht abgewichen werden darf. Der Vertrag ist somit grundsätzlich nach den vom BGB vorgegebenen Typen zu beurteilen. Bei einem Vertrag mit **Elementen aus verschiedenen Verträgen** wird das Recht der Hauptleistung angewandt, wenn die Nebenleistungen nur unbedeutend sind oder die Leistung eines Vertragstyps die anderen überwiegt. Bei gleichwertig nebeneinanderstehenden Leistungen wird grundsätzlich das jeweils betroffene Recht angewandt.[22]

b) Zeitraum der Überlassung

Von entscheidender Bedeutung für die vertragsrechtliche Einordnung ist dabei die 22
Reichweite der Nutzungsrechte: Wird die App bzw. das Nutzungsrecht an ihr durch den Entwickler dauerhaft übereignet oder nur für eine gewisse Dauer überlassen? Diese Weichenstellung muss im ersten Schritt der vertraglichen Einordnung von Softwareentwicklungsverträgen erfolgen.[23] Denn bei einer Überlassung auf Zeit kann kein Kauf-/Werklieferungsvertrag vorliegen, da diese eine dauerhafte Überlas-

21 Zu den Vertragstypen allgemein z.B. Leupold/Glossner/*von dem Bussche/Schelinski*, S. 25ff.
22 Auer-Reinsdorff/Conrad/*Conrad/Schneider*, S. 195, 200.
23 Siehe Kap. 2 Rn 72f.

sung einer Sache erfordern.[24] Dabei ist zu beachten, dass Software in ständiger Rechtsprechung als **Sache** bewertet wird.[25]

c) Festlegung der Vertragsart

23 Im zweiten Schritt ist sodann die konkrete Art des Vertrags festzulegen. Insoweit kommt bei zeitlich begrenzter Überlassung ein gemischt-typischer Vertrag mit Elementen aus Werk- und Miet-, jedoch auch Dienstvertragsrecht in Betracht. Bei dauerhafter Überlassung kommen ein Kauf- oder Werkvertrag sowie insbesondere ein Werklieferungsvertrag in Betracht.

d) Apps als vertretbare oder nicht-vertretbare Sachen

aa) Allgemeine Rechtslage

24 Jede Sache i.S.d. § 90 BGB ist gem. § 91 BGB entweder eine unvertretbare oder eine vertretbare Sache. Die Gesetzesdefinition, wonach bewegliche Sachen solche sind, die im Verkehr nach Zahl, Art, Maß oder Gewicht bestimmt zu werden pflegen, wird präzisiert durch die grundlegende Festlegung des BGH, wodurch eine Sache dann vertretbar ist, *„wenn sie sich von anderen der gleichen Art nicht durch ausgeprägte Individualisierungsmerkmale abhebt und daher ohne weiteres austauschbar ist.“*[26] Dieser Begriff ist dabei **rein objektiv** zu verstehen.[27] Beispielsweise sind Maschinen dann vertretbare Sachen, wenn sie von üblicher Beschaffenheit und nicht auf einen bestimmten Raum/Betrieb angepasst sind; während Maschinen unvertretbare Sachen sind, wenn sie nach besonderen Zeichnungen für den konkreten Fall gefertigt werden.[28]

bb) Anwendung auf Software und Entwicklungsverträge

25 Was bedeutet dies nun für Softwareentwicklungsverträge? Es ist zu **unterscheiden**: Standardsoftware auf einem Datenträger ist eine vertretbare Sache; eine Individualsoftware, die für einen bestimmten Anwender angefertigt wurde, ist demgegenüber eine unvertretbare Sache (unabhängig davon, ob die Überlassung per Download

---

24 Z.B. Auer-Reinsdorff/Conrad/*Conrad/Schneider*, S. 195, 211.

25 Zuletzt bekräftigt: BGH, Urt. v. 15.11.2006 – XII ZR 120/04 – CR 2007, 75, 76 – ASP; zu Streitstand und Kritik *Maume/Wilser*, CR 2010, 209 und *Hilty*, MMR 2003, 3.

26 BGH, Urt. v. 29.9.1966 – VII ZR 160/64 – NJW 1966, 2307 und BGH, Urt. v. 30.6.1971 – VIII ZR 39/70 – NJW 1971, 1793.

27 Staudinger/*Jickeli/Stieper*, § 91 Rn 1.

28 Soergel/*Marly*, BGB, § 91 Rn 2.

oder per CD erfolgt ist).[29] Wenn der Entwickler die App für die Bereitstellung in seinem App Store entwickelt, stellt dies **Standardsoftware** dar, und mithin eine vertretbare Sache, selbst wenn die Entwicklung nach konkreten, individuellen Vorgaben erfolgt.[30] Demgegenüber ist eine für einen Betrieb individuell entwickelte App im Enterprise-Programm, die nur intern Anwendung finden soll, **Individualsoftware**, mithin eine unvertretbare Sache. Eine **Ausnahme** liegt vor bei **Werbemitteln**, also zum reinen Marketing entwickelten Apps, die wie Werbeprospekte zu beurteilen sind. Diese sind, auch wenn sie nur für einen Auftraggeber hergestellt werden, **unvertretbare** Sachen, da nur der konkrete Auftragnehmer diese Werbegüter bewerben möchte.[31]

Teilweise wird vertreten, diese Abgrenzung zwischen vertretbaren und unver- 26
tretbaren Sachen bei Software danach vorzunehmen, ob **Änderungen am Source Code** vorgenommen werden (womit § 651 S. 3 BGB einschlägig wäre) oder nicht (womit nur S. 1 Anwendung fände).[32] Dem ist jedoch nicht zu folgen, denn es ist nicht zwingend, dass nur bei Änderung des Source Codes eine unvertretbare Sache entsteht.[33] Auch bei bloßer Änderung einiger Parameter, inklusive des Designs, kann die Sache so speziell werden, dass sie nur von diesem Anbieter individuell nutzbar ist und damit eine unvertretbare Sache entsteht. Dies trifft genauso auf Marketing-Apps zu: Meist wird dort nur das Design geändert, der Source Code hingegen bleibt unverändert (oder wird aus Versatzstücken zusammengesetzt). Es reicht oft aus, dass die App durch niemand anderen sinnvoll genutzt werden kann. Wenn aufgrund des Designs und der Planung eine App vom Design umfangreich, also mit einigem Zeitaufwand für die Zwecke des Anbieters angepasst wird, liegt damit eine unvertretbare Sache i.S.d. § 651 S. 3 BGB vor.

Praxistipp !

Der Unterschied ist gravierend: Für unvertretbare Sachen finden gem. § 651 S. 3 BGB die meisten werkvertraglichen Vorschriften Anwendung. Bei einer vertretbaren Sache hingegen finden gem. § 651 S. 1 BGB nur die kaufrechtlichen Vorschriften Anwendung. Das praktische Bedürfnis spricht dabei für die Anwendung von Werkvertragsrecht, da diese rechtlichen Vorschriften besser abgestimmt sind auf einen Vertrag, bei dem der Auftraggeber durch seinen spezifischen Auftrag und Prüfpflichten mitzuwirken hat.

---

29 Staudinger/*Jickeli/Stieper*, § 91 Rn 3; Soergel/*Marly*, BGB, § 91 Rn 2; *Kremer*, CR 2011, 769, 771.

30 BGH, Urt. v. 30.6.1971 – VIII ZR 39/70 – NJW 1971, 1793; Schränke in Serienanfertigung, die nach den Angaben des Auftraggebers gefertigt wurden, wurden als vertretbare Sache bewertet.

31 BGH, Urt. v. 29.9.1966 – VII ZR 160/64 – NJW 1966, 2307; Palandt/*Ellenberger*, § 91 Rn 1.

32 *Schweinoch*, CR 2010, 1, 4; *Schweinoch* in: Taeger, Digitale Evolution, 2010, S. 455, 463; *Schneider*, CR 2003, 317, 322.

33 *Maume/Wilser*, CR 2010, 209, 213.

5. Konkrete Bewertung: Zeitlich begrenzte Überlassung

27 Bei der Entwicklung einer Software mit zeitlich begrenzter Überlassung kann Kaufvertragsrecht keine Anwendung finden, da dieses eine dauerhafte Übereignung voraussetzt. In diesen Fällen sind die jeweiligen Vertragsschwerpunkte nach Hauptleistungspflichten einzeln zu bewerten, wodurch sich **zwei zu trennende Vertragsteile** ergeben: Ein **Werkvertrag** hinsichtlich der Entwicklung **und** ein **Mietvertrag** für die Dauer der Überlassung.[34]

28 Bei App-Entwicklungsverträgen liegt kein das gesamte Vertragsverhältnis umfassender Werkvertrag vor. Das Urteil des BGH zum **Internet-System-Vertrag**[35] kann nicht übertragen werden, da die Bereitstellung von Apps nicht mit Homepages gleichzustellen ist. Gegenstand des Urteils war ein Vertrag, der den Entwurf des Designs einer Homepage ebenso umfasste wie dessen Programmierung, das Bereitstellen der Inhalte sowie das Hochladen und Hosting der Homepage, mithin die Sicherstellung deren Betriebs. Bei Apps schuldet der Entwickler, auch wenn er sich zum Erhalt der Funktionsfähigkeit verpflichtet, keinen solchen dauerhaften Erfolg. Denn die Apps werden auf den Servern der Store-Betreiber gehostet, welche über die Aufnahme in die App Stores bestimmen können.[36] Auch behalten sie sich das Recht vor, die App jederzeit aus dem Store zu entfernen.[37] Die Bereitstellung erfolgt nicht aus einer Hand. Der Entwickler kann somit dem Anbieter gegenüber **keine Verpflichtung der ständigen Verfügbarkeit** übernehmen. Das Urteil zum Internet-System-Vertrag betrifft eine andere Konstellation und ist als Einzelfallurteil zu bewerten.[38]

6. Konkrete Bewertung: Überlassung auf Dauer

29 Wenn der Entwickler die erstellte App dem Anbieter dauerhaft überlässt – sei es zur Einstellung in einen App Store oder als interne Distribution –, ist zur vertraglichen Einordnung zwischen Werkverträgen (§ 633 BGB), Werklieferungsverträgen (§ 651 BGB) sowie Kaufverträgen (§ 433 BGB) abzugrenzen. Meist wird **Werkvertragsrecht**

---

34 Zum Mietvertrag BGH, Urt. v. 15.11.2006 – XII ZR 120/04 – CR 2007, 75, 76 – ASP.

35 BGH, Urt. v. 4.3.2010 – III ZR 79/09 – CR 2010, 327 m. Anm. *Hilber/Rabus*; *Kremer* in: Taeger, Digitale Evolution, 2010, S. 439.

36 Zu den Voraussetzungen und dem „Review Process" bei Apple siehe Kap. 2 Rn 13 ff.; Oelschlägel/Scholz/*Klinger*, S. 258, 329; *Kremer*, CR 2011, 769, 773.

37 So bestimmt z.B. Apple: *„You understand and agree that Apple may cease Distribution of Your Licensed Application(s) and/or Licensed Application Information or revoke the digital certificate of any of Your Applications at any time. (...)"* (Ziff. 8 der iDPLA). Ähnlich regeln dies die anderen Betreiber. Zuletzt wurde die App „500px", die künstlerische Akt-Fotos enthielt, kurzzeitig aus dem Apple App Store entfernt, ohne dass den Entwicklern eine detaillierte Beanstandung mitgeteilt wurde. Nach Änderungen beim Jugendschutz wurde eine neue Version wieder zugelassen, http://www. heise.de/mac-and-i/meldung/500px-kehrt-zurueck-in-den-App Store-1794345.html.

38 Die Einordnung als Werkvertrag zu Recht kritisch bewertend *Pohle*, K&R 2010, 347, 349.

Anwendung finden, da die **Apps neu entworfen** werden. Greift der Entwickler hingegen auf **bestehende Basiskomponenten** seiner Software zurück und passt nur das Design an, unter geringer Änderung des Source Codes, liegt demgegenüber ein **Werklieferungsvertrag** vor.

a) Allgemeine Rechtslage

Die vertragliche Einordnung ist sehr umstritten. Nach einer **Mindermeinung** soll bei jeder Überlassung von Software (auch individuell erstellter) **Kaufvertragsrecht** angewandt werden, da Hauptleistung die Lieferung der Software sei, was nach Ansicht des BGH das alleinige Kriterium darstelle.[39] Nach einer weiteren Mindermeinung soll grundsätzlich **Werkvertragsrecht** angewandt werden, da Vertragsinhalt die Umsetzung einer Individuallösung sei, wozu die Übergabe eines Datenträgers keine Rolle spiele.[40] Nach **herrschender Meinung** ist danach **abzugrenzen**, welchen Anteil im Vertrag das Element **„Planung“** umfasst – im Gegensatz zum Element der **„Lieferung“**. Nach dieser Ansicht wäre jeder Vertrag daraufhin zu überprüfen, ob der Schwerpunkt auf der Ausgestaltung einer Sache liegt oder auf deren Überlassung. 30

Die Entscheidungen des BGH[41] (und umso mehr der Oberlandesgerichte)[42] stiften mehr Verwirrung, als das sie zur Lösung beitragen. Im Kern sind **zwei BGH-Urteile relevant**: In der Entscheidung Silo-Bauteile entschied der 7. Senat, dass bei der Lieferung einer Sache grundsätzlich Kaufrecht Anwendung fände (selbst wenn diese Sache erst noch herzustellen sei) und Werkvertragsrecht nur einschlägig sei, wenn die Planungsleistung den Vertrag so dominiere, dass sie den Schwerpunkt bilde.[43] Demgegenüber entschied der 3. Senat ohne Begründung und ohne Auseinandersetzung mit dem Urteil des 7. Senats, dass Softwareerstellungsverträge *„regelmäßig als Werkvertrag [...], unter Umständen auch als Werklieferungsvertrag“* anzusehen seien.[44] 31

Zu folgen ist der herrschenden Meinung, wonach bei einem **hohen Planungsanteil ein Werkvertrag** vorliegt. Wie hoch dieser sein muss, ist in der Literatur sehr umstritten und kann kaum generell bestimmt werden. *Marly* sieht einen Kostenanteil von 27% für die Planung nicht als ausreichend für die Annahme eines Werkver- 32

---

39 *Schweinoch*, CR 2010, 1, 3; *Schweinoch*, CR 2009, 640, 641.

40 Siehe v. Westphalen/Thüsing/*Hoeren*, IT-Verträge, S. 1, 4; mit rein ergebnisbezogener Argumentation *Diedrich*, CR 2002, 473, 478; *Müller-Hengstenberg*, NJW 2010, 1181.

41 Übersicht bei Auer-Reinsdorff/Conrad/*Conrad/Schneider*, S. 195, 208.

42 OLG München, Urt. v. 23.12.2009 – 20 U 3515/09 – CR 2010, 156 (dazu *Mankowski*, CR 2010, S. 137) und OLG Bamberg, Urt. v. 18.8.2010 – 8 U 51/10 – jurisPR-ITR 21/2010, Anm. 5.

43 BGH, Urt. v. 23.7.2009 – VII ZR 151/08 – CR 2009, 637, Rn 25 m. Anm. *Schweinoch*.

44 BGH, Urt. v. 4.3.2010 – III ZR 79/09 – CR 2010, 327, Rn 21.

trags an.[45] Dem ist zuzustimmen, da bei der Schuldrechtsreform die Ausweitung des Anwendungsbereichs des § 651 BGB gewollt war[46] und das Silo-Bauteile-Urteil auch durch den 10. Senat bekräftigt wurde.[47] Ein Werkvertrag ist somit nur dann anzunehmen, wenn bei einer Gesamtbetrachtung des Vertrags ein überwiegend geistig-planerischer Anteil festzustellen ist. Nötig ist ein Planungsanteil von über 50%, um dem Regel-Ausnahme-Verhältnis des 7. Senats zu genügen.[48] Jedenfalls ausreichend ist ein Planungsanteil von zwei Dritteln.[49]

! **Checkliste: Vertragsarten**

Bei App-Entwicklungsverträgen können somit diese – im Folgenden näher zu untersuchenden – Vertragsarten Anwendung finden:

- Werkvertrag: Wenn die App nicht nur programmiert, sondern auch konzipiert und entwickelt wird – dies wird meistens der Fall sein;
- Werklieferungsvertrag: Wenn der Schwerpunkt auf der Programmierung statt auf der Entwicklung liegt;
  - über eine unvertretbare Sache: Bei allen Marketing-Apps und sonstigen teilweise speziell programmierten Apps;
  - über eine vertretbare Sache: Wenn ein Entwickler eine App an verschiedene Anbieter verkauft und nur geringfügige Änderungen, z.B. an der Benutzeroberfläche vornimmt.

---

b) Vertragstypologische Einordnung

aa) Werkvertrag

33 Ein Werkvertrag liegt vor, wenn der **Schwerpunkt** insgesamt auf der **geistigen Planungsleistung** liegt: bei einer vollständigen Neuentwicklung einer individuellen Software, bei umfangreicher Planung und Anpassung einer Basissoftware bzw. vorhandener Versatzstücke, bei ausführlichem Entwurf eines Designs und wenn eine **App von Grund auf neu** erstellt wird (in einer Konzeption des Entwicklers in Zusammenarbeit mit dem Anbieter).[50]

34 In vielen Fällen wird die App jedoch anhand eines bestehenden **Grundgerüsts** durchgeführt. Dies ist vor allem dann der Fall, wenn der Anbieter die App zu Marketingzwecken und Kundenbindung einsetzen möchte. Bei diesen werden in der Regel die Funktionen in einem Baukastensystem zusammengesetzt und durch individuelles Design für den Anbieter ergänzt, sodass der Source Code oft gar nicht oder nur

---

45 *Marly*, Rn 634.
46 BT-Drucks. 14/6040, S. 268.
47 BGH, Urt. v. 9.2.2010 – X ZR 82/07 – CR 2010, 580.
48 *Frank*, ITRB 2011, 231, 233.
49 *Maume/Wilser*, CR 2010, 209, 212.
50 Auer-Reinsdorff/Conrad/*Conrad/Schneider*, S. 439, 441.

anhand vorgesehener Möglichkeiten geändert wird.[51] Das Vertragsverhältnis ist dann sehr **ähnlich dem Webdesign-Vertrag**, in welchem der Entwickler dem Anbieter eine individuelle Website in speziellem Design erstellt. Der 3. Senat des BGH setzt Webdesign-Verträge und Softwareerstellungsverträge gleich. Dies überzeugt, da bei Webdesign in aller Regel auch Programmierungsleistungen vorgenommen werden.[52] Teilweise wird vertreten, dass ein Werklieferungsvertrag gem. § 651 BGB vorliege,[53] andererseits wird ein Werkvertrag gem. § 633 BGB angenommen.[54] Entsprechend den Softwareverträgen ist auf die Höhe des Planungsanteils abzustellen, was regelmäßig zur **Anwendung des § 633 BGB** führt, da gerade die Planung der kreativen Leistung einer ansprechenden Homepage im Vordergrund steht.

Praxistipp **!**
Werkvertragsrecht wird angewandt, wenn der Vertrag die Erstellung einer App mit einem speziellen, individuell für den Anbieter erstellten Design vorsieht und dabei der Schwerpunkt des Vertrags in der geistigen Leistung der Planung liegt (unabhängig von der Softwareprogrammierung), mithin Arbeitsaufwand und Kosten für das Design das der Programmierung überwiegen. Dabei kann es bei der Erstellung von Apps oft vorkommen, dass der Aufwand für die individuell geplante Design-Leistung über 90% darstellt und die Anpassung und Lieferung eher „nebenbei" erfolgt.

bb) Werklieferungsvertrag über eine unvertretbare Sache

Ein Werklieferungsvertrag (§ 651 BGB) liegt demgegenüber vor, wenn das Design des 35
Anbieters nur geringfügig von dessen Grundgerüst abweicht (ohne umfangreiche Änderungen am Source Code) und der **Schwerpunkt auf der technischen Entwicklung** liegt, während Planungsleistungen eine geringe Rolle spielen. Auch wenn das Design durch einen Dritten erstellt wurde und der App-Entwickler nur auf diesem basierend (technisch) die Software anpasst, liegt ein Werklieferungsvertrag vor.

cc) Werklieferungsvertrag über eine vertretbare Sache

Wenn der App-Entwickler eine nur **geringe Anpassung oder Einstellung von vorgesehenen Parametern** an seinem Grundmodul vornimmt, um dadurch eine individualisierte App zu erstellen, ist § 651 S. 1 BGB anzuwenden. Denn damit liegt der Schwerpunkt auf der Lieferung der Software. Kleine Änderungen einer Benutzer- 36

51 Zu den Begrifflichkeiten Auer-Reinsdorff/Conrad/*Conrad/Schneider*, S. 439, 479.
52 Auer-Reinsdorff/Conrad/*Schöttle*, S. 1129, 1133.
53 Redeker/*Härting*, S. 1, 7.
54 *Moritz/Dreier*, Rn 612 m.w.N.; *Redeker*, ITRB 2003, S. 82, 85.

oberfläche, z.B. an der graphischen Gestaltung durch Austausch weniger Bilder, sind nicht ausreichend, um eine individuelle Sache zu kreieren.[55] Wenn also nur wenige Elemente ausgetauscht werden und die App mit anderen Apps des Entwicklers aufgrund der Nähe im Aussehen im direkten Vergleich verwechselt werden könnte und durch wenige Handgriffe eine neue App für einen Dritten entstehen kann, liegt eine vertretbare Sache nach § 651 S. 1 BGB vor. Dies gilt auch, wenn durch minimale Änderungen am Source Code die App ursprünglich den Vorstellungen des Anbieters angepasst worden war. Angesichts der hohen Ansprüche an ein ansprechendes Design auf Smartphones wird diese Variante bei der App-Entwicklung nur selten, zumindest bei niedrigpreisigen Angeboten, vorkommen.

dd) Folgen der rechtlichen Einordnung

37 Für **Anbieter vorteilhaft** ist die Annahme eines **Werkvertrags**, insbesondere aufgrund der längeren Verjährungsfrist. **Für Entwickler** hingegen ist der **Werklieferungsvertrag über unvertretbare Sachen** (§ 651 S. 3 BGB) zu bevorzugen.[56] Denn dadurch sind die für den Entwickler wichtigen Normen des Werkvertragsrechts anzuwenden, während andererseits auch für ihn positive Normen des Kaufrechts zur Anwendung kommen:

1. Mitwirkungspflicht des Anbieters, § 642 BGB, und Kündigungsmöglichkeit bei unterlassener Mitwirkung, § 643 BGB;
2. Verantwortlichkeit des Anbieters für Mängel seiner Materialien, § 645 BGB;
3. der Entwickler kann nach seinem Ermessen Vorschüsse verlangen (keine Anwendung des § 632a BGB, wonach ein Vorschuss nur verlangt werden kann, soweit der Anbieter einen Wertzuwachs erlangt hat);
4. Ansprüche des Anbieters verjähren nach zwei Jahren bzw. nach einem, wenn der Anbieter Unternehmer ist; Beginn der Frist ab Ablieferung.

Durch die Anwendung des Kaufrechts entstehende **Nachteile** können durch Regelungen in AGB **ausgeglichen** werden:

1. Der Entwickler sollte eine Pflicht zur Abnahme der App vereinbaren[57]
2. und das Wahlrecht bei Mängeln auf den Entwickler legen.[58]

---

55 Redeker/*Härting*, S. 1, 4.

56 Zu den Unterschieden instruktiv *Marly*, Rn 629.

57 Auer-Reinsdorff/Conrad/*Redeker*, S. 561, 592: Dies ist zulässig, solange der Verwender die Regelung zum Gefahrübergang (§§ 446, 447 BGB) unverändert belässt.

58 Auer-Reinsdorff/Conrad/*Redeker*, S. 561, 572 und 601.

Fettnapf

Hier ist auf eine besonders **sorgfältige Vertragsgestaltung** zu achten. Ein schlecht formulierter Vertrag kann zu einer unerwünschten Einordnung des Vertrags führen. Die AGB-rechtlich zulässige Einräumung so vieler Rechte für den Entwickler bedarf besonderen Geschicks. Dem Kunden zwingend zustehende Rechte dürfen nicht ausgeschlossen werden.[59] Seitens des Entwicklers sollte der Vertrag so ausgestaltet werden, dass nach dessen Interesse ein Werkvertrag oder Werklieferungsvertrag vorliegt.

7. Besonderheiten bei Firmen-Lösungen

Apps, die für die Enterprise-Lösung entwickelt werden, sind wie jede andere Softwareüberlassung für ein Unternehmen zu bewerten. In der Praxis sind vor allem zwei Arten einschlägig: Einerseits **individuelle Firmenlösungen**, die einen Werkvertrag darstellen. Andererseits gibt es **Standard-Software** zu erwerben. Diese Überlassung kann ebenfalls zur Miete erfolgen. 38

Eine Besonderheit stellt das **Custom-B2B-Programm** von Apple dar: Über eine Apple-Plattform können Unternehmen weltweit ihre Programme anbietende Entwickler finden und diese mit der Entwicklung einer App beauftragen. Dies sind selten Einzelentwicklungen, sondern meist an die Wünsche des Auftraggebers **angepasste Basissoftwares**. Bei Beurteilung nach deutschem Recht würden diese Verträge einen Werklieferungsvertrag darstellen (bei geringer Anpassung durch den Entwickler nur über eine vertretbare Sache). Allerdings ist diese Rechtsbeziehung entsprechend der Endkundenverträge zu beurteilen, da der Verkauf über einen von Apple bereitgestellten App Store erfolgt. Dies führt dazu, dass die Rechtsbeziehung nach amerikanischem Recht zu beurteilen ist und Apple der Vertragspartner des App-Verwenders wird.[60] 39

8. Zusammenfassung

Vor der Gestaltung eines App-Entwicklungsvertrags, der im Folgenden detailliert vorgestellt wird, ist festzustellen: 40

Checkliste

1. Verträge über eine App-Entwicklung sind **Softwareentwicklungsverträge**.
2. Bei Entwicklung einer App mit **Überlassung auf Zeit** findet in der Erstellungsphase **Werkrecht,** während der Nutzungsphase **Mietrecht** Anwendung.
3. Bei einer **Überlassung auf Dauer** liegt bei einer vollständigen Neuentwicklung ein **Werkvertrag** vor, bei einer geringeren Planungsleistung ein **Werklieferungsvertrag**.

---

59 So z.B. das außerordentliche Kündigungsrecht gem. § 649 BGB, vgl. v. Westphalen/Thüsing/*Hoeren*, IT-Verträge, S. 57.
60 Siehe Rn 171 ff.

4. Bei Werklieferungsverträgen ist zu unterscheiden, ob eine **vertretbare oder unvertretbare Sache** vorliegt und der Vertrag entsprechend anzupassen.

II. Vertragsgestaltung

41 Nachdem nun ausführlich die möglichen Vertragstypen bei der Inauftraggabe der Entwicklung einer App erläutert wurden, ist an dieser Stelle das Augenmerk auf den Inhalt des Vertrags zu richten. Die enorme Bandbreite an Apps gibt Software-Entwicklern und Anbietern zwar völlig neue Möglichkeiten, stellt sie doch hinsichtlich der Vertragsgestaltung vor rechtliche Herausforderungen.

42 So schlicht die fertige App wirkt, so kompliziert sind die rechtlichen Aspekte, die die Parteien bei der **Gestaltung eines Softwareerstellungsvertrags** beachten sollten. Denn bereits vor Beginn der Entwicklung der App stellen sich zahlreiche Fragen: Welche Pflichten hat der Entwickler, welche der Anbieter? Was passiert, wenn die erstellte Software plötzlich Mängel aufweist? Was muss beachtet werden, wenn Werke Dritter in die App eingebaut werden sollen? Können sich der Entwickler und der Anbieter nach Vertragsschluss überhaupt noch davon lösen? Und wie können sich die Parteien bestmöglich vertraglich absichern? Bei der Beantwortung dieser Fragen ist zu bedenken, dass sich mit dem Entwickler der App und dessen späterem Anbieter zwei Vertragsparteien gegenüberstehen, die letztlich verschiedene – teils gegenläufige – Interessen verfolgen. Bei der Vertragsgestaltung müssen jedoch die **Interessen beider Seiten** Berücksichtigung finden.

43 Dies gelingt am besten durch einen vor Beginn der App-Entwicklung erstellten, präzise formulierten und alle wichtigen Bestandteile der Geschäftsbeziehung enthaltenden Vertrag, da dieser eine elementare Basis für einen reibungslosen Ablauf der Zusammenarbeit zwischen Entwickler und Anbieter bietet.

44 Da im Regelfall der Entwickler eine den Wünschen des Anbieters entsprechende, völlig neue App entwickelt, richtet sich der **Softwareerstellungsvertrag meist nach den Regeln des Werkvertrags gem. §§ 631 ff. BGB.**[61] Aus diesem Grund erfolgt die Darstellung über die maßgeblichen Aspekte der Vertragsgestaltung in diesem Kapitel anhand eines Werkvertrags. Da jedoch in der Praxis auch häufig ein **Werklieferungsvertrag gem. § 651 BGB** vorliegt, erfolgt der Vollständigkeit halber bei Abweichungen von der Gestaltung des Werkvertrags eine Bemerkung dazu in den Fußnoten, die jedoch aufgrund der Komplexität der Thematik nur als Hinweis gelten soll.

61 Zur Abgrenzung der Softwareerstellungsverträge zu den Softwareüberlassungsverträgen siehe Rn 27 und 29 ff.

1. Basics der Vertragsgestaltung

Ein Vertrag ist die Basis der Zusammenarbeit und regelt jeden relevanten Punkt der Kooperation. Bei Gestaltung des Vertrags sollten daher alle möglichen Szenarien, die sich bei der Entwicklung der App ereignen könnten, gedanklich durchgespielt und verklausuliert werden, um so für jede Situation die Modalitäten und die Konsequenzen schon im Voraus vertraglich zu regeln. Dies betrifft nicht nur den **Kernvertrag**, sondern auch **Vertragsänderungen oder Vertragsergänzungen**. 45

a) Privatautonomie der Parteien

Da im Zivilrecht der **Grundsatz der Privatautonomie** gilt, wonach den Parteien ein möglichst weiter Gestaltungsspielraum gelassen werden soll, ist in einer Vielzahl von Fällen eine eigene vertragliche Vereinbarung möglich, die dann **Vorrang vor dem Gesetz** hat. Das Gesetz kommt hingegen nur dann zur Anwendung, wenn keine vertragliche Vereinbarung vorliegt oder diese unvollständig ist. Voraussetzung dafür ist, dass es sich um ein **abänderbares Recht** handelt. 46

Handelt es sich hingegen um **zwingendes Recht**, ist eine Abweichung in der Regel aus Gründen des Schutzes einer Partei durch Vertrag unzulässig und das Gesetz findet zwingend Anwendung. Beispiele dafür finden sich im Rahmen von unzulässigen Haftungsausschlüssen in AGB gem. §§ 307ff. BGB. 47

b) Schriftlichkeit des Vertrags

Bei der Fixierung des Vertrags ist die **Schriftform** insofern zu empfehlen, als sie den Parteien ermöglicht, sich während ihrer Zusammenarbeit bei Unklarheiten immer wieder an dem schriftlich Vereinbarten orientieren zu können und so Missverständnisse in den Absprachen zu vermeiden. Denn die Entwicklung einer App umfasst zahlreiche Einzelaspekte, die im Laufe der Zeit in Vergessenheit geraten können, wenn diese nur mündlich besprochen wurden. Auch besteht das Risiko, dass die Absprachen mit Personen getroffen wurden, die bei Entstehen einer Unstimmigkeit nicht mehr im Anbieter-Unternehmen tätig sind. 48

Fettnapf !

Auch wenn es natürlich grundsätzlich richtig ist, dass ein mündlicher Vertrag genauso wirksam ist wie ein schriftlicher Vertrag, besteht jedoch das Problem, dass mündliche Absprachen im Streitfall schwierig nachzuweisen sind. Die Schriftform ist die einfachste und sicherste Variante, sich im Streitfall auf Absprachen zu berufen, um so eigene Ansprüche durchzusetzen bzw. Gegenansprüche abzuwehren. Dazu genügt bereits eine E-Mail mit der gegnerischen Bestätigung des Erhalts.

2. Vertragsgegenstand und Leistungsbeschreibung

49 Die Leistungsbeschreibung bildet die für die Entwicklung einer App wichtigste Richtlinie.[62] Präzise und professionell formuliert, regelt sie im Detail, welche **Verpflichtungen** sowohl den Entwickler als auch den Anbieter der App zu welchem Zeitpunkt treffen.

50 Je detaillierter eine Leistungsbeschreibung formuliert ist, desto geringer ist die Wahrscheinlichkeit, dass die Leistung im Nachhinein als nicht oder nicht vollständig erbracht angesehen wird. Denn nur, wenn klar formuliert wurde, wann die Leistung als erbracht anzusehen ist, kann auch beurteilt werden, wann die Abnahme zu erfolgen hat und mithin der Vergütungsanspruch entsteht – oder ob die Leistung nur mangelhaft erfüllt wurde und daher der Gewährleistungsfall eintritt. An dieser Stelle wird bereits deutlich, wie eng die einzelnen Komponenten des Entwicklungsprozesses miteinander verzahnt sind und warum die Leistungsbeschreibung gewissermaßen das Herzstück des Softwareerstellungsvertrags darstellt. **Bestandteile** der Leistungsbeschreibung sind einerseits das **Lastenheft** und andererseits das **Pflichtenheft**. Was diese im Einzelnen umfassen und was bei deren Erstellung zu beachten ist, soll im Folgenden erläutert werden.

a) Lastenheft

51 Das Lastenheft wird vom **Anbieter** der App erstellt und beinhaltet die detaillierten **Forderungen** des Anbieters an den **Lieferungs- und Leistungsumfang** der App.[63] Im Lastenheft beschreibt der Anbieter also dem Entwickler die Einzelheiten der gewünschten App und stellt ihm darin die Bedingungen, unter denen er die App nach der Fertigstellung abnimmt.

! **Praxistipp**
Auch wenn Zeitgründe häufig dazu verleiten, sollte im Idealfall nicht auf die Erstellung des Lastenhefts verzichtet werden. Anderenfalls muss der Inhalt des Lastenhefts vom Entwickler in das Pflichtenheft mit eingebaut werden, damit klar wird, was überhaupt umgesetzt werden soll. Dies kann sich u.U. als aufwändig erweisen und somit einen höheren Zeit- und damit auch Kostenaufwand bedeuten.

---

52 Das Lastenheft umfasst zunächst eine Beschreibung des **Konzepts**. Darauf folgt eine Erläuterung des **Produkteinsatzes**, also u.a. die Entscheidung, für welches Betriebssystem die App entwickelt werden oder in welchen Ländern sie verfügbar sein soll. Weiterhin sollten Details der **App-Funktionen** im Lastenheft enthalten

62 Leupold/Glossner/*von dem Bussche/Schelinski*, Rn 387.

63 Für nähere Informationen zum Lastenheft siehe auch: Leupold/Glossner/*von dem Bussche/Schelinski*, Rn 388; *Redeker*, Rn 302ff.

sein. Dies umfasst Einstellungen der App sowie die Art und Weise der Benutzung. Darüber hinaus kann der Anbieter auch **Wunschkriterien** verfassen.

Nachdem dem Entwickler das Lastenheft ausgehändigt wurde, überprüft dieser 53
die Wünsche des Lastenhefts ausführlich auf ihre Umsetzbarkeit. Hält der Entwickler die App für umsetzbar, erstellt er auf Basis des Lastenhefts das Pflichtenheft. Aus diesem Grunde sollte Letzteres zwar **klar formuliert** werden, aber etwas **weiter gefasst** werden, um dem Entwickler einen Umsetzungsspielraum zu bieten.[64]

Checkliste !
- Konzept der App
- Zielbestimmungen der App
- Einsatz der App
- Funktionen der App
- Wunschkriterien

---

b) Pflichtenheft

Im Pflichtenheft legt der **Entwickler** der App die **Art und Weise der Umsetzung** 54
der Wünsche und Anforderungen des Anbieters dar, die dieser im Lastenheft gestellt hat.[65] Auch hier ist aus Gründen der Beweislast die Textform zu empfehlen.

Fettnapf !

Die Erstellung des Pflichtenhefts ist für den Entwickler eine zeitaufwändige Angelegenheit. Dieser Zeit- und damit auch der entsprechende Kostenfaktor sollte bereits bei der Angebotserstellung Berücksichtigung finden, da eine spätere gesonderte Abrechnung von den Vertragspartnern regelmäßig nicht akzeptiert wird.

Begibt sich der Entwickler dann an die Erstellung des Pflichtenhefts, sollten einige 55
Punkte unbedingt aufgenommen werden. Zunächst sollten die **Zielbestimmungen** klar definiert werden. Dabei kann z.B. zwischen Muss-, Soll- und Wunschkriterien der App unterschieden werden. Darüber hinaus sollte der **Produkteinsatz** z.B. hinsichtlich der Anwendungsbereiche und der Zielgruppe der App geregelt werden. Auch muss dargestellt werden, für welches **Betriebssystem** die App programmiert werden soll (iOS, Android etc.) und ob zusätzlich Hard- und Software benötigt wird. Zu beachten ist auch, ob die Einrichtung eines Apple Developer oder sonstige zur

---

64 Leupold/Glossner/*von dem Bussche/Schelinski*, Rn 392f.

65 Für nähere Informationen zum Pflichtenheft siehe auch Leupold/Glossner/*von dem Bussche/Schelinski*, Rn 389ff.; *Redeker*, Rn 302ff.

Entwicklung notwendige Accounts in der Leistung enthalten sind. Ebenfalls von Relevanz sind **Angaben zur Produktqualität.**[66]

56 Geht es dann um die App als solche, sollten **Produktdaten** aus Benutzersicht und Details zu der **Benutzeroberfläche** der App festgehalten werden. Auch sollte geregelt werden, wer u.U. für die Einholung erforderlicher **Lizenzen für Drittinhalte** verantwortlich ist.

57 Das Pflichtenheft sollte einen **Fristenplan** enthalten. Dieser Zeitplan gibt an, in welchem Zeitabschnitt welches Stadium der Entwicklung erreicht werden soll. Der Fristenplan stellt letztlich nicht nur eine **zeitliche Orientierung** dar, sondern spielt auch eine wesentliche Rolle für die Abnahme des Werks. Je nachdem, ob man sich für eine Teil- oder Endabnahme entscheidet, werden **Termine für Teil- bzw. Endfertigstellungen** vereinbart.

58 Sobald das Pflichtenheft vom Anbieter akzeptiert wurde, ist der Inhalt des Pflichtenhefts Bestandteil des Vertrags und damit für beide Parteien verbindlich.

! **Checkliste**

- Zielbestimmungen der App
- App-Einsatz
- Technische App-Umgebung
- App-Funktionen
- Qualitätsanforderungen
- App-Daten aus Benutzersicht
- Benutzeroberfläche der App
- Spezielle Anforderungen an die Entwicklungsumgebung der App
- Fristenplan

---

3. Mitwirkungshandlungen und Informationen des App-Anbieters

59 Einen nicht zu unterschätzenden Anteil am Erfolg und an der effektiven Umsetzung der App hat die Mitwirkung des Anbieters.[67] Aus diesem Grund sollten auch die **Mitwirkungspflichten des Anbieters** und die **Konsequenzen bei Nichteinhaltung** speziell zum Vertragsgegenstand gemacht werden. Anderenfalls hinge die Abnahme des Werks und damit auch die Entstehung des Vergütungsanspruches von der willkürlichen Mitwirkung des Anbieters ab.

! **Klauselmuster**

„Kommt der Anbieter seinen Mitwirkungspflichten nicht nach, so hat der Entwickler das Recht zur Kündigung des Vertragsverhältnisses, wenn der Entwickler den Anbieter zuvor schriftlich zur Erfüllung seiner Mitwirkungspflichten aufgefordert hat und die dazu gesetzte Nachfrist von ... Tagen

---

66 *Redeker*, Rn 302.

67 Kilian/Heussen/*Moritz*, Rn 45 ff.; MüKo-BGB/*Busche*, § 642 Rn 1.

erfolglos verstrichen ist. Der Vergütungsanspruch des Entwicklers bleibt von der Kündigung unberührt."

Wenn vertraglich nicht festgelegt ist, welche Mitwirkungspflichten dem Anbieter obliegen, dann kann sich der Entwickler auch auf die **gesetzlichen Regelungen der §§ 642 und 643 BGB** berufen, wenn der Anbieter diesen Handlungen nicht fristgemäß nachkommt.[68] In einem solchen Fall sieht der Gesetzgeber nämlich eine **Entschädigung** für den Entwickler gem. § 642 BGB vor[69] und gibt ihm mit § 643 BGB nach Ablauf einer Nachfrist sogar ein **Kündigungsrecht.**[70] In diesem Zusammenhang sollte der Entwickler regeln, dass sein Vergütungsanspruch in einem solchen Fall davon unberührt bleibt. 60

Zu den Mitwirkungspflichten des Anbieters gehört beispielsweise die **Lieferung der gewünschten Inhalte**, wie z.B. Texte, Bilder, Videos, Graphiken, Tabellen oder Logos, die in zahlreichen Apps vorhanden sind, und die Angabe, in welchem Format er die Präsentation der Inhalte und der **Informationen** wünscht. Die Inhalte der Spalten „Über uns", „Impressum", „FAQ/Hilfe" obliegen ebenfalls dem Anbieter und können auch nur von diesem gestellt werden. 61

Darüber hinaus sollte der Anbieter **die Kategorie der App im App Store** angeben und auch am Inhalt der App mitwirken. So sollte er den **Beschreibungstext** für den App Store liefern, der bei der Veröffentlichung erscheint, und auch die **Keywords** nennen, mit deren Hilfe die App im App Store besser gefunden werden kann. Hinsichtlich der Keywords ist zu beachten, dass diese aus maximal 100 Zeichen bestehen dürfen. Die Erstellung eines multilingualen Beschreibungstexts könnte ebenso zu einem größeren Erfolg der App führen, wie die Erstellung einer „Weiterempfehlen"-Funktion. 62

Weiterhin hat der Anbieter der App die Pflicht, angemessene Vorkehrungen zur **Datensicherung** zu treffen,[71] damit die Daten auf den mit der App genutzten Geräten mit vertretbarem Aufwand reproduziert werden können. Letztlich bedeutet die Mitwirkungspflicht des Anbieters, dass er den Erfolg des Projekts in jeder Phase durch aktive und angemessene Mitwirkungshandlungen zu fördern hat. 63

---

68 Handelt es sich um einen Softwareüberlassungsvertrag, der eine weite Anpassung von Basissoftware zum Gegenstand hat, so findet die Regelungen des § 642 BGB auch darauf Anwendung, § 651 S. 3 BGB. Nicht anwendbar ist dieses Recht bei einem Softwareüberlassungsvertrag, der eine enge Anpassung von Basissoftware zum Gegenstand hat.

69 Jauernig/*Mansel*, § 643 Rn 2; Palandt/*Sprau*, § 643 Rn 1.

70 MüKo-BGB/*Busche*, § 642 Rn 16; Jauernig/*Mansel*, § 643 Rn 5.

71 Für tiefergehende Informationen siehe auch *Meier*, NJW 1998, 1585.

4. Rechteeinräumung

64 Das Urheberrecht ist nach deutschem Recht nicht übertragbar, allenfalls gem. §§ 29, 28 UrhG vererbbar.[72] Dies hat zur Folge, dass die alleinigen und ausschließlichen Verwertungsrechte an der App beim Entwickler liegen und Dritte das urheberrechtlich geschützte Werk nur dann rechtmäßig gebrauchen können, wenn ihnen die Nutzungsrechte daran übertragen wurden.[73]

65 Im Zusammenhang mit der Entwicklung einer App spielen Nutzungsrechte an zwei Stellen eine wichtige Rolle: Zum einen bei der **Einräumung der Nutzungsrechte an der App** durch den Entwickler auf den Anbieter und zum anderen bei der **Einräumung von Nutzungsrechten für** in der App **verwendete Inhalte Dritter.**

a) Rechteeinräumung an der App

66 Der **Entwickler** der App ist grundsätzlich immer der **Urheber** i.S.d. § 7 UrhG und genießt damit den urheberrechtlichen Schutz seiner App gem. den §§ 69a ff. UrhG.[74] Dies bedeutet, dass er in der Regel das alleinige Verwertungsrecht hat, welches ihm als Urheber das **alleinige und ausschließliche Recht** zuspricht, sein **Werk in jeglicher Art und Weise zu verwerten.** Dies umfasst sowohl das positive Benutzungsrecht als auch das negative Verbietungsrecht.[75]

67 Eine Ausnahme von diesem Grundsatz ist dort vorgesehen, wo es sich um ein Werk mehrerer Entwickler handelt, die dann **Miturheber** i.S.d. § 8 Abs. 1 UrhG sind und das Werk im Rahmen des § 8 Abs. 2 UrhG verwerten dürfen, oder es sich um ein Werk handelt, welches vom Entwickler im Rahmen seines Angestelltenverhältnisses hergestellt wurde und daher der **Arbeitgeber** gem. § 69b Abs. 1 UrhG alle wirtschaftlichen Rechte daran innehat.[76]

68 Die Nutzung der App durch den personenverschiedenen Anbieter kann nur dann erfolgen, wenn ihm die **Nutzungsrechte** daran von dem Urheber bzw. Rechteinhaber übertragen werden. Da das Urheberrecht in Deutschland nicht übertragbar ist und nur gem. §§ 29, 28 UrhG vererbt werden kann sowie die Verwertungsrechte alleinige und ausschließliche Rechte des Urhebers sind, stellt die Übertragung von Nutzungsrechten die einzige Möglichkeit dar, um Dritten die Nutzung zu gestatten. Der Anbieter muss sich also die Nutzung der App vertraglich einräumen lassen, wenn er sie nicht selbst entwickelt hat.

69 Neben der Schwierigkeit der vertraglichen Ausgestaltung besteht auch inhaltlich das Problem, die **gegenteiligen Interessen der Parteien** miteinander zu verei-

---

72 Dreier/Schulze/*Schulze*, § 29 Rn 3.
73 Spindler/Schuster/*Wiebe*, § 69c UrhG Rn 1.
74 Dreier/Schulze/*Schulze*, § 7 Rn 2.
75 Spindler/Schuster/*Wiebe*, § 69c UrhG Rn 1.
76 Wandtke/Bullinger/*Grützmacher*, § 69b Rn 18.

nen: Denn während der Anbieter der App ein Interesse an einem exklusiven Nutzungsrecht haben wird, um diese als Einziger auf den Markt bringen zu können, wird der Entwickler der App ein Interesse an der Übertragung eines lediglich einfachen Nutzungsrechts an der App haben, um diese auch anderen Anbietern überlassen zu können.[77] Aufgrund dieser unterschiedlichen Interessenlagen ist zu empfehlen, die einzelnen Modalitäten der Nutzungen und deren Umfang detailliert aufzulisten. Denn geschieht dies nicht, so gilt nach § 31 Abs. 5 UrhG die **Zweckübertragungslehre**. Diese sieht vor, dass bei fehlender ausdrücklicher Regelung zum Umfang des eingeräumten Nutzungsrechts sich dieser nach dem von beiden Parteien zugrunde gelegten Vertragszweck bestimmt.[78] Diese erfolgt zwar in der Regel eher eng, kann aber im Zweifel auch weiter ausfallen, als ursprünglich von den Parteien gewollt. Aus diesem Grunde ist eine gezielte, präzise und vertraglich eng formulierte Rechtegestaltung unumgänglich.

b) Rechteeinräumung an Drittinhalt

Darüber hinaus spielen Nutzungsrechte dort eine Rolle, wo **fremde Inhalte (Drittinhalte)** in der App verwendet werden sollen: Dabei kann es sich z.B. um Musik, Bilder oder Software handeln, die urheberrechtlich geschützt sind. 70

Soll ein solcher Drittinhalt Bestandteil der App werden, so muss sich die Partei, die diese einbringt, auch die **Nutzung** daran einräumen lassen. In der Praxis hängt es von der Parteivereinbarung ab, wer die Inhalte einbringt. Gehört es beispielsweise zu den Mitwirkungspflichten des Anbieters, solche Inhalte zu liefern, so muss er sich vor der Lieferung die Nutzungsrechte einräumen lassen, um nicht wegen unbefugter Nutzung vom Rechteinhaber in Anspruch genommen zu werden. Auch sollte der Inhalt dieser **Nutzungsvereinbarung** zum Schutz des Entwicklers **identisch zum Inhalt der Vereinbarung zwischen Anbieter und Entwickler** gemacht werden. Denn auf diese Weise kann der Entwickler in Fällen, in denen die Rechteeinräumung gar nicht oder nicht vollständig erfolgt ist und er deshalb wegen unbefugter Verwertung vom Rechteinhaber in Anspruch genommen wird, sich beim Anbieter als seinem Vertragspartner wegen der Verletzung vertraglicher Pflichten schadlos halten. Dies gilt umgekehrt genauso, wenn sich der Entwickler zur Lieferung der Inhalte verpflichtet. 71

c) Vertragliche Gestaltung

Nach § 31 UrhG können Nutzungsrechte an urheberrechtlich geschützten Werken gem. § 31 UrhG mit einer **Lizenzvereinbarung** auf den späteren Werknutzer für be- 72

77 Leupold/Glossner/*von dem Bussche/Schelinski*, Rn 249.
78 Dreier/Schulze/*Schulze*, § 31a Rn 74.

stimmte Nutzungsarten übertragen werden. Unter einer Nutzungsart versteht man jegliche klar abgrenzbare, wirtschaftlich-technische Verwendungsform. Eine App stellt dabei eine eigene Nutzungsart dar.

73 Die Einräumung von Nutzungsrechten in Vertragswerken ist jedoch eine sehr anspruchsvolle Aufgabe. Sie bedarf einer detaillierten Ausgestaltung und der Berücksichtigung der konkreten Umstände. Bei der Formulierung eines solchen Vertragswerks können folgende Fragestellungen eine hilfreiche Stütze bilden:

! **Checkliste**

- Welche Nutzungshandlungen sollen eingeräumt werden? Die Vervielfältigung, die Umarbeitung, die Verbreitung und/oder die öffentliche Wiedergabe und öffentliche Zugänglichmachung?
- In welchem Umfang soll das Nutzungsrecht eingeräumt werden? Einfach oder exklusiv?
- Soll die Rechteeinräumung beschränkt werden? Wenn ja, zeitlich, örtlich oder inhaltlich?
- Auf welche Nutzungsarten soll sich die Rechteeinräumung beziehen? Ist eine Erweiterung auf zukünftige, bisher unbekannte Nutzungsarten gewünscht?
- Soll der Werknutzer die Möglichkeit haben, die Nutzungsmöglichkeit seinerseits auf Dritte zu übertragen?

---

5. Leistungsänderungen

74 Auch eine noch so detaillierte Leistungsbeschreibung bedeutet nicht, dass die App letztlich auch so fertiggestellt wird. In der Praxis ergeben sich oftmals Änderungswünsche vonseiten des Anbieters, oder es stellt sich heraus, dass die App in der Praxis nicht in der Art umgesetzt werden kann, wie es im Pflichtenheft geregelt wurde. Da diese Konstellationen der Leistungsänderung nach Vertragsschluss häufig auftreten, sollten bereits vor Vertragsschluss die Konsequenzen geklärt werden.

75 Je nach Art und Umfang der Leistungsänderung ist zu bedenken, ob eine neue **Leistungsbeschreibung** erstellt werden muss, welche diese Änderungen umfasst. Weiterhin sollte der **Kostenfaktor** nicht außer Acht gelassen werden. Dabei stellt sich die Frage, wie mit der Vergütung für bis dahin ggf. nutzlos geleistete Arbeit zu verfahren ist und wie mit den durch die Leistungsänderung entstandenen **Mehrkosten** zu verfahren ist. Auch muss der **Fristenplan** den geänderten Umständen angepasst werden, d.h., es müssen neue (Teil-)Abnahmetermine in einem neuen Fristenplan festgelegt werden. Auf diese Weise wird auch der (Teil-)Vergütungsanspruch des Entwicklers gesichert.

! **Praxistipp**

Wenn während der Zusammenarbeit zwischen Anbieter und Entwickler Änderungen in der Leistung erfolgen sollen, so ist den Parteien zu empfehlen, die Änderungen schriftlich festzuhalten. Denn die Partei, die sich letztlich auf diese Änderung berufen möchte, trägt für das Bestehen einer Leistungsänderung auch die Beweislast.

---

6. Abnahme

a) Einheitliche Abnahme

Wie bereits an mehreren Stellen erläutert, nimmt die Abnahme in der Abwicklung des Werkvertrags an verschiedenen Stellen eine entscheidende und daher nicht zu vernachlässigende Stellung ein.[79] Gesetzlich geregelt ist die Abnahme in **§ 640 Abs. 1 S. 1 BGB**, worin es heißt: 76

> *„Der Besteller ist verpflichtet, das vertragsmäßig hergestellte Werk abzunehmen, sofern nicht nach der Beschaffenheit des Werkes die Abnahme ausgeschlossen ist. Wegen unwesentlicher Mängel kann die Abnahme nicht verweigert werden."*

Das bedeutet, dass der Entwickler das fertiggestellte Werk, also die App, dem Anbieter fristgerecht vorführt und dieser es auf die vereinbarungsgemäße Erstellung und Mangelfreiheit hin überprüft. Sofern die Überprüfung positiv ausfällt und der Anbieter die App akzeptiert, gilt diese als endgültig abgenommen.[80] Die Abnahme des Werks stellt eine Pflicht des Anbieters dar, wenn die App vollständig und im Wesentlichen mangelfrei erbracht wurde.[81] 77

Diese Akzeptanz des Werks muss auch der Anbieter erklären. Dies kann zum einen ausdrücklich (z.B. durch Unterschrift unter einem Abnahmeformular) erfolgen oder auch stillschweigend (z.B. durch Zahlung der vereinbarten Vergütung).[82] Zu welchem Zeitpunkt die Abnahme genau erfolgt, sollte im Idealfall im Fristenplan geregelt worden sein. 78

b) Teilabnahme

Bei aufwändigeren Projekten, die eine längere Zeit zur Entwicklung in Anspruch nehmen, ist die Vereinbarung von Teilabnahmen im Fristenplan zu empfehlen. Dabei erfolgt die Abnahme teilweise in einzelnen, ausdrücklich zu bestimmenden Etappen.[83] Auf diese Weise kann z.B. verhindert werden, dass eine unglücklich formulierte Leistungsbeschreibung zu Missverständnissen bei der Entwicklung der App führt, die sich durch das gesamte Entwicklungsstadium zieht und erst bei der Abnahme auffällt. 79

---

79 Da Softwareüberlassungsverträge gem. § 651 S. 3 BGB nach den Regeln des Kaufrechts abgewickelt werden, erfolgt in diesen Fällen auch keine Abnahme, sondern nur eine Übergabe der Sache nach den Regeln der §§ 446, 447 BGB. Die in diesem Abschnitt dargestellten gesetzlichen Regelungen zur Abnahme nach § 640 BGB finden somit auf Softwareüberlassungsverträge keine Anwendung.

80 Palandt/*Sprau*, § 640 Rn 3; *Redeker*, Rn 341.

81 Palandt/*Sprau*, § 640 Rn 8.

82 Jauernig/*Mansel*, § 640 Rn 3; Palandt/*Sprau*, § 640 Rn 6.

83 Staudinger/*Peters/Jacoby*, § 640 Rn 118; Jauernig/*Mansel*, § 640 Rn 6.

80 Andererseits hat die Teilabnahme für den Entwickler den Vorteil, dass auch sein zu verzinsender Vergütungsanspruch gem. § 641 Abs. 1 S. 2 BGB teilweise entsteht, was zur Finanzierung länger andauernder Projekte oftmals nicht unerheblich ist.[84] Die Zeitpunkte der Teilabnahmen richten sich dann nach bestimmten, vertraglich vereinbarten Etappen[85] der Entwicklung der App. Nach der letzten Teilabnahme erfolgt dann die Endabnahme.

81 Dabei ist jedoch zu beachten, dass bei der Endabnahme die bei den **Teilabnahmen verbindlich abgenommenen Leistungen** nicht mehr beanstandet werden können. Was einmal im Rahmen einer Teilabnahme akzeptiert wurde, kann in der darauf folgenden Teilabnahme oder in der Endabnahme nicht mehr bemängelt werden – diese Teile sind als abgeschlossen anzusehen.[86] Folglich kann der Anbieter seine Gewährleistungsrechte nach der Abnahme nicht mehr für die Mängel geltend machen, die er bei Abnahme kennt und deren Geltendmachung er sich nicht vorbehalten hat, § 640 Abs. 2 BGB.[87]

c) Abnahmeverweigerung

82 Für eine Nichtabnahme kann es zwei Gründe geben: Entweder verweigert der Anbieter die Abnahme, weil die App noch nicht vertragsgemäß entwickelt wurde **(berechtigte Abnahmeverweigerung)** oder er kommt seiner Pflicht zur Abnahme trotz vertragsgemäßer Erfüllung nicht nach, obwohl er dazu verpflichtet wäre **(unberechtigte Abnahmeverweigerung)**.

83 Zeigen sich bei der fertiggestellten und abzunehmenden App Mängel, so ist der Anbieter nicht zur Abnahme verpflichtet. Im Gegenteil: Mangels Abnahmereife des Werks kann er die Abnahme so lange verweigern, bis der Entwickler den vereinbarten Zustand herstellt.[88] Dies führt zu einer zeitlichen Verzögerung der Entstehung des Vergütungsanspruchs des Entwicklers.[89]

84 Erfolgt die Abnahme unberechtigterweise nicht, so gilt nach fruchtlosem Ablauf einer dem Anbieter vom Entwickler gesetzten **angemessenen Nachfrist**[90] gem. § 640 Abs. 1 S. 2 BGB die sog. **Abnahme-Fiktion:**[91]

---

84 Staudinger/*Peters/Jacoby*, § 640 Rn 122.
85 Jauernig/*Mansel*, § 640 Rn 6.
86 Palandt/*Sprau*, § 640 Rn 11.
87 Jauernig/*Mansel*, § 640 Rn 7; Palandt/*Sprau*, § 640 Rn 13.
88 Palandt/*Sprau*, § 640 Rn 8.
89 MüKo-BGB/*Busche*, § 641 Rn 5.
90 Palandt/*Sprau*, § 640 Rn 10.
91 Palandt/*Sprau*, § 640 Rn 10; MüKo-BGB/*Busche*, § 641 Rn 4.

„Der Abnahme gleich steht, wenn der Besteller das Werk nicht innerhalb einer ihm vom Unternehmer bestimmten angemessenen Frist abnimmt, obwohl er dazu verpflichtet ist."

Von einer solchen Verpflichtung ist dann auszugehen, wenn der Entwickler einen **Anspruch auf die Abnahme** gehabt hätte, was nur bei wesentlicher Mangelfreiheit und Vollständigkeit der App der Fall ist.[92] Die Fiktion hat somit zur Folge, dass die Wirkung der Abnahme kraft Gesetzes eintritt.[93] Das bedeutet in der Praxis, dass die App in einem solchen Fall unabhängig von einem Verschulden des Anbieters auch dann als abgenommen gilt, wenn der Anbieter sie nicht einmal getestet hat, und der gesamte oder restliche Vergütungsanspruch des Entwicklers in voller Höhe entsteht.[94] Hat der Anbieter die Möglichkeit der Prüfung der App also nicht genutzt, wird dies damit nicht zum Nachteil des Entwicklers. 85

Keinen Einfluss hat die Fiktionswirkung jedoch auf die Gewährleistungsrechte des Anbieters wegen bekannter Mängel. Denn eine solche Ausschlusswirkung nach § 640 Abs. 2 BGB entfaltet sich nur bei willentlicher Abnahme ohne Erklärung des Vorbehalts.[95] 86

Fettnapf !

Zu einer Abnahmefiktion kann es auch dann kommen, wenn der Entwickler dies in seinen AGB geregelt hat. Denkbar ist etwa eine Abnahmefiktion bei **Ingebrauchnahme durch den Anbieter** oder kurze Zeit danach. Eine solche Fiktion kann gem. § 307 Abs. 2 BGB unwirksam sein, wenn der Zeitpunkt der Abnahme durch die Fiktion deutlich weiter vorgezogen wird, als dies regelmäßig angenommen wird.[96]

d) Abnahme unter Vorbehalt

Nimmt der Anbieter die App in Kenntnis von Mängeln ab, so kann er gem. § 640 Abs. 2 BGB die in § 634 Nr. 1 bis Nr. 3 BGB geregelten **Gewährleistungsrechte** nicht mehr geltend machen.[97] Dies betrifft sein Nacherfüllungs-, Selbstvornahme-, Rücktritts- und Minderungsrecht, nicht hingegen den in § 634 Nr. 4 BGB normierten Schadensersatzanspruch, der auch ohne Vorbehaltserklärung bestehen bleibt.[98] Dies gilt jedoch nur für die Mängel, von denen der Anbieter **positive Kenntnis** 87

92 MüKo-BGB/*Busche*, § 640 Rn 26.
93 MüKo-BGB/*Busche*, § 640 Rn 25.
94 Palandt/*Sprau*, § 640 Rn 13.
95 MüKo-BGB/*Busche*, § 640 Rn 26.
96 *Redeker*, Rn 346.
97 Palandt/*Sprau*, § 640 Rn 13.
98 MüKo-BGB/*Busche*, § 640 Rn 28.

hatte; auf ein Kennenmüssen kommt es für den Rechtsverlust hingegen nicht an.[99]

88 Ebenso einen **Rechtsverlust** erleidet der Anbieter, dem Ansprüche auf **Vertragsstrafen** gegen den Entwickler für Vertragsverletzungen vor der Abnahme zustehen: Nimmt der Anbieter die App ab, kann er danach gem. § 341 Abs. 3 BGB Ansprüche aus der Vertragsstrafe nicht mehr geltend machen, wenn er nicht zuvor den Vorbehalt darüber erklärt hat.[100]

89 Nicht entscheidend für den Rechtsverlust ist ein Wille des Anbieters zum Verzicht auf die Ansprüche. Auch das bloße Vergessen der Vorbehaltserklärung entfaltet die Wirkung des § 640 Abs. 2 BGB und § 341 Abs. 3 BGB.[101]

90 Der Anbieter kann diese missliche Situation vermeiden und zur Sicherung bestehender Ansprüche die Abnahme unter Vorbehalt erklären. Diese Vorbehaltserklärung kann ausdrücklich oder durch schlüssiges Verhalten erklärt werden.

! **Praxistipp**

Der Vorbehalt ist **zum Zeitpunkt der Abnahme** zu erklären; spätere Vorbehaltserklärungen sind wirkungslos.[102] Darüber hinaus ist dem Anbieter die Schriftform der Vorbehaltserklärung zu empfehlen, da er dafür die Beweislast trägt.

---

e) Rechtsfolgen

91 Die Abnahme hat für das Rechtsverhältnis zwischen den Parteien verschiedene Konsequenzen: Mit der (Teil-)Abnahme der App entsteht gem. § 641 BGB der **(Teil-) Vergütungsanspruch** des Entwicklers.[103] Daneben kann der Anbieter den Werkvertrag **nicht mehr kündigen**, wenn er die (End-)Abnahme getätigt hat.[104] Denn ein Kündigungsrecht hat der Anbieter nur bis zur Abnahme, § 649 BGB. Nach der Abnahme kann der Anbieter sich nur im Rahmen seiner Gewährleistungsrechte durch Rücktritt vom Vertrag lösen, wenn die dafür vorgesehenen gesetzlichen oder vertraglichen Voraussetzungen vorliegen. Anderenfalls ist er an den Vertrag gebunden.

92 Weiterhin ist zu beachten, dass der Anbieter ab dem Zeitpunkt der Abnahme das **Risiko der zufälligen Verschlechterung** der App trägt, § 644 BGB.[105] Danach hat der Anbieter ab Abnahme keinen Anspruch auf eine neue oder unbeschädigte

---

99 MüKo-BGB/*Busche*, § 640 Rn 30.
100 Jauernig/*Stadler*, § 341 Rn 1.
101 Jauernig/*Stadler*, § 341 Rn 5.
102 Palandt/*Grüneberg*, § 341 Rn 3; Palandt/*Sprau*, § 640 Rn 13.
103 Palandt/*Sprau*, § 641 Rn 2.
104 Jauernig/*Mansel*, § 641 Rn 31.
105 MüKo-BGB/*Busche*, § 644 Rn 4 f.

App, wenn diese nach der Abnahme aufgrund eines vom Entwickler nicht zu vertretenden Umstands verloren geht oder sich verschlechtert. Er bleibt aber dennoch dem Entwickler zur Zahlung des Werklohns verpflichtet.[106]

Auch bestimmt das Abnahmedatum den Fristbeginn für die **Verjährung** von 93
Gewährleistungsansprüchen, welche gem. § 634a Abs. 2 BGB zwei Jahre beträgt.[107]

7. Gewährleistung und Haftungsbeschränkungen

Weitere wichtige Bestandteile des Vertrags sind die Regelungen zum Eintritt des 94
Gewährleistungsfalls und zu den Beschränkungen der Haftung. Wird für den Gewährleistungsfall vertraglich nichts vereinbart, so gelten die gesetzlichen Vorschriften. Welche gesetzlichen Regelungen im Gewährleistungsfall anzuwenden sind, entscheidet die Leistungsbeschreibung, da diese wichtige Hinweise darauf enthält, um welchen Vertragstyp es sich handelt.[108] Da der Softwareerstellungsvertrag die Entwicklung einer App zum Gegenstand hat, sind im Gewährleistungsfall die **werkvertraglichen Normen** der §§ 634, 633 BGB einschlägig.[109] Während die gesetzlichen Gewährleistungsregelungen den Parteien oftmals ausreichenden Schutz bieten, sollte der Aspekt der Haftungsbeschränkung in jedem Falle vertraglich vereinbart werden.

Was die gesetzlichen Normierungen beinhalten und auf welche Punkte insbe- 95
sondere vertraglich einzugehen ist, wird im folgenden Abschnitt erläutert.

a) Gewährleistung

Die Regelungen zum Gewährleistungsfall sind erst dann anwendbar, wenn sich die 96
vom Entwickler geschuldete Leistung **nach der Abnahme** als **mangelhaft** erweist.[110] An dieser Stelle ist noch einmal zu betonen, dass Mängel, die bereits zum Zeitpunkt der Abnahme bekannt waren, nicht Gegenstand der Gewährleistung sein können, sofern sich der Anbieter die spätere Geltendmachung nicht rechtzeitig vorbehalten hat. Es muss sich um einen Mangel handeln, der schon bei der Abnahme bestand, sich aber erst danach gezeigt hat.

Bei der Beurteilung der Mangelhaftigkeit des Werks ist zwischen Rechts- und 97
Sachmängeln zu unterscheiden, § 633 BGB. Ob ein Sach- oder Rechtsmangel vor-

---

106 Jauernig/Mansel, § 644 Rn 2ff.
107 MüKo-BGB/*Busche*, § 634a Rn 44.
108 Siehe Rn 21ff.
109 Handelt es sich um einen Softwareüberlassungsvertrag, so finden gem. § 651 S. 1 BGB die kaufrechtlichen Gewährleistungsregelungen der §§ 433ff. BGB Anwendung, die jedoch zahlreiche Parallelen zu den werkvertraglichen Gewährleistungsregeln aufweisen.
110 Palandt/*Sprau*, § 634 Rn 1.

liegt, wird sich in erster Linie nach den **Vereinbarungen im Lasten- und Pflichtenheft** beurteilen lassen, womit an dieser Stelle erneut die Bedeutung einer ausführlichen Gestaltung dieser Vertragsbestandteile deutlich wird.[111]

98 Nach der Legaldefinition des § 633 Abs. 3 BGB ist die Sache dann frei von **Rechtsmängeln**, wenn

> *„(...) Dritte in Bezug auf das Werk keine oder nur die im Vertrag übernommenen Rechte gegen den Anbieter geltend machen können."*

Der Rechtsmangel erlangt in Bezug auf Apps dort besondere Bedeutung, wo illegal Inhalte Dritter genutzt werden.[112] Wer also eine App liefert, in welcher er Musik, Software oder Bilder verwendet hat, deren Nutzungsrechte er sich nicht hat einräumen lassen oder sich zwar hat einräumen lassen, selbst aber zur Übertragung auf den Anbieter nicht berechtigt war, hat ein Werk erbracht, welches mit Rechtsmängeln behaftet ist. Denn die Rechteinhaber dieser unbefugt benutzten Werke können dann ihre aus dem Urheberrechtsgesetz resultierenden Ansprüche gegen den Anbieter der App geltend machen.

! **Praxistipp**

Wer sich als Entwickler Nutzungsrechte an Drittinhalte einräumen lässt, sollte die Schriftform wahren und sich das Recht einräumen lassen, die Nutzung seinerseits auf den Anbieter übertragen zu dürfen. Bei der Vertragsgestaltung muss dann beachtet werden, dass der relevante Vertragsinhalt zwischen dem Dritten und dem Entwickler genauso in den Softwareerstellungsvertrag zwischen Entwickler und Anbieter übernommen wird.

---

99 **Sachmängel** liegen hingegen in erster Linie dann vor, wenn die App nicht die **vereinbarte Beschaffenheit** hat, § 633 Abs. 2 S. 1 BGB. Wie die vereinbarte Beschaffenheit aussieht, richtet sich nach der Leistungsbeschreibung, sofern eine solche vorliegt. Wurde diese nicht erstellt, kann von **einer Beschaffenheitsabweichung** auch nicht ausgegangen werden.[113]

100 Darüber hinaus liegt bei fehlender Beschaffenheitsvereinbarung ein Sachmangel vor, wenn die App sich nicht für die nach dem **Vertrag vorausgesetzte Verwendung** (§ 633 Abs. 2 S. 2 Nr. 1 BGB) oder nicht für die **gewöhnliche Verwendung** eignet und keine Beschaffenheit aufweist, die bei Apps der gleichen Art üblich ist und die der Anbieter nach der Art des Werks erwarten kann (§ 633 Abs. 2 S. 2 Nr. 2 BGB).

---

111 *Redeker*, Rn 323.
112 MüKo-BGB/*Busche*, § 633 Rn 33; Palandt/*Sprau*, § 633 Rn 9.
113 OLG Koblenz, Urt. v. 11.11.1988 – 2 U 4/86 – CR 1990, 41, 43; *Redeker*, Rn 323.

Praxistipp
Typische Sachmängel bei Apps sind fehlende Programmfunktionen, fehlende Leistungsfähigkeit des Programms oder auch unvollständige Programmbeschreibungen oder Dokumentationen.[114]

Stellt sich nun nach der Abnahme ein **erheblicher Mangel** am Werk heraus, der 101 aber bereits bei der Abnahme vorhanden war, eröffnen sich dem Anbieter gem. § 634 BGB verschiedene Möglichkeiten:

Zunächst hat der Anbieter **vorrangig** einen Anspruch auf **Nacherfüllung** gem. 102 §§ 634 Nr. 1, 635 BGB, d.h., der Gesetzgeber räumt dem Anbieter das Recht ein, vom Entwickler erneut die Erbringung der vertragsgemäßen Leistung zu verlangen.[115] Scheitert das Nacherfüllungsverlangen, so eröffnen sich dem Anbieter neue Rechte gem. § 634 Nr. 3 und Nr. 4 BGB: der **Rücktritt** vom Vertrag gem. § 636 BGB, die **Minderung** der Vergütung gem. § 638 BGB oder die Geltendmachung von **Schadensersatz** gem. § 636 BGB.

Wenn der Entwickler der Aufforderung zur Nachbesserung trotz Möglichkeit 103 und Zumutbarkeit nicht nachkommt, hat der Anbieter nach erfolglosem Ablauf der dem Anbieter gesetzten Frist oder bei Entbehrlichkeit der Fristsetzung[116] ein **Selbstvornahmerecht** gem. §§ 634 Nr. 2, 637 BGB und kann die entstandenen Kosten beim Entwickler geltend machen.[117] In einem solchen Fall kann der Anbieter vom Entwickler dafür sogar einen Kostenvorschuss verlangen.[118]

Praxistipp
Wie der Gewährleistungsfall in der Praxis abgewickelt wird, kann und sollte auch vertraglich geregelt werden. So sollte z.B. die Anzahl der Nachbesserungsmöglichkeiten ebenso vereinbart werden wie das Erfordernis einer **schriftlichen Mangelmitteilung durch den Anbieter,** damit der Entwickler den beanstandeten Mangel auch klar erkennen kann.

Jedoch ist zu beachten, dass das **Gewährleistungsrecht ausgeschlossen** sein 104 kann. Dies kommt zum einen aufgrund vertraglicher Vereinbarungen in Betracht und zum anderen aufgrund von Gesetzeswegen.

Beim vertraglichen Gewährleistungsausschluss wird vereinbart, für welche 105 Umstände der Entwickler gerade nicht haften soll. Ein vertraglicher Haftungsausschluss ist jedoch dort nicht wirksam, wo der Entwickler den Mangel arglistig ver-

114 MüKo-BGB/*Busche*, § 633 Rn 38.
115 Staudinger/*Peters*/*Jacoby*, § 634 Rn 28 ff.
116 Palandt/*Sprau*, § 637 Rn 2.
117 Da es sich bei dem Selbstvornahmerecht des § 637 BGB um ein speziell für Werkverträge zugeschnittenes Gewährleistungsrecht handelt, findet diese Regelung keine Anwendung auf Werklieferungsverträge i.S.d. § 651 BGB und damit nicht auf Softwareüberlassungsverträge.
118 Palandt/*Sprau*, § 637 Rn 2; Jauernig/*Mansel*, § 637 Rn 5.

schwiegen oder eine Beschaffenheitsgarantie übernommen hat, § 639 BGB.[119] Auch ist zu beachten, dass ein Haftungsausschluss in AGB den Schranken des § 309 Nr. 8 BGB unterliegt.

106 Nach § 640 Abs. 2 BGB ist der Gewährleistungsanspruch von Gesetzes wegen dort ausgeschlossen, wo der Anbieter die App trotz **Kenntnis des Mangels** abgenommen und den Vorbehalt nicht erklärt hat.[120]

! **Praxistipp**
Zugunsten des Entwicklers sollten Mängel, die auf Fehlern aufgrund von Veränderungen, Beschädigungen oder Falschbedienungen der Anwender basieren, ebenfalls vom Gewährleistungsanspruch ausgeschlossen werden.

---

107 Tritt der Mangel erst einige Zeit nach der Abnahme auf, sollten Entwickler und Anbieter die **Verjährungsfrist** für Mängelrechte im Werkvertrag im Blick haben. Diese beträgt bei der Herstellung eines Werks **zwei Jahre** ab dem Datum der Abnahme, § 634a Abs. 1 Nr. 1 BGB.[121]

b) Haftungsbeschränkung

aa) Allgemeines

108 Weiterhin sollte geregelt werden, in welchen Fällen der Anbieter den Entwickler über den Fall der Mangelhaftigkeit der Ware hinaus in Anspruch nehmen kann, z.B. bei der Verletzung vertraglicher Pflichten oder aus unerlaubter Handlung. Grundsätzlich haftet der Schädiger dem Geschädigten in Höhe und Umfang unbeschränkt, sofern vertraglich nichts anderes bestimmt wurde.

109 Um die Risiken, die sich aus der unbegrenzten Haftung ergeben, zu limitieren und sich vor wirtschaftlich verheerenden **Haftungsketten** zu schützen, sollte der Entwickler der App seine Haftung vertraglich im Rahmen des gesetzlich Möglichen einschränken.[122]

! **Praxistipp**
Begründen kann der Entwickler dies gegenüber dem Anbieter ganz einfach damit, dass die Kalkulation des Entgeltes für die Erstellung der App nur auf Grundlage einer Risikoabschätzung erfolgen kann. Ist das Risiko für den Entwickler nicht abschätzbar, so muss der Entwickler die Preise erhöhen, um sich finanziell für den Haftungsfall abzusichern.

---

119 Jauernig/*Mansel*, § 639 Rn 2f.
120 MüKo-BGB/*Busche*, § 640 Rn 28; Palandt/*Sprau*, § 640 Rn 13.
121 Handelt es sich um einen Werklieferungsvertrag i.S.d. § 651 BGB, finden die kaufrechtlichen Verjährungsregeln des § 438 BGB Anwendung, wonach Verjährung regelmäßig nach zwei Jahren nach Übergabe der Sache erfolgt, § 438 Abs. 1 Nr. 3, Abs. 2 BGB.
122 *Redeker*, Rn 446 ff.

Zu unterscheiden ist grundsätzlich zunächst zwischen einer **Haftung dem Grunde nach** und einer **Haftung der Höhe nach**. Wie diese Beschränkungen erfolgen und inwieweit diese zulässig sind, wird im Folgenden erläutert. 110

bb) Haftungsbeschränkungen dem Grunde nach

Schränkt man die Haftung dem Grunde nach ein, so hat dies zur Folge, dass bestimmte Umstände erst gar nicht zu einem Haftungsfall führen. Dies kann durch individualvertragliche Regelungen erfolgen, aber auch durch Klauseln in AGB. 111

Eine **individualvertragliche Vereinbarung** macht dort Sinn, wo es um den Ausschluss ganz konkreter, genau diese App betreffende Modalitäten geht. In Betracht kommt eine solche Vereinbarung beispielsweise für die Haftung des Entwicklers für **vom Anbieter gelieferten Drittinhalt**. Diesbezüglich sollte eine Freistellung von der Haftung ausdrücklich vereinbart werden, da anderenfalls der Entwickler für Rechtsverletzungen wegen unbefugter Nutzung von Drittinhalt in Anspruch genommen werden könnte, wenn der Anbieter sich die Nutzungsrechte daran nicht hat einräumen lassen. 112

Ein im Rahmen der App-Entwicklung ebenfalls besonders relevanter Fall des Haftungsausschlusses dem Grunde nach wäre die Verantwortlichkeit des Entwicklers gegenüber dem Anbieter für die **Aufnahme der App in den App Store**. Da die Aufnahme einer App nicht im Verantwortungsbereich des Entwicklers liegt und die Nichtaufnahme von diesem auch nicht zu vertreten ist, weil es sich beispielsweise um eine Ablehnung mangels Mehrwert für die Allgemeinheit handelt, sollte dahingehend ein Haftungsausschluss vereinbart werden. Wird die App nicht aufgenommen, weil sie nicht funktionsfähig ist, bedarf es keiner Haftungsregeln, da dann ohnehin wieder Gewährleistungsregeln greifen. 113

Besondere Beachtung sollte bei der Haftungsbegrenzung der Schadensersatz wegen **softwarebedingten Datenverlusts** finden. Führt die Nutzung der App beim Anwender zum Verlust der Daten auf seinem Gerät, so käme eine Inanspruchnahme gem. § 823 Abs. 1 BGB in Betracht.[123] Danach ist zum Schadensersatz verpflichtet, wer Leib, Leben, Gesundheit, Eigentum oder ein sonstiges absolutes Rechtsgut eines anderen Menschen verletzt. 114

Der softwarebedingte Datenverlust könnte eine Eigentumsverletzung darstellen. Ob dies tatsächlich der Fall ist, wird unterschiedlich beurteilt. Während eine solche Haftung teilweise abgelehnt wird, sehen Teile der Rechtsprechung und der BGH dies anders und bejahen eine Schadensersatzpflicht.[124] 115

123 OLG Oldenburg, Beschl. v. 24.11.2011 – 2 U 98/11 – ZD 2012, 177.
124 *Redeker*, Rn 470; v. Westphalen/Thüsing/*Hoeren*, IT-Verträge, Rn 201 ff.

Praxistipp
Da jedoch auch der Anwender eine Pflicht zur Datensicherung hat, ist es zulässig, die Haftung des Entwicklers für softwarebedingten Datenverlust dahingehend zu beschränken, dass eine Haftung für die Wiederherstellung von Kundendaten nur dann in Betracht kommt, wenn die Anwender nachweislich regelmäßig ihre Daten gesichert haben.[125]

116 Die Haftungsbegrenzung im Individualvertrag hat viele Gestaltungsmöglichkeiten. Eine **Grenze** ist jedoch dort zu ziehen, wo es sich um den Haftungsausschluss bei vorsätzlichem oder arglistigem Handeln handelt sowie bei der sittenwidrigen Ausnutzung einer Vormachtstellung.[126]

117 Haftungsbeschränkungen in den **AGB** erfolgen immer dann, wenn diese Regelungen für eine Vielzahl von Verträgen vorformuliert werden, die eine Vertragspartei der anderen Vertragspartei bei Abschluss eines Vertrags stellt. Zulässig sind solche Haftungsbeschränkungen, wenn sie nicht gegen die §§ 305ff. BGB verstoßen. Denn in diesen Vorschriften normiert der Gesetzgeber die Fälle, in denen ein **Haftungsausschluss unzulässig** ist. Nach § 309 Nr. 8b aa) BGB können beispielsweise **Mängelansprüche** nicht ausgeschlossen werden. Dies gilt auch dann, wenn es sich um die Verwendung von Open Source-Software handelt.[127]

118 Ebenfalls ist eine **Beschränkung der Gewährleistungsansprüche auf die Nacherfüllung** gem. § 309 Nr. 8a bb) BGB unzulässig. Ein Rücktrittsrecht muss dem Vertragspartner bleiben, eine **Minderung** ist hingegen ausschließbar, wenn auch ökonomisch nicht immer im Interesse des Entwicklers.

119 Im Bereich des **Schadensersatzes** ist ein Haftungsausschluss dort unwirksam, wo vorsätzliches oder grob fahrlässiges Handeln Gegenstand des Haftungsausschlusses ist, § 309 Nr. 7b BGB. Dies gilt insbesondere auch für **vorsätzliches oder grob fahrlässiges Handeln** des Entwicklers, das zu Schäden an **Leib, Leben oder Gesundheit** einer Person führt, § 309 Nr. 7a BGB. Auch ein genereller Ausschluss von Schadensersatzansprüchen ist nicht rechtmäßig.

120 Darüber hinaus ergibt sich aus der Rechtsprechung des BGH, dass ein sonst zulässiger Ausschluss der Haftung für leicht fahrlässiges Handeln dort nicht rechtmäßig ist, wo es sich um die Erfüllung sog. **Kardinalpflichten** handelt.[128] Was im Bereich der Softwareverträge genau zu diesen Kardinalspflichten gehört, ist rechtlich umstritten. Der BGH geht davon aus, dass es sich dabei um **typische Pflichten** handelt, wozu letztlich in jedem Falle die nach **den Regeln der Technik ordnungsgemäße Programmierung** zu zählen ist.[129]

---

125 Siehe v. Westphalen/Thüsing/*Hoeren*, IT-Verträge, Rn 84ff.
126 *Redeker*, Rn 446.
127 *Redeker*, Rn 449.
128 BGH, Urt. v. 23.2.1984 – VII ZR 274/82 – NJW 1985, 3016.
129 *Redeker*, Rn 466.

Fettnapf
Wer sich nicht sicher ist, was in seinem Fall zu den Kardinalpflichten gehört und daher diesen Begriff wörtlich in seine AGB aufnimmt, verstößt nach Ansicht des BGH gegen das Transparenzgebot des § 307 Abs.1 S. 3 BGB.[130]

Liegt eine solche unwirksame Klausel in den AGB vor, so gilt diese u.U. vollständig 121
als unwirksam und es gilt das gesetzlich Normierte.[131] Angesichts der hohen Haftungsrisiken ist die Formulierung von Haftungsklauseln durch einen spezialisierten Rechtsanwalt zu empfehlen.

cc) Haftungsbeschränkungen der Höhe nach

Beschränkt man die Haftung **individualvertraglich** der Höhe nach, so wird ein be- 122
stimmter Umstand zwar als haftungsauslösend anerkannt, die Höhe der Haftungssumme wird aber auf einen vertraglich zu bestimmenden Betrag begrenzt. Dabei kann einerseits die Haftung auf einen von den Parteien zu bestimmenden maximalen Betrag festgelegt werden.

Klauselmuster
„Der Entwickler haftet nur für unmittelbare Sach- und Vermögensschäden bis zu einem Betrag von ... € je Schadensereignis. Treten mehrere Schäden auf, haftet der Entwickler bis zu einem maximalen Gesamtbetrag von ... €."

Andererseits besteht die Möglichkeit, die Haftung auf einen Prozentsatz des Auf- 123
tragswerts festzusetzen.

Klauselmuster
„Der Entwickler haftet nur für unmittelbare Sach- und Vermögensschäden bis zu einem Betrag von ...% des Auftragswerts je Schadensereignis. Treten mehrere Schäden auf, haftet der Entwickler bis zu einem maximalen Gesamtbetrag von 100% des Auftragswerts."

Bei der Haftungsbegrenzung der Höhe nach in den **AGB** ist zu beachten, dass die 124
Klausel den Normierungen der §§ 305ff. BGB entspricht, wonach eine Begrenzung der Haftung u.U. ausgeschlossen sein kann. Dies ist gem. **§ 309 Nr. 7a BGB** dort der Fall, wo die Haftung für jene Schäden begrenzt werden soll, die auf einer eigenen **fahrlässigen Pflichtverletzung** des Verwenders der AGB oder einer vorsätzlichen oder fahrlässigen Pflichtverletzung eines gesetzlichen Vertreters oder einer Person, derer er sich zur Erfüllung seiner vertragsgemäßen Pflichten bedient, beruht und

130 BGH, Urt. v. 20.7.2005 – VIII ZR 121/04 – NJW-RR 2005, 1496.
131 Zur geltungserhaltenden Reduktion von Klauseln in AGB MüKo-BGB/*Basedow*, § 306 Rn 12.

die eine **Verletzung von Leben, Körper oder Gesundheit** einer anderen Person zur Folge hat.

125 Darüber hinaus ist eine Haftungshöchstgrenze gem. **§ 309 Nr. 7b BGB** auch dann nicht wirksam, wenn die Klausel die Haftung für **grobes Verschulden** des Verwenders der AGB oder der Personen, dessen Verhalten er sich zurechnen lassen muss, für **sonstige Schäden** begrenzen soll.

126 In allen anderen Fällen darf die Haftungsbegrenzung in den AGB nur in einem solchen Maß erfolgen, wie sie den möglichen Schaden auch umfassen würde,[132] womit der Sinn der Haftungsbegrenzung jedoch faktisch leerläuft.[133] Wer jedoch seine persönliche Haftung weiter eingrenzen möchte, sollte eine **Berufshaftpflichtversicherung** abschließen.

! **Fettnapf**
Das Vorhandensein einer Berufshaftpflichtversicherung sollte aber dennoch nicht zu einem Absehen von der Haftungsbegrenzung verleiten, da auch Versicherungen nur bis zu einer bestimmten Deckungssumme für entstandene Schäden einstehen.

8. Vergütung und Aufwandsentschädigung

a) Vergütung

127 Einen weiteren Bestandteil des Vertrags stellt die Vergütungsvereinbarung dar, welche die Höhe des Entgelts für die Entwicklung der App regelt.[134] Die **Vergütungshöhe** wird dem Anbieter vom Entwickler in dessen Angebot mitgeteilt und bedarf der Annahme, wobei unbedingt auf **Brutto- und Nettobeträge** geachtet werden sollte. Nach der Annahme wird die Vergütungshöhe ebenso zum Vertragsgegenstand wie die Vergütungsmodalitäten.

128 Die Vergütungsmodalitäten sind u.a. von der Abnahmeform abhängig: Ist eine **Teilabnahme** und damit einhergehend eine **Vergütung in Teilbeträgen** vereinbart, so kann die Zahlung eines Anfangsbetrags bei Vertragsschluss vereinbart werden, womit dann auch bei der dann folgenden Herstellung des Werks entstehende Kosten finanziert werden können. Dies könnte in der Größenordnung von 30–40% der Gesamtvergütung angesiedelt werden. Danach könnten weitere Zahlungsziele je nach festgelegten Teilabnahmen oder anderenfalls die Zahlung des gesamten restlichen Betrags bei der Endabnahme formuliert werden.[135]

---

132 BGH, Urt. v. 27.9.2000 – VIII ZR 155/99 – NJW 2001, 292.

133 *Redeker*, Rn 468.

134 Da sich Werklieferungsverträge i.S.d. § 651 BGB nach den Regeln des Kaufrechts richten, finden die Normierungen zur Vergütung nach § 641 BGB aufgrund des speziell werkvertraglichen Charakters keine Anwendung. Der Zahlungsanspruch ergibt sich in diesen Fällen aus § 433 Abs. 2 BGB.

135 MüKo-BGB/*Busche*, § 641 Rn 12.

Sofern noch Vergütungen für andere als die hier genannten Leistungen erfolgen sollen, so sollten auch diese Punkte individuell in den Vertrag eingebaut werden. Bei der Aufstellung sollte auf eine Übersichtlichkeit und einfache Nachvollziehbarkeit geachtet werden. 129

Der **Vergütungsanspruch** entsteht gesetzlich dem Grunde nach gem. § 641 Abs. 1 BGB mit der Abnahme in voller Höhe[136] und bei Teilabnahmen in anteiliger Höhe,[137] wobei der Betrag gem. § 641 Abs. 4 BGB zu **verzinsen** ist. 130

b) Aufwandsentschädigung

An dieser Stelle ist zu beachten, dass Kosten, die durch den Einkauf von Graphiken oder dergleichen bei Dritten entstanden sind, nicht als **Aufwandsentschädigung** gesondert berechnet werden können, wenn dies nicht vorher ausdrücklich vereinbart wurde. Denn der Vergütungsanspruch beinhaltet nicht grundsätzlich auch Aufwandsentschädigungen. 131

Praxistipp !

Um als Entwickler nicht auf seinen Kosten sitzen zu bleiben, sollten Aufwendungen entweder gleich bei der Angebotserstellung mit einberechnet oder ausdrücklich vertraglich als Aufwandsentschädigung vereinbart werden. Vorzugswürdig ist die erste Alternative, da in der Praxis nur wenige Vertragspartner bereit sind, sich zu solchen Klauseln zu verpflichten. Beachtet werden sollte auch, ob die Vergütung netto oder brutto zu entrichten ist.

---

9. Beendigung des Vertrags: Kündigung und Rücktritt

Wie bei jedem anderen Vertrag besteht auch bei dem Softwareerstellungsvertrag zwischen dem App-Entwickler und dem App-Anbieter die Möglichkeit, das Vertragsverhältnis unter verschiedenen Voraussetzungen zu beenden. Dabei gibt es zwei verschiedene Möglichkeiten, die sowohl in ihren Voraussetzungen als auch in ihren Folgen voneinander abweichen: Die **Kündigung des Vertrags** und der **Rücktritt vom Vertrag**. Wann welches Recht Anwendung findet, hängt vom **Zeitpunkt** der Abnahme ab. Vor der Abnahme bestehen Kündigungsrechte, nach der Abnahme Rücktrittsrechte. 132

a) Kündigung

Vor der Abnahme der App durch den Anbieter können beiden Parteien Kündigungsrechte zustehen. Dabei ist zunächst einmal zwischen Kündigungsrechten, die der 133

---

136 Jauernig/*Mansel*, § 641 Rn 1.
137 MüKo-BGB/*Busche*, § 641 Rn 9.

Gesetzgeber den Parteien einräumt und Kündigungsrechten, die die Parteien miteinander **vertraglich** vereinbart haben, zu unterscheiden.

aa) Vertragliche Kündigungsrechte

134 Da die vertraglichen Kündigungsrechte von App-Entwickler und App-Anbieter selbst formuliert werden müssen und von deren **individuellen Interessen** und Vereinbarungen abhängen, ist bei der Formulierung solcher Klauseln zu bedenken, welche Voraussetzungen die Kündigungsrechte je nach Partei haben sollen (z.B. Mitteilungspflichten und Nachfristsetzung), welches **Exit-Szenario** man regeln möchte und welche Konsequenzen dies insbesondere auf den Vergütungsanspruch haben soll.

135 Kündigungsrechte können grob in ordentliche Kündigungsrechte mit Fristsetzung und außerordentliche Kündigungsrechte ohne Fristsetzung unterteilt werden. Hier sollten die Parteien die Begriffe durch die Benennung von Beispielen konkretisieren. Einen außerordentlichen Kündigungsgrund kann beispielsweise die wiederholte und wesentliche Überschreitung der vereinbarten Reaktionszeit durch den Anbieter darstellen.[138]

136 Sind sich die Parteien über die wesentlichen Aspekte einig, sollte der Inhalt der Vereinbarung Bestandteil des schriftlichen Vertrags werden. Sofern die Parteien keine eigenen Kündigungsrechte vereinbaren möchten, so bedeutet dies nicht, dass dann keine Kündigungsrechte mehr bestehen. Beiden Parteien bleiben die gesetzlichen Kündigungsrechte, welche im Folgenden näher erläutert werden.

bb) Gesetzliche Kündigungsrechte

137 Der Gesetzgeber räumt beiden Parteien ein Kündigungsrecht ein. Der **App-Entwickler** kann gem. § 643 BGB den Vertrag kündigen, wenn der App-Anbieter **seinen Mitwirkungspflichten nicht oder nicht ausreichend nachkommt** und so die Fertigstellung des Produkts vereitelt.[139] Zuvor hat der Entwickler ihm aber noch eine **Frist zur Nachholung** der Mitwirkungshandlung zu setzen und eine **Erklärung** mit dem Inhalt abzugeben, dass er bei erfolglosem Verstreichen kündige.[140] Verstreicht diese Frist, gilt der Vertrag als aufgehoben, ohne dass dies den **Vergü-**

---

138 *Redeker*, Rn 660.

139 Handelt es sich um einen Softwareüberlassungsvertrag, der eine weite Anpassung von Basissoftware zum Gegenstand hat, so findet die Regelungen des § 643 BGB auch darauf Anwendung, § 651 S. 3 BGB. Nicht anwendbar ist dieses Recht bei einem Softwareüberlassungsvertrag, der eine enge Anpassung von Basissoftware zum Gegenstand hat.

140 Jauernig/*Mansel*, § 643 Rn 1.

tungsanspruch des Entwicklers berührt, da ihn kein Verschulden an der Nichtvollendung trifft.[141]

Das Kündigungsrecht des **App-Anbieters** wurde vom Gesetzgeber deutlich weiter gefasst als das des Entwicklers. Denn dieser kann ab dem Zeitpunkt des Vertragsschlusses bis zur Abnahme gem. § 649 BGB den Vertrag **jederzeit fristlos und ohne Angabe von Gründen kündigen.**[142] 138

Die Vergütung des Entwicklers berechnet sich dann aus der Differenz zwischen dem vertraglich Vereinbarten und dem, was der Entwickler durch die Nichtvollendung des Werks erspart hat oder anderweitig erzielt oder auch böswillig nicht erzielt hat.[143] 139

Praxistipp !
Da nur der Entwickler darlegen kann, welchen Vergütungsanspruch er hat, trägt auch er die Beweislast für den von ihm berechneten Vergütungsanspruch. Dies bedeutet, dass er für den Einzelfall detailliert darlegen und beziffern muss, was er an Aufwendungen erspart hat.[144] Da die Anforderungen an die Darlegungspflicht sehr hoch sind, empfiehlt es sich, vertraglich eine Vergütungssumme festzulegen, die beispielsweise nach dem Entwicklungsstadium gestaffelt werden kann.

b) Rücktritt

Nach der Abnahme der App können sich die Parteien nur noch durch einen Rücktritt vom geschlossenen Vertrag lösen. Das Rücktrittsrecht hat gem. § 346 Abs. 1 BGB die Umwandlung des Vertrags in ein Rückgewährschuldverhältnis und damit die Rückabwicklung des Vertrags zur Folge. Ein Rücktritt kann erfolgen, wenn dieser vertraglich oder gesetzlich gestattet ist. 140

aa) Vertragliche Rücktrittsrechte

Hinsichtlich des Rücktrittsrechts ist ebenfalls eine vertragliche Formulierung möglich. Dabei gilt das im Rahmen der Kündigung Erläuterte. Machen die Parteien von der vertraglichen Einräumung keinen Gebrauch, so gelten die gesetzlichen Vorschriften. Hier ist jedoch zu beachten, dass nach dem Willen des Gesetzgebers nur der Anbieter und nicht der Entwickler ein Rücktrittsrecht hat und dies auch nur 141

---

141 MüKo-BGB/*Busche*, § 643 Rn 5.

142 Palandt/*Sprau*, § 649 Rn 2; Handelt es sich um einen Softwareüberlassungsvertrag, der eine weite Anpassung von Basissoftware zum Gegenstand hat, so findet die Regelung des § 649 BGB auch darauf Anwendung, § 651 S. 3 BGB. Nicht anwendbar ist dieses Recht bei einem Softwareüberlassungsvertrag, der eine enge Anpassung von Basissoftware zum Gegenstand hat.

143 Jauernig/*Mansel*, § 649 Rn 4.

144 MüKo-BGB/*Busche*, § 649 Rn 23.

dann, wenn die App sich als mangelhaft erweist. Andere Umstände begründen kein gesetzliches Rücktrittsrecht.

Praxistipp
Möchten die Parteien auch für andere Umstände als den Gewährleistungsfall ein Rücktrittsrecht vereinbaren und/oder soll auch dem Entwickler ein Rücktrittsrecht eingeräumt werden, so muss dies ausdrücklich vertraglich vereinbart werden.

bb) Gesetzliche Rücktrittsrechte

142 Der Gesetzgeber räumt dem Anbieter mit § 634 Nr. 2 BGB im Rahmen der Gewährleistungsrechte ein Rücktrittsrecht ein.[145] Dies setzt voraus, dass sich die App nach der Abnahme als **mangelhaft** erwiesen hat. Was unter einem Mangel zu verstehen ist, wurde bereits im Rahmen der Gewährleistungsrechte erläutert.

143 Weiterhin müsste der Anbieter dem Entwickler eine **angemessene Frist** zur vorrangigen Nacherfüllung gesetzt haben, die erfolglos verstrichen ist. Dies ist gem. § 636 BGB dann **entbehrlich**, wenn der Anbieter die Nacherfüllung verweigert hat, diese fehlgeschlagen oder ihre Durchführung dem Anbieter nicht zumutbar ist.[146] Darüber hinaus muss der Anbieter den Rücktritt gegenüber dem Entwickler auch **erklären**, § 349 BGB.

144 Liegen alle Voraussetzungen vor, wandelt sich das Vertragsverhältnis gem. § 346 BGB in ein **Rückgewährschuldverhältnis**, was bedeutet, dass das gesamte Vertragsverhältnis rückabgewickelt wird, indem die empfangenen Leistungen zurückgegeben werden bzw. Wertersatz geleistet wird.[147] Der App-Anbieter gibt also das mangelhafte Produkt zurück. Ist die Rückgabe nicht möglich, leistet der Anbieter Wertersatz und erhält im Gegenzug die Vergütung zurück, sofern diese bereits geleistet wurde. Über den Fall der Mangelhaftigkeit hinaus besteht hingegen kein gesetzliches Rücktrittsrecht.

10. Referenzen der Entwickler

145 Die Rechtmäßigkeit der Werbung eines Entwicklers mit der entwickelten App und der Zusammenarbeit zu einem Anbieter ist nicht selbstverständlich. Nicht ohne Weiteres können App-Entwickler die von ihnen entwickelten Produkte und die Namen

145 Zu den Voraussetzungen im Einzelnen siehe Palandt/*Sprau*, § 634 Rn 5; Da sich Werklieferungsverträge i.S.d. § 651 BGB nach den Regeln des Kaufrechts richten, finden die Normierungen zum Rücktritt nach § 634 BGB keine Anwendung. Das Rücktrittsrecht ergibt sich in diesen Fällen aus § 437 Nr. 2 BGB.

146 Palandt/*Sprau*, § 636 Rn 5, 14.

147 Palandt/*Grüneberg*, § 346 Rn 4 f.

der Anbieter, für die sie bereits Apps entwickelt haben, auf ihre **Referenzliste** setzen und auf diese Weise bei potenziellen Neukunden für sich werben.

a) Benennung des Anbieters

Hinsichtlich der **Benennung** des Anbieter-Unternehmens der App ist zu beachten, 146
dass die unbefugte Verwendung des Namens oder des Logos des Auftraggebers z.B. auf der eigenen Homepage marken- oder namensrechtlich verboten sein kann. Der **Gebrauch des Namens** eines Unternehmens steht gem. **§ 12 BGB** nur diesem als Berechtigten zu. Bei einem Verstoß gegen das Namensrecht muss der Entwickler mit Unterlassungs- und Beseitigungsansprüchen oder gar Schadensersatzansprüchen der Betroffenen rechnen.

Praxistipp !

Um rechtlichen Konsequenzen zu entgehen, ist es ratsam, vertraglich zu vereinbaren, dass der Entwickler mit dem Namenszug/Logo des Anbieters, für welches es eine App entwickelt hat, als Referenz und mit der App als solcher für sich werben darf. Aus Gründen der Beweislast ist eine schriftliche Fixierung auch hier empfehlenswert.

Darüber hinaus könnte ein **Geheimhaltungsinteresse** i.S.d. **§ 17 UWG** des Unter- 147
nehmens bestehen. Dies ist der Fall, wenn durch die Nennung der Referenz etwas offenbart wurde, was nicht an die Öffentlichkeit gelangen sollte. Ein solches Geheimhaltungsinteresse besteht in jedem Falle, wenn es wirksam vertraglich vereinbart wurde. Problematisch ist dies im Zusammenhang mit Geheimhaltungsvereinbarungen in AGB, die der **Kontrolle der §§ 305ff. BGB** unterliegen. Wurde im Zusammenhang mit der Geheimhaltungsabrede eine zu hohe Vertragsstrafe vereinbart oder der Umfang der Abrede zu weit gefasst, so kann dies zur Ungültigkeit dieser Vereinbarung führen. Dies ist insbesondere dann regelmäßig der Fall, wenn es sich um pauschale Verschwiegenheitsvereinbarungen handelt, da diese den Entwickler unangemessen benachteiligen.[148]

Praxistipp !

Soll eine Geheimhaltungsabrede getroffen werden, so sollte dies individualvertraglich erfolgen und die Formulierung so gewählt werden, dass ein berechtigtes wirtschaftliches Interesse an der Geheimhaltung erkennbar wird.[149]

---

148 Siehe http://www.karstenundschubert.de/uploads/media/Werbung_mit_Referenzen_u_Arbeitsergebnissen.pdf.

149 Siehe http://www.karstenundschubert.de/uploads/media/Werbung_mit_Referenzen_u_Arbeitsergebnissen.pdf.

b) Benennung der App

148 Auch die Werbung mit der entwickelten App ist trotz der Urheberschaft des Entwicklers nicht selbstverständlich. Zwar hat der Urheber gem. § 13 UrhG einen Anspruch auf Anerkennung seiner Urheberschaft am Werk, jedoch überträgt der Entwickler regelmäßig die Nutzungsrechte exklusiv auf den Anbieter und darf sie damit grundsätzlich auch selbst nicht mehr nutzen. Wer als Entwickler also die App zu Zwecken der Eigenwerbung nutzen möchte, muss sich dies vertraglich vorbehalten, § 31 Abs. 2 S. 2 UrhG.[150] Wer dies nicht gemacht hat, muss vor der Einleitung der Werbemaßnahmen das Einverständnis des Anbieters einholen, der nun Inhaber der ausschließlichen Nutzungsrechte ist.

11. Geltendes Recht und Gerichtsstand

a) Klauseln zur ordentlichen Gerichtsbarkeit

149 Für den Fall von Rechtsstreitigkeiten zwischen dem Entwickler und dem Anbieter sollten unbedingt ein **Gerichtsstand** und das geltende Recht vertraglich festgelegt werden, also welches Recht bei der Beurteilung der Streitigkeit zugrunde zu legen ist und welches Gericht dafür zuständig ist. Angesichts der Internationalität der App-Verwendung sollten unbedingt **deutsches Recht** und ein **inländischer Gerichtsstand** (z.B. am Ort des Geschäftssitzes, soweit der Vertragspartner Kaufmann ist) vereinbart werden.

Klauselmuster

„Auf den Vertrag ist deutsches Recht anzuwenden. Für Streitigkeiten aus diesem Vertrag ist das Gericht in ... [Ort des Geschäftssitzes] örtlich zuständig."

150 Möchten die Parteien verhindern, dass bei Streitigkeiten die ordentlichen Gerichte angerufen werden oder möchten eine Vorinstanz dazu schaffen, bieten sich Schlichtungs- und/oder Schiedsgerichtsklauseln an.

b) Schlichtungsklauseln

151 Durch **Schlichtungsklauseln** verpflichten sich die Parteien bei Meinungsverschiedenheiten, die in Zusammenhang mit dem geschlossenen Vertrag stehen, ein Schlichtungsverfahren vor einer von ihnen gewählten Institution durchzuführen, **bevor** ein mögliches gerichtliches Verfahren eingeleitet wird.

150 Wandtke/Bullinger/*Grunert*, UrhG, § 31 Rn 36.

c) Schiedsgerichtsklauseln

Mit **Schiedsgerichtsklauseln** vereinbaren die Parteien, dass Streitigkeiten vor den Schiedsgerichten auszutragen sind. Diese Klauseln verschließen damit den Zugang zu ordentlichen Gerichten. Davon ausgenommen werden kann das gerichtliche Mahnverfahren. Ist an dem Vertrag eine Partei beteiligt, die nicht Kaufmann ist, muss diese Vereinbarung in einem separaten Dokument erfolgen. 152

12. Zusammenfassung

Bei der Entwicklung von Apps reichen die rechtlichen Zusammenhänge oft weiter als zunächst erwartet. Um jedoch späteren Unannehmlichkeiten vorzubeugen, ist die vertragliche Fixierung der einzelnen Facetten der Zusammenarbeit unumgänglich. Dabei sollten folgende Punkte in jedem Falle beachtet werden: 153

Checkliste !

- Oberste Priorität bei der Vertragsgestaltung hat aus Gründen der Beweiskraft die **schriftliche Fixierung** aller Vertragsbestandteile und aller Vertragsänderungen. Die Textform ist die sicherste Methode, im Streitfall seine eigenen Ansprüche zu beweisen oder vermeintliche Gegenansprüche zu entkräften.
- Die Leistungsbeschreibung im **Lasten- und Pflichtenheft** sowie der Fristenplan sind die wichtigsten Bestandteile des Vertrags und bilden die Grundlage einer reibungslosen Zusammenarbeit. Dafür sollten sich die Parteien im Vorhinein besonders viel Zeit nehmen.
- Sofern dem App-Anbieter **Mitwirkungspflichten** obliegen, sollten deren Inhalt und die Umsetzungsmodalitäten ausdrücklich vertraglich geregelt werden.
- In welcher Art und Weise und in welchem Umfang die **Nutzungsrechte** an der App eingeräumt werden, sollte vertraglich geregelt werden.
- Wenn beispielsweise Bilder, Musik oder Software Dritter verwendet werden sollen, so ist die vorherige **Einräumung von Nutzungsrechten** und die **Einhaltung von Lizenzvorgaben** unbedingt zu bedenken.
- Die Regelungen zur **Abnahme** und **Vergütung** sind gerade für den Entwickler von besonderer Bedeutung und sollten daher sorgfältig formuliert werden.
- Sofern Regelungen zum **Gewährleistungsfall**, zur **Haftung** und zur **Vertragsbeendigung** über die gesetzlichen Regelungen hinaus bestehen sollen, ist an deren vertragliche Vereinbarung zu bedenken.
- Wer mit der Zusammenarbeit oder der von ihm entwickelten App als **Referenz** werben möchte, muss sich dies vorher genehmigen lassen.
- Hinsichtlich des **anzuwendenden Rechts** ist deutsches Recht und hinsichtlich des **Gerichtsstands** ein inländischer Gerichtsstand zu empfehlen.

Sollten Schwierigkeiten bei der Gestaltung eines solchen Vertrags auftreten, kann die Unterstützung durch einen Fachanwalt hilfreich sein. Die hier aufgeführten Darstellungen können lediglich als Hinweis und Erläuterung der Probleme verstanden werden. Bei vertragsrechtlichen Einzelfragen sollte jedoch fachkundiger Rat eingeholt werden, der die Gestaltung des Vertrags mit Blick auf die Rechtsprechung zur Zulässigkeit einzelner Klauseln für den besonderen Einzelfall vornimmt. 154

III. Vertragliche Regelungen im laufenden Betrieb

155 Das Vertragsverhältnis endet nicht mit Übergabe der App, auch wenn die Regelungen zur Erstellung der App den Schwerpunkt eines App-Entwicklungsvertrags bilden. Regelmäßig ermöglichen Updates der Betriebssysteme **neue Funktionen,** an die die Apps angepasst werden können. Eine teilweise erfolgende Änderung der technischen Anforderungen an die Apps durch die Store-Betreiber kann zur Notwendigkeit der Umprogrammierung einer App führen, um sie **gebrauchstauglich zu halten.** Bei **Einbindung der Dienste und Schnittstellen** von Drittanbietern (z.B. Facebook oder YouTube) können ebenfalls Änderungen notwendig werden.

156 Bei einem **Mietvertrag** sind solche Änderungen in den laufenden Zahlungen **inbegriffen**, da die Erhaltung der Gebrauchstauglichkeit eine Hauptleistungspflicht des Vermieters ist. Weiterhin können auch **umfangreiche Weiterentwicklungen** für die Apps vereinbart werden, von neuen Funktionen (z.B. weitere Levels in Spielen) bis hin zu völligen Design-Neuentwicklungen. Bei einem **Kaufvertrag** ist dies durch einen Pflegevertrag **zusätzlich zu vereinbaren**. Dieses sehr breite Feld kann hier für Apps nur kursorisch dargestellt werden.[151]

157 Wenn durch die Store-Betreiber die Einrichtung eines **kostenpflichtigen Developer Accounts** verlangt wird und dieser durch den Entwickler geführt werden soll, ist die Kostentragung zu vereinbaren. Bei einem Mietvertrag gehört sie zur Hauptleistungspflicht. Bei einem Kaufvertrag ist es sinnvoll, einen festen Betrag zu vereinbaren, den der Anbieter dem Entwickler für die Aufrechterhaltung des Developer Accounts zu zahlen hat.

1. Pflegeverträge

158 Es werden im Wesentlichen **drei Arten von Pflegeverträgen** unterschieden:[152]

! **Checkliste**

- Sicherstellung der Funktionsfähigkeit der Software und Beseitigung von Mängeln;
- Bereitstellung von Kapazitäten, Informations- und Beratungsleistungen;
- Bezug von Updates bzw. Upgrades.

---

151 Musterverträge zur Softwarepflege z.B.: *Marly*, S. 934ff.; Hoffmann-Becking/Rawert/*Bartsch*, S. 966, 988; EVB-IT Pflege S, http://www.cio.bund.de/. Literatur zur Softwarepflege allgemein bei Redeker/*Heymann/Lensdorf*, S. 1 m.w.N.; Auer-Reinsdorff/Conrad/*Conrad/Schneider/Schweinoch*, S. 493; *Marly*, S. 424ff.; grundlegend zum neuen Schuldrecht *Bischof/Witzel*, ITRB 2003, 31 und *Bartsch*, NJW 2002, 1526.

152 Redeker/*Heymann/Lensdorf*, S. 1, 4.

a) Funktionserhaltung

Die Beschreibung der Hauptleistungspflichten bei der Softwarepflege variiert bei den verschiedenen Mustern stark.[153] Empfohlen sei der kompakte Klauselvorschlag von *Bartsch*, welcher auch in engem Maße eine durch weitere technische Entwicklungen begründete Modernisierung umfasst (Entwickler sollten den letzten Satz des lit. a) nur zurückhaltend verwenden):[154] 159

Klauselmuster

„a) Fortentwicklung

Das Softwarehaus entwickelt die Software in Bezug auf Qualität und Modernität fort, passt sie an geänderte Anforderungen an, bearbeitet Fehler, um die nach dem Softwareüberlassungsvertrag geschuldete Qualität aufrechtzuerhalten, und überlässt dem Auftraggeber die hieraus entstehenden neuen Stände der Software. Miterfasst sind kleinere Funktionserweiterungen.

b) Störungshilfe durch Hinweise zur Fehlerbeseitigung, Fehlervermeidung und Fehlerumgehung."

b) Leistungserweiterungen

Viele Apps werden regelmäßig **weiterentwickelt**, um ihren Nutzern neue Funktionen zu bieten und für neue Käufer interessant zu bleiben. Solche Erweiterungen sollten als **eigene Hauptleistungspflicht** im Vertrag vereinbart werden bzw. als neuer Vertrag unter Verweis auf den Rahmen-/Entwicklungsvertrag.[155] Dabei sollte – neben den **Kosten** der Module – genau festgelegt werden, welche Funktionen hinzukommen sollen und bis zu welchem Zeitraum dies erfolgen soll. 160

c) Firmeninterne Lösungen

Bei firmeninternen, speziell für ein Unternehmen entwickelten Apps sind demgegenüber deutlich **umfangreichere Regelungen** nötig, da diese **vollwertige Software-Lösungen** darstellen, die auf eine Vielzahl der unternehmensinternen Prozesse Auswirkungen haben können. Diese Verträge sind entsprechend der allgemeinen Pflegeverträge auszugestalten. 161

Checkliste: Mögliche Vertragsinhalte von Pflegeverträgen

- Mängelanalyse und Mängelbeseitigung;
- Lieferung neuer Programmteile/-versionen;
- Aktualisierung der Softwaredokumentation;
- Anpassung an geänderte Normen;
- Beratungs-/Hotline-Leistungen;

153 Auer-Reinsdorff/Conrad/*Conrad/Schneider/Schweinoch*, S. 493, 530.

154 Hoffmann-Becking/Rawert/*Bartsch*, S. 966, 988.

155 Ausführlich Redeker/*Heymann/Lensdorf*, S. 1, 63.

- Informationen über geplante neue Programmstände oder allgemeine Entwicklungen im App-Bereich;
- Umsetzungs-/Installationsleistungen.

2. Beraterverträge

162 Zusätzliche Dienste können den Kunden über laufende Entwicklungen und Neuerungen der Materie auf dem Laufenden halten.[156] Dies kann über regelmäßige Informationen ebenso geschehen wie auf Anforderung durch den Kunden. Dazu kann eine regelmäßige Pauschalzahlung ebenso vereinbart werden wie eine Abrechnung nach Zeitaufwand. Wird kein zusätzlicher Vertrag geschlossen, kann z.B. diese Klausel in den Entwicklungsvertrag integriert werden:

Klauselmuster

1. „Der Anbieter schuldet Beratungsleistungen, die über die Entwicklung der App und Mängelbeseitigung hinausgehen nur, sofern dies gesondert vereinbart ist. Die Vergütung richtet sind nach dem vereinbarten Stundensatz. Der Anbieter wird insoweit auf Anforderung dem Kunden ebenso allgemeine Anwenderhinweise wie auch spezielle Informationen im Zusammenhang mit der App erteilen."

3. Hotline-Verträge

163 Dies betrifft die Bereithaltung einer per Telekommunikation erreichbaren Anschlussstelle beim Anbieter, mithin die **Betreuung von Kunden** bei technischen Problemen oder der Nutzung.[157] Bei der App-Entwicklung ist die Integration in den Pflegevertrag sinnvoll. Bei beratungsintensiver Software können diese jedoch auch als eigenständige Leistung angeboten werden. Diese werden als kündbarer Dauerschuldvertrag geschlossen.

164 Der **Leistungsinhalt** sollte sich nicht beschränken auf die allgemeine Formulierung „Erbringung von Hotline-Leistungen", sondern klar bestimmt werden, da sich unter dem Vertragstyp viele verschiedene Regelungen finden.[158]

4. Zusammenfassung

165 Bei Apps gibt es keine Besonderheiten gegenüber den allgemeinen Softwarepflegeverträgen. Bei App-Kaufverträgen ist ein Pflegevertrag zumindest insoweit unumgänglich, als dadurch sichergestellt wird, dass die App lauffähig bleibt und an Än-

156 Ausführliche Klausel bei Redeker/*Heymann/Lensdorf*, S. 1, 59 und 69.
157 Redeker/*Roth-Neuschild*, S. 1 mit weiterer Definition.
158 Redeker/*Roth-Neuschild*, S. 1, 4 und 14 f.

derungen der Store-Betreiber angepasst wird. Weitergehende Leistungen, die Updates und Funktionserweiterungen vorsehen, können je nach Vertrag festgelegt werden.

C. Verträge zwischen App-Anbietern und App Stores (Vertriebsverträge)

I. Einführung

Zwar gibt es eine wachsende Anzahl von Plattformen für den Vertrieb von Apps, zu 166
denen etwa der Apple App Store, der Windows Phone Store, der Google Play Store, die BlackBerry App World, der Amazon Appstore und eine Reihe von Android-App Stores gehören. Allein schon aus Platzgründen können hier jedoch nicht alle diese Plattformen beleuchtet werden, sodass sich die folgenden Ausführungen auf die drei populärsten dieser Stores konzentrieren werden: den **Apple App Store**, den **Google Play Store** sowie den **Windows Phone Store**.

Die vertraglichen Beziehungen zwischen diesen App Stores und den jeweiligen 167
Anbietern werden im Wesentlichen durch die Standardvertriebsverträge der App Stores geregelt. Beim Apple App Store heißt das betreffende Vertragswerk **„iOS Developer Program License Agreement“**[159] (im Folgenden: „iOS Agreement“), beim Windows Phone Store **„Windows Phone Marketplace Application Provider Agreement“**[160] (im Folgenden: „Windows Phone Agreement“) und beim Google Play Store **„Android Market – Vereinbarung für den Entwicklervertrieb“**[161] (im Folgenden: „Google Play-Vereinbarung“). Bevor die wichtigsten Regelungskomplexe dieser Vertragstexte genauer beleuchtet werden, seien einige allgemeine Beobachtungen angebracht.

Obgleich die drei Dokumente eine Reihe von Gemeinsamkeiten teilen, gibt es 168
doch eklatante Unterschiede, wie bereits ein Vergleich des jeweiligen **Umfangs der Vertragstexte** erahnen lässt: Das iOS Agreement kommt auf 50 eng bedruckte Seiten (inklusive diverser Attachments und Schedule 1), wozu dann bei kostenpflichtigen Apps zumindest noch die 21 Seiten des Schedule 2 (für den Standardvertrieb kostenpflichtiger Apps) und die 17 Seiten des Schedule 3 (für ein gesondertes App-Programm für den Business-Bereich, Volume Purchase Program/B2B genannt) hinzugerechnet werden müssen. Microsoft lässt es beim Windows Phone Store bei 16 Seiten bewenden, Googles Play Store kommt mit 8 Seiten aus. Ohne dies überbewerten zu wollen (der Fairness halber sei auch erwähnt, dass manche der Rege-

159 Version 9/12/12.
160 Stand August 2012.
161 Stand 5.11.2012.

lungsgehalte, die sich direkt im iOS Agreement finden, von den Konkurrenten in andere Dokumente ausgelagert sind), können diese dramatischen Unterschiede doch bereits als ein typisches Zeichen für die jeweiligen **Plattform-Philosophien** gesehen werden: Von Apple mit seiner extrem geschlossenen Technologie- und Inhalte-Welt zu Googles Android, das ein weitaus offeneres Konzept verfolgt (welches freilich eine weitreichende Kontrolle Googles über das Android-Betriebssystem und den App-Vertrieb im eigenen Store nicht ausschließt). Ausdruck dieser unterschiedlichen Ansätze ist auch, dass iOS-Apps wie auch Windows Phone Apps allein über die jeweiligen „offiziellen" App Stores erworben werden können, während Android-Apps von beliebigen Quellen bezogen werden können.

169 Wichtigste – und angesichts der Unmengen an Apps, die über die App Stores vertrieben werden, unvermeidbare – Gemeinsamkeit aller App Store-Bedingungen ist deren Gestaltung als **AGB** mit der Folge, dass Anbieter vor der Wahl stehen, entweder die jeweiligen Bedingungen vollumfänglich zu akzeptieren oder ihre Apps überhaupt nicht in den jeweiligen App Store einstellen zu können. Verschärft wird die Situation für Anbieter von Apple- und Windows Phone-Apps erheblich dadurch, dass sie keinerlei **Ausweichmöglichkeiten** haben; nur für Android-Endgeräte steht es Anbietern frei, auch andere Vertriebswege zu wählen. Damit aber sind iOS- und Windows Phone-Anbieter in der unerquicklichen Situation, bei Nichtakzeptanz der App Store-Bedingungen nicht nur zu einem Marktteilnehmer keinen Zugang zu haben, sondern ihr Produkt überhaupt nicht auf den Markt bringen zu können.[162] Hinzu kommen die weitreichenden **Kontroll- und Entfernungsbefugnisse**, die den App Store-Betreibern durch ihre AGB zugesprochen werden. Will man diese auf den Punkt bringen, können die Betreiber mehr oder weniger nach Belieben darüber befinden, ob eine App auf ihrem Marktplatz erhältlich ist oder nicht. Dass bei einer solchen Kombination von Exklusivität des Marktzugangs und absoluter Macht des Gatekeepers kartellrechtliches Konfliktpotenzial schlummert, liegt auf der Hand.[163]

170 Ein weiterer Aspekt ist kurz anzusprechen. App Store-Betreiber bieten neben dem klassischen, an das allgemeine Publikum gerichteten App Store vermehrt Sonderformen des App Deployments an. Vorreiter ist auch hier Apple mit besonderen **Volume Purchase/B2B-Programmen** innerhalb des App Stores sowie **Enterprise-Programmen** für die rein innerbetriebliche Entwicklung und Nutzung von Apps.[164] Auf die letztgenannte Vertriebsart wird im Folgenden nicht eingegangen, da der Fokus der Darstellung auf dem Geschäftsmodell des App Stores liegt. Im Hinblick auf gesonderte B2B-Programme innerhalb der bestehenden App Store-Struktur dagegen ergeben sich kaum Besonderheiten, sodass sich eine spezielle Betrachtung

162 Zwar besteht die Möglichkeit des „Jailbreaking", welches jedoch für die breite Masse der Endkunden nicht in Betracht kommt und so keine wirkliche Alternative für die Anbieter bietet.

163 Auch *Kremer*, CR 2011, 769, 770, Fn 15 sieht kartellrechtliche Probleme.

164 Bei Apples *„Ad hoc program"* genannt, siehe Ziff. 7.2 iOS Agreement.

erübrigt. Der Schwerpunkt der folgenden Seiten wird daher auf dem allgemeinen App-Vertrieb in den App Stores als solchen liegen.

II. Vertragsregelungen im Einzelnen

1. Anwendbares Recht

Zunächst ist festzuhalten, dass alle Vertriebsverträge vorsehen, dass auch gegen- 171
über deutschen App-Anbietern nicht deutsches, sondern **US-Recht** gilt. So sehen die iOS- und Google Play-Verträge die Anwendung kalifornischen Rechts (Ziff. 15.11 iOS Agreement, Ziff. 15.7 Google Play-Vereinbarung) und der Windows Phone-Vertrag die Anwendung des Rechts des Staates Washington vor (Ziff. 12. g).

Eine solche **Rechtswahl** kann auch nach deutschen Rechtsgrundsätzen wirk- 172
sam getroffen werden, insbesondere auch in **AGB.**[165] Dies gilt sogar für Verbraucherverträge,[166] allerdings kommt es darauf im Hinblick auf die Store-Vertriebsverträge in der Regel nicht an, da es sich beim Einstellen von Apps in App Stores meist nicht um **Verbrauchergeschäfte** handeln wird. Damit sind dann regelmäßig auch Art. 6 Abs. 2 Rom-I-Verordnung, § 46b EGBGB,[167] wonach zwingende Bestimmungen des Verbraucherschutzes nicht durch eine vertragliche Rechtswahl ausgehebelt werden können, irrelevant. Freilich ist es im Einzelfall nicht ausgeschlossen, dass ein App-Anbieter als Verbraucher i.S.d. § 13 BGB handelt, sodass solche Vorschriften trotz der anderslautenden Rechtswahlklauseln dann doch Anwendung finden. Dies kann etwa der Fall sein, wenn ein **Hobbyentwickler** Apps zum kostenlosen Download in einen App Store einstellt, da dies nicht zu dessen gewerblicher oder selbstständiger beruflicher Tätigkeit gehört. Dennoch dürfte dies in der Realität der App Stores eher eine Ausnahmekonstellation darstellen. Zudem wäre der Schutz durch deutsches AGB-Recht von nur beschränktem Wert: Sollte ein Anbieter von einem Store in den USA verklagt werden, gelangt man gar nicht erst in den Anwendungsbereich der Rom-I-Verordnung bzw. des EGBGB und nach US-Recht besteht kein Anlass, an der Anwendbarkeit des dortigen Rechts zu zweifeln. Als praktischer Fall, in dem es zur Anwendbarkeit deutschen Rechts kommen könnte, kämen allenfalls Klagen von Anbietern gegen die Store-Betreiber in Deutschland in Betracht, doch dürfte die Begründung eines deutschen Gerichtsstands regelmäßig scheitern. Zum einen wird in allen drei Store-Vertriebsverträgen ein **US-Gerichtsstand** prorogiert,[168] zum ande-

165 MüKo-Rom I/*Martiny*, Art. 3 Rn 42.

166 MüKo-Rom I/*Martiny*, Art. 6 Rn 41.

167 VO (EG) Nr. 593/2008 des Europäischen Parlaments und des Rates vom 17.6.2008 über das auf vertragliche Schuldverhältnisse anzuwendende Recht (Rom I), ABl. L 177/6.

168 iOS: Northern District of California (Ziff. 15.11 Abs. 1); Windows Phone: King County, Washington (Ziff. 12.g); Google Play: Santa Clara, Kalifornien (Ziff. 15.7).

ren ergäbe sich auch nach allgemeinen Grundsätzen der internationalen Zuständigkeit ein US-Gerichtsstand.[169]

173 Für die folgende Darstellung kommt es mithin auf die typischerweise gegen Regelungen in Formularverträgen ins Feld geführten **AGB-rechtlichen** Argumente – etwa gegen Haftungs- und Gewährleistungsbeschränkungen – nur untergeordnet an. Sie werden im Folgenden daher nicht im Fokus stehen, sodass sich AGB-rechtliche Anmerkungen auf das Wesentliche beschränken werden. Außerdem sei angemerkt, dass nach US-Recht Vertragsregelungen auch in Formularverträgen (**contracts of adhesion**) regelmäßig für wirksam erachtet werden und nur in Ausnahmefällen (insbesondere bei sog. **Unconscionability**) als nicht durchsetzbar gelten. Die Analyse der „Unconscionability" ist komplex und aufgrund der strengen Einzelfallbezogenheit wenig vorhersehbar. Für die Zwecke dieses Buches ginge es zu weit, tiefer in die Analyse dessen einzusteigen, zumal keine der in den Store-Verträgen getroffenen Regelungen als wahrscheinliche Kandidaten für eine Bewertung als „unconscionable" in Betracht kommen.

2. Hauptpflichten

174 In allen drei App Stores sind von den Parteien strukturell **ähnliche Hauptpflichten** zu erfüllen. Allerdings ist zu beachten, dass sowohl für Apple als auch Microsoft die eigenen Pflichten bezüglich des Vertriebs einzelner Apps grundsätzlich unter dem **Vorbehalt** stehen, dass diese Apps für den Vertrieb im Store durch sie selbst zugelassen werden. Auch können die Vertriebspflichten durch ein einfaches Entfernen der Apps einseitig durch die Store-Betreiber für die Zukunft beendet werden.[170]

175 Die App Stores übernehmen (ggf. nach Genehmigung der App) die Aufgabe, ihnen vom Anbieter übersandte Apps im App Store **zum Download für Endkunden bereitzuhalten**. Dazu gehört das **Hosten** der App auf eigenen oder Dritt-Servern und ggf. die technische Vorbereitung der App für das Einstellen in den jeweiligen Store. Die App Stores übernehmen die Abwicklung der Endkundengeschäfte, wobei bei der konkreten Ausgestaltung, insbesondere der rechtlichen Stellung des Store-Betreibers, strukturelle Unterschiede zwischen dem iOS App Store und dem Windows Phone Store auf der einen Seite und dem Google Play Store auf der anderen bestehen.[171] Zudem sind sie verpflichtet, die **Zahlungsabwicklung** mit den Endkunden zu übernehmen und im Rahmen der getroffenen Vereinbarungen die dem Anbieter zustehenden Anteile an den Einnahmen an ihn weiterzuleiten.[172]

---

169 *Kremer*, CR 2011, 769, 772.
170 Zu den Kontroll- und Entfernungsrechten der Store-Betreiber siehe unten Rn 245 ff.
171 Dazu unten Rn 177 ff., 190 ff. und 195.
172 Siehe dazu im Einzelnen unten Rn 197 ff.

Den Anbieter treffen **Zahlungspflichten**: Zum einen sind „Grundgebühren" für die Gewährung des Zugangs zu den Stores zu zahlen. Beim Vertrieb kostenpflichtiger Apps zahlt dann der Anbieter an die Store-Betreiber einen prozentualen Anteil an dem eingenommenen Preis.[173] 176

3. Regelung der Rechtsbeziehungen im Dreieck Anbieter, Store und Endkunde

Von besonderer Bedeutung ist, was die Verträge zur Rechtsnatur des Vertragsverhältnisses zwischen App-Anbieter und App Store aussagen. Dies hat nämlich nicht nur Auswirkungen auf das eigentliche Rechtsverhältnis zwischen den Parteien. Darüber hinaus strahlt diese Frage auch auf die Rechtsbeziehungen zwischen den Endkunden einerseits und den App Stores bzw. App-Anbietern andererseits aus, insbesondere auf die Frage, wer Vertragspartner der Endkunden wird, wovon wiederum etliche andere Problemkreise (z.B. die Gewährleistungspflicht) abhängen. Im Folgenden wird zunächst nur dargestellt, welche Aussagen aus den Vertragstexten zwischen Anbieter und Store abzuleiten sind. Diese haben jedoch für die endgültige Qualifizierung der Endkundenverträge nur beschränkten Aussagewert, da für eine abschließende Beurteilung auch die Perspektive des Endnutzers, der in der Regel keine Kenntnis von den Vereinbarungen zwischen Anbieter und Store haben wird, berücksichtigt werden muss. Daher werden im Folgenden zwar als wesentliche Grundlage für die endgültige Analyse der Vertragsbeziehungen die Bestimmungen der App Store-Bedingungen für App-Anbieter dargestellt, die sich mit der Ausgestaltung der Dreiecksbeziehung App-Anbieter – Store – Endkunde befassen. Die abschließende Beurteilung des Endkundenvertrags wird jedoch weiter unten in Rn 339ff. vorgenommen werden. 177

a) iOS

Die Frage des Vertriebs der Apps an die Endkunden wird im iOS Agreement recht ausführlich behandelt. So heißt es bereits in der Präambel: 178

> *„Applications that meet Apple's Documentation and Program Requirements may be submitted for consideration by Apple for distribution via the Apple Store or VPP/B2B Program Site. If submitted by You and selected by Apple, Your Applications will be digitally signed by Apple and distributed through the App Store or VPP/B2B Program Site, as applicable."*

---

173 Dazu im Einzelnen unten Rn 200, 206ff. und 213f.

179 Später dann in Ziff. 7, welche mit „Distribution“ überschrieben ist, wird zwischen für den Endnutzer kostenlosen und kostenpflichtigen Apps unterschieden. Es steht dem Anbieter frei, zu entscheiden, ob die fragliche App im Store kostenlos oder nur gegen ein bestimmtes Entgelt angeboten werden soll.[174] Die Wahl führt zu einer – zumindest im Vertragskonstrukt – unterschiedlichen Einordnung der Rechtsverhältnisse zwischen den Beteiligten.

aa) Vertrieb kostenpflichtiger Apps

180 Wenn der Anbieter sich für einen kostenpflichtigen Vertrieb entscheidet, so soll nach Ziff. 7.2 iOS Agreement i.V.m. Ziff. 1.1 (ii) Schedule 2 bzw. 3 Apple als **„commissionaire“** des Anbieters gegenüber dem Endkunden auftreten.[175] Dabei stellt Exhibit A zu Schedule 2 klar, dass der Begriff „commissionaire“ i.S.d. **Art. 91 des luxemburgischen Code de Commerce** verstanden werden muss.[176] Ein Blick in diese Regelung zeigt, dass insoweit eine grundsätzliche Übereinstimmung mit dem deutschen Verständnis des Kommissionärs besteht. Nach der luxemburgischen Vorschrift ist ein **commissionaire** jemand, der in eigenem Namen für Rechnung eines anderen (Kommittent) handelt.[177] Dies entspricht der Konzeption des § 383 Abs. 1 HGB, wonach Kommissionär ist, wer es übernimmt, Waren oder Wertpapiere für Rechnung eines anderen in eigenem Namen zu kaufen oder zu verkaufen.

181 Es sind bei der Kommission drei Rechtsverhältnisse zu unterscheiden: Der **Kommissionsvertrag** zwischen Kommittenten und Kommissionär (hier: Anbieter und Apple), das **Ausführungsgeschäft** zwischen dem Kommissionär und dem Dritten (hier: Apple und Endkunde) und das **Abwicklungsgeschäft**, d.h. die Übertragung des durch das Ausführungsgeschäft Erlangten vom Kommissionär an den Kommittenten (hier des Entgelts von Apple an den Anbieter). Vertragspartner des Endkunden wird folglich nach der Konzeption von Ziff. 7.2 iOS Agreement und dessen Schedule 2 Apple und nicht der Anbieter. Damit steht zwar in Widerspruch, dass Ziff. 1.2 lit. (d) Schedule 2 davon spricht, dass der Endkunde die Apps vom Anbieter erwerbe (*„so that end user may acquire from You“*). Doch kann der Sinngehalt des

174 *Feldmann* in: Taeger, Die Welt im Netz, 2011, S. 47, 52.

175 Dies gilt nach Ziff. 2 Exhibit A zu Schedule 2 für Verträge mit Endkunden in Deutschland, den EU-Staaten, der Schweiz und einer Reihe weiterer Länder. Für andere Länder, insbesondere die USA und Lateinamerika, trifft Exhibit A eine Einordnung als „agent“. Hinsichtlich des B2B-Programms, welches noch nicht in der gesamten EU gestartet ist, ergibt sich aus Ziff. 2 Exhibit A zu Schedule 3, dass Frankreich, Deutschland, Italien, Spanien und das Vereinigte Königreiche Commissionaire-Länder sind.

176 Daher ist als commissionaire auch die Apple Sarl genannt.

177 Art. 91 lautet: *„Le commissionnaire est celui qui agit en son propre nom ou sous un nom social pour le compte d'un commettant.“* Dies lässt sich wie folgt übersetzen: „Kommissionär ist, wer im eigenen Namen oder unter einem Gesellschaftsnamen für Rechnung eines Kommittenten handelt.“

Rechtsbegriffs *„commissionaire"* mit dem eindeutigen Verweis auf die Definition des luxemburgischen Rechts dadurch nicht überkommen werden. Auch spricht für die soeben getroffene Einordnung der Umstand, dass Apple selbst Rechnung gegenüber den Endkunden stellt und nicht der Anbieter, Ziff. 1.2 lit. (e) Schedule 2.[178] In die gleiche Richtung weist auch die Provisionsabrede in Ziff. 3.4 Schedule 2. *Feldmann* weist zwar zurecht darauf hin, dass es sich hier dieser Vertragsbestimmung wegen wohl eher um einen Fall des Kommissionsagenten handelt, am Ergebnis ändert dies hinsichtlich der Vertragsbeziehungen zum Endkunden freilich nichts.[179]

Im Falle kostenpflichtiger Apps sieht das iOS Developer Program License Agreement also vor, dass Apple als Store-Betreiber selbst Vertragspartner des Endkunden wird und nicht der Anbieter der App. 182

bb) Vertrieb kostenloser Apps

Für den Vertrieb kostenloser Apps heißt es in Ziff. 7.1 iOS Agreement: 183

> *"If You would like Apple and/or an Apple Subsidiary to deliver Your Licensed Application or authorize additional content, functionality or services You make available in Your Licensed Application through the use of the In-App Purchase API to end-users* ***for free*** *(no charge) via the App Store, then You appoint Apple and Apple Subsidiaries as Your legal agent pursuant to the terms of Schedule 1, for Licensed Applications designated by You as free of charge applications." (Hervorhebung wie im Original)*

In Ziff. 1.1 S. 1 Schedule 1 heißt es dann: 184

> *"You hereby appoint Apple and Apple Subsidiaries (collectively ‚Apple') as Your worldwide agent for the delivery of the Licensed Applications to end-users, during the delivery period."*

Der Gebrauch des Rechtsbegriffs „legal agent" bzw. **„agent"** ist, gerade im Kontrast zum Begriff des **commissionaires**, ein gewichtiges Indiz dafür, dass hier Apple stets nur als Stellvertreter des Anbieters dem Endkunden gegenübertreten soll. 185

Allerdings spricht das Agreement an anderer Stelle, wo das Rechtsverhältnis konkret beschrieben wird, eine andere Sprache. Gleich im zweiten Satz von Ziff. 1.1 Schedule 1 geht der Vertragstext davon aus, dass Apple die Apps in eigenem Namen an Endkunden liefern wird: 186

178 *Feldmann* in: Taeger, Die Welt im Netz, 2011, S. 47, 54.
179 Wie *Feldmann* in: Taeger, Die Welt im Netz, 2011, S. 47, 54 ebenfalls klarstellt.

> *"You hereby acknowledge that Apple will deliver the Licensed Applications to end-users* ***in Apple's own name****, through one or more App Stores, but for You and on Your behalf." (Hervorhebung durch den Verfasser)*

187 Die Aussage, dass Apple in eigenem Namen handle, scheint im Widerspruch zur Einordnung als Fall der unmittelbaren Stellvertretung zu stehen, in dem der Stellvertreter (hier wäre das Apple) gerade im Namen des Vertretenen und nicht in eigenem Namen auftritt.

188 Es ist jedoch zu berücksichtigen, dass der US-amerikanische Rechtsbegriff des **agent** nicht deckungsgleich mit dem des deutschen Stellvertreters ist. Eine **agency** setzt zwar voraus, dass der **agent** für bzw. im Interesse („*on behalf*") eines anderen handelt, er muss aber nicht zwingend offen im Namen des Vertretenen auftreten. Tritt der Wille, in fremdem Namen zu handeln, gar nicht zutage, werden nach § 6.03 des Restatement (Third) of Agency sowohl der agent (also der Vertreter) als auch der principal (der Vertretene) Vertragspartner des Dritten, solange das Handeln von der Vollmacht gedeckt war:

> *"When an agent acting with actual authority makes a contract on behalf of an undisclosed principal,*
> *(1) unless excluded by the contract, the principal is a party to the contract;*
> *(2) the agent and the third party are parties to the contract; and*
> *(3) the principal, if a party to the contract, and the third party have the same rights, liabilities, and defenses against each other as if the principal made the contract personally, subject to §§ 6.05–6.09."*

189 Ein Handeln des Vertreters in eigenem Namen kann also durchaus zur Bindung des Vertretenen führen. Allerdings wird dann auch der Vertreter – hier: Apple – vertraglich verpflichtet. Vertragliche Verantwortlichkeit als Vertreiber der Apps allerdings scheint Apple tunlichst vermeiden zu wollen, wie diverse Formulierungen im iOS Agreement zeigen, wonach allein der Anbieter für Mängelansprüche, Support etc. geradezustehen habe.[180]

190 Man kommt nicht umhin festzustellen, dass die im iOS Agreement und Schedule 1 zu findenden Auskünfte und Hinweise bezüglich der Qualifizierung der Rechtsbeziehung zwischen Endkunden und Apple in sich höchst widersprüchlich sind und kein einheitliches Bild ergeben.

---

180 Siehe dazu unten Rn 273 f.

b) Windows Phone

Auch das Windows Phone Agreement bemüht sich, Microsoft mit dem App Store als bloßen Mittler darzustellen, verwickelt sich jedoch in vergleichbare Widersprüche wie oben im Hinblick auf das iOS Agreement besprochen. 191

Ziff. 4.a Windows Phone Agreement, die die Stellung Microsofts als Betreiber des Stores umschreibt, lautet wie folgt: 192

> *"Appointment of Microsoft. The Windows Phone Marketplace is a forum through which Applications are made available by Application Providers to Purchasers. Microsoft's role is to provide the technology and services to enable this forum, and to process the related purchases, returns and chargebacks for you. You appoint Microsoft to act as your agent or commissionaire, as applicable, for these purposes, and you acknowledge that you, not Microsoft, are the distributor of the Application."*

Die Bezeichnung des Stores als bloßes *„forum"* und die Beschreibung der Rolle Microsofts als allein durchführendes Organ machen genau wie die abschließenden Worte, dass der Anbieter und nicht Microsoft Verkäufer der Apps sei, deutlich, dass Microsoft selbst nicht in der Verantwortung für die vertriebenen Apps stehen möchte. 193

Damit stehen jedoch andere Formulierungen des Vertragstexts im Widerspruch. Insoweit wäre zuerst der letzte Satz der soeben zitierten Ziff. 4.a zu nennen. Denn danach tritt Microsoft – ähnlich wie Apple – in einigen Jurisdiktionen – etwa allen Mitgliedern der EU – als **„commissionaire"** und nicht als **„agent"** auf.[181] Eine Qualifikation als Commissionaire lässt sich nun freilich, wie im Hinblick auf iOS bereits besprochen, kaum in Einklang damit bringen, dass der Anbieter selbst als Verkäufer einzuordnen sein soll. Gleiches gilt für den Umstand, dass Microsoft die Endkundenrechnungen stellt und nicht der Anbieter. Auch Ziff. 4.f Windows Phone Agreement, wonach Microsoft den Anbietern keinerlei Zugriff auf die personenbezogenen Daten gewährt, die die Endkunden beim Erwerb der App übermitteln, spricht dagegen, die Anbieter als Verkäufer der Apps anzusehen. 194

Nach den vertraglichen Regelungen zwischen Anbieter und Microsoft liegt daher die Annahme nahe, dass Microsoft selbst der Vertragspartner der Endkunden im Hinblick auf die Überlassung der App wird. 195

181 Siehe Exhibit B. Eine Unterscheidung zwischen kostenlosen und kostenpflichtigen Apps trifft das Windows-Agreement anders als das iOS Agreement nicht.

c) Google Play

196 In den Bedingungen des Google Play Stores fehlt eine Regelung, die in vergleichbarer Weise wie die iOS und Windows Phone Agreements eine eindeutige rechtliche Einordnung vorzunehmen versucht, ob Google beim Vertrieb einer App als Vertreter des Anbieters oder als Kommissionär o.ä. auftritt. Es sprechen jedoch starke Argumente dafür, dass nach der vertraglich zwischen Google und dem Anbieter vereinbarten Struktur der Anbieter der Vertragspartner der Endkunden wird, Google also allenfalls als offener Stellvertreter des Anbieters auftritt. So etwa heißt es in Ziff. 4.6 Google Play-Vereinbarung:

> *„Sie erklären, dass Sie für alle von Ihnen über Android Market vertriebenen Produkte und für die Folgen Ihrer Handlungen einschließlich möglicher Schäden oder Verluste aufseiten von Google allein verantwortlich sind und dass Google hierfür Ihnen oder Dritten gegenüber keine Verantwortung trägt."*

197 Bereits dies lässt erkennen, dass Google nicht selbst als Vertreibender gegenüber den Endkunden aufzutreten beabsichtigt, sondern den jeweiligen Anbieter in dieser Rolle sieht. Auch die vielfach in der Vereinbarung zu findenden Formulierungen wie „Produkte, die Sie ... verbreiten", „Ihre Produkte" etc. (siehe etwa Ziff. 1.2, 3.1, 3.5, 4.8) deuten darauf hin, dass nach dem Konzept der Vereinbarung der Anbieter als direkter Vertragspartner der Endkunden anzusehen ist. Gleiches gilt für die Regelung in Ziff. 3.5, nach der der Produktsupport und die Bearbeitung von Reklamationen allein dem Anbieter obliegen. Schließlich spricht auch der Umstand, dass beim Kauf von Apps nicht Google, sondern der jeweilige Anbieter Rechnung stellt, dafür, dass eine direkte Vertragsbeziehung zwischen Anbieter und Endkunden beabsichtigt ist.

4. Kosten und Zahlungsvorgänge

a) iOS

198 Für die Teilnahme am Developer-Programm und die Benutzung der Apple-Software bei der Entwicklung von Apps hat der Anbieter an Apple eine jährliche *Program Fee* zu zahlen (Ziff. 9). Sie liegt derzeit beim normalen iOS Developer Program bei 99 US-$.

199 Beim Vertrieb von Apps im Apple-Store übernimmt es Apple selbst, die **Zahlungen der Endkunden einzuziehen** (Ziff. 3.1 S. 6 Schedule 2, Ziff. 3.1 S. 5 Schedule 3) und schüttet diese, nach Abzug der eigenen Provision und ggf. abzuführender Steuern, an den Anbieter aus. Apple ist gegenüber den Endkunden auch Aussteller der **Rechnungen** (Ziff. 1.2 e) Schedule 2 bzw. 3). Apple ist dabei beim Erwerb von Apps durch in Deutschland bzw. der EU ansässige Endkunden für den Einzug und die Abfuhr der **Umsatzsteuer** verantwortlich (Ziff. 3.2 Schedule 2 und 3 jeweils i.V.m. Exhibit B).

Den **Endkundenpreis** kann der Anbieter zwar grundsätzlich selbst festlegen, allerdings nur, indem er eine bestimmte, von Apple vordefinierte Preisstufe festlegt (Ziff. 3.1 S. 3 Schedule 2). Die Preisstufen finden sich in Exhibit C zu Schedule 2. Apple behält sich vor, dieses Exhibit nach freiem Ermessen jederzeit zu ändern.[182] Allerdings können auch die Anbieter die Preisstufeneinordnung ihrer Apps jederzeit ändern (Ziff. 3.1 S. 5 Schedule 2). 200

Apple erhält nach Ziff. 3.4(a) Schedule 2 eine **Provision** in Höhe von **30% aller Netto-Entgelte**, d.h. der durch die Endkunden für den Erwerb einer App zu entrichtenden Preise abzüglich der Steuern, die Apple gem. Ziff. 3.2 Schedule einzieht und abführt. Die Provision fällt auch dann an, wenn Apple tatsächlich keine Zahlung durch den Endkunden erhält und weiterleitet (Ziff. 3.5 S. 3 Schedule 2). 201

In diesem Zusammenhang gehört auch die in Ziff. 6.3 Schedule 2 getroffene eigenwillige und für den Anbieter erheblich nachteilige Regelung. Danach ist Apple nicht nur dann berechtigt, Endkunden den bereits entrichteten **Kaufpreis zurückzuerstatten** und vom Anbieter Ersatz dafür zu verlangen, wenn die App mangelhaft ist, sondern auch dann, wenn der Endkunde Apple bis zu 90 Tage nach dem Download darüber informiert, dass er an der App kein Interesse mehr hat. Auch in diesen beiden Fällen soll Apple die Kommission behalten dürfen, obwohl es nach der Formulierung der Ziffer im Ermessen Apples liegt, ob der Endkunde eine Rückerstattung erhält oder nicht. 202

Die **Beendigung des Vertrags** berührt die Provisionsansprüche Apples für bereits zuvor oder während der Auslauffrist nach Ziff. 1.4 Schedule 2 bzw. Schedule 3[183] von Endkunden heruntergeladene kostenpflichtige Apps nicht. Gleiches gilt für Erstattungsansprüche Apples nach Ziff. 6.3 Schedule 2 bzw. 3 (Ziff. 7.1 Schedule 2 bzw. 3). 203

Die **Ausschüttung** der dem Anbieter zustehenden Entgelte erfolgt nicht mit jedem einzelnen Erwerbsvorgang, sondern monatlich gebündelt. Dabei legt Apple eine **Schwelle** fest, die erst erreicht sein muss, damit Apple die Einnahmen tatsächlich an den Anbieter weiterreicht (Ziff. 3.5 S. 1(i) Schedule 2). Anders als etwa Microsofts Entwickler-Bedingungen schweigt Apples Agreement-Text zur Höhe dieser Schwelle. Außerdem gewährt sich Apple eine großzügige Zahlungsfrist von 45 Tagen nach Ende des jeweils einschlägigen monatlichen Abrechnungszeitraums (Ziff. 3.5 S. 1(iv) Schedule 2). 204

Da Apps regelmäßig in einer Vielzahl von Ländern angeboten werden, kann die Währung der Endkundenpreise von der der Ausschüttung an den Anbieter abwei- 205

182 Das kann durchaus auch ohne Vorankündigung erfolgen, wie App-Anbieter Ende Oktober 2012 erstaunt feststellten, als Apple die den Preisstufen zugeordneten Preise quasi über Nacht um 10% und mehr anhob, siehe dazu http://www.spiegel.de/netzwelt/apps/apps-apple-erhoeht-preise-im-app-store-a-863577.html.

183 Zur Auslauffrist siehe unten Rn 266.

chen. Für solche Fälle findet eine Umrechnung zu einem **Wechselkurs** statt, der sich aus Exhibit C zu Schedule 2 ergibt.

b) Windows Phone

206 Wie Apple übernimmt auch Microsoft das **Inkasso** der von den Endkunden zu entrichtenden Entgelte und leitet die den Anbietern zustehenden Anteile an diese weiter. Die **Endkundenpreise** legt ebenfalls wieder der Anbieter fest und ebenfalls nur im Rahmen der durch Microsoft festgesetzten Preiskategorien (Ziff. 6.a Windows Phone Agreement). Der Anbieter kann für jedes Land unterschiedliche Preise festlegen.[184] Die Rechnung stellt Microsoft. Ebenso ist Microsoft für den Einzug und die Abführung der **Umsatzsteuer** bei App-Käufen in der EU verantwortlich (Ziff. 6.b i.V.m. Exhibit B Windows Phone Agreement).[185]

207 Microsoft behält als sog. **Marketplace Fee** 30% der Netto-Einnahmen aus dem Verkauf der Apps ein (Ziff. 1.p Windows Phone Agreement). Netto-Einnahmen sind dabei die Gesamteinnahmen aus dem Verkauf der Apps an Endkunden abzüglich der abzuführenden Mehrwertsteuer sowie etwaiger Rückerstattungen an Endkunden (Ziff. 1.s Windows Phone Agreement). Im Unterschied zum Apple App Store kommt es im Windows Phone Store auf die tatsächlich von Endkunden **eingenommenen** Entgelte an. Das ergibt sich einmal aus der Verwendung des Wortes „*collected*" in der Definition der Marketplace Fee (im iOS Agreement heißt es demgegenüber „*all prices payable*"), zum anderen aus dem Fehlen einer der Ziff. 3.5 S. 3 Schedule 2 des iOS Agreement vergleichbaren Klausel.

208 Die Abrechnung erfolgt **monatlich**. Ähnlich wie auch Apple behält Microsoft sich vor, eine Auszahlung an die Anbieter erst dann vorzunehmen, wenn eine **Umsatzschwelle** – hier in Höhe von 200 US-$ – erreicht ist (Ziffer 7.b Windows Phone Agreement).

209 Stammt der Anbieter nicht aus den USA, kann Microsoft die zu überweisenden Einnahmen in der Währung des Herkunftslands des Anbieters überweisen, wobei die durch Microsoft festgelegten Umrechnungskurse zur Anwendung kommen (Ziff. 7.d Windows Phone Agreement).

210 **Rückerstattungen** an Endkunden – etwa wegen Mängeln von Apps – müssen im Ergebnis vom Anbieter getragen werden (Ziff. 7.f Windows Phone Agreement).

211 Für die Zertifizierung der Apps, d.h. der Prüfung, Zulassung und Signierung von Apps, die der Anbieter an Windows übermittelt, kann Microsoft eine sog. **Certification Fee** verlangen (siehe Ziff. 1.g. und 3.c.(i) Windows Phone Agreement).

---

184 Siehe http://msdn.microsoft.com/en-us/library/windowsphone/help/jj206732%28v=vs.105%29.aspx.

185 Siehe dazu auch die Übersicht über steuerliche Aspekte unter http://msdn.microsoft.com/en-us/library/windowsphone/help/jj206727%28v=vs.105%29.aspx.

c) Google Play

Um Apps im Google Play Store anbieten zu können, muss ein Anbieter zunächst ein **Entwicklerkonto** haben. Für ein solches sind jährlich 25 US-$ an Google zu zahlen.[186] Die Zahlungsabwicklung beim kostenpflichtigen Angebot von Apps setzt voraus, dass der Anbieter ein **Zahlungskonto** bei einem von Google anerkannten **Zahlungsabwickler** hat (Ziff. 3.1 S. 1 Google Play-Vereinbarung). Sämtliche Vergütungen, die der Anbieter für seine Produkte erhält, die über Google Play vertrieben werden, müssen über einen solchen Zahlungsabwickler abgewickelt werden (Ziff. 3.3 S. 6 Google Play-Vereinbarung). Google akzeptiert derzeit nur Zahlungen über den Google-eigenen Dienst Google Wallet. 212

Die **Preise**, zu denen Apps über Google Play abgegeben werden sollen, kann der Anbieter frei bestimmen und jederzeit ändern (Ziff. 3.2 S. 1 Google Play-Vereinbarung). Es ist ihm auch möglich, unterschiedliche Preise für unterschiedliche Märkte zu bestimmen, etwa um geographisch beschränkte Werbeaktionen durchzuführen. 213

Für jeden Verkauf wird vor Überweisung an den Anbieter eine **Transaktionsgebühr** abgezogen (Ziff. 3.2 S. 2 und 3 Google Play-Vereinbarung), welche derzeit 30% des Verkaufspreises beträgt.[187] Eine Transaktionsgebühr fällt beim kostenlosen Vertrieb von Apps nicht an (Ziff. 3.3 S. 2 Google Play-Vereinbarung). Anders als Apple und Microsoft zahlt Google (bzw. der Zahlungsanbieter) die nach Abzug der Transaktionsgebühr verbleibenden Summen aus, ohne dass dazu erst eine Mindestumsatzschwelle erreicht sein müsste. 214

Die **Rechnung** über den Erwerb einer App wird – anders als im iOS und Windows Phone Store – vom Anbieter selbst und nicht von Google ausgestellt (siehe die Definition von „Zahlungsabwickler"). Für die etwaig zu zahlende **Umsatzsteuer** ist der Anbieter allein verantwortlich (Ziff. 3.2 S. 5f. Google Play-Vereinbarung). 215

5. Technische und sonstige Vorgaben durch den App Store

Eine Betrachtung der Rechtsverhältnisse zwischen Anbietern und den App Stores muss auch die einschlägigen technischen und inhaltlichen Vorgaben der Store-Betreiber berücksichtigen, da diese entscheidend dafür sind, ob bestimmte Apps überhaupt in die Stores gelangen oder dort auf Dauer bleiben können. 216

a) iOS

Die wesentlichen Vorgaben für iOS-Apps ergeben sich aus Ziff. 3.3 iOS Agreement, welche dann wiederum auf eine Reihe weiterer Dokumente, z.B. die **Human Inter-** 217

186 Siehe https://developer.android.com/distribute/googleplay/publish/register.html.

187 Siehe https://support.google.com/googleplay/android-developer/bin/answer.py?hl=de&answer=112622.

face Guidelines[188] (siehe Ziff. 3.3.7 iOS Agreement), verweist. Die Auflagen können hier wegen des erheblichen Umfangs (sie sind auf fast sechs eng bedruckten Seiten niedergelegt, die zusätzlichen Richtlinien nicht mitgerechnet) nicht im Einzelnen aufgezählt und analysiert werden. Daher sei die Darstellung auf die essenziellen Punkte beschränkt.

aa) Inhaltliche Vorgaben

218 Inhaltlich stellt Apple insbesondere folgende Anforderungen: Der Anbieter ist selbst dafür verantwortlich, dass seine App mit allen gesetzlichen Regelungen aller Länder konform ist, in denen sie nach Wahl des Anbieters von Apple vertrieben werden darf (Ziff. 3.3.11, 6.2 Abs. 2 S. 2 iOS Agreement). Er kann sich also nicht darauf verlassen, dass Apple eine Prüfung der Rechtslage vornimmt, sondern muss selbst für eine – ggf. weltweite – **Rechtskonformität** sorgen. Da Apps vielfach international vertrieben werden, steht der Anbieter damit in einer erheblichen Verantwortung, da er sicherstellen muss, dass in jeder Rechtsordnung, in der seine App bestimmungsgemäß verfügbar ist, die gesetzlichen Bestimmungen eingehalten werden.[189]

! **Praxistipp**
Achten Sie darauf, die Rechtskonformität Ihrer App in allen gewünschten Vertriebsländern zu prüfen.

---

219 Apps dürfen keine Inhalte enthalten, die nach Apples Einschätzung anstößig oder unangemessen („*objectionable or inappropriate*"), insbesondere pornographisch oder verleumderisch sind (Ziff. 3.3.20 iOS Agreement).[190] Auch dürfen Apps selbstverständlich keinen Schadcode enthalten (Ziff. 3.3.21 iOS Agreement).

220 Bemerkenswert ist die Regelung bezüglich der **Nutzungsrechte** an Material, das in einer App verwandt wird. Laut Ziff. 3.3.18 S. 1 iOS Agreement muss der App-Anbieter für in einer App enthaltenen **Kompositionen und Tonaufnahmen** entweder selbst alle Rechte innehaben oder eine vollständig bezahlte Lizenz erworben haben, sodass Apple keine zusätzlichen Entgelte für den Vertrieb an den Anbieter oder Dritte zahlen muss – so weit, so verständlich. Apple stellt darüber hinaus je-

---

188 Zu finden unter https://developer.apple.com/library/ios/#documentation/UserExperience/Conceptual/MobileHIG/Introduction/Introduction.html#//apple_ref/doc/uid/TP40006556.

189 Siehe *Kremer*, CR 2011, 769, 773. Damit ist im Übrigen nichts über den Umfang von Apples eigener rechtlicher Verantwortung für die Rechtskonformität gesagt.

190 Wie eng das gesehen werden kann, hat z.B. die Zeitschrift Stern im Jahr 2009 zu spüren bekommen, als Apple die Stern-App wegen der dort abrufbaren Erotik-Galerien aus dem App Store entfernte, siehe http://www.spiegel.de/netzwelt/gadgets/zu-viel-nackte-haut-apple-entfernte-nachrichten-app-aus-online-shop-a-663123.html.

doch noch folgende Anforderungen: Wenn die App außerhalb der USA vertrieben werden soll, kommt hinzu, dass die Tonaufnahme bzw. Komposition **nicht Gegenstand kollektiver Wahrnehmung** sein darf (Ziff. 3.3.18 S. 2 (a) iOS Agreement). Das dürfte dann zu besonderen Problemen führen, wenn die musikalischen Verwertungsgesellschaften das Gesamtrepertoire ihrer jeweiligen Mitglieder wahrnehmen, da dann Musiker, die Mitglied einer Verwertungsgesellschaft sind, nicht für die Erstellung der App herangezogen werden können. Auch muss beachtet werden, dass z.B. in Deutschland die sog. GEMA-Vermutung gilt, wonach widerleglich vermutet wird, dass die GEMA für bestimmte Werknutzungen die Rechte an allen musikalischen Kompositionen wahrnimmt, sodass, um der Pflicht zur Zahlung von GEMA-Gebühren zu entgehen, positiv nachgewiesen werden muss, dass eine bestimmte Komposition von einem Nicht-Mitglied stammt.[191] Schließlich verlangt Ziff. 3.3.18 S. 2(b) iOS Agreement auch, dass die Tonaufnahme bzw. die Komposition im Falle des Vertriebs außerhalb der USA **ausschließlich** an den Anbieter **lizenziert** worden ist. Einfache Nutzungsrechte genügen also nicht. Für andere Inhalte dagegen lässt Apple vorhandene **einfache Nutzungsrechte** genügen (Ziff. 3.3.19 iOS Agreement).

Praxistipp !

Es ist essenziell, alle notwendigen Nutzungsrechte an Software und Inhalten, die in einer App verwendet werden, zu erwerben. Die Rechtekette sollte ggf. genau geprüft werden. Auch die Verwertungsgesellschaftspflicht von verwandter Musik muss genau in Augenschein genommen werden.

Regelungen bezüglich der Sammlung und Nutzung von **Daten** finden sich im iOS Agreement an weit verstreuten Stellen. Herauszuheben sind Ziff. 3.3.8 bis 3.3.13. Die Ziff. 3.3.8 fordert vom Anbieter, Daten vom Endkunden bzw. dessen technischem Gerät („*user or device data*"), insbesondere Fotos und Aufnahmen der Stimme, nur im Einklang mit allen geltenden Gesetzen zu sammeln und zu verarbeiten. Auch wird verlangt, den Endkunden hinreichend deutlich auf die Datensammlung hinzuweisen. Ziffer 3.3.9 stellt des Weiteren klar, dass jegliche Erhebung von Daten über den Endkunden und das von ihm verwandte Gerät nur erfolgen darf, wenn der Endkunde zuvor sein **Einverständnis** gegeben hat, wobei das Agreement keine Vorgaben zur Form des Einverständnisses macht. Nach Ziff. 3.3.10 müssen daher die App-Nutzer über jegliche Nutzung der Daten vollständig informiert werden, z.B. indem die App auf die Datenschutzerklärung im App Store verlinkt. Sobald der Nutzer sein Einverständnis zurückzieht, ist der Anbieter außerdem verpflichtet, die Erhebung und Nutzung der fraglichen Daten einzustellen. Außerdem schränkt Ziff. 3.3.9 den Nutzungszweck der Daten ein. Daten dürfen danach nur erhoben werden, um einen Dienst oder eine Funktion anzubieten, die unmittelbar für die 221

191 Zur GEMA-Vermutung siehe Schricker/Loewenheim/*Reinbothe*, § 13c WahrnG Rn 2ff.

Benutzung der fraglichen App oder für Werbung von Bedeutung ist, wobei für letztere die Beschränkungen der Ziff. 3.3.12 und 3.3.13 zu beachten sind. Zudem schließt die Ziffer die Verwendung von **Analyse-Software** aus, die Daten über das eingesetzte Gerät an Dritte versendet.

222 Von besonderer Bedeutung für die Schaltung **personalisierter Werbung** in Apps sind die mit iOS 6 neu in das iOS Agreement eingefügten Ziff. 3.3.12 („*Advertising Identifier*") und 3.3.13 („*Advertising Preference*"). Bislang wurde App-Werbung häufig mittels des sog. **Unique Device Identifiers (UDID)** personalisiert. Dabei handelte es sich um eine permanente 40-stellige Ziffernkombination, mit der sich iPhone, iPad und iPod touch eindeutig identifizieren ließen, sodass es zur Verknüpfung von nutzungsbezogenen Informationen mit einer eindeutig identifizierbaren Kennzahl kommen konnte. Nach Druck durch den US-Kongress hat Apple dann jedoch seine Policy geändert und ist dazu übergegangen, Apps abzulehnen, die UDID für Werbezwecke benutzen.[192] Nun wurde mit iOS 6 ein sog. **Advertising Identifier** eingeführt, der durch die Nutzer jederzeit zurückgesetzt werden kann. Außerdem können Nutzer nun auch das Tracking mittels des Advertising Identifiers beschränken. App-Anbieter sind nun verpflichtet, keinerlei Verknüpfung von permanenten, gerätebezogenen Identifikationsmitteln mit dem Advertising Identifier vorzunehmen. Außerdem dürfen, wenn ein Identifier zurückgesetzt wird, alter und neuer Advertising Identifier nicht miteinander kombiniert werden (Ziff. 3.3.12 iOS Agreement).[193] Der Anbieter ist außerdem verpflichtet, den Advertising Identifier nur für sog. **Limited Advertising Purposes** heranzuziehen, wenn ein Nutzer in den Geräteeinstellungen das Werbe-Tracking beschränkt hat. Zu solchen Limited Advertising Purposes zählen das sog. Frequency Capping, die Messung von Conversion Events und der Zahl von Unique Usern, Sicherheitsmaßnahmen und Betrugsbekämpfung sowie die Fehlerbeseitigung; weitere Zwecke können in der Dokumentation zur Ad Support API freigegeben werden (Ziff. 1.2 iOS Agreement).

223 Weit über ihre Überschrift „*Location and Maps; User Consents*" hinausgehend legt zudem Ziffer 3.3.16 iOS Agreement fest, dass Standortdaten, Adressbücher, Kalender, Fotos und/oder Erinnerungen nur mit Zustimmung des Nutzers ausgewertet und genutzt werden dürfen. iOS-eigene Warnungen dürfen nicht entfernt oder verändert werden. Ziff. 3.3.37 iOS Agreement bezieht sich ebenfalls auf die Nutzung von Daten aus den Adressbüchern der Endkunden. Dabei wird einerseits verlangt, dass jeglicher Zugriff auf das Adressbuch nur mit vorheriger Zustimmung des Nutzers

---

192 Vgl. *Cutler*, in: Techchrunch.com v. 24.3.2012, abrufbar unter: http://techcrunch.com/2012/03/24/apple-udids.

193 Die Fähigkeit des Nutzers, Advertising Identifiers zu ändern, hat für die Werbetreibenden durchaus Vorteile. Wenn ein Gerät weiterverkauft wird, kann durch ein Reset verhindert werden, dass Daten über den Alteigentümer mit denen des Neueigentümers vermischt werden, siehe *Oiknine*, abrufbar unter: http://apsalar.com/blog/2012/06/apples-new-advertising-id.

erfolgen darf. Eine weitere Einschränkung gilt im Hinblick auf **Facebook-Daten:** Sollten Adressbuch-Daten automatisiert an Dritte übertragen werden, so darf dies nicht ausschließlich die Facebook-bezogenen Daten betreffen. Eine vollständige Übertragung aller Daten ist hingegen nicht ausgeschlossen.

Schließlich ist festzuhalten, dass der Anbieter auch bestimmten Vorgaben hin- 224
sichtlich der von ihm verwandten **End User License Agreement (EULA)** zu folgen hat.[194] Es steht ihm zwar grundsätzlich frei, eigene EULA zu verwenden, diese müssen dann jedoch eine Reihe von Pflichtklauseln enthalten und dürfen nicht den Mindestanforderungen Apples widersprechen (Ziff. 4.2 der Schedule 1 bis 3). Die Mindestanforderungen werden in den Exhibits zu den den Schedules beigefügten *„Instructions for Minimum Terms of Developer's End-User License Agreement“* definiert und erfassen insbesondere den Umfang der eingeräumten Rechte, Support- und Gewährleistungsverpflichtungen und Haftungsfragen.[195] Falls sich der Anbieter dafür entscheidet, keine eigenen EULA zu verwenden, gelten die Apple EULA, die Bestandteil der App Store Terms of Service sind.

bb) Technische Vorgaben

Die technischen Vorgaben Apples für Apps sind im Laufe der Zeit vielfältigen Ände- 225
rungen unterworfen gewesen. Insbesondere ist Ziff. 3.3.2 iOS Agreement, die sich auf die Nutzung von **nicht-kompiliertem** und **ausführbarem Code** bezieht und in der Vergangenheit auch die verwendbaren Programmiersprachen abschließend festlegte, immer wieder Gegenstand einiger Kontroversen gewesen. So hatten frühere Versionen praktisch die Nutzung der Skript-Sprache Lua, die bei vielen Entwicklern gerade von Spielen populär ist, ausgeschlossen. Auch jetzt noch ist Apple restriktiv bezüglich der Verwendung ausführbaren und interpretierten Codes, lässt aber eine Lua-Nutzung grundsätzlich zu:

> *“An Application may not download or install executable code. Interpreted code may only be used in an Application if all scripts, code and interpreters are packaged in the Application and not downloaded. The only exception to the foregoing is scripts and code downloaded and run by Apple's built-in WebKit framework, provided that such scripts and code do not change the primary purpose of the*

---

194 Zwar entfalten EULA, die dem Kunden nicht vor Erwerb einer App zur Kenntnis gegeben werden, in Deutschland bekanntlich keine Wirkung (siehe *Marly*, Rn 978 ff.). Dennoch kann es für Anbieter durchaus sinnvoll sein, den Apps EULA mitzugeben, selbst wenn eine Kenntnisnahme erst nach Erwerb der App möglich ist, da solche EULA in anderen Rechtsordnungen durchaus Anerkennung finden.

195 Einzelne der Mindestanforderungen werden weiter unten im Laufe der Besprechung des iOS Agreements dargestellt.

Application by providing features or functionality that are inconsistent with the intended and advertised purpose of the Application as submitted to the App Store."

226 Ausführbarer Code darf also gar nicht heruntergeladen oder installiert werden. Interpretierter Code ist nur in engen Grenzen gestattet: Grundsätzlich muss jeglicher interpretierter Code bereits in der App selbst enthalten sein. Ausnahmsweise zulässig sind Skripte und Codes, die von Apples WebKit heruntergeladen werden, und dies auch nur dann, wenn dadurch keine größeren Änderungen in der Funktionalität der App veranlasst werden.

227 Außerdem müssen sämtliche Funktionen von Apps bereits beim Erwerb im App Store vorliegen, da zusätzliche Funktionen nicht über andere Mechanismen hinzugefügt oder freigeschaltet werden dürfen. Eine Ausnahme gilt nur im Hinblick auf die Nutzung der In-App Purchase API (Ziff. 3.3.3 iOS Agreement). Es ist daher z.B. nicht möglich, kostenlose funktionsbeschränkte Testversionen anzubieten und die **Freischaltung weiterer Funktionen** außerhalb des App Stores gegen Bezahlung anzubieten.

228 Für die Gestaltung der App ist es schließlich wichtig, dass iPhone-Apps im **Kompatibilitätsmodus** auch auf dem iPad mit den gleichen Eigenschaften und Funktionen laufen müssen, es sei denn die betreffende Eigenschaft oder Funktion wird von der Hardware schlicht nicht unterstützt (z.B. Videoaufnahmen auf Geräten ohne Kamera, Ziff. 3.3.5 iOS Agreement).

b) Windows Phone

229 Die grundlegenden Anforderungen an Windows Phone Apps sind in **Ziff. 5** Windows Phone Agreement niedergelegt. Weitere – und detailliertere – Vorgaben macht Microsoft auf der **Developer Website**[196] und anderen Websites.[197]

230 Der Anbieter ist – mit den damit für ihn verbundenen hohen Aufwänden und entsprechenden Risiken – für die vollständige **Rechtskonformität** seiner App in allen Rechtsordnungen, in denen sie bestimmungsgemäß angeboten wird, selbst verantwortlich (Ziff. 5.b Windows Phone Agreement).[198] Dies betrifft insbesondere Exportkontrollvorschriften, den Datenschutz und inhaltsbezogene Regelungen.

231 Selbstverständlich ist **Schadcode** tabu (Ziff. 5.d Windows Phone Agreement).

232 Auch muss der Anbieter dafür sorgen, dass er alle für die Entwicklung und den Vertrieb der App erforderlichen **Nutzungsrechte und Lizenzen** hat (Ziff. 5.c.). An-

---

196 Siehe http://create.msdn.com.

197 Insbesondere dazu http://msdn.microsoft.com/en-us/library/windowsphone/develop/hh184843(v=vs.105).aspx.

198 Siehe oben schon zu iOS Rn 218.

ders als Apple macht Microsoft keine besonderen Vorgaben hinsichtlich der Lizenzierung von Tonaufnahmen und musikalischen Kompositionen. Es ist also weder erforderlich, eine ausschließliche Lizenz zu erwerben, noch sicherzustellen, dass die verwendeten Tonaufnahmen und Kompositionen nicht der kollektiven Rechtewahrnehmung unterliegen.[199]

Im Hinblick auf **Nutzerdaten** verlangt Ziff. 4.e Windows Phone Agreement, 233 dass Endkunden über die Datenschutzerklärung des Anbieters informiert werden müssen. Diese muss zutreffend darüber Auskunft geben, welche Daten die App sammelt und wie diese verwendet, gespeichert, gesichert und offengelegt werden. Außerdem muss sie beschreiben, welche Kontrollmöglichkeiten über die Nutzung und Weitergabe der Daten die Nutzer haben und wie sie selbst Zugang zu den fraglichen Daten haben können. Weitere Anforderungen ergeben sich insbesondere aus den **Application Policies.**[200] Apps müssen nach diesen den Zugriff auf Kontaktdaten, Fotos, Telefonnummern, die SMS und Browsing History und andere personenbezogene Daten, das Heraufladen auf eigene Server und auch die Weitergabe solcher Daten an Dritte von einer **Opt-In**-Zustimmung der betroffenen Nutzer abhängig machen. Gleiches gilt für die Übermittlung einer Unique Device oder User ID in Kombination mit Nutzerinformationen an Dritte. Ein Opt-In in diesem Sinne ist nur dann gegeben, wenn die App Zugang zu einer hinreichend detaillierten und zutreffenden Datenschutzerklärung gewährleistet, der Nutzer ausdrücklich seine Zustimmung gibt, bevor es zu der jeweiligen Nutzung der Daten kommt, und wenn der Nutzer später seine Zustimmung **widerrufen** kann (Ziff. 2.8 der Application Policies).

Sonderregeln gelten für **Standortdaten**. Die App muss es dem Nutzer insbeson- 234 dere ermöglichen, den Zugriff auf und die Verwendung von solchen Daten zuzulassen oder abzustellen. Die Weitergabe oder Veröffentlichung von Standortdaten hängt von einem ausdrücklichen Opt-In des Nutzers ab. Dazu muss nicht nur die Datenschutzerklärung erläutern, wie solche Daten genutzt werden, der Nutzer muss auch ausdrücklich sein Einverständnis erklären, bevor die Daten veröffentlicht werden. Außerdem muss die App den Nutzer entweder in regelmäßigen Abständen daran erinnern, dass Daten gesendet werden oder zumindest eine optische Anzeige der Datensendung beinhalten. Ein Widerruf der Zustimmung muss jederzeit möglich sein (Ziff. 2.7 der Application Policies).

c) Google Play

Die Google Play-Vereinbarung selbst enthält nur wenige Regelungen bezüglich 235 der Gestaltung von Apps. Detailliertere Bestimmungen finden sich aber in den

---

199 Siehe dagegen oben Rn 220.

200 Zugänglich unter http://msdn.microsoft.com/en-us/library/windowsphone/develop/hh184841%28v=vs.105%29.aspx.

Richtlinien für das Programm für Entwickler[201] (siehe Ziff. 4.11 Google Play-Vereinbarung).

236 Die wichtigsten Vorgaben in der Hauptvereinbarung betreffen die Behandlung von **Nutzerdaten**. Der Anbieter ist verpflichtet, die Nutzer darauf hinzuweisen, wenn eine App auf Nutzernamen, Passwörter und andere persönliche Informationen zugreift und sie verwendet.[202] Auch muss eine rechtlich einwandfreie und zutreffende Datenschutzerklärung zur Verfügung gestellt werden. Außerdem gestattet Google die Nutzung nur für Zwecke, mit denen sich der Nutzer einverstanden erklärt hat. Dies gilt insbesondere auch für Informationen über das Google-Konto des Nutzers (Ziff. 4.3 Google Play-Vereinbarung). Des Weiteren dürfen Kundeninformationen, die der Anbieter über den Google Play Store erhalten hat, nicht dazu verwendet werden, Produkte außerhalb des Stores zu vertreiben (Ziff. 4.4 S. 3 Google Play-Vereinbarung).

237 Auch ist es untersagt, den Store dazu zu missbrauchen, um Produkte zu vertreiben, deren Hauptzweck darin besteht, die Verbreitung von Software und Spielen für Android-Geräte außerhalb des Stores zu vereinfachen (Ziff. 4.5 Google Play-Vereinbarung).

238 Aus den **Google Play-Programmrichtlinien für Entwickler** seien folgende Anforderungen hervorgehoben: Google gestattet in Apps keine Inhalte, die Nacktheit oder sexuelle Handlungen zeigen. Auch die Darstellung grundloser oder drastischer Gewalt ist verboten. Gleiches gilt für Material, mit dem Nutzer bedroht, belästigt oder gemobbt werden. Ebenso duldet Google nicht die Verbreitung von Hass gegen bestimmte Personengruppen. Auch sind Inhalte oder Dienste, die Online-Glücksspiele unterstützen, unzulässig. Dazu zählen u.a. Online-Casinos, Sportwetten und Lotterien. Natürlich geht Google auch gegen Schadsoftware und Spyware vor. Auch Apps, die einen unerwartet hohen Datenumsatz verursachen, sind nicht gestattet. Zudem macht Google Vorgaben für die Verwendung und Gestaltung von Werbeanzeigen. Diese gelten als Teil der App und müssen daher mindestens den gleichen Anforderungen genügen wie die eigentliche App. Werbeanzeigen dürfen die Funktionsweise des Nutzergeräts außerhalb der Anzeige nicht verändern. Auch darf die volle Funktionsfähigkeit der App nicht davon abhängig gemacht werden, dass der Nutzer auf eine Anzeige klickt oder personenbezogene Daten preisgibt.

---

201 Zugänglich unter http://play.google.com/intl/ALL_de/about/developer-content-policy.html.

202 In der deutschen Fassung der Vereinbarung ist von *„Nutzernamen, Passwörter oder andere Anmeldeinformationen"* die Rede, während die englische Ursprungsfassung im Wortlaut weiter geht: *„user names, passwords, or other login information* ***or personal information****"* (Hervorhebung durch den Verfasser). Es spricht Einiges dafür, dass Google die deutsche Version nicht großzügiger als die englische Version zu gestalten beabsichtigte, sodass hier die weiteren Verpflichtungen des Anbieters als allgemein auch auf persönliche Informationen bezogen verstanden werden.

6. Behandlung von Freier und Open Source-Software

Da moderne Software-Entwicklung praktisch kaum mehr ohne Rückgriff auf Freie und Open Source-Software (**FOSS**) möglich ist und FOSS daher eine besonders herausgehobene Bedeutung zukommt, sei der Behandlung von FOSS als Bestandteil von Apps ein eigener kurzer Abschnitt gewidmet. 239

a) iOS

Ziff. 3.3.22 iOS Agreement enthält nur wenige, im Ergebnis durchaus sinnvolle Regelungen. Allerdings ist zu bedauern, dass der Vertragstext eine verfehlte, viel zu enge, und letztlich irreführende Definition von FOSS enthält.[203] Doch zurück zu den Anforderungen an die Verwendung von FOSS-Software in iOS-Apps: Erstens wird von Anbietern, die FOSS-Komponenten in ihren Apps einsetzen, verlangt, dass sie alle Lizenzbedingungen dieser Komponenten einhalten (S. 1). Zweitens sollen FOSS-Komponenten nicht in einer Weise verwandt werden, dass Nicht-FOSS-Bestandteile der Apple Software (das betrifft in erster Linie SDK-Software) dadurch ebenfalls FOSS-Lizenzbedingungen unterworfen werden (S. 2). 240

Diese Formulierung ist wenig geglückt, da niemand außer Apple selbst als Inhaberin der ausschließlichen Rechte in der Lage ist, die Lizenzierung ihrer eigenen Software in irgendeiner Weise zu ändern. Um deutlich zu machen, was wohl tatsächlich gemeint ist, muss ein wenig ausgeholt werden: Eine Reihe von FOSS-Lizenzen haben einen sog. **Copyleft-Effekt**. Darunter versteht man die Lizenzverpflichtung, auch Software, die von der ursprünglichen abgeleitet ist, unter dieselbe Lizenz wie die ursprüngliche Software zu stellen.[204] Wann Software als abgeleitet anzusehen ist, hängt von urheberrechtlichen Wertungen und den spezifischen Regelungen der jeweiligen Lizenz ab und kann hier nicht dargestellt werden. Worauf es hier allein ankommt, ist, dass Apple solche Programmierungen ausschließen möchte, die dazu führen würden, dass Apple-Komponenten als abgeleitet von Copyleft-lizenzierter Software angesehen werden könnten. Dies würde zwar nicht dazu führen, dass die Apple-Software automatisch unter der fraglichen Copyleft-Lizenz 241

---

203 Schaut man auf die Definition von „FOSS“ im iOS Agreement, wird klar, dass unter „FOSS“ praktisch nur Copyleft-Lizenzen verstanden werden: *„'FOSS' (Free and open-source software) means any software that is subject to term that, as a condition of use, copying, modification or redistribution, require such software and/or derivative works thereof to be disclosed or distributed in source code form, to be licensed fort the purpose of making derivative works, or to be redistributed free of charge, including without limitation software distributed under the GNU General Public License or GNU Lesser/Library GPL.“* Die Definition von FOSS, wie sie im Agreement Anwendung findet, ist damit weitaus enger als die sonst üblichen, etwa die der Open Source Initiative, zu finden unter http://opensource.org/osd, die wiederum auf die Debian-Richtlinien für Freie Software, http://www.debian.org/social_contract#guidelines, zurückgeht.

204 *Jaeger/Metzger*, Rn 24.

stünde, auch könnte der Anbieter, wie bereits ausgeführt, eine solche Lizenzierung nicht vornehmen. Er wäre jedoch in solch einem Fall damit auch nicht in der Lage, seine FOSS-Lizenzverpflichtung zu erfüllen (nämlich alle abgeleiteten Werke unter der Copyleft-Lizenz zu lizenzieren) und könnte so die App gar nicht rechtmäßig vertreiben oder sonst nutzen.

242 Anbieter sollten also darauf achten, dass sie bei der App-Entwicklung keine dem Copyleft unterworfenen Komponenten mit Teilen der von Apple zur Verfügung gestellten Software in der Weise in die eigenen Produkte einbinden, dass die Copyleft- und die Apple-Komponenten als voneinander abgeleitet angesehen werden könnten.

! **Praxistipp**

Die Verwendung von Software unter Copyleft-Lizenzen in iOS-Apps ist nicht grundsätzlich ausgeschlossen. Allerdings ist darauf zu achten, dass bei der Entwicklung der Apps mithilfe des Apple SDK, SDK-Bestandteile nicht in solcher Weise mit Software unter einer solchen Lizenz verbunden werden, dass die SDK-Bestandteile als abgeleitet von der Copyleft-lizenzierten Software-Komponente anzusehen sind. Das hängt von der konkreten technischen Gestaltung ab. Im Zweifelsfall sollte hier juristischer Rat eingeholt werden.

---

b) Windows Phone

243 Auch Microsoft schließt die Verwendung von FOSS nicht generell aus und definiert diese großzügiger und passender als Apple, nämlich als Software, die unter einer von der Open Source Initiative anerkannten Lizenz steht (Ziff. 1.m Windows Phone Agreement). Zugleich führt das Windows-Agreement auch eine Kategorie sog. **Excluded Licenses** ein. Diese werden im Grundsatz ähnlich definiert wie FOSS in den iOS-Bedingungen, dann jedoch durch ausdrückliche Lizenznennung in positiver wie negativer Weise näher konkretisiert.[205] Die Auswahl der Negativ- und Positivbeispiele verwundert ein wenig: Sowohl die **GNU General Public License** als auch die **Eclipse Public License** sind sog. strenge **Copyleft**-Lizenzen.[206] Dennoch soll nur

---

205 Ziff. 1.l.: "*'Excluded License' means any license requiring, as a condition of use, modification and/or distribution of the software subject to the license, that the software or other software combined and/or distributed with it be (i) disclosed or distributed in source code form; (ii) licensed for the purpose of making derivative works; or (iii) redistributable at no charge. Notwithstanding the foregoing, the following software licenses are not considered Excluded Licenses: CDDL 1.0 (Common Development and Distribution License); CPL 1.0 (Common Public License); Eclipse Public License; Microsoft Reciprocal License (MS-RL); and MPL 1.1 (Mozilla Public License). The GNU General Public License version 3, the GNU Affero General Public License version 3, the GNU Lesser General Public License version 3, and any equivalents to the foregoing are considered Excluded Licenses.*" Zur iOS-Definition s.o. Rn 240.

206 Siehe dazu *Jaeger/Metzger*, Rn 25 ff., 45, 73, 78.

die erstere ausdrücklich eine Excluded License sein, während letztere ausdrücklich nicht in diese Kategorie fällt. Die Verwunderung über die Regelungen bezüglich FOSS und Excluded Licenses wird noch größer, wenn man einen Blick auf Ziff. 5.e Windows Phone Agreement wirft. Dort heißt es:

> *"The Application must not include software, documentation, or other materials that, in whole or in part, are governed by or subject to an Excluded License, or that would otherwise cause the Application or the Windows Phone Marketplace to be subject to the terms of an Excluded License."*

Software (oder sonstige Materialien), die unter einer Excluded License steht, darf 244
demnach gar nicht Eingang in Windows Phone-Apps finden, völlig unabhängig von der tatsächlichen Einsatzform, d.h. selbst dann nicht, wenn ihre Verwendung Microsofts eigene Software in keiner Weise beeinträchtigen würde. Das ist kaum zu rechtfertigen.[207] Der zweite Halbsatz geht dann sogar noch darüber hinaus, indem er es untersagt, Materialen zu benutzen, die auf sonstige Weise dazu führen könnten, die App oder den Windows Phone Marketplace unter eine Excluded License fallen zu lassen. Wie freilich der Marketplace selbst zu einem abgeleiteten Werk von Software werden soll, die Komponenten enthält, die unter einer Copyleft-Lizenz lizenziert sind, ist schleierhaft.

Praxistipp !

Achten Sie darauf, ob die Lizenzen für FOSS-Komponenten, die Sie in Ihrer App einsetzen wollen, von Microsoft akzeptiert werden oder ob sie zu den Excluded Licenses gehören.

---

c) Google Play

Android ist als ein weitgehend offenes System konzipiert. Folgerichtig enthalten die 245
vertraglichen Regelungen zwischen Google und den Anbietern keine Beschränkungen für den Einsatz von FOSS in Apps.

7. Rechte des Stores im Hinblick auf Aufnahme, Platzierung und Entfernung der App; Entfernung durch Anbieter

Alle Stores behalten sich weitreichende Rechte vor, Apps gar nicht erst zuzulassen 246
bzw. sie zumindest später wieder zu entfernen. Selbst wenn in den jeweiligen Vertriebsvereinbarungen stets auch längere Listen mit Gründen dafür enthalten sind,

---

207 Eine solche grundlose Diskriminierung wirft dann auch die Frage der kartellrechtlichen Zulässigkeit auf.

Apps nicht im Store zuzulassen, beansprucht im Ergebnis ein jeder der Store-Betreiber, frei darüber zu befinden, ob eine App im Store zum Download bereit stehen kann oder nicht. Dies stößt nicht nur unter **AGB-rechtlichen Gesichtspunkten auf Bedenken** (soweit anwendbar),[208] sondern wirft auch die Frage der kartellrechtlichen Zulässigkeit einer solchen Praxis auf.[209]

a) iOS

247 Apples umfassende **Kontrollrechte** ergeben sich in erster Linie aus Ziff. 6.2 iOS Agreement, wo es u.a. heißt:

> *"You understand and agree that Apple may, in its sole discretion:*
> *(a) determine that Your Application does not meet all or any part of the Documentation or Program Requirements then in effect;*
> *(b) reject Your Application for distribution for any reason, even if Your Application meets the Documentation and Program Requirements; or*
> *(c) select and digitally sign Your Application for distribution via the App Store or VPP/B2B Program Site."*

248 Apple darf danach also frei darüber entscheiden, ob eine App in den App Store gelangt oder nicht, unabhängig davon, ob die App die technischen und inhaltlichen Vorgaben Apples erfüllt. Nach dem zweiten Absatz derselben Ziffer kann Apple auch in keinem Fall für Schäden, Kosten, frustrierte Aufwendungen etc. verantwortlich gemacht werden, wenn eine App von Apple nicht akzeptiert wird.

249 Aus Ziff. 8 iOS Agreement ergibt sich ferner, dass Apple auch jederzeit aus beliebigem Grund den **Vertrieb** einer App **einstellen** kann:

> *"You understand and agree that Apple may cease distribution of Your Licensed Application(s) [...] at any time."*

Selbst die Liste der Beispiele, die Apple dazu veranlassen könnten, dies zu tun, endet mit einem alle Möglichkeiten offenlassenden Satz:

> *"Apple has reason to believe that such action is prudent or necessary."*

---

208 Auch *Kremer*, CR 2011, 769, 773, hält dies für AGB-rechtlich unzulässig (§ 307 Abs. 1 S. 2, Abs. 2 Nr. 1 BGB). Zur nur beschränkten Anwendbarkeit des AGB-Rechts s.o. Rn 172f.

209 Insbesondere Apples Rolle ist hier fragwürdig; Google dürfte dagegen wegen der Offenheit des Android-Systems eher Rechtfertigung für die eigene Kontrollmacht finden.

Ebenso ist der **Anbieter** berechtigt, jederzeit seine Apps, auch ohne Grund, aus dem App Store zu entfernen (Ziff. 6.4 Schedule 1, Ziff. 7.4 Schedule 2 bzw. 3). Allerdings bleibt auch danach Apple berechtigt und verpflichtet („*You hereby authorize and instruct Apple*"), die Funktionen nach Ziff. 1.2 (b) bis (d) Schedule 1 bzw. 2 und 3 wahrzunehmen. Heißt das, dass Apple auch nach Beendigung des Vertrags mit dem Anbieter die App weiterhin Endkunden zur Verfügung stellen darf? Dies kann in dieser Allgemeinheit kaum richtig sein. Ein Schlüssel zum zutreffenden Verständnis der Regelung ist die Formulierung „*with respect to Your end-user*", die im Kontrast dazu steht, dass sonst im Vertragstext der Begriff des „*end-users*" ohne Possessivpronomen gebraucht wird. Die Befugnisse Apples sollen also nur im Hinblick auf Kunden des Anbieters fortbestehen, nicht aber allgemein. Es kann also nur um Endkunden gehen, die bereits vor Ende des Vertragsverhältnisses zwischen Anbieter und Apple die fraglichen Apps erworben haben. Solche Kunden sollen auch nach Entfernung einer App durch den Anbieter in die Lage versetzt werden können, Apps ein weiteres Mal herunterzuladen, etwa wenn sie ihr Endgerät verloren haben, die App eine Funktionsstörung aufweist etc. Eine solche Option ist sachgemäß und wird auch von Microsoft und Google vorgesehen. 250

Apple sieht für den Fall von Streitigkeiten einen eigenen Streitbeilegungsprozess vor, wie es sich aus Ziff. 4.1(f) Schedule 1 und Ziff. 5.1.(f) Schedule 2 und 3 ergibt. Dieser Streitbeilegungsprozess schließt nicht aus, dass die Parteien zu anderen Formen des Rechtsschutzes greifen. 251

b) Windows Phone

Auch Microsoft hat nach dem Windows Phone Agreement in allen Belangen der Aufnahme und Platzierung von Apps das letzte Wort. Apps dürfen nur dann im Store vertrieben werden, wenn sie die oben dargestellten sowie weitere technische und inhaltliche Maßgaben erfüllen. Sie werden darauf **überprüft**, bevor Microsoft sie signiert und in den Store einstellt. Auch nach Aufnahme in den Store kann Microsoft weitere Prüfungen vornehmen (Ziff. 3.c Windows Phone Agreement). Davon abgesehen macht Microsoft im Windows Phone Agreement deutlich, dass es **keinerlei Verpflichtung** dazu trifft, übermittelte Apps in den Store **aufzunehmen** und zu vertreiben, selbst wenn die betreffenden Apps sämtliche aufgestellten Vorgaben erfüllen (Ziff. 3.d Windows Phone Agreement). Microsoft behält sich darüber hinaus auch das Recht vor, Apps jederzeit nach eigenem **Ermessen** wieder aus dem Store zu **entfernen** (Ziff. 3.f S. 1 Windows Phone Agreement). Obwohl der Vertragstext davon ausgeht, dass die Entfernung ohne Grund erfolgen kann, führt er beispielhaft folgende Fälle an, die Microsoft dazu veranlassen könnten, eine App zu entfernen: Vertragsverletzung durch den Anbieter, Vertrags- oder Lizenzbeendigung durch den Anbieter, Inanspruchnahme durch Dritte wegen einer Verletzung von geistigen Eigentumsrechten, die Behauptung eines Telekommunikationsnetzbetreibers, dass die App dessen Netz beeinträchtige, die Behauptung eines Telekommunikations- 252 netzbetreibers, dass dieselbe App bereits gemäß einer Vereinbarung zwischen diesem Unternehmen und dem Anbieter angeboten werde, Beschwerden über Inhalt oder Qualität der App (Ziff. 3.f S. 2 Windows Phone Agreement). Immerhin sagt Microsoft zu, dem Anbieter die ihm zustehenden Anteile an den Einnahmen auszuzahlen, die vor der Entfernung erzielt wurden, wenn es sich nicht um einen Fall der Entfernung wegen Vertragsbruchs aufseiten des Anbieters oder der Geltendmachung von geistigen Eigentumsrechten Dritter handelt (Ziff. 3.f S. 4 Windows Phone Agreement). Wie allerdings der Anbieter in solchen Fällen etwaigen gegenüber Endkunden fortbestehenden Verpflichtungen (z.B. zur Lieferung von Updates) nachkommen können soll, bleibt im Dunkeln. Der Anbieter riskiert also damit, wegen einer einseitigen Handlung Microsofts etwaige gegenüber Endkunden eingegangenen Pflichten nicht mehr erfüllen zu können.

253 Microsoft beansprucht ferner für sich das Recht, Apps, die bereits durch Endkunden installiert worden sind, zu **deaktivieren**, wenn Microsoft davon ausgeht, dass die App zu Schäden beim Endkunden, Dritten oder Telekommunikationsnetzen führen könnte, wenn dies gerichtlich oder behördlich angeordnet wird oder wenn ein im Rahmen eines gerichtlichen Rechtsstreits geschlossener Vergleich dies erfordert (Ziff. 3.f S. 3 Windows Phone Agreement). Auch hier besteht für den Anbieter das Risiko, sich Ansprüchen der Nutzer ausgesetzt zu sehen, ohne selbst Abhilfe schaffen zu können; jedenfalls im Hinblick auf die Deaktivierung wegen eines von Microsoft geschlossenen Vergleichs – auf den der Anbieter möglicherweise keinen Einfluss nehmen konnte – ist das sehr problematisch.

254 Schließlich hat Microsoft auch volle Kontrolle über die – für den wirtschaftlichen Erfolg einer App entscheidende – **Platzierung** und das Marketing im Store (Ziff. 3.e Windows Phone Agreement). Objektive, nachprüfbare Kriterien müssen der Platzierung und Bewerbung einer App demnach nicht zugrunde gelegt werden, auch wenn Microsoft die Nutzerbewertungen als einen der in Betracht kommenden Faktoren hervorhebt (Ziff. 3.g Windows Phone Agreement).

255 Der **Anbieter** selbst ist frei darin, jederzeit seine App aus dem Store herauszunehmen (Ziff. 4.b S. 3 Windows Phone Agreement).[210]

c) Google Play

256 Google prüft Apps nicht vor der Aufnahme in den Store. Das heißt freilich nicht, dass Google Verstöße gegen die Store-Richtlinien nicht ahndet oder sonst keinen Einfluss auf das Gesamtangebot im Google Play Store nimmt. Auch Google behält sich vor, Apps unter bestimmten Umständen zu **entfernen** oder deren Einstufung

210 Siehe jedoch das Recht Microsofts, die App zum erneuten Download durch Kunden bereitzuhalten, die die App bereits zuvor erworben hatten (Ziff. 11. B Windows Phone Agreement). Dazu unten Rn 293.

im Store zu ändern. Allerdings scheint Google sich kein Recht zum Entfernen ohne jeglichen Grund zuzugestehen; vielmehr muss dafür einer der folgenden (nicht immer klar umrissenen) Fälle gegeben sein (Ziff. 7.2 Abs. 1 S. 1 Google Play-Vereinbarung):

- (a) Verletzung von Rechten Dritter,
- (b) Rechtsverletzungen bzw. gerichtliche Unterlassungsanordnungen,
- (c) Verwendung von Pornographie oder sonstige Verletzung der Hosting- und Nutzungsbedingungen Googles,
- (d) ein nicht ordnungsgemäßer Vertrieb der App durch den Anbieter,
- (e) mögliche Haftung Googles oder seiner autorisierten Mobilfunkpartner,
- (f) Schadsoftware, Spyware oder ein schädlicher Einfluss auf das Netzwerk Googles oder seiner autorisierten Mobilfunkpartner,
- (g) Verstoß gegen Bestimmungen der Entwickler-Vertriebs-Vereinbarung oder der Richtlinien für Entwickler, oder
- (h) Beeinträchtigung der Integrität der Server Googles durch die Anzeige der App.

Insbesondere Punkt (d) ist kaum zu verstehen, auch nicht in der englischen Urfassung des Vereinbarungstexts;[211] der damit geschaffene Interpretationsspielraum könnte von Google durchaus dafür ausgenutzt werden, seine Befugnisse zum Entfernen von Apps einseitig auszuweiten. 257

Außerdem behält Google sich gem. Ziff. 7.2 Abs. 1 S. 2 Google Play-Vereinbarung vor, **Entwickler** *„nach eigenem Ermessen vorübergehend oder dauerhaft vom Android Markt* ***auszuschließen.****"* Dem Wortlaut nach scheint diese Befugnis an keine Voraussetzungen gebunden zu sein. Der Sinnzusammenhang spricht jedoch dafür, dass ein solcher Ausschluss ebenfalls vom Vorliegen einer der soeben aufgezählten Voraussetzungen des S. 1 abhängig ist. 258

Abs. 2 derselben Ziffer gibt Google weitere, praktisch durchaus wichtige Entfernungsbefugnisse: 259

> *„Google schließt mit Geräteherstellern und autorisierten Mobilfunkanbietern Vertriebsvereinbarungen ab, um die jeweilige, für Android Market bestimmte Client-Softwareanwendung auf Geräte zu übertragen. Diese Vereinbarungen können die nicht freiwillige Entfernung von Produkten erfordern, die die Nutzungsbedingungen der Gerätehersteller oder des autorisierten Mobilfunkanbieters verletzen."*

Diese Klausel dürfte vor allem solche Apps betreffen, die Services anbieten, die in 260
Konkurrenz zu Leistungsangeboten der Google-Partner stehen, etwa kostenlose Te-

211 In der deutschen Fassung heißt es: *„von Ihnen nicht ordnungsgemäß vertrieben werden"*. Die englische Formulierung lautet: *„is being distributed improperly"*.

lefon- oder Messaging-Dienste. Hier kann also ein Anbieter in die Lage geraten, dass seine App entfernt wird, ohne dass er sich einen Verstoß gegen Richtlinien des App Stores hat zuschulden kommen lassen.

261 Ziff. 7.3 Abs. 3 Google Play-Vereinbarung regelt eine Reihe von Fällen der Pflicht zur **Rückzahlung** von Vergütungen durch den Anbieter. Wenn eine App wegen Mängeln, Schadcodes, IP-Verletzung, Ehrenrührigkeit und sonstigen Persönlichkeitsrechtsverletzungen oder einer Verletzung anwendbaren Rechts entfernt wird, verbinden sich damit für den Anbieter finanzielle Verpflichtungen. Er muss Google die in Verbindung mit dieser App erhaltenen Vergütungen zurückzahlen (einschließlich etwaiger Zahlungsgebühren) bzw. Google darf den betreffenden Betrag gegenüber zukünftigen Zahlungsansprüchen des Anbieters in Anrechnung bringen. All dies setzt allerdings voraus, dass die App innerhalb eines Jahrs vor Entfernung der App erworben wurde.

262 Der **Anbieter** selbst ist berechtigt, seine App jederzeit wieder aus dem Google Play Store zu entfernen (Ziff. 7.1 Abs. 1 Google Play-Vereinbarung). Dies berührt nicht die den Endkunden bereits zuvor eingeräumten Rechte und führt nicht dazu, dass bereits heruntergeladene Apps von den Geräten der Endkunden entfernt werden. Auch bereits gegenüber dem Endkunden entstandene Supportpflichten bleiben unangetastet. Ähnlich wie Apple kann Google die App auch nach ihrer Entfernung durch den Anbieter im Store für den erneuten Download durch solche Endkunden bereithalten, die die App bereits erworben hatten. Im Übrigen gelten ähnliche Rückzahlungspflichten, wie im vorigen Absatz bezüglich Ziff. 7.3 Abs. 3 Google Play-Vereinbarung beschrieben, wenn der Anbieter die App wegen einer Schutzrechtsverletzung, einer Persönlichkeitsrechtsverletzung oder einer Verletzung anwendbarer Rechte entfernt hat (Ziff. 7.1 Abs. 2 Google Play-Vereinbarung).

8. Vertragslaufzeit und Beendigung der Vertragsbeziehung

a) iOS

263 Laut Ziffer 12.1 iOS Agreement wird es für ein Jahr geschlossen und verlängert sich danach jeweils für ein weiteres Jahr, wenn der Anbieter die notwendigen Nutzungsentgelte entrichtet. Das Agreement kann jedoch auch zu folgenden Bedingungen und in folgenden Grenzen gekündigt werden.

264 Beide Parteien haben ein **ordentliches Kündigungsrecht** mit 30-tägiger Kündigungsfrist. Außerdem sieht Ziff. 12.2 f iOS Agreement für bestimmte Fälle ein Recht Apples zur **außerordentlichen fristlosen Kündigung** vor. Zu diesen Fällen zählen u.a.:

- Der Anbieter verletzt eine der Vertragsbestimmungen und schafft binnen 30 Tagen, nachdem er von Apple in Kenntnis gesetzt wurde, keine Abhilfe. Dies gilt nicht im Hinblick auf Ziff. 10, wo der Schutz vertraulicher Informationen geregelt ist. Für Verletzungen dieser Bestimmung gilt der folgende Spiegelstrich.
- Verletzung von Ziff. 10 („*Confidentiality*“),

- Klage des Anbieters gegen Apple wegen Patentverletzung,
- Insolvenz oder Auflösung des Anbieters und ähnliche Fälle,
- irreführendes, betrügerisches, unangemessenes, illegales Verhalten des Anbieters im Zusammenhang mit der Vertragsdurchführung, insbesondere Täuschungen im Hinblick auf die Prüfung der App durch Apple oder Fälschung von Kundenbewertungen.

Außerdem kann Apple fristlos kündigen oder die Vertragsdurchführung einseitig suspendieren, wenn der Anbieter **Änderungen des Agreements** bzw. der technischen und inhaltlichen App-Vorgaben nicht zustimmt. Gegenüber deutschen Verbrauchern ist diese Regelung wegen § 308 Nr. 4 BGB unwirksam. 265

Mit Beendigung des Agreements endet auch die **Laufzeit der Schedules**. Es kommt dann jedoch noch zu einer **Auslauffrist** („*phase-out period*"), während derer Apple weiterhin als Vertreter bzw. Kommissionär des Anbieters auftritt (Ziff. 1.4, Hs. 1 Schedule 1 und 2). Diese Auslauffrist darf 30 Tage nicht überschreiten. Auch nach Ende der Auslauffrist soll Apple weiterhin berechtigt und verpflichtet sein, die Apps zu hosten und für die Endkunden des Anbieters zum Download bereitzuhalten (Ziff. 1.4, Hs. 2).[212] Zur Auslegung dieser Bestimmung kann auf die Ausführungen oben zur Entfernung von Apps aus dem App Store durch den Anbieter verwiesen werden. 266

Die Beendigung des Vertrags berührt die **Provisionsansprüche** Apples für bereits zuvor oder während der Auslauffrist nach Ziff. 1.4 Schedule 2 von Endkunden heruntergeladene kostenpflichtige Apps nicht. Gleiches gilt für Erstattungsansprüche Apples nach Ziff. 6.3 Schedule 2 für mangelhafte Apps bzw. solche Apps, für die Endkunden binnen 90 Tagen nach dem Download die Lizenz nicht fortführen möchten (Ziff. 7.1 Schedule 2). Das führt zu einem seltsamen Ergebnis, dass erheblich zulasten des Anbieters ausfällt: Der Anbieter hat Apple in diesen Fällen ggf. die bereits für die App erhaltene Zahlung zurückzuzahlen, während Apple die Provision behalten darf. 267

b) Windows Phone

Der Windows-Vertrag wird auf **unbestimmte Zeit** geschlossen. Er kann von beiden Seiten jederzeit ordentlich mit einer **60-tägigen Kündigungsfrist** gekündigt werden. Die Kündigung muss schriftlich erfolgen. Außerdem kann im Fall von Vertragsverletzungen die jeweils andere Partei kündigen, wenn der Verletzung nicht innerhalb von 30 Tagen abgeholfen wird, nachdem die verletzende Partei 268

212 Anders als Hs. 1 beschränkt der Wortlaut von Ziff. 1.4 die Rechtsfolgen von Hs. 2 nicht auf die Zeit der Auslauffrist. Dies ist kein Redaktionsversehen, wie ein Blick auf Ziff. 6.4 Schedule 1 bzw. 7.4 Schedule 2 oder 3 zeigt, die eine zeitliche Beschränkung ebenfalls nicht vorsehen.

schriftlich über die Verletzung informiert wurde (Ziff. 11.a Windows Phone Agreement).

269 Auch nach Beendigung des Vertrags darf Microsoft Apps für solche Kunden zum Download bereithalten, die die App bereits zuvor erworben hatten und nun (etwa um eine beschädigte App wiederherzustellen) einen abermaligen Download benötigen (Ziffer 11.b Windows Phone Agreement).

c) Google Play

270 Der Vertrag über die Nutzung des Google Play Stores wird auf **unbestimmte Zeit** geschlossen. Er kann vom Anbieter mit **30-tägiger Kündigungsfrist** schriftlich gekündigt werden. Google selbst kann die Vereinbarung nur kündigen, wenn der Anbieter gegen eine Vertragsbedingung verstoßen hat, eine gesetzliche Verpflichtung dazu besteht, der Anbieter nicht länger autorisierter Entwickler ist oder wenn Google den Betrieb des Stores einstellt. Ähnlich wie Apple sieht auch Google eine Vertragsbeendigungsmöglichkeit für Google – genauer: das Ende der Nutzungsbefugnis – vor, wenn der Anbieter **Änderungen der Vertriebs-Vereinbarung** nicht zustimmt (Ziffer 14.1 Google Play-Vereinbarung). Allerdings hat der Anbieter hier zunächst eine 30-tägige Frist zur Zustimmung, bevor Google den Vertrieb der Apps des Anbieters vorläufig suspendieren kann. Nach Ablauf von 90 Tagen, ohne der Änderung zugestimmt zu haben, hat der Anbieter die Nutzung des Google Play Stores ganz einzustellen.

271 Wie Apple und Microsoft soll Google auch nach Beendigung der Vertragsbeziehungen berechtigt sein, die Apps des Anbieters für neue Downloads durch Kunden vorzuhalten, die die App bereits zuvor heruntergeladen hatten (siehe Ziff. 5.3, 7.1 Abs. 1 S. 4(b) Google Play-Vereinbarung).

9. Haftung und Gewährleistung für Apps

272 Alle drei hier betrachteten App Stores weisen jegliche Verantwortung für die Apps, deren Inhalte, Mängel der Apps, durch die Apps verursachte Schäden oder etwaige Pflegeverpflichtungen von sich. Die Texte der mit den Anbietern geschlossenen Verträge enthalten eine Vielzahl von Klauseln, die das mehr als deutlich machen und dem Anbieter jegliche solche Verantwortung auferlegen. Das ist durchaus zu rechtfertigen, da die Anbieter ihre Apps in eigener Verantwortung entwickeln und der Entschluss zu ihrer Vermarktung in erster Linie der ihre ist. Davon zu trennen ist die Frage, ob die Verantwortung in dieser Weise auch wirksam gegenüber Endkunden auf den Anbieter abgewälzt werden kann. Dies ist jedoch nicht Inhalt dieses Abschnitts und wird weiter unten in den Rn 356ff. beleuchtet werden.

a) iOS

aa) Verhältnis zum Endkunden

Bereits im allgemeinen Agreement macht Apple deutlich, dass allein der Anbieter in der Verantwortung ist, fehlerfreie und rechtskonforme Apps herzustellen und Apple zum Weitervertrieb zu übermitteln (siehe Ziff. 3 – mit einer Vielzahl an inhaltlichen und technischen Vorgaben –, 6.2 Abs. 2, insbesondere S. 2–4 iOS Agreement). Hinzu kommen weitere Regelungen in den Schedules zum Agreement. So führen bereits die Ziff. 1.3 der drei Schedules jeweils aus, dass der **Anbieter allein verantwortlich** für jegliche Ansprüche im Zusammenhang mit seinen Apps sei („*solely responsible for any and all claims and liabilities involving or relating to, the Licensed Applications*"). Deutlicher noch wird die Lage in Ziff. 5 Schedule 1 sowie den damit weitgehend wortgleichen Ziff. 6 Schedule 2 bzw. 3 definiert: 273

> *"5. Responsibility and Liability*
> *5.1 Apple shall have no responsibility for the installation and/or use of any of the Licensed Applications by any end-user. You shall be solely responsible for any and all product warranties, end-user assistance and product support with respect to each of the Licensed Applications.*
> *5.2 You shall be solely responsible for, and Apple shall have no responsibility or liability whatsoever with respect to, any and all claims, suits, liabilities, losses, damages, costs and expenses arising from, or attributable to, the Licensed Applications and/or the use of those Licensed Applications by any end-user, including, but not limited to: (i) claims of breach of warranty, whether specified in the EULA or established under applicable law; (ii) product liability claims; and (iii) claims that any of the Licensed Applications and/or the end-user's possession or use of those Licensed Applications infringes the copyright or other intellectual property rights of any third party."*

Auch die – nur fakultativ den Apps mitzugebenden – **EULA** des Anbieters müssen eine Reihe von Klauseln enthalten, in denen sich der Endkunde damit einverstanden erklären soll, dass Ansprüche wegen Mängeln, Verstößen gegen Verbraucherschutzbestimmungen oder gesetzliche Vorschriften, Verletzung von geistigen Eigentumsrechten Dritter und Produkthaftung grundsätzlich nur gegen den Anbieter zu richten sind (siehe Ziff. 4 bis 6 der „*Instructions for Minimum Terms of Developer's End-User License Agreement*", die den Schedules jeweils als Exhibits beigefügt sind). Auch muss klargestellt werden, dass Apple keinerlei Support-Verpflichtung gegenüber den Endkunden trifft (Ziff. 3 der Minimum Terms). Nur eine Ausnahme ist verpflichtend in die EULA aufzunehmen: Der Kunde muss darüber informiert werden, dass er dann, wenn die erworbene App mangelhaft ist bzw. nicht den vom Anbieter übernommenen Garantien entspricht, einerseits von **Apple die Rückerstattung** des gezahlten App-Preises verlangen kann, dies jedoch andererseits der einzige Anspruch ist, den der Endkunde in einem solchen Fall gegen 274

Apple hat (Ziff. 4 der „*Instructions for Minimum Terms of Developer's End-User License Agreement*").

bb) Verhältnis Anbieter – Apple

275 Haftungsfragen sind im Verhältnis zwischen Anbieter und Apple extrem einseitig zugunsten Apples geregelt. Der Anbieter steht gem. Ziff. 6.1 S. 2 iOS Agreement dafür ein, dass die App allen Vorgaben des Vertrags und der ggf. anwendbaren Richtlinien entspricht.[213] Falls dies nicht der Fall ist, etwa weil die App die Nutzer nicht wie gefordert über die erhobenen Nutzungsdaten informiert, verletzt der Anbieter das damit gegebene Versprechen und kann wegen dieses **„breach of warranty"** auch zum Schadensersatz verpflichtet sein (etwa weil Apple aufgrund der mangelnden Unterrichtung Gegenstand von behördlichen Untersuchungen wird). Wegen falscher Angaben („*misrepresentation*") kommt u.U. auch ein Vertragsrücktritt („*rescission*") in Betracht.

276 Daneben enthält das Agreement mit Ziff. 11 Abs. 1 iOS Agreement auch eine Klausel, in der der Anbieter Apple verspricht, ihn in bestimmten Fällen umfassend **schadlos zu halten und zu verteidigen** („*to indemnify and hold harmless, and upon Apple's request, defend*"). Zu diesen Fällen zählen insbesondere Beeinträchtigungen beruhend auf

- (1) der Verletzung von Vertragspflichten durch den Anbieter (einschließlich „*breach of warranties*"),
- (2) Ansprüchen Dritter wegen der Verletzung von Schutzrechten durch Apps, Daten, Pässe[214] etc.,
- (3) der Verletzung von Pflichten aus dem EULA,
- (4) der erlaubten Benutzung der App, von Pässen, Daten, Marken, Logos etc. durch Apple,
- (5) Ansprüchen Dritter, insbesondere der Endkunden, im Zusammenhang mit Pässen,
- (6) der Benutzung der Apple Software, der App, Pässen, autorisierten Testgeräten und dergleichen.

277 Es ist fraglich, was „*to indemnify and hold harmless*" in diesem Zusammenhang bedeutet. Man könnte versucht sein, dies als umfassende Haftungsregelung aufzufassen, d.h. als eine Klausel, die dem Anbieter sehr weitreichende Schadensersatzver-

213 „*By submitting Your Application, You represent and warrant that Your Application complies with the Documentation and Program Requirements then in effect as well as with any additional guidelines that Apple may post on the Program web portal.*" Siehe zu den inhaltlichen und technischen Vorgaben eingehend oben Rn 217 f.

214 Pässe sind solche digitalen Dokumente wie Kinokarten, Gutscheine, Boarding-Pässe etc.

pflichtungen auferlegt. Allerdings ist das Verständnis von Indemnification and Hold Harmless-Klauseln in Kalifornien – dessen Recht auf den Vertrag Anwendung findet – ein engeres. Solche Klauseln haben regelmäßig nur solche Fälle im Blick, in der die Parteien sich Ansprüchen Dritter ausgesetzt sehen, nicht aber Schäden, die unmittelbar beim Vertragspartner entstehen.[215] Des Weiteren ist zu beachten, das *„to hold harmless"* nicht bedeutet, dass der Anbieter Apples Schäden zu ersetzen hätte oder Apple von Ansprüchen Dritter freistellen müsste – das ist bereits von *„to indemnify"* erfasst –, sondern ausschließt, dass der Anbieter selbst gegen Apple Ansprüche geltend macht.[216] Ziff. 11.1 iOS Agreement regelt demnach solche Fälle, in denen Dritte Ansprüche gegen eine der Parteien geltend machen. Dabei ist der Anbieter umfassenden Schadensersatz- und Freistellungsansprüchen ausgesetzt, kann jedoch umgekehrt in den von der Bestimmung erfassten Fallkonstellationen selbst keine Ansprüche gegen Apple geltend machen. Allerdings ist im Hinblick auf Verbrauchergeschäfte festzuhalten, dass die Vertragsklausel wegen der vorgesehenen verschuldensunabhängigen Haftung zumindest wegen § 307 BGB (und möglicherweise auch gem. § 305c BGB) aus Sicht des deutschen Rechts rechtlich keine Wirkung entfaltet.[217]

Dass **Apple** gegenüber dem Anbieter praktisch gar **keine Haftung** übernimmt, 278
ergibt sich aus den Ziff. 13 und 14 iOS Agreement. So soll nach Ziff. 13 iOS Agreement die Benutzung der Apple Software und Services vollständig auf **eigenes Risiko** des Anbieters erfolgen. Des Weiteren werden alle ausdrücklichen oder stillschweigenden *„Warranties"* ausgeschlossen. Die Haftung wird in Ziff. 14 iOS Agreement für zahlreiche Schadenskategorien vollständig ausgeschlossen. In jedem Fall (mit Ausschluss der Haftung für Personenschäden) soll die Haftung Apples für alle Schäden des Anbieters nur 50 US-$ betragen. Diese Haftungsbeschränkungen sind gegenüber deutschen Verbrauchern gem. §§ 307, 309 Nr. 7 BGB nicht wirksam.[218]

b) Windows Phone

aa) Verhältnis zum Endkunden

Ähnlich wie Apple ist auch Microsoft nicht willens, rechtlich gegenüber den End- 279
kunden für die gelieferten Apps einzustehen. Dies machen bereits Ziff. 3.a S. 2 und 3 Windows Phone Agreement deutlich:

---

215 So etwa die Entscheidung des kalifornischen 4th District Court of Appeal *Queen Villas Homeowners Ass'n vs. TCB Property Mgmt.*, 56 Cal. Rptr. 3d 528, 534 (Cal. Dist. Ct. App. 2007).

216 Siehe *Queen Villas Homeowners Ass'n vs. TCB Property Mgmt.*, 56 Cal. Rptr. 3d 528, 534 (Cal. Dist. Ct. App. 2007).

217 *Kremer*, CR 2011, 769, 773.

218 *Kremer*, CR 2011, 769, 773.

> *„You are solely responsible and liable for the Applications you submit. You are responsible for supporting your Applications."*

Auch die vertragliche Festlegung des Anbieters als *„distributor"* in Ziff. 4.a Windows Phone Agreement weist in diese Richtung. Der Umstand, dass Microsoft von einer Direktlizenzierung der Apps durch den Anbieter an die Endkunden ausgeht (Ziffer 4.d Windows Phone Agreement), ist ein weiteres Indiz dafür.

bb) Verhältnis Anbieter – Microsoft

280 Die Haftungsregelungen zwischen Anbieter und Microsoft sind ähnlich einseitig zugunsten Microsofts gestaltet wie die Apples (und es können dieselben AGB-rechtlichen Bedenken erhoben werden).[219] So schließt Microsoft sämtliche *„Warranties"* aus, sodass der Anbieter den **Store auf eigenes Risiko benutzen** soll. Auch wird die **Haftung** auf den Ersatz von sog. direkten Schäden **begrenzt**, wobei auch diese nur in Höhe der Account Fee ersetzt werden sollen. Diese beträgt derzeit 99 US-$ (Ziff. 10.a und b Windows Phone Agreement).

281 Umgekehrt treffen den Anbieter ähnliche Pflichten zur **Verteidigung und Schadloshaltung** (*„defend, indemnify and hold harmless"*) wie oben im Zusammenhang des iOS App Stores beschrieben. Sie betreffen insbesondere Verletzungen von IP-Rechten Dritter, Mängeln der Software, fehlende Konformität mit der App-Richtlinie sowie Produkthaftungsansprüche (Ziff. 10.c Windows Phone Agreement). Freilich ist zu beachten, dass der Windows-Vertrag dem Recht Washingtons unterworfen ist, sodass die einschränkende kalifornische Auslegung von Indemnification and Hold Harmless-Klauseln hier nicht unbedingt Geltung beanspruchen kann. Es scheint daher durchaus möglich, dass die Klausel hier auch solche Schäden erfasst, die Microsoft erleidet, ohne dass Dritte Ansprüche geltend gemacht haben. Im Übrigen gelten auch hier die oben bereits vorgebrachten AGB-rechtlichen Einwände.[220]

c) Google Play

aa) Verhältnis zum Endkunden

282 Wie oben bereits festgestellt, soll nach den vertraglichen Regeln der Anbieter selbst gegenüber den Endkunden in der Verantwortung für seine Apps stehen. Das geht sehr deutlich aus Ziff. 4.6 Google Play-Vereinbarung hervor, wonach der Anbieter *„allein verantwortlich"* für alle seine Produkte sein soll. Ebenso klar ist Ziff. 3.5 der Vereinbarung, der zufolge der Produktsupport und die Bearbeitung von Reklamationen allein dem Anbieter obliegen.

---

219 Siehe Rn 278.

220 Siehe oben Rn 277.

bb) Verhältnis Anbieter – Google

Wie auch Apple und Microsoft schließt Google die eigene Verantwortlichkeit und Haftung für den Google Play Store umfassend aus (Ziff. 11 und 12 Google Play-Vereinbarung). Mit den im Verbraucherverkehr anwendbaren §§ 309 Nr. 7, 307 BGB ist dies nicht vereinbar.[221] 283

Dem Anbieter wird seinerseits die Pflicht zur Freistellung und Schadloshaltung Googles (und ggf. der autorisierten Mobilfunkanbieter) auferlegt, wenn diese sich Ansprüchen Dritter wegen der Verletzung von Schutzrechten oder von Persönlichkeitsrechten ausgesetzt sehen (Ziff. 13.1 Google Play-Vereinbarung). Auch diese verschuldensunabhängige Haftung dürfte gegenüber Verbrauchern AGB-rechtlich nicht haltbar sein.[222] Auch sind die Zahlungsabwickler im Zusammenhang mit Steuern, die den Vertrieb von Apps des Anbieters betreffen, freizustellen und schadlos zu halten (Ziff. 13.2 Google Play-Vereinbarung). 284

10. Nutzungsrechte an übergebener Software; EULA

a) iOS

aa) Rechte Apples

Apple wird nach den Regelungen des Agreements und der Schedules Folgendes gestattet: Apple darf die Apps des Anbieters **hosten** und Endkunden **zum Download zugänglich machen**. Des Weiteren ist Apple befugt, die dafür notwendigen Vervielfältigungen und technischen Anpassungen durchzuführen, insbesondere die Apple-eigene **„Fairplay"-DRM-Lösung** hinzuzufügen (Ziff. 1.2 Schedule 1 und 2). Auch erhält Apple das Recht, Screenshots und kurze Ausschnitte der App für Werbezwecke einzusetzen.[223] 285

Apple erwirbt nur **nicht-ausschließliche** Rechte, die auf die Erfüllung der Vertragszwecke (d.h. des Online-Vertriebs der Apps einschließlich des angemessenen Marketings) beschränkt sind (Ziff. 5.1 Schedule 1, Ziff. 4.1 Schedule 2). 286

bb) Rechte der Endkunden

Laut Ziff. 3.3 Schedule 1, Ziff. 4.3 Schedule 2 und 3 kommen Verträge über die Einräumung von Nutzungsrechten an Endkunden nur zwischen dem Anbieter und dem 287

221 *Kremer*, CR 2011, 769, 773.

222 *Kremer*, CR 2011, 769, 773.

223 Soweit der App-Anbieter keine Rechte zur Verwendung von Teilen der App für Werbezwecke hat, muss er dies Apple detailliert anzeigen, damit Apple diese Teile nicht verwendet (Ziff. 1.2 (e) Schedule 1 und Ziff. 1.2 (f) Schedule 2).

Endkunden zustande. Apple ist daran nicht beteiligt. Es kommt also zu **keiner Rechtekette**, vielmehr werden die Apps ggf. direkt vom Anbieter lizenziert.

288 Dem Anbieter steht es frei, seinen Apps **EULA** beizufügen (Ziff. 3.2 Schedule 1, Ziff. 4.2 Schedule 2). Diese EULA müssen jedoch gewissen Mindestanforderungen genügen, die in den den Schedules beigefügten Exhibits A bzw. E aufgelistet sind.

289 So z.B. ist der Anbieter verpflichtet, nur eine **nicht-übertragbare Lizenz** für die Benutzung auf einem dem Endkunden gehörenden Endgerät einzuräumen (Ziff. 2 von Exhibit A bzw. E der Schedules 1 bzw. 2). Es scheint, dass damit auch ausgeschlossen werden soll, dass der Endkunde sein Gerät später an einen Dritten mitsamt der App übertragen kann. Dies freilich steht – zumindest in der EU – teilweise im Konflikt mit dem **Erschöpfungsgrundsatz**. Der EuGH hat kürzlich in **Oracle International Inc. vs. UsedSoft GmbH** entschieden, dass die Erschöpfung des Verbreitungsrechts auch in den Fällen greift, in denen Software mit Zustimmung des Rechteinhabers heruntergeladen und installiert wird, jedenfalls bezüglich der Software-Kopie auf der Hardware, auf der die Software ursprünglich im Anschluss an den Download installiert worden ist.[224] Dies gilt auch für die in Apps enthaltene Software, sodass ein Weitergabeverbot insoweit nicht wirksam vereinbart werden kann. Weniger eindeutig ist dies im Hinblick auf andere, urheberrechtlich geschützte Inhalte (Musik, Bilder, Fotos, Filme, Texte etc.). Es lässt sich durchaus mit guten Gründen bezweifeln, dass die in **UsedSoft** aufgestellten Grundsätze zur sog. Online-Erschöpfung sich auf solche Werkkategorien übertragen lassen.[225] Für diese erscheint es also – zumindest solange es keine das Gegenteil besagende höchstrichterliche Rechtsprechung gibt – derzeit weiterhin möglich, durchsetzbare Weitergabeverbote zu vereinbaren. Diese würden dann natürlich praktisch gesehen die gesamte App erfassen.

290 Des Weiteren müssen die EULA, leicht vereinfacht gesagt, deutlich machen, dass der Anbieter selbst und nicht Apple für etwaige **Gewährleistungs-, Haftungs- und Produkthaftungsansprüche** verantwortlich ist (Ziff. 3–5 Exhibit A bzw. E der Schedules 1 bzw. 2 und 3). Im Einzelnen heißt dies: Für den Fall, dass die App Mängel aufweist, müssen die EULA vorsehen, dass einerseits der Endkunde Apple über den Mangel informieren kann, worauf Apple dem Endkunden den Kaufpreis zurückerstattet, dass sich jedoch andererseits die gesamte Verantwortlichkeit Apples für den betreffenden Mangel genau darin erschöpft, soweit dies in der jeweiligen Rechtsordnung möglich ist (Ziff. 4 Exhibit A bzw. E der Schedules 1 bzw. 2 und 3). Außerdem haben die EULA klarzustellen, dass Apple allgemein keine Ansprüche bezüglich der App bzw. der Benutzung der App treffen, insbesondere keine Pro-

224 EuGH, Urt. v. 3.7.2012 – Rs. C-128/11 – Usedsoft, GRUR 2012, 904.

225 Siehe dazu *Schneider/Spindler*, CR 2012, 489, 497; *Engelhardt*, e-commerce law reports 2012/3, 3f.

dukthaftungsansprüche oder Ansprüche auf Grundlage des Verbraucherschutzes (Ziff. 5 S. 1 Exhibit A bzw. E der Schedules 1 bzw. 2 und 3).

Ferner ist der Anbieter dazu verpflichtet, die eigene Haftung nur in dem Maße zu beschränken, in dem das in der jeweiligen Rechtsordnung zulässig ist (Ziff. 5 S. 2 Exhibit A bzw. E der Schedules 1 bzw. 2). Das bedeutet, dass EULA, die pauschal nach US-Modell jegliche Haftung ausschließen, bei einem sich an den deutschen Markt richtenden Angebot nicht nur unwirksam sind, sondern auch gegen die vertraglichen Vereinbarungen mit Apple verstoßen. Sie könnten damit zum Ausschluss einer App aus dem App Store führen. 291

Praxistipp
Es ist auch aus diesem Grund zu raten, EULA gegenüber den Endkunden an die Rechtsordnung anzupassen, in der die App bestimmungsgemäß angeboten wird. !

Auf eine letzte Besonderheit sei hingewiesen: Die EULA müssen nach Ziff. 10 Exhibit A bzw. E der Schedules 1 bzw. 2 und 3 eine Bestimmung enthalten, nach der die EULA einen Vertrag zugunsten Dritter mit Apple als Drittbegünstigtem darstellen, sodass Apple berechtigt sei, die EULA selbst in eigenem Namen gegenüber den Endkunden durchzusetzen. Da Apple jedoch selbst nur sehr beschränkte einfache Rechte an den Apps erhält und Haftung und Gewährleistung nicht auf den Anbieter abwälzen kann, dürfte diese Regelung in Deutschland ins Leere gehen. 292

b) Windows Phone

aa) Rechte Microsofts

Microsoft erhält das Recht, die überlassene App zur Zertifizierung zu hosten, zu installieren, zu benutzen, zu vervielfältigen, zu formatieren und zu signieren. Des Weiteren darf Microsoft die App (auch mittels autorisierter Partner) hosten, vervielfältigen, vermarkten, bewerben, anbieten und zum Download durch Endkunden bereithalten (Ziff. 4.b S. 1(a) und (b) Windows Phone Agreement). Diese Rechte sind – obwohl das Agreement dies nicht ausdrücklich aussagt – wohl **nicht ausschließlich**. Auch im Hinblick auf die zeitliche Geltung der eingeräumten Rechte ist das Agreement wenig präzise. Es enthält keine ausdrückliche Regelung der Dauer aller eingeräumten Rechte. Allerdings lässt sich mittelbar aus zwei Regelungen folgern, dass die soeben genannten Rechte allein für die Zeit wirksam sein sollen, in der das Vertragsverhältnis zwischen den Parteien besteht und der Anbieter die App nicht aus dem App Store entfernt hat: Nach Ziff. 4.b S. 3 Windows Phone Agreement wird Microsoft eine App dann grundsätzlich nicht mehr abrufbar halten, die ein Anbieter aus dem Store zurückzieht („*unpublish*"). Ziff. 11.b Windows Phone Agreement gestattet Microsoft, eine Kopie der App auch nach Beendigung des Vertrags oder nach Entfernung der App aus dem Store durch den Anbieter zu behalten und diese zeitlich unbeschränkt Endkunden, die die App zuvor schon erworben haben, zum 293 abermaligen Download zur Verfügung zu stellen.[226] Das lässt den Umkehrschluss zu, dass sämtliche anderen Rechte bezüglich der fraglichen App mit Vertragsbeendigung oder Entfernung aus dem Store enden.

bb) Rechte des Endkunden

294 Auch Windows Phone-Apps werden vom Anbieter **direkt an die Endkunden lizenziert** und nicht per Sublizenz durch Microsoft (Ziff. 4.d Windows Phone Agreement). Die Endkunden erhalten das Recht, die App zu installieren und zu benutzen. Der Anbieter kann EULA beifügen. Diese **Lizenzbedingungen** zwischen Anbieter und Endkunden müssen bestimmten Mindestanforderungen genügen. Sie müssen dem Endkunden die Nutzung der App auf mindestens fünf Windows Phone-Geräten gestatten, ohne dass dafür ein zusätzliches Entgelt verlangt werden darf. Außerdem müssen Haftungs- und Gewährleistungsbeschränkungen zugunsten Microsofts enthalten sein, die mindestens so weit gehen wie die Musterlizenzbedingungen, die den Vertragsbedingungen in Exhibit A beigefügt sind. Schließlich muss jegliche Supportverpflichtung Microsofts und der Hardwarehersteller ausgeschlossen werden (Ziff. 4.d Windows Phone Agreement). Falls keine eigenen EULA beigefügt werden, finden die *„Standard Application License Terms"* aus Exhibit A zum Agreement Anwendung.

c) Google Play

aa) Rechte Googles

295 Die Google vom Anbieter eingeräumten Rechte ergeben sich aus Ziff. 5.1 bis 5.3 Google Play-Vereinbarung. Ziff. 5.1 lautet:

> *„Sie erteilen Google eine nicht-exklusive, weltweite und gebührenfreie Lizenz zum Kopieren, Ausführen, Anzeigen und Verwenden des Produkts für administrative und demonstrative Zwecke in Verbindung mit dem Betrieb und der Vermarktung von Android Market und zur Verwendung des Produkts für die Verbesserung der Android-Plattform."*

296 Diese Klausel ist sicher kein Muster an Klarheit – man nehme nur die Weite der Formulierungen *„für administrative und demonstrative Zwecke"* oder *„für die Verbesserung der Android-Plattform"* –, doch lässt sich aus der Praxis ableiten, dass Google hier sicherstellen möchte, dass etwa die Nutzungshandlungen vorgenommen wer-

226 Dies gilt allerdings dann nicht, wenn die App wegen behaupteter Verletzung von IP-Rechten Dritter entfernt wird.

den können, um übermittelte Apps in den Store einzustellen oder um diese zum Testen der Plattform und von Neuentwicklungen für den Store zu verwenden.

Ziff. 5.2 Google Play-Vereinbarung ist besser formuliert und gestattet Google, 297 nicht ausschließlich übermittelte Apps gemäß den vom Anbieter gewählten Veröffentlichungsoptionen zu verbreiten. Vom Begriff des Verbreitens ist nach US-Verständnis die öffentliche Zugänglichmachung erfasst.

Nach Ziff. 5.3 S. 2 Google Play-Vereinbarung kann Google darüber hinaus auch 298 nach Beendigung des Vertragsverhältnisses den Vertrieb der betroffenen Apps beschränkt fortführen. Google ist danach nämlich gestattet, Apps weiterhin solchen Endkunden zum Download zur Verfügung zu stellen, die die betreffende App bereits vor Beendigung des Vertragsverhältnisses erworben hatten und nun einen abermaligen Download wünschen. Dies wird z.B. in solchen Fällen relevant, in denen Apps versehentlich deinstalliert worden sind, neue Geräte erworben wurden, die App Funktionsstörungen aufweist etc.

bb) Rechte des Endkunden

Endkunden erhalten grundsätzlich nach Ziff. 3.5 Google Play-Vereinbarung direkt 299 vom Anbieter ein *„nicht-exklusives, weltweites und unbefristetes Nutzungsrecht zur Vervielfältigung, Anzeige und Nutzung“* der jeweiligen App auf ihrem Endgerät. Allerdings kann der Anbieter seinen Apps auch eigene **EULA** beifügen, die davon abweichende Nutzungsrechtsregelungen treffen können. In jedem Fall geht auch die Google Play-Vereinbarung für den Entwicklervertrieb davon aus, dass eine **Direktlizenzierung** vom Anbieter an den Endkunden stattfindet.

11. Vertraulichkeit

Abschließend sei noch ein kurzer Blick auf die Regelungen der drei Store-Betreiber 300 zu Vertraulichkeitsfragen geworfen. Dabei fällt nur die Regelung des Apple App Stores aus dem Rahmen. Microsofts Bedingungen gewähren beiden Seiten gleichwertigen, im Bereich des Üblichen bleibenden Schutz (Ziff. 9 Windows Phone Agreement). Google verzichtet ganz auf eine Klausel über den Schutz vertraulicher Informationen. Bei Apple hingegen fällt das erhebliche Ungleichgewicht zwischen beiden Seiten auf.

Wenn Apple Vertraulichkeit z.B. im Hinblick auf Pre-Release Software, die dem 301 Anbieter zur Verfügung gestellt wird, beansprucht (Ziff. 10.1 iOS Agreement), ist das für sich genommen durchaus begründbar. Zugleich aber umgekehrt ausdrücklich auszuschließen, dass irgendeine Information, die der Anbieter Apple überlässt – dazu zählen insbesondere Apps, selbst wenn sie schlussendlich nicht releast werden, aber auch Informationen aller Art über die App, inklusive jeglicher App-Inhalte –, als vertraulich angesehen werden kann (Ziff. 10.3 iOS Agreement), erscheint jedoch als äußerst fragwürdig. Apple bietet in Ziff. 10.3 eine wenig überzeugende Begründung für diesen Ausschluss jeglichen Vertraulichkeitsschutzes für Anbieter an: Sowohl Apple als auch die Vielzahl anderer Anbieter entwickelten ebenfalls Software, die u.U. auch mit der des Anbieters im Wettbewerb stehe. Um Missverständnisse zu vermeiden, könne daher keinerlei Vertraulichkeitsverpflichtung übernommen werden. In der Tat mag dieses Vorgehen Apples Verwaltung des Stores erheblich vereinfachen, befriedigen kann eine solche Aussage Anbieter mit schützenswerten Produkten und Informationen dennoch nicht, öffnet sie doch der Übernahme fremder Konzepte durch Apple Tür und Tor. Auch die Einordnung der Schedules 2 und 3 als vertrauliche Informationen (Ziff. 10.1 iOS Agreement) kann nur als Ausdruck eines übertriebenen und einseitigen Schutzes eigener Belange angesehen werden.

D. Endkundenverträge

302 Der **Vertrieb der Apps** erfolgt zum Großteil über die App Stores. Bei Apple, Microsoft und BlackBerry ist dies immanent, da diese eine Weiterverbreitung technisch nur über deren App Stores gestatten. Bei Android als offenem Betriebssystem gibt es keinen solchen Zwang, jedoch steigt die Reichweite bei Vertrieb durch das Angebot bei Google Play immens. Für die Endkundenverträge ist in erster Linie das Vertragsverhältnis zwischen Betreiber und Anwender von Interesse, welches die Betreiber durch spezielle **AGB für Endkunden** regeln. Teilweise sind jedoch auch die Vertragswerke zwischen Store-Betreiber und Anbieter der Apps mit einzubeziehen.

! **Checkliste: Beteiligte**

- Betreiber des App Stores (Apple, Google, Microsoft, RIM, Amazon);
- Anbieter/Entwickler;
- Endkunden:
  - Verbraucher im App Store eines Betreibers;
  - Verbraucher über den Webshop eines Anbieters;
  - Unternehmer im App Store eines Betreibers;
  - Unternehmer über den Webshop eines Anbieters;
  - Unternehmer im Apple-Geschäftskunden-Store.

I. Rechtsnatur der Überlassungsverträge an Endkunden

1. Gesetzliche Vertragstypen

303 Um eine korrekte rechtliche Prüfung der Sachverhalte vornehmen zu können, ist vorab festzustellen, welcher Vertragstyp bei der Überlassung einer App vorliegt. Softwareüberlassungsverträge sind folgendermaßen einzuteilen:

Checkliste: Vertragstypen bei Softwareverträgen

- **Mietverträge,** §§ 535 ff. BGB: bei zeitlich begrenzter Überlassung;
  - bzw. Leihverträge bei Gratis-Apps, §§ 598 ff. BGB;
- **oder Kaufverträge,** §§ 433 ff. BGB: bei dauerhafter Überlassung;
  - bzw. Schenkungsverträge bei Gratis-Apps, §§ 516 ff. BGB.

Die AGB der Betreiber übernehmen demgegenüber die Rechtsgedanken aus dem amerikanischen Rechtskreis und sehen sog. **Lizenzverträge** vor. Bei diesen wird nicht das Eigentum übertragen, sondern nur eine Nutzungsberechtigung. Dies ist dem deutschen Recht jedoch fremd.[227] Wenn die AGB der Betreiber regeln, dass nur eine Lizenz verkauft werden solle, stellt dies eine unzulässige Abweichung vom gesetzlichen Leitbild gem. § 307 Abs. 2 BGB dar.[228] Folge ist die Anwendung des bestehenden Gesetzesrechts, § 306 Abs. 2 BGB. Entscheidend ist allein die Tatsache, ob die App dauerhaft oder zeitlich begrenzt überlassen wird. Dabei ist die ständige Rechtsprechung des BGH zugrunde zu legen, die **Software als Sache** qualifiziert – auch beim Erwerb durch Download, da stets die Verkörperung auf einem Datenträger vorliege.[229] 304

2. Apple App Store

Zum Erwerb einer App in Apples App Store hat der Kunde den **Button „Kaufen"** zu betätigen. Diese Implikation einer dauerhaften Überlassung wird vermeintlich bestätigt durch die Klausel „Nutzung der Produkte und des Stores",[230] die das Vertragsverhältnis bei „C. Nutzungsbedingungen des Mac App Stores, des App Stores und des iBookstores" beschreiben: 305

> *„iTunes verkauft Ihnen eine Lizenz zur Nutzung der Produkte. Wenn Sie ein Produkt von iTunes gekauft haben, begründet die Lizenz eine bindende Vereinbarung zwischen Ihnen und dem Veröffentlicher des Produktes (der [Anbieter]), die Ihre Nutzung dieses Produktes regelt."*

Hier wird mehrmals vom „Verkauf" gesprochen. Dies kann aufgrund der regelmäßigen Verwendung des Wortes „Kauf" jeder verständige Kunde nur so verstehen, dass ihm die App verkauft wird, auch wenn nur „eine Lizenz" verkauft werden soll. Maßgeblich bei der Willenserklärung ist der **objektive Empfängerhorizont** des Kunden 306

227 Kritisch *Hilty*, MMR 2003, 3, 7 und CR 2012, 625.

228 LG Frankfurt a.M., Urt. v. 6.6.2013 – Az. 2-24 O 246/12 – http://tlmd.in/u/1405; v. Westphalen/Thüsing/*Hoeren*, IT-Verträge, S. 1, 3; Oelschlägel/Scholz/*Klinger*, S. 258, 334.

229 BGH, Urt. v. 15.11.2006 – XII ZR 120/04 – CR 2007, 75 m. Anm. *Lejeune* – ASP; zum Streitstand (und Kritik) *Maume/Wilser*, CR 2010, 209; *Hilty*, MMR 2003, 3.

230 Siehe http://www.apple.com/legal/itunes/de/terms.html; Stand: 3.12.2012.

gem. §§ 133, 157 BGB. Insofern ist es auch unbeachtlich, dass die „Endnutzer-Lizenzvereinbarung für lizenzierte Anwendungen" das Gegenteil regelt („*Die* [...] *App Store Produkte* [...] *werden an Sie lizenziert, nicht verkauft.*"). Der Erwerb erfolgt bei Apple dauerhaft mittels **Kaufvertrags**. Nicht überzeugen kann die entgegenstehende Ansicht des LG Bielefeld, laut dem die Verwendung von Begriffen wie „Kauf" nur der Vereinfachung diene und urheberrechtliche Begriffe zugunsten des Laien zu vermeiden seien. Durch die „ausgesprochen offenen Klauselformulierungen" könne der Kunde keinen Fehlvorstellungen über die Vertragsart unterliegen.[231] Denn weder dient eine fehlerhafte Verwendung von Begrifflichkeiten dem Schutz des Kunden, noch sind intransparente Vertragsklauseln zugunsten des Verwenders auszulegen, § 305c Abs. 2 BGB.

3. Google Play Store

307 Auch bei den Android-Apps ist ein **Kaufvertrag** anzunehmen. Die Google Play-Nutzungsbedingungen für Endkunden sprechen neutral vom „Erwerb" von „Inhalten" und erteilen gem. Nr. 6 Abs. 1 („Lizenz zur Nutzung von Inhalten") ein Recht zum Herunterladen.[232] Eindeutig regelt dies jedoch die „Vereinbarung für den Entwicklervertrieb",[233] in der den Anbietern Pflichten auferlegt werden, die nur bei Kaufverträgen sinnvoll sind:

> *„5.4 Sie erteilen den Nutzern ein nicht-exklusives, weltweites und unbefristetes Nutzungsrecht zur Vervielfältigung, Anzeige und Nutzung der Produkte auf dem Gerät. [...]"*

sowie

> *„7.1 Sie dürfen Ihre Produkte jederzeit von Android Market entfernen und den weiteren Vertrieb einstellen. [...] Die Entfernung Ihrer Produkte und die Einstellung des Vertriebs über Android Market (a) berührt nicht die Lizenzrechte der Nutzer, die zuvor Ihre Produkte erworben oder heruntergeladen haben, [...] (c) berührt nicht Ihre Verpflichtung zur Bereitstellung oder zum Support von Produkten oder Dienstleistungen, die zuvor von Nutzern erworben oder heruntergeladen wurden."*

---

231 LG Bielefeld, Urt. v. 5.3.2013 – 4 O 191/11 – openJur 2013, 21434 zu E-Books; entgegen der ständigen Rechtsprechung des BGH zur Sacheigenschaft von Software (s.o. Rn 304) seine Begründung maßgeblich auf eine den E-Books fehlende Sacheigenschaft stützend.

232 Siehe https://play.google.com/intl/de_de/about/play-terms.htm.

233 Siehe http://play.google.com/about/developer-distribution-agreement.html; dazu Rn 299 sowie allgemein Rn 166 ff.

Nicht möglich ist eine Abweichung davon durch **eigene AGB** („EULA"), in welchen der Anbieter an sich regeln könnte, dass die App zur Miete zeitlich beschränkt überlassen wird. Denn derzeit besteht keine Möglichkeit, diese AGB dem Kunden **vor dem Kauf** verfügbar zu machen, wodurch diese nicht Vertragsbestandteil werden können (§ 305 Abs. 2 BGB). Selbst wenn eine wirksame Einbeziehung möglich wäre, wäre abzuraten von der Festlegung von Mietrecht, da dies einen Verstoß gegen Nr. 5.4 darstellen würde. 308

4. Microsoft Windows Phone Marketplace

Auch der Erwerb von Apps bei Microsoft erfolgt nach dem objektiven Empfängerhorizont als **Kaufvertrag**. Microsoft geht in ihren „Lizenzbedingungen für Windows Phone" für Endkunden[234] zwar ebenfalls von einer „Lizenz" statt eines Kaufs aus. Diese in Nr. 3 „Lizenzumfang" aufgeführte Klausel verstößt gegen § 307 Abs. 2 BGB und ist **unwirksam**: 309

> *„Die Anwendung wird lizenziert, nicht verkauft. Dieser Vertrag gewährt Ihnen nur gewisse Rechte zur Nutzung der Anwendung. Bei Beendigung der Nutzung der Anwendungen auf Ihren Geräten durch Microsoft nach diesem Vertrag enden auch Ihre damit verbundenen Nutzungsrechte."*

5. BlackBerry App World

Auch bei BlackBerry ist der Button mit „Kaufen" bezeichnet, was nach dem oben Ausgeführten für die Annahme eines **Kaufvertrags** ausreicht. Daran können die AGB nichts ändern, welche bestimmen: 310

> *„2. Die Software wird im Rahmen dieser Vereinbarung lizenziert aber nicht verkauft."*[235]

6. Amazon Appstore for Android

Auch bei Amazon gilt **Kaufrecht**, da in den AGB meist von „Kauf" die Rede ist (z.B. Nr. 2.1, 2.4)[236] und der Button im Store so beschriftet ist. Die dazu im Widerspruch stehende Klausel Nr. 3.3 ist entsprechend obiger Maßstäbe unwirksam und somit unbeachtlich. 311

---

234 Siehe http://www.xbox.com/de-DE/Legal/LiveTOU; Stand: September 2012.
235 Siehe http://de.blackberry.com/content/dam/blackBerry/pdf/legal/europeMiddleEastAfrica/german/BBSLA_2012_Germany_German_v06000.pdf.
236 Siehe http://www.amazon.de/gp/feature.html?ie=UTF8&docId=1000655133; Stand: 20.5.2013.

„(ii) Enthält die App keine Publisher-EULA, die App-Lizenzrechte spezifiziert, gewährt der Publisher Ihnen eine beschränkte, nicht übertragbare Lizenz zum Herunterladen und zur Nutzung der App für den persönlichen und nicht-gewerblichen Gebrauch.“

7. Gratis-Apps

312 Auch diese werden dem objektiven Empfängerhorizont nach dauerhaft überlassen, da sich für den Anwender beim Erwerbsvorgang keine Anhaltspunkte für eine nur begrenzte Überlassung ergeben. Da dies kostenlos erfolgt, liegt eine **Schenkung** gem. § 516 BGB vor.[237] Soweit manche AGB vorsehen, dass die Apps jederzeit gelöscht werden können oder die Leistung eingestellt wird, sind diese Klauseln gem. § 307 Abs. 2 BGB unwirksam.

8. Einfluss durch Updates

313 An dieser Beurteilung ändert sich nichts durch vielfach erfolgende Updates der Apps, da diese nach dem Kauf kostenlos und ohne vertragliche Verpflichtung des Anbieters unregelmäßig erfolgen. Aufgrund der Einordnung als Kaufvertrag existiert **keine Aktualisierungsverpflichtung.**[238] Bei In-App Purchases handelt es sich um einzelne Werk- oder Kaufverträge.

9. Ergebnis

314 In allen App Stores erwirbt der Anwender die Apps mittels Kaufvertrag. Damit stehen ihm die **Mängelrechte** aus den §§ 434ff. BGB zu. Er darf die App in der gekauften Version **dauerhaft nutzen.**

II. Weiterverkauf der Apps an Dritte

315 Da die App durch den Verkauf dauerhaft und vollumfänglich an den Endkunden übertragen wird, kann dieser grundsätzlich frei über sie verfügen. Naheliegend wäre somit, dass der Kunde die Apps an Dritte weiterveräußern kann, sei es durch Verkauf der App oder seines Smartphones. Dies ist jedoch seitens der Betreiber tech-

237 *Feldmann* in: Taeger, Die Welt im Netz, 2011, S. 47, 59; *Kremer*, CR 2011, 769, 771.
238 Hoffmann-Becking/Rawert/*Bartsch*, S. 966 (Nr. 2).

nisch und vertraglich **untersagt.**[239] Stattdessen werden in den Lizenzvereinbarungen festgelegte **Nutzungsrechte eingeräumt**.

Dies ist nach dem Urteil des EuGH in Sachen Oracle vs. UsedSoft **nicht mehr zulässig**. In diesem wurde entschieden, dass bei Erwerb einer Software durch Download keine Erschöpfung des Verbreitungsrechts des Urhebers eintrete (§§ 17 Abs. 2, 69c Nr. 3 S. 2 UrhG) und daher der Weiterverkauf von heruntergeladener Software gestattet sei.[240] Freilich ist abzuwarten, wie der BGH dieses Urteil in deutsches Recht übertragen wird.[241] Aus dem Urteil des EuGH ergibt sich jedoch bereits jetzt klar, dass der Weiterverkauf von sog. Gebrauchtsoftware, mithin auch von Apps, zulässig ist. 316

Uneinigkeit herrscht jedoch bislang in der Literatur, ob die Verkäufer **technische Einschränkungen** gegen die Weiterübertragung der Software rechtswirksam treffen können. Der EuGH gestattete technische Schutzmaßnahmen nur, um zu überprüfen, ob der Verkäufer die vollständige Löschung der Software vornahm.[242] Daraus wird teilweise geschlossen, dass durch technische Sperren ein Weiterverkauf untersagt werden dürfe, da keine Trennung dieser technischen Möglichkeiten möglich sei.[243] Dies kann jedoch nicht überzeugen. Denn ausweislich des eindeutigen Wortlauts erklärte der EuGH nur solche technischen Maßnahmen für zulässig, die die Überprüfung gestatten, dass die Software seitens des bisherigen Nutzers vollständig gelöscht wurde. Nicht hingegen können Maßnahmen getroffen werden, die dem Urheber die volle Kontrolle über dessen Software einräumen.[244] Das Half-Life 2-Urteil[245] ist vor diesem Hintergrund hinfällig bzw. nicht auf den Online-Verkauf zu übertragen.[246] Angemerkt sei, dass die App nur mit allen eingeräumten Nutzungsrechten übertragen werden darf und vom eigenen Smartphone zu löschen ist. Ein Verkauf überschüssiger Lizenzen ist nicht gestattet, da dies zu einer zusätzlichen Programmkopie führen würde. Insofern konstituierte der EuGH das Verbot 317

---

239 Bislang nahm die h.M. an, dass dies – auch in AGB – wirksam vertraglich vereinbart werden konnte, Auer-Reinsdorff/Conrad/*Wiesemann*, S. 603, 613 m.w.N.

240 EuGH, Urt. v. 3.7.2012 – C-128/11 – CR 2012, 498.

241 *Heydn*, MMR 2012, S. 586, 591; *Koch*, ITRB 2013, S. 9 und ITRB 2013, S. 38, der das EuGH-Urteil nicht als direkt übertragbar in nationale Rechtsprechung ansieht, da es gegen den WIPO-Urheberrechtsvertrag verstoße.

242 EuGH, Urt. v. 3.7.2012 – C-128/11 – CR 2012, 498 Rn 79 und 87.

243 Z.B. *Schneider/Spindler*, CR 2012, 489, 493; *Dietrich*, NJ 2012, 281, 283; *Hartmann*, GRUR-Int. 2012, 980, 985; ohne weitere rechtliche Begründung *Hoeren/Foersterling*, MMR 2012, 642, 645; *von Welser*, GRUR-Prax 2012, 326.

244 *Haberstumpf*, CR 2012, 561, 570.

245 BGH, Urt. v. 11.2.2010 – I ZR 178/08 – CR 2010, 565 m. Anm. *Menz/Neubauer* = MMR 2010, 771 m. Anm. *Heydn – Half-Life 2*; vgl. auch *Marly*, LMK 2010, 309245.

246 So auch *Stieper*, ZUM 2012, 668, 670; *Senftleben*, NJW 2012, 2924, 2926; *Koch*, ITRB 2013, 9, Fn 18; Der Verbraucherzentrale Bundesverband (VZBV) hat laut Meldung vom 30.1.2013 aus diesem Grund Klage auf Unterlassung gegen Valve erhoben, http://www.surfer-haben-rechte.de/cps/rde/xchg/digitalrechte/hs.xsl/75_2546.htm?back=index.htm&backtitle=Startseite.

der Aufspaltung von Volumenlizenzen.[247] Die Betreiber der App Stores müssen demnach die technische **Weiterverbreitung ermöglichen** und können dies nicht wie bislang in ihren Lizenzvereinbarungen untersagen. Entsprechende Klauseln sind unwirksam gem. §§ 307 Abs. 2 Nr. 1 BGB, 69c Nr. 3 S. 2 UrhG.[248]

III. Bewertung der AGB der Store-Betreiber

1. Einbindung der AGB gegenüber Endkunden

a) Verbraucher

318 Die AGB der Store-Betreiber, die beim Kauf einer App im App Store Anwendung finden,[249] sind Verbrauchern (§ 13 BGB) gegenüber **nicht wirksam eingebunden** und somit an sich unbeachtlich. Denn § 305 Abs. 1, S. 1 und Abs. 2 BGB verlangen, dass die AGB dem Kunden **„bei Vertragsschluss"** gestellt werden. In den Stores klickt der Endkunde jedoch nur auf eine Schaltfläche „Jetzt kaufen", ohne Hinweis auf die AGB. Diese akzeptiert er nur ein einziges Mal: bei seiner Anmeldung zum Store. Dies ist rechtlich jedoch nicht ausreichend. Denn nach dem BGH genügt es auch bei einer laufenden Geschäftsbeziehung nicht, nur auf den früheren Gebrauch hinzuweisen.[250] Damit kann es erst recht nicht genügen, nicht einmal auf die Anwendung der AGB hinzuweisen. Ebenfalls nicht gegeben ist die Möglichkeit der tatsächlichen Einsichtnahme gem. § 305 Abs. 2 Nr. 2 BGB – dies setzt im Internet einen gut sichtbaren Link auf die AGB voraus.[251]

319 Zuletzt ist **keine wirksame Rahmenvereinbarung** i.S.d. § 305 Abs. 3 BGB geschlossen, da der Hinweis auf die regelmäßige Geltung der AGB bei bestimmten Geschäften eindeutig ergehen muss.[252] Derzeit fehlt es insoweit zudem an dem Kriterium des § 305 Abs. 2 a.E., wonach der Nutzer mit der Geltung der AGB einverstanden sein muss. Auch ein Verzicht des Nutzers auf die Möglichkeit der Kenntnisnahme scheidet aus, da dieser Verzicht nicht ausdrücklich erklärt wird und ein solcher nur individualvertraglich zulässig ist.[253] Nötig für die regelmäßige Geltung der AGB der Betreiber beim Kauf von Apps wäre mithin, dass eine Rahmenvereinbarung über die Geltung der AGB bei Anmeldung zum Store unter Beachtung des § 305 Abs. 2 und 3

---

247 *Heydn*, MMR 2012, 586, 592; *Hoeren/Foersterling*, MMR 2012, 642, 645.

248 Siehe v. Westphalen/Thüsing/*Hoeren*, IT-Verträge, S. 1, 8.

249 Zur Einbindung von AGB durch die Anbieter siehe Kap. 4 Rn 30ff.

250 BGH, Urt. v. 18.6.1986 – VIII ZR 137/85 – NJW-RR 1987, 113; Palandt/*Grüneberg*, § 305 Rn 30.

251 BGH, Urt. v. 14.6.2006 – I ZR 75/03 – NJW 2006, 2976; Palandt/*Grüneberg*, § 305 Rn 38; Oelschlägel/Scholz/*Klinger*, S. 258, 312.

252 BGH, Urt. v. 18.6.1986 – VIII ZR 137/85 – NJW-RR 1987, 112; MüKo-BGB/*Basedow*, § 305 Rn 90f., 100.

253 Oelschlägel/Scholz/*Klinger*, S. 258, 314 m.w.N.; *Rose* in: Taeger/Wiebe, Von AdWords bis Social Networks, 2008, S. 415, 420ff. m.w.N.

BGB geschlossen wird und beim Kauf einer einzelnen App auf die Geltung der Rahmenvereinbarung verwiesen wird, wodurch das Einverständnis des Nutzers gem. § 305 Abs. 2 a.E. BGB erreicht wird.[254] Dies kann auch durch einen sog. Medienbruch erfolgen, also der Ermöglichung der Bereitstellung der AGB an einem Desktop-PC statt am Smartphone,[255] da bei einem Abruf der AGB über das Smartphone allein aufgrund deren Umfangs eine Unwirksamkeit gegeben wäre.[256]

Es kann festgehalten werden, dass bei Kauf einer App durch Verbraucher in al- 320
len Stores gem. § 306 Abs. 2 BGB ausschließlich die gesetzlichen Regelungen gelten, da die AGB nicht wirksam eingebunden werden. Die AGB gelten ausschließlich als Nutzungsbedingungen für die Stores, da der Nutzer diese bei Anmeldung zum jeweiligen Store als solche akzeptiert.

b) Unternehmer

Zwischen Unternehmern gem. §14 BGB ist demgegenüber eine pauschale Einbin- 321
dungsvereinbarung grundsätzlich möglich, da §305c Abs. 2 BGB gem. §310 Abs. 1 S. 1 BGB keine Anwendung findet. Nötig ist jedoch auch hier eine **rechtsgeschäftliche Einbeziehung**, die einen erkennbaren Verweis des Verwenders voraussetzt.[257] Teilweise wird vertreten, dass ein generelles Einverständnis zwischen den Vertragsparteien über die Einbeziehung von AGB ausreichend sei.[258] Nach der überzeugenderen Ansicht muss jedoch auch gegenüber Unternehmern bei jedem Kauf ein **Hinweis auf die Geltung der AGB** erfolgen, da zumindest eine stillschweigende Einigung darüber nötig ist.[259] Nicht branchenübliche AGB werden nur Vertragsbestandteil, wenn ein ausdrücklicher Hinweis erfolgte oder ein Kaufmann unter heutigen Verhältnissen die Üblichkeit der Verwendung kennen muss.[260] Auch die Anforderungen an die Rahmenvereinbarung sind, entsprechend der Rechtslage bei Verbrauchern, nicht erfüllt.

Dies gilt bei der Nutzung der Stores von Apple, Google sowie Microsoft, da diese 322
in ihren AGB alle in einer Rechtswahlklausel die Anwendung von deutschem Recht bestimmen.[261] Anders ist die Rechtslage bei **BlackBerry** zu beurteilen, deren AGB die **Anwendung englischen Rechts wählen**. Nicht anzuwenden ist daher Art. 4 Abs. 2 Rom-I-Verordnung, nach welcher bei Käufen von Unternehmern bei Fehlen einer Rechtswahlklausel das Recht des Landes anzuwenden ist, in dem die charak-

---

254 Oelschlägel/Scholz/*Klinger*, S. 258, 316.
255 Oelschlägel/Scholz/*Klinger*, S. 258, 314 m.w.N.
256 Oelschlägel/Scholz/*Klinger*, S. 258, 274; zum Umfang allein der Informationspflichten *Rose/Taeger*, K&R 2010, 159.
257 BGH, Urt. v. 12.2.1992 – VIII ZR 84/91 – NJW 1992, S. 1232; Palandt/*Grüneberg*, § 305 Rn 50–52.
258 *Bdeiwi* in: Taeger, Digitale Evolution, 2010, S. 749, 754.
259 *Alich* in: Taeger, IT und Internet – mit Recht gestalten, 2012, S. 561, 567.
260 MüKo-BGB/*Basedow*, § 305 Rn 97.
261 Siehe Kap. 4 Rn 15 ff.

teristische Leistung (hier: **Gewährung des Nutzungsrechts**) erbracht wird. Dies ist grundsätzlich das Land, in dem der **Verkäufer** seinen **Sitz** hat.[262]

2. Rechtliche Bewertung der AGB

323 Im Folgenden werden die – nicht wirksam einbezogenen – AGB näher untersucht. Größtenteils unwirksam dürften die Regelungen der Betreiber zur Datenerfassung sein, wobei derzeit noch nicht entschieden ist, ob ein Verstoß gegen die Datenschutzbestimmungen einen Wettbewerbsverstoß darstellt.[263]

a) Apple App Store

324 Die iTunes-AGB[264] sind bereits **in ihrer Gesamtheit unwirksam** gem. § 307 Abs. 2 S. 1 BGB, da nach dem dort konstituierten **Transparenzgebot** AGB klar und verständlich sein müssen. Davon kann bei Apple keine Rede sein angesichts von 29 DIN-A4-Seiten, die vier miteinander verknüpfte Vertragswerke enthalten, deren einzelne Artikel nicht nummeriert sind.[265]

325 C.; Haftungsbegrenzungen;[266]

> *„b. Vorbehaltlich der Regelung in c unten wird iTunes Haftung, gleich aus welchem Rechtsgrund, wie folgt beschränkt: (i) iTunes haftet der Höhe nach begrenzt auf den bei Vertragsabschluss typischerweise vorhersehbaren Schaden für die leicht fahrlässige Verletzung wesentlicher Pflichten aus dem Schuldverhältnis; (ii) iTunes haftet nicht für die leicht fahrlässige Verletzung unwesentlicher Pflichten aus dem Schuldverhältnis.“*

Diese **Haftungsbeschränkung** unterliegt erheblichen Bedenken, da für den Kunden nicht hervorgeht, welche Pflichten die dort genannten „wesentlichen Pflichten“ sind. Für die Formulierung „Kardinalpflichten“ entschied der BGH, dass die Verwendung nur

262 Siehe v. Westphalen//Thüsing/*v. Westphalen/Thüsing*, Vertragsrecht, S. 376, 382; Leupold/Glossner/*von dem Bussche/Schelinski*, S. 25 Rn 142.

263 Bejahend OLG Karlsruhe, Urt. v. 9.5.2012 – 6 U 38/11 – ZD 2012, 432; zustimmend *Moos* in: Taeger, IT und Internet – mit Recht gestalten, 2012, S. 717 f.; vgl. auch *Schröder*, ZD 2012, 193 m.w.N.; ablehnend OLG München, Urt. v. 12.1.2012 – 29 U 3926/11 – MMR 2012, 317.

264 Siehe http://www.apple.com/legal/itunes/de/terms.html; Stand: 3.12.2012.

265 *Kremer*, CR 2011, 769, 771 f.; v. Westphalen/Thüsing/*v. Westphalen/Thüsing*, Vertragsrecht, S. 470, 472; BGH, Urt. v. 30.5.1983 – II ZR 135/82 – NJW 1983, 2772.

266 Die Klausel findet sich ohne nähere Nummerierung in den Apple-Nutzungsbedingungen in Abschnitt C. „Nutzungsbedingungen des Mac App Stores, des App Stores und des iBookstores“. Hier und im Folgenden wird versucht, die Fundstellen möglichst genau anzugeben.

dann zulässig ist, wenn eine Definition des Begriffs erfolgt.[267] Die vorliegende Formulierung, vom BGH großzügiger beurteilt, erfüllt nicht die notwendigen Anforderungen. Notwendig ist, dass der Kunde beurteilen kann, ob eine bestimmte Leistungspflicht wesentlich für den Vertrag ist. Diese hinreichende Möglichkeit besteht nur, wenn sich der Umfang aus Vertrag und AGB klar ergibt. Dies ist dann der Fall, wenn eine **klare Leistungsbeschreibung und die Definition** („solche Pflichten sind ...") vorliegt.[268] Die AGB von Apple lassen eine solche Erläuterung vermissen und stellen die Vertragspflichten nicht eindeutig dar, sodass die Klausel wohl als unzulässig einzustufen ist.

„c. Die vorgenannten Haftungsbeschränkungen gelten nicht in den Fällen zwingender gesetzlicher Haftung (insbesondere nach dem Produkthaftungsgesetz) sowie bei Übernahme einer Garantie oder bei schuldhaften Verletzungen des Lebens, des Körpers und der Gesundheit." 326

Diese **Salvatorische Klausel** ist aufgrund des **Verbots der geltungserhaltenden Reduktion** gem. § 307 Abs. 1 S. 2 BGB als unwirksam anzusehen, da sich aus dieser nicht ergibt, auf welche Fälle zwingender gesetzlicher Haftung sie sich bezieht und somit nicht hinreichend durchschaubar ist. Der Verwender der AGB hat die konkreten Fälle zwingender Haftung aufzuzählen.[269] Dies gilt genauso für die entsprechende Haftungsbeschränkung (lit. e) der „Endnutzerlizenzvereinbarung für lizenzierte Anwendungen".

a. Umfang der Lizenz (ca. Mitte des Abschnitts): 327

„Sie dürfen die Lizenzierte Anwendung, die Updates der Lizenzierten Anwendung oder Teile davon [...], nicht dekompilieren, nicht zurückentwickeln, nicht auseinandernehmen, nicht versuchen, den Sourcecode der Lizenzierten Anwendung zu erlangen, die Lizenzierte Anwendung nicht bearbeiten oder abgeleitete Werke aus der Lizenzierten Anwendung erstellen (es sei denn und soweit eine der vorgenannten Beschränkungen nach anwendbarem Recht unzulässig ist [...])."

Diese Klausel in der Endnutzer-Lizenzvereinbarung dürfte – ebenso wie die entsprechenden Klauseln der weiteren Betreiber – gem. § 307 Abs. 2 BGB unwirksam sein,

---

267 BGH, Urt. v. 20.7.2005 – VIII ZR 121/04 – NJW-RR 2005, 1496.
268 BGH, Urt. v. 18.7.2012 – VIII ZR 337/11 – BeckRS 2012, 20497; so bereits v. Westphalen/Thüsing/*v. Westphalen*, Vertragsrecht, S. 109, 122; Hoffmann-Becking/Rawert/*Meyer-Sparenberg*, S. 966 (III A 19 Nr. 35).
269 St. Rspr., z.B. LG Frankfurt a.M., Urt. v. 6.6.2013 – Az. 2-24 O 246/12 – http://tlmd.in/u/1405, BGH, Urt. v. 12.10.1995 – I ZR 172/93 – NJW 1996, 1407, Rn 30 m.w.N.; v. Westphalen/Thüsing/*v. Westphalen/Thüsing*, Vertragsrecht, S. 395, 399; v. Westphalen/Thüsing/*Hoeren*, IT-Verträge, S. 1, 42.

da das Änderungsrecht nicht vollständig ausgeschlossen werden kann. Insbesondere muss dies dem Kunden im Falle einer nötigen **Sachmangelbehebung** und im Rahmen des § 69e UrhG gestattet werden.[270] Der Versuch der Einschränkung, wonach gesetzliche Rechte nicht ausgeschlossen werden sollen, ist ebenfalls unwirksam. Auch dieser stellt einen Verstoß gegen das Verbot der geltungserhaltenden Reduktion dar, da die Verwender unwirksamer Klauseln nicht zu bevorzugen sind.[271]

b) Google Play

328 Die AGB von Google verstoßen nicht gegen das Transparenzgebot. Sie haben einen Umfang von 13 DIN-A4-Seiten, sind nummeriert und klar gegliedert. Der Vertrag kann fast als vorbildlich bezeichnet werden. Im Gegensatz zu allen anderen AGB sind weder eine Haftungsbeschränkung noch eine Gewährleistungseinschränkung enthalten. Dennoch sind auch zweifelhafte Klauseln enthalten, die wohl als unwirksam zu bewerten sind:

329 6. Verletzung der Nutzungsbedingungen

„Falls Sie gegen die Nutzungsbedingungen verstoßen, enden Ihre Rechte im Rahmen dieser Lizenz unmittelbar. Darüber hinaus kann Google in diesem Fall Ihren Zugriff auf Google Play, die Inhalte und/oder Ihr Google-Konto beenden, ohne dass ein Anspruch auf Erstattung besteht.“

Diese Klauseln sind unzulässig, da bei einer **Vertragsverletzung** des Kunden eine **vorherige Mahnung**/Fristsetzung zu erfolgen hat, was gem. §§ 308 Nr. 4 bzw. 309 Nr. 4 BGB nicht abbedungen werden kann.[272] Es wurde bereits dargelegt, dass die **Apps dauerhaft verkauft** werden. Dem Store-Betreiber ist es in diesen Fällen nicht gestattet, die App später zu deaktivieren. Eine **Programmsperre** stellt nach der Rechtsprechung des BGH dann einen **Sachmangel** dar, wenn die vertraglich vereinbarte Verwendung verhindert wird.[273] Dies ist der Fall bei der vorliegenden Klausel, die eine gekaufte Software nachträglich unbrauchbar machen möchte; sie ist unwirksam gem. §§ 305c Abs. 2 und 307 Abs. 2 BGB.[274]

270 BGH, Urt. v. 24.2.2000 – I ZR 141/97 – CR 2000, 656 (Für einen Individualvertrag – somit erst Recht bei AGB); Auer-Reinsdorff/Conrad/*Redeker*, S. 561, 582.

271 Palandt/*Grüneberg*, vor § 307, Rn 8 m.w.N.; Auer-Reinsdorff/Conrad/*Redeker*, S. 561, 568.

272 LG Frankfurt a.M., Urt. v. 6.6.2013 – Az. 2-24 O 246/12 – http://tlmd.in/u/1405; Palandt/*Grüneberg*, § 309 Rn 22f.

273 BGH, Urt. v. 25.3.1987 – VIII ZR 43/86 – CR 1987, 358 – Programmsperre II.

274 Auer-Reinsdorff/Conrad/*Redeker*, S. 561, 582.

c) Microsoft Windows Phone Marktplatz

Die Vertragsbedingungen von Microsoft bestehen aus 12 DIN-A4-Seiten, deren Klauseln nummeriert und in verständlicher Sprache gehalten sind.[275] Zu Beginn (Nr. 1.1) wird deutlich gemacht, welche Dienste von dem Vertrag umfasst sind; sie sind mithin wirksam. Bedenken begegnen jedoch einzelne Klauseln: 330

> *„10. Wir stellen den Dienst ‚wie besehen', ‚mit allen Fehlern' und ‚wie verfügbar' bereit. Neben den gesetzlich vorgeschriebenen Garantien übernehmen wir keine Garantie […] dafür, dass der Dienst ununterbrochen, sicher und fehlerfrei funktioniert und kein Datenverlust erfolgt. Sie erkennen an, dass Computer- und Telekommunikationssysteme nicht frei von Fehlern sind und dass gelegentlich Ausfallzeiten auftreten können."* 331

Dadurch entledigt sich der Anbieter pauschal seiner **Hauptleistungspflicht**. Zwar kann bei IT-Diensten keine Verfügbarkeitsverpflichtung von 100% angenommen werden,[276] jedoch auch nicht von potenziellen 0%. Wenn die unbeschränkte Nutzbarkeit vertraglich vereinbart ist, kann davon nicht in AGB abgewichen werden.[277] Die vorliegende Klausel verstößt gegen §§ 309 Nr. 7b, 308 Nr. 4 sowie 307 Abs. 2 Nr. 2 BGB und ist somit unwirksam.[278] Teilweise wird sogar vertreten, in diesen Fällen bestehe eine Beweislastumkehr zugunsten des Kunden.[279]

d) RIM BlackBerry AppWorld

Das Vertragswerk von BlackBerry zeichnet sich durch ein besonderes Maß an Unverständlichkeit aus. Die rechtliche Informationen enthaltende Seite der Homepage enthält 25 Vertragswerke, von denen meist unklar ist, für was und wann sie gelten.[280] Die entscheidende Vereinbarung für die Nutzung des App Stores und den Kauf von Apps ist die „BlackBerry Lösungslizenzvereinbarung" (BBSLA), die erreichbar ist über das „BlackBerry Solution License Agreement".[281] Diese umfasst 332

---

275 Siehe http://www.xbox.com/de-DE/Legal/LiveTOU; Stand der Nutzungsbedingungen: Oktober 2012; Stand der Lizenzbedingungen für Standardanwendungen für Windows Phone: September 2012.

276 Verfehlt LG Karlsruhe, Urt. v. 12.1.2007 – 13 O 180/04 – CR 2007, 396.

277 BGH, Urt. v. 12.12.2000 – XI ZR 138/00 – NJW 2001, 751.

278 LG Frankfurt a.M., Urt. v. 6.6.2013 – Az. 2-24 O 246/12 – http://tlmd.in/u/1405; Auer-Reinsdorff/Conrad/*Roth*, S. 373, 411 ff.; Auer-Reinsdorff/Conrad/*Kast*, S. 327, 368.

279 *Redeker*, CR 2005, 700, 702.

280 Siehe http://de.blackberry.com/legal.

281 Version „v6000": http://de.blackberry.com/content/dam/blackBerry/pdf/legal/europeMiddleEastAfrica/german/BBSLA_2012_Germany_German_v06000.pdf.; erreichbar über: http://us.blackberry.com/legal/blackberry-solution-license-agreement.html; Stand: September 2012.

42 DIN-A4-Seiten, deren Klauseln nur teilweise nummeriert sind, direkt aus dem Englischen übersetzt scheinen und nicht klarstellen, auf welche Dienste sie Anwendung finden; sie ist mithin bereits gem. § 307 Abs. 2 S. 1 BGB unwirksam.[282]

333 Gewährleistungsausschluss und Haftungsbegrenzung werden ineinander verwoben über ca. 8 Seiten ausgeführt, wobei zu Beginn unter *„20. Begrenzte Gewährleistung; (a) (i)"*, anders als die Überschrift vermuten lässt, anscheinend ein Garantieversprechen für die Mangelfreiheit erteilt wird, welches für Verbraucher zwei Jahre gelten soll, für Unternehmer hingegen 90 Tage. Jedoch werden im Weiteren die Begriffe Gewährleistung und Garantie synonym gebraucht, sodass auch eine Gewährleistungseinschränkung bezweckt sein könnte. Eine Einschränkung der Gewährleistung auf 90 Tage (auch für Verbraucher) erfolgt dann durch Nr. 22 (ii):

> *„Jegliche implizierte Gewährleistung oder Bedingungen die sich auf die Software beziehen und im nicht ausschließbaren Umfang die oben bezeichnet werden, aber begrenzt werden können, werden auf diesem Weg auf neunzig (90) Tage vom Datum der ersten Installation jeglichen Bestandteils Ihrer BlackBerry Lösung auf irgend einem Computer begrenzt."*

334 Der Vertrag ist für Verbraucher dem **deutschen Recht** unterworfen. Dies ist unabdingbar gem. Art. 6 ROM-I-Verordnung.[283] Die Klausel Nr. 29 (d), die die Anwendung der Gesetze Englands und Wales vorsieht, ist somit unwirksam. Dies gilt ebenso für die darauf folgende Vereinbarung einer Schiedsgerichtsbarkeit, die auch für Verbraucher gelten soll. Unwirksam ist in Folge auch die **Vereinbarung der englischen Sprache** (Nr. 29 (f)) in allen Streitigkeiten. Bei deren Anwendung müsste eine Klage vor einem deutschen Gericht auf Englisch erhoben werden, was § 184 GVG widerspricht.

e) Amazon App Shop

335 Amazon startete im September 2012 auch in Deutschland den einzig nennenswerten App Shop für Android-Apps, die nicht vom Betreiber des entsprechenden **Betriebssystems** angeboten werden.[284] Die AGB sind wirksam einbezogen, da sie 3 Seiten umfassen und klar gegliedert sind.[285]

336 Die AGB sehen ähnliche Klauseln vor, die bereits bei den anderen Betreibern als unwirksam angesehen wurden. In Nr. 3.4 behält sich Amazon *„das Recht vor, eine App ohne Ankündigung oder Haftung zu ändern, zu entfernen, zu sperren oder zu de-*

282 *Kremer*, CR 2011, 769, 771.

283 Siehe v. Westphalen/Thüsing/*v. Westphalen/Thüsing*, Vertragsrecht, S. 376, 391.

284 Amazon bietet den bekanntesten, auch wenn es eine Vielzahl alternativer App Stores gibt, vgl. z.B. http://danatheteacher.hubpages.com/hub/Top-Android-Market-Alternative-App-Stores.

285 Siehe http://www.amazon.de/gp/feature.html?ie=UTF8&docId=1000655133; Stand: 20.5.2013.

aktivieren“. Dies stellt einen unwirksamen **Ausschluss der Hauptleistungspflicht** bei gekauften Apps dar. Auch Nr. 5.2, die eine **Kündigung** ohne Mahnung und **Rückerstattung von Käufen** zugestatten möchte, ist unwirksam.

„5.2 Änderungen. Wir können jede Bestimmung dieser Nutzungsbedingungen jederzeit ändern [...]. Dies erfolgt durch Veröffentlichung der geänderten Bedingungen auf der Amazon.de-Website. Wenn Sie den Amazon App-Shop oder die App-Shop Software nach dem Inkrafttreten der überarbeiteten Bestimmungen der Nutzungsbedingungen weiter nutzen, so erklären Sie damit Ihre uneingeschränkte Zustimmung zu den Bedingungen.“ 337

Ein solches konkludentes **Anerkenntnis von Änderungen der AGB** ohne direkte Mitteilung an den Anwender verstößt gegen §§ 305 Abs. 2, 308 Nr. 5 BGB.[286] Dies erfüllt nicht einmal die von der früheren Rechtsprechung gestellten Anforderungen, die sich an § 308 Nr. 5 BGB orientierten. Danach reichte es aus, dass der AGB-Verwender dem Kunden eine Synopse der Änderungen zukommen ließ und diese als akzeptiert galten, wenn nicht widersprochen wurde.[287] Inzwischen ist dies nur noch zulässig für unwesentliche Änderungen; für alle Änderungen wesentlicher Normen, insbesondere Hauptleistungspflichten, ist eine **Änderungskündigung** nötig.[288]

f) Zusammenfassung

Der Kauf einer App erfolgt rein aufgrund der gesetzlichen Vorschriften **deutschen** 338 **Rechts**, da nie auf die Geltung der AGB hingewiesen wird. Eine inhaltliche Prüfung ist somit rein deklaratorisch. Einzige **Ausnahme** bildet der Kauf von BlackBerry Apps durch Unternehmer, für die englisches Recht Anwendung findet.

IV. Vertragspartner beim App-Kauf

Der Endkunde kauft die App im Store – doch **wer ist Verkäufer?** In Betracht 339 kommen sowohl der Betreiber des App Stores als auch der Anbieter der App. Die Erwartung des Endkunden muss dabei nicht mit der tatsächlichen Rechtslage übereinstimmen. Daher wird im Folgenden vorab die Perspektive des Endnutzers dargestellt, um sodann die bestehende Rechtslage zu würdigen.

---

286 Z.B. LG Frankfurt a.M., Urt. v. 6.6.2013 – Az. 2-24 O 246/12 – http://tlmd.in/u/1405; BGH, Urt. v. 11.10.2007 – III ZR 63/07 – NJW 2008, 365.

287 Siehe v. Westphalen/Thüsing/*v. Westphalen*, Vertragsrecht, S. 506, 528 m.w.N.

288 BGH, Urt. v. 11.10.2007 – III ZR 63/07 – NJW-RR 2008, S. 134 – Internetprovider; dazu *Pfeiffer*, LMK 2007, 246011; v. Westphalen/Thüsing/*v. Westphalen*, Vertragsrecht, S. 506, 528.

Praxistipp

Der **Kaufvertrag wird geschlossen**, sobald der Endkunde auf den **„Kaufen"-Button** klickt. Durch Bereitstellung der App in den Stores wird ein rechtsverbindliches Angebot (§ 145 BGB) abgegeben, welches der Kunde annimmt. Denn es handelt sich um ein automatisiertes Verfahren, in dem der Vertrag sofort geschlossen werden soll, und keine weiteren Prüfungen, z.B. solche der Bonität, vorgenommen werden sollen.[289]

Anders ist dies bei Webshops, bei denen das Kaufobjekt versendet wird und nicht heruntergeladen werden kann. Das Bereitstellen der Ware stellt in diesen Fällen nur eine Einladung zur Abgabe eines Angebots („invitatio ad offerendum") dar, da der Verkäufer prüfen muss, ob er die Ware vorrätig hat.[290]

1. Der Vertragspartner aus der Perspektive des Endnutzers

340 Für den Nutzer bleibt unklar, wer sein **Vertragspartner** beim **App-Kauf** wird. Bei allen Betreibern wird der Name des Anbieters sowohl in direkter Nähe des Download-Buttons angezeigt sowie bei weiteren Anbieterinformationen im unteren Bereich der Angebotsseite. Bei einem Abstellen auf die vertragliche Situation, wie sie **dem Endkunden** durch die AGB der Betreiber in ähnlicher Weise **dargestellt** wird, würde also der jeweilige Anbieter der App Vertragspartner. So legt Google in Nr. 2 (b) der AGB für Endkunden unmissverständlich fest, dass der Anwender beim Kauf der App einen Vertrag eingehe *„mit dem jeweiligen Anbieter der App auf der Grundlage der Nutzungsbedingungen des Anbieters (soweit anwendbar) (‚Erwerb vom Anbieter').“*

341 Apple bestimmt dies in ihren Endkunden-AGB ähnlich, jedoch teilweise widersprüchlich. Die Regelungen beginnen damit, dass Apple als Vertragspartner des Endkunden über einen Software-Kaufvertrag dargestellt wird (*„iTunes verkauft Ihnen eine Lizenz zur Nutzung der Softwareprodukte [...]“*). Dieser Eindruck bestätigt sich jedoch in den weiteren Bestimmungen nicht:[291]

> *„Sie wissen, dass, wenn Sie ein Dritt-Produkt von iTunes erwerben, Sie eine bindende Vereinbarung direkt mit dem Veröffentlicher des Dritt-Produktes abschließen, der Ihre Nutzung des Dritt-Produktes regelt; iTunes ist nicht Partei der Lizenzvereinbarung zwischen Ihnen und dem Veröffentlicher bezüglich dieses Dritt-Produktes.“*

---

289 Siehe v. Westphalen/Thüsing/*Hoeren*, E-Commerce-Verträge, S. 1, 20; ohne auf Apps einzugehen wohl a.A. Oelschlägel/Scholz/*Klinger*, S. 258, 308, der in Bezug auf digitale Inhalte stets von einer notwendigen Bonitätsprüfung auszugehen scheint; offen gelassen *Baumgartner/Ewald*, S. 17.

290 Siehe v. Westphalen/Thüsing/*Hoeren*, E-Commerce-Verträge, S. 1, 18 f. m.w.N.

291 Beide Klauseln in den „C. Nutzungsbedingungen des Mac App Stores, des App Stores und des iBookstores; Weitere Nutzungsbedingungen für den Mac App Store und den App Store – Lizenz für die Produkte aus dem Mac App Store und dem App Store" (Abs. 3).

Weiterhin zu prüfen ist, wie ein **objektiver Dritter** das Vertragsverhältnis bewerten würde, wenn er bloß den Kaufvorgang in den App Stores betrachtet. Darüber herrscht in der Literatur **Uneinigkeit**. Teilweise wird vertreten, dass der Nutzer davon ausgeht, den Vertrag direkt mit dem App-Anbieter zu schließen. Denn eine solche Plattform, bei der Anbieter ihre Ware über die Infrastruktur eines Betreibers anbieten können, werde vom Nutzer wie eBay oder Amazon Marketplace wahrgenommen, in der der Betreiber nur technische und werbende Leistungen erbringe. Auf der Angebotsseite für die einzelne App würde der Betreiber nirgends gesondert erwähnt und die Abrechnung erfolge auch bei den Angeboten von eBay oder Amazon Marketplace als Dienstleistung durch die Anbieter selbst.[292] Nach anderer Ansicht trete der Betreiber des Stores als Handelnder und Vertragspartner auf, da auf der App-Profilseite nirgends ein Hinweis enthalten sei, dass der Anbieter Vertragspartner werden solle und ein Impressum gem. § 5 Abs. 1 TMG sowie die bei Fernabsatzgeschäften erforderlichen Pflichtinformationen fehlten.[293] 342

Die abweichenden Ansichten zeigen deutlich, dass die bestehenden Gestaltungen der Stores unzureichend und widersprüchlich sind. Überzeugender erscheint die Ansicht, wonach aus dem **objektiven Blickwinkel** des Endkunden der **Anbieter selbst Verkäufer** ist. Denn auf der Angebotsseite finden sich nur Informationen über den Anbieter, es erfolgt kein Hinweis auf den Betreiber. Das Fehlen der Pflichtinformationen gilt für beide Parteien, kann mithin nicht als Indiz herangezogen werden. Portalseiten sind im Internet inzwischen weit verbreitet, auch Amazon übernimmt im Amazon Marketplace die Abrechnung. 343

2. Der Vertragspartner bei objektiver Beurteilung der Rechtslage

Im Ergebnis kommt man (derzeit) dennoch bei beiden Ansichten zu dem Ergebnis, dass der **Store-Betreiber selbst Vertragspartner** des Endkunden wird: Die Nutzerperspektive stimmt nicht mit den tatsächlichen rechtlichen Verhältnissen überein. Denn die Verträge zwischen Store-Betreibern und Anbietern regeln, dass die Verträge direkt mit den Betreibern abgeschlossen werden.[294] 344

a) Apple

Apple unterscheidet zwischen unentgeltlich angebotenen Apps, bei welchen Apple als „legal agent“ des Anbieters auftreten möchte (Nr. 7.1 iDPLA i.V.m. Schedule 1), 345

292 *Feldmann* in: Taeger, Die Welt im Netz, 2011, S. 47, 49.

293 *Kremer*, CR 2011, 769, 771.

294 Die parallele Diskussion findet statt bei den ähnlich aufgebauten Handelsplattformen für virtuelle Gegenstände in Computerspielen, vgl. *Saballek/Heinemeyer*, CR 2012, 719, 721 m.w.N.; die Antwort demgegenüber offenlassend *Baumgartner/Ewald*, S. 38.

und entgeltlich angebotenen, bei welchen Apple als „commissionaire" auftreten möchte und die Aufgaben umschreibt mit u.a. *„market, solicit and obtain orders on Your behalf for Licensed Applications from end-users"*.[295]

aa) Kostenpflichtige Apps

346 Bei kostenpflichtigen Apps führt dies zu einem **Kommissionsvertrag** nach luxemburgischem Recht, da die iTunes SARL dort ihren Sitz hat. Das ist vergleichbar mit dem deutschen Recht, das den Kommissionsvertrag in §§ 383 ff. HGB regelt, nach welchem Apple Kommissionär wird.[296] Dies stellt eine mittelbare Stellvertretung i.S.d. § 185 BGB dar, bei welcher der Anbieter als Rechteinhaber nicht in Erscheinung tritt. Der Käufer schließt den Kaufvertrag direkt mit Apple, ohne Mitwirkung des Anbieters, der als Kommittent nur die Provision zu zahlen hat.[297] Dafür spricht auch, dass in Schedule 2 Nr. 3.4 f eine Provisionsabrede vereinbart wird. Von diesem gesetzlichen Leitbild kann gem. § 307 Abs. 2 Nr. 1 BGB nicht abgewichen werden.

347 Daher stellt sich das Vertragsverhältnis zum Endkunden folgendermaßen dar: Durch Bereitstellung einer App im App Store gibt **Apple ein Angebot zum Abschluss des Kaufvertrags** ab. Dem Anbieter hingegen fehlt der Rechtsbindungswille dazu. Der **Endkunde** erklärt dann die **Annahme** dieses Angebots durch den Klick auf die Schaltfläche „Jetzt Kaufen".[298] Daraus folgt, dass der Kaufvertrag durch die iTunes SARL erfüllt wird, da diese die App herunterladen lässt und auch die Rechnung auf ihren Namen ausstellt. Wie der App Store konkret gestaltet ist, wird dadurch irrelevant.

bb) Kostenlose Apps

348 Dies gilt **genauso** bei kostenlosen Apps, da die entscheidenden Regelungen der Apple-Vertragsbedingungen für Entwickler ebenfalls festlegen, dass die Weitergabe in Apples Namen *„on Your behalf"* erfolgt, zudem auch eine Verpflichtung zur persönlichen Haftung des Anbieters bewirkt. So erfolgt eine Bestätigung der Vermutungsregelung des § 164 Abs. 2 BGB, wodurch Apple gegenüber den Anwendern eigene Willenserklärungen abgibt und die Apps ausliefert.[299]

---

295 Schedule 2, Ziff. 1.1, 1.2 (a, e) und 3.1 iDPLA i.V.m. Exhibit A, Section 2 zu Schedule 2.

296 *Feldmann* in: Taeger, Die Welt im Netz, 2011, S. 47, 53; siehe Rn 180–182.

297 MüKo-HGB/*Häuser*, § 383 Rn 18.

298 *Feldmann* in: Taeger, Die Welt im Netz, 2011, S. 47, 55.

299 Ziff 1.1, S. 2, Schedule 1 bzw. Ziff. 1.3, Schedule 2; *Feldmann* in: Taeger, Die Welt im Netz, 2011, S. 47, 57.

cc) Apple-eigene Apps

Apple bietet auch eigene Apps als Anbieter an. Bei diesen wird direkt Apple in Form der iTunes SARL Vertragspartner. 349

b) Google

Anders ist demgegenüber die Rechtslage bei Google zu beurteilen. Die Ausgestaltung des App-Vertriebs über den Google Play Store ergibt sich vor allem aus der „Vereinbarung für den Entwicklervertrieb".[300] Nötig zum Vertrieb von Apps über diesen ist der Unterhalt eines Nutzerkontos (Nr. 1.1) und eines gültigen Zahlungskontos bei einem autorisierten Zahlungsanbieter (Nr. 1.2; 3.1). Die Ausgestaltung des Vertriebs wird dann recht knapp geregelt: 350

> *„3.2 Der von Ihnen festgelegte Preis für Produkte bestimmt den Zahlungsbetrag, den Sie erhalten. Eine Transaktionsgebühr, wie sie im Folgenden beschrieben wird, wird zuzüglich zum Verkaufspreis berechnet und zu einem Teil dem Zahlungsabwickler, zum anderen Teil dem autorisierten Mobilfunkanbieter (falls vorhanden) gutgeschrieben. Der Restbetrag (Verkaufspreis minus Transaktionsgebühr) wird Ihnen überwiesen. [...]"*
> *„4.1 Mit Ausnahme der Lizenzrechte, die Ihnen im folgenden Paragrafen 5 gewährt werden, erklärt Google, dass es gegenüber Ihnen oder Ihren Lizenzgebern aufgrund dieser Vereinbarung keine Rechte, Ansprüche oder Interessen einschließlich gewerblicher Schutzrechte an Ihren Produkten geltend macht, die in Bezug auf diese Anwendungen möglicherweise bestehen."*

Die Vereinbarung enthält keine vergleichbaren Regelungen zum Kommissionsverkauf. Stattdessen tritt **Google nur als Vermittler** auf, der den Marktplatz bereitstellt. Damit wird bei einem Verkauf über Android Market der App-Anbieter selbst Vertragspartner des Kunden. Daran ändert sich auch nichts dadurch, dass die Zahlung der Produkte (derzeit) ausschließlich über den Bezahldienst Google Wallet erfolgt (Nr. 4, Abs. 3). 351

c) Microsoft

Das „Application Provider Agreement" des Windows Phone Marketplace[301] sieht vor, dass der Anbieter sich mit jeder App bewerben muss, die dann zugelassen wer- 352

---

300 Siehe Rn 166 ff.
301 Siehe http://cmsresources.windowsphone.com/devcenter/en-us/legal/Windows-Phone-Store-Application-Provider-Agreement.pdf; Stand: Oktober 2012.

den kann (Nr. 3) a.), was bereits auf ein Kommissionsmodell hindeutet. Dies bestätigen auch die weiteren Klauseln, wenn auch nicht so eindeutig wie bei Apple (Nr. 4):

> *a. „Microsoft's role is to provide the technology and services to enable this forum, and to process the related purchases, returns and chargebacks for you. You appoint Microsoft to act as your agent or commissionaire, as applicable, for these purposes, and you acknowledge that you, not Microsoft, are the distributor of the Application."*
> *b. „Grant of Rights to Microsoft. You do not transfer ownership of the Application to Microsoft by submitting it, but you do grant to Microsoft, in its capacity as your agent or commissionaire, the worldwide right [...] (b) directly or indirectly through Microsoft's authorized partners, to host, reproduce, market, promote, offer, and make available the Application to Purchasers [...]."*

353 Daraus ergibt sich, dass ebenfalls Microsoft direkter Vertragspartner des Endkunden wird. Zwar wird hier weniger deutlich als bei Apple von „agent **or** commissionaire" gesprochen, jedoch bestimmen auch die weiteren Regelungen, dass **Microsoft direkt als Vertragspartner** auftreten wird – so ist auch die Gestaltung des App Stores. Dies ergibt sich insbesondere aus Ziff. 7 a), gemäß der Microsoft als Zahlungsdienstleister gegenüber dem Endkunden auftritt und die Provision direkt von dem geleisteten Kaufpreis abzieht.

d) BlackBerry

354 BlackBerry spricht in seinem BlackBerry App World RIME Store Vendor Agreement stets nur von einem Vertrieb als „Agent".[302] Dennoch wird auch hier **BlackBerry Vertragspartner**, da das luxemburgische BlackBerry-Unternehmen gem. Exhibit A des Schedule 2, Nr. 2.1 in Deutschland als ***„undisclosed agent"*** auftreten soll, was dem Kommissionär entspricht. Auch erfolgt die Zahlung über BlackBerry, die ihre Provision von der Zahlung an den Anbieter abziehen (Schedule 2 Ziff. 3.2) und die gem. Ziff. 4.2 und 4.3 des Hauptvertrags an BlackBerry zu übertragenden Nutzungsrechte sind nur dann sinnvoll, wenn BlackBerry Verkäufer wird. An dieser Betrachtung ändert sich auch nichts durch die Ziff. 8, wonach der Anbieter den vollen Support für die App leisten müsse.

---

302 Schedule 1 Ziff. 1 für kostenlose Apps und Schedule 2 Ziff. 2.1 für kostenpflichtige Apps; http://www.blackberry.com/legal; Stand: Juli 2012.

e) Zusammenfassung

In den verschiedenen App Stores ist es für den Endnutzer schwierig herauszufinden, wer tatsächlich Vertragspartner werden soll. Dies gilt insbesondere, da die Betreiber dies in den Vertragswerken regeln, die dem Endkunden nicht vorliegen. Es ist jederzeit möglich, dass die Betreiber die Regelungen ändern und sich eine andere Bewertung ergibt. Nach derzeitigem Stand gelten jedoch die folgenden Beteiligten als Vertragspartner: 355

Checkliste: Vertragspartner beim App-Kauf !

Der Kaufvertrag kommt zwischen Endkunden und Betreiber zustande bei:
- Apple App Store
- Microsoft Windows Phone Marketplace
- BlackBerry App World

Der Kaufvertrag kommt zwischen Endkunden und Anbieter zustande bei:
- Google Play

V. Rechte des Kunden nach App-Kauf

Dass meist der Store-Betreiber Verkäufer der App wird, ist von Relevanz insbesondere für die Rechte, die der Anwender im Falle von Mängeln geltend machen kann. Dies ist im Folgenden zu untersuchen. 356

1. Irrtumsfragen (Wirksamkeit; Anfechtung)

Da für den Anwender nicht klar ersichtlich ist, mit wem er den App-Kaufvertrag schließt, unterliegt er meist einem Irrtum über seinen Vertragspartner. Diese Täuschung stellt einen **Erklärungsirrtum** i.S.d. § 119 Abs. 1 BGB dar. Der Anbieter kann daher die **Anfechtung erklären** und das Geschäft dadurch nachträglich auflösen. Dies muss kurzfristig nach Kenntniserlangung über den tatsächlichen Vertragspartner erfolgen, um die Frist des § 121 BGB einzuhalten. 357

2. Schadensersatzpflicht

Dabei besteht für den Anwender die **Gefahr**, dass er gegenüber dem Betreiber zur Zahlung von **Schadensersatz** gem. § 122 Abs. 1 BGB verpflichtet wird. Überzeugend erscheint es jedoch, diesen Anspruch gem. § 122 Abs. 2 BGB **abzulehnen.**[303] Denn es ist dem Endkunden angesichts der unverständlichen Darstellung der Rechtsver- 358

303 Offen gelassen *Feldmann* in: Taeger, Die Welt im Netz, 2011, S. 47, 56.

hältnisse nur unter erheblichem Aufwand möglich, den Vertragspartner herauszufinden. Eine vorherige juristische Recherche ist dem Verbraucher nicht zuzumuten, insbesondere da bislang keine Rechtsprechung dazu vorliegt.

3. Mängelrechte gegenüber Store-Betreiber

359 Rechte wegen eines Mangels kann der Käufer nur gegenüber seinem Verkäufer geltend machen. Bei den Stores, bei denen der **Store-Betreiber** selbst **Vertragspartner** wird (alle außer Google), sind diese mithin Ansprechpartner für alle rechtlich relevanten Erklärungen. Wenn die App mangelhaft i.S.d. § 434 BGB ist, stehen dem Käufer die Mängelrechte der §§ 435ff. BGB zu.

! **Checkliste: Vorliegen eines Mangels bei Apps**
- Wenn die App nicht der vereinbarten Beschaffenheit entspricht,
- die App sich nicht für die nach dem Vertrag vorausgesetzte Verwendung eignet oder
- nicht die Eignung für die gewöhnliche Verwendung und Beschaffenheit aufweist, die bei Sachen der gleichen Art üblich ist und die der Käufer nach Art der Sache erwarten kann (umfasst auch Werbeaussagen).

---

360 Da es sich beim Kauf von Apps um **Standardverträge** handelt, die nicht individuell ausgehandelt werden, liegt kaum je eine „vereinbarte Beschaffenheit“ vor. Stattdessen ist in erster Linie auf die nach dem Vertrag vorausgesetzte Verwendung abzustellen bzw. die zu erwartende Beschaffenheit.[304] Als Mängel sind insbesondere regelmäßige Abstürze, Funktionsdefizite und Kapazitätsmängel zu nennen, wobei diese nicht unerheblich sein dürfen.[305] Maßgebliche Bedeutung kommt der **Beschreibung der App**, die der Anbieter in den Store einstellt, zu. An diesen werbenden Aussagen muss sich die Funktionsfähigkeit der App messen lassen. Dies betrifft konkrete Aussagen (Zusicherung einer bestimmten Dienstqualität, z.B. „24h erreichbar“)[306] ebenso wie abstrakte Aussagen („voll kompatibel“).

! **Praxistipp**
App-Anbieter sollten bei der **Beschreibung ihrer App** in den Stores **zurückhaltend** sein und nur Leistungen versprechen, die die App tatsächlich erbringt. Wird eine beworbene Leistung nicht erbracht, gilt dies als Sachmangel.

---

361 Wenn die Leistungen der App nicht der Beschreibung entsprechen oder technische Probleme bestehen, kann der Käufer **Mängelrechte** geltend machen:

---

304 Zu deren Verhältnis Auer-Reinsdorff/Conrad/*Conrad/Schneider*, S. 195, 219.
305 Siehe v. Westphalen/Thüsing/*Hoeren*, IT-Verträge, S. 1, 16.
306 Siehe v. Westphalen/Thüsing/*Hoeren*, IT-Verträge, S. 1, 73.

Checkliste: Rechte des Käufers bei mangelhafter App !
- Primärrecht:
  - Nacherfüllung, § 437 Nr. 1 BGB;
- Sekundärrechte:
  - Rücktritt vom Vertrag oder Minderung des Kaufpreises, § 437 Nr. 2 BGB;
  - Schadenersatz oder Ersatz vergeblicher Aufwendungen, § 437 Nr. 3 BGB.

Vorrangig ist der Verkäufer (meist der Betreiber) aufzufordern, den **Mangel zu beheben**. Dies erfolgt zwar grundsätzlich nach Wahl des Käufers durch Nachbesserung oder Neulieferung; bei Apps erfolgt dies durch Neulieferung in Form eines Updates. Nach der zweiten **erfolglosen Nachbesserung** können die Sekundärrechte geltend gemacht werden. Zur Ausübung der Sekundärrechte hat der Käufer dem Verkäufer eine angemessene **Frist zur Behebung** des Mangels zu setzen. Diese kann jedoch gem. §§ 281 Abs. 2 oder 323 Abs. 2 BGB entbehrlich sein, insbesondere im Falle einer ernsthaften, endgültigen Leistungsverweigerung.[307] Bei Software kann auch ein Fall der subjektiven Unmöglichkeit gem. § 275 Abs. 1 BGB vorliegen, da bei Programmierfehlern eine Mangelbeseitigung nur schwer möglich ist.[308] 362

Wenn innerhalb der angemessenen Frist keine Reaktion und/oder Behebung des Mangels erfolgt, stehen dem Käufer die weiteren Rechte zu. Die Minderung des Kaufpreises ist bei Apps angesichts dessen meist geringer Höhe kaum von Bedeutung; relevant ist insbesondere der **Rücktritt** gem. § 346 BGB. Wenn der Käufer diesen gegenüber dem Verkäufer erklärt, sind die gegenseitigen Leistungen aus dem Vertrag zurückzugewähren. Der Käufer kann die App zurückgeben, was durch Aufgabe der Nutzung und Löschung vom Smartphone erfolgt, und erhält im Gegenzug seinen gezahlten Kaufpreis zurück. Wichtig ist, dass **Kaufleute** (und Mitarbeiter, die Firmen-Smartphones nutzen) ihre **Rügeobliegenheit** beachten, § 377, 381 Abs. 2 HGB, da die Hinnahme eines entdeckten Mangels zum Verlust der Mängelrechte führt. 363

4. Weitergabe der Mängelansprüche des Betreibers an den Anbieter

Sowohl das BGB als auch die Verträge zwischen Anbieter und Betreiber regeln, dass der Verkäufer **Rückgriff auf seinen Lieferanten** nehmen kann. So bestimmt § 478 Abs. 1 BGB für den Verbrauchsgüterkauf, dass der Verkäufer ohne Fristsetzung seine Rechte gegenüber seinem Lieferanten, hier dem Anbieter der App, geltend machen kann. Abs. 2 gibt dem Store-Betreiber einen **Anspruch auf Ersatz der** 364

307 Ausführlich z.B. Auer-Reinsdorff/Conrad/*Conrad/Schneider*, S. 195, 227.

308 Siehe v. Westphalen/Thüsing/*Hoeren*, IT-Verträge, S. 1, 23.

Aufwendungen, die jener wegen des Mangels zu tragen hat. Alle Betreiber bestimmen im Verhältnis zum Anbieter, dass dieser die vollständige Verantwortung für alle Sachmängel usw. trage.[309] In der rechtlichen Idealbetrachtung wird somit der Store-Betreiber nach Erhalt der Mängelrüge an den App-Anbieter herantreten und ihn zur Behebung des Mangels auffordern; dieser wird dem Begehr durch ein Update nachkommen und in den Store einstellen. Somit ist weiterhin **indirekt der Anbieter verantwortlich**, jedoch nicht Ansprechpartner des Kunden.

365 Die Praxis sieht freilich anders aus. Angesichts der nur geringen Kosten der meisten Apps wird ein Anwender bei einem Mangel der App meist keine Mängelrechte geltend machen. Nach einer schlechten Bewertung im App Store wird der Anbieter die App schlicht nicht mehr benutzen. Sollte der Anwender tatsächlich Mängelrechte geltend machen, wird er dies direkt dem Anbieter gegenüber tun, der – so er überhaupt reagiert – eventuell ein dies behebendes Update in den Store einstellt.

! **Praxistipp**

Manche Betreiber sehen ein **Beschwerdeformular** vor, bei dem man beantragen kann, eine App zurückgeben zu wollen. Bei **Apple** erreichen Sie dieses über das Programm iTunes: Dort stellen Sie sicher, dass sie beim Store angemeldet sind, indem oben links Ihre Apple-ID als Name angegeben ist. Klicken Sie auf die ID, dann auf „Account" und dort unter „Einkaufsstatistik" auf „alle anzeigen", dann auf den Pfeil vor der App, mit der man unzufrieden ist. Wenn Sie nun auf „Ein Problem melden" klicken, erscheint ein Kontaktformular. Dort müssen Sie ausdrücklich angeben, was nicht funktioniert. Oft wird einem dann relativ kurzfristig der Kaufpreis zurückerstattet und der Betrag vom Anbieter zurückgebucht – wobei die Provision natürlich einbehalten wird (gem. Ziff. 9 iDPLA).

Bei **Google Play** kann eine App bis 15 Minuten nach ihrem Kauf zurückgegeben werden, indem in Google Play der **Button „Erstatten"** betätigt wird.[310]

---

5. Probleme der vertraglichen Situation

366 Keine Rechte kann der Anwender gegenüber einem **falschen Adressaten** herleiten. Wenn der Anbieter zur Nacherfüllung aufgefordert wurde, hat dies keine Wirkung auf den tatsächlichen Verkäufer und geht somit ins Leere. Der Anwender muss die Frist dem Betreiber setzen, um seine Rechte durchzusetzen.

367 Wenn der Nutzer den Betreiber zur Mangelbeseitigung auffordert, dieser jedoch dem nicht nachkommt bzw. nicht reagiert, ist die **Klage gegenüber** dem **Betreiber** (Apple, Microsoft, BlackBerry) zu erheben. Dies ist bei Apple und Microsoft für Ver-

---

309 Apple: Schedule 1, Nr. 5 (sowie Exhibit A, Nr. 5) iPDLA; Google: Ziff. 3.5 Vereinbarung für den Entwicklerbetrieb; Microsoft: Ziff. 3) S. 2 Application Provider Agreement; BlackBerry: Ziff. 8 Vendor Agreement.

310 Ziff. 2 der „Google Play Business Policies", http://play.google.com/intl/de/about/android-developer-policies.html.

braucher und Unternehmer vor deutschen Gerichten möglich, bei BlackBerry nur für Verbraucher, Unternehmer müssen in England klagen.[311] Dabei ist insbesondere eine auf Zahlung gerichtete Klage von Relevanz, da die Vollstreckung eines obsiegenden Urteils noch immer schwierig umzusetzen ist. So ist in Deutschland gem. § 328 ZPO eine Anerkennung des ausländischen Urteils zu verschaffen.[312] Innerhalb der EU (ohne Dänemark) ist das Verfahren jedoch deutlich erleichtert: Nach Art. 1 EuVTVO kann über Gerichtsentscheidungen und gerichtliche Vergleiche ein europäischer Vollstreckungstitel ausgefertigt werden, der in den Staaten anerkannt und direkt vollstreckt wird, Art. 5 EuVTVO und Art. 32 EuGVO.[313]

Praxistipp

Es ist zu empfehlen, Mängelrügen unter Fristsetzung sowohl dem Betreiber als auch dem Anbieter zukommen zu lassen. Der Anbieter reagiert eher auf diesen Hinweis. Ein Rücktritt vom Vertrag sollte jedoch ausschließlich gegenüber dem Store-Betreiber erfolgen.

6. Gratis-Apps

Bei kostenlosen Apps handelt es sich um eine Schenkung i.S.d. § 516 Abs. 1 BGB, die 368
durch vollständigen Download i.S.d. § 518 Abs. 2 BGB bewirkt wird. Der **Schenker haftet nur eingeschränkt**, insbesondere im Vergleich mit dem Verkäufer:

Checkliste: Rechtliche Bevorzugung des Schenkenden
- Die Haftung des Schenkers ist gegenüber einem Kauf deutlich eingeschränkt; gem. § 521 BGB hat dieser sich nur Vorsatz und grobe Fahrlässigkeit zurechnen zu lassen;
- Der Schenker haftet nicht für Rechtsmängel, § 523 Abs. 1 BGB. Eine Ausnahme besteht nur, wenn der Schenkende Mängel arglistig verschweigt.

Bei einem **arglistigen Verschweigen** eines Mangels ist der Schenker für einen ent- 369
stehenden Schaden ersatzpflichtig. Wenn der Store-Betreiber der Schenkende ist, scheidet Arglist meist aus, da die Apps geprüft werden und bei größeren Mängeln nicht zugelassen werden. Ein Anspruch besteht dann nur, wenn der Nutzer nachweisen kann, dass die App zugelassen wurde, obwohl der Mangel bei der Prüfung auffiel. Wenn hingegen der Anbieter selbst der Schenkende ist, ist dieser für seine Apps direkt verantwortlich und kann sich im Falle bewusster Mangelhaftigkeit der App in Anspruch genommen sehen.

---

311 Siehe Kap. 4 Rn 15 ff. sowie oben Rn 322.
312 MüKo-ZPO/*Gottwald*, § 328 Rn 167 f.
313 MüKo-ZPO/*Gottwald*, § Art. 34 EuGVO Rn 9; vgl. die deutschen Vorschriften in §§ 1087–1069 ZPO.

7. App-Verkauf ohne Store

370 Bei den App Stores, bei denen der Anbieter direkt verpflichtet wird, insbesondere Google Play für Android, oder wenn die App direkt über die Homepage des Anbieters gekauft wird, stellt sich die Inanspruchnahme des Anbieters deutlich einfacher dar: Der Endkunde muss **direkt dem Anbieter** gegenüber seine Rechte geltend machen und auch alle rechtlich relevanten Erklärungen, z.B. Rücktritt vom Vertrag, diesem gegenüber erklären und durchsetzen. Wenn der Anbieter nicht in Deutschland bzw. Europa sitzt, stehen dem jedoch erhebliche praktische Hürden entgegen, die in keinem Verhältnis zum Aufwand stehen.

8. Unternehmer im Apple-Geschäftskunden-Store

371 Für das App Store Volume Purchase Program sowie das Custom B2B Application Program von Apple gelten **keine Besonderheiten** gegenüber dem in diesem Kapitel ausgeführten: Auch wenn ein Volumenvertrag über den Erwerb einer großen Anzahl von Apps über den App Store getätigt wird, wird Apple Vertragspartner. Der Endkunde ist dabei immer als **Unternehmer** zu behandeln. Dies trifft auch zu für die Erstellung einer Custom B2B-App, die als Werklieferungsvertrag dem Kaufrecht unterworfen ist.[314]

VI. Zusammenfassung

372 Abschließend kann festgehalten werden, dass die technische Ausgestaltung der App Stores sowie die **Ausgestaltung** der App-Verkäufe durch die Anbieter am US-amerikanischen Recht orientiert sind und **kaum mit den gesetzlichen Vorschriften des deutschen Rechts zu vereinbaren** sind. Für Verbraucher ist dies an sich irrelevant, da deren Rechte nicht abdingbar sind, wobei die Rechtsdurchsetzung oft nur schwierig möglich ist. Unternehmer kann dies vor größere Herausforderungen stellen, wenn wirksam US-amerikanisches, kanadisches oder englisches Recht vereinbart wird, wobei dies angesichts der Ausgestaltung der AGB noch kaum der Fall ist. Für Unternehmer und Verbraucher können nach bisheriger Ausgestaltung der App Stores und der AGB einige Gemeinsamkeiten als Ergebnis festgehalten werden:

1. Alle Apps werden durch Kaufverträge erworben.
2. Die Apps dürfen auch weiterverkauft werden. Die vertraglichen Regelungen sowie technischen Einstellungen, die dies untersagen, sind unzulässig.
3. Die AGB der Betreiber werden gegenüber Endkunden nie wirksam eingebunden. Beim Kauf einer App gelten daher nur die deutschen gesetzlichen Regelungen.

314 Siehe Rn 38 f.

Ausnahme ist BlackBerry beim App-Kauf durch Unternehmer, da dort kanadisches Recht Anwendung findet.

4. Einige Teile der Endkunden-AGB verstoßen gegen deutsches Recht und sind unwirksam.
5. Vertragspartner beim App-Kauf werden die auch das Betriebssystem liefernden Betreiber Apple, Microsoft und BlackBerry. Nur im Google Play Store werden die Verträge direkt mit den App-Anbietern geschlossen.
6. Ist eine App mangelhaft, hat der Endkunde den Verkäufer unter Setzung einer Frist zur Nachbesserung aufzufordern. Verstreicht diese, kann der Endkunde von dem Vertrag zurücktreten und seinen gezahlten Kaufpreis zurückfordern.

[redacted]

[redacted]

Kapitel 4
Compliance: Rechtliche Anforderungen an Apps

A. Anzuwendender Regulierungsrahmen

Mittels Apps stellen Anbieter den Anwendern über mobile Endgeräte eine Vielzahl 1
von Waren und Leistungen zur Verfügung. Sowohl die technischen als auch die rechtlichen Anforderungen an entsprechende Angebote sind nicht zuletzt aufgrund der im Vergleich zum klassischen PC eher eingeschränkten Darstellungsmöglichkeiten auf Smartphones komplex. Mögen sich die technischen Bedingungen im sog. **M-Commerce** von denen des klassischen **E-Commerce** unterscheiden, bleiben die rechtlichen Anforderungen jedoch grundsätzlich gleich.

In diesem Kapitel werden die wichtigsten rechtlichen Rahmenbedingungen be- 2
sprochen, die Warenanbieter oder Dienstleister zu beachten haben, wenn sie Leistungen im Wege von Apps gegenüber Endkunden anbieten. Dabei stellen **Warenverkäufe, Dienstleistungen** und besondere Arten von Leistungen, wie etwa **finanzierte Geschäfte, Gewinnspiele** oder **redaktionelle Inhalte** unterschiedliche Anforderungen.

I. Arten der über Apps angebotenen Leistungen und Dienste an Endkunden

1. Warenkäufe

Allein über die Apps von eBay und Amazon werden bereits Millionen Artikel welt- 3
weit auf mobilen Endgeräten zum Verkauf angeboten. Professionelle Entwickler stellen Anbietern spezielle Apps zur Verfügung, mit denen der Warenverkauf auch über mobile Endgeräte schnell und sicher ermöglicht wird. Dabei werden Waren oder Leistungen nicht nur als **„In-App-Käufe“** vertrieben, d.h. als Käufe im Rahmen der App, die über den jeweiligen **App Store** des Betreibers abgewickelt werden. Vielmehr kann der Anwender mittels Apps auch direkt Leistungen von dem jeweiligen Anbieter beziehen.

Dass gewerbliche Verkäufer auch bei Warenangeboten mittels Apps auf mobi- 4
len Endgeräten sämtliche gesetzlichen Anforderungen erfüllen und z.B. ein vollständiges **Impressum** und eine **Widerrufsbelehrung** vorhalten müssen, ist bereits in einer Entscheidung des OLG Hamm aus dem Jahr 2010 geklärt worden.[1] Dabei erfüllt der Verkäufer seine **Informationspflichten** nach Auffassung eines Teils der

1 OLG Hamm, Urt. v. 20.5.2010 – I-4 U 225/09 – abrufbar unter: http://medien-internet-und-recht.de/pdf/VT_MIR_2010_108.pdf.

Rechtsprechung nicht dadurch, dass lediglich der **Plattformbetreiber** entsprechende Informationen bereitstellt und der Verkäufer auf die **Plattform-AGB** verweist.[2] Auf die Erfüllung der Informationspflichten durch den Betreiber eines App Stores oder eines Plattformbetreibers kann und sollte sich der Verkäufer somit nicht verlassen.

5 Da gesetzliche Regelungen zu Verbraucherinformationen wie etwa Angaben zum **Widerrufs-/Rückgaberecht**, zu **Versandkosten** und **Umsatzsteuer** sowie zur handelsregisterlichen Identifikation als **Marktverhaltensregelungen** i.S.d. § 4 Nr. 11 UWG einzustufen sind,[3] führen Verstöße gegen derartige Normen regelmäßig zu einer abmahnfähigen Wettbewerbsrechtsverletzung.[4] Für den Wettbewerbsverstoß an sich ist es dabei unerheblich, ob dem gewerblichen Verkäufer bewusst war, dass über die App bestimmte Informationen nicht angezeigt werden.[5]

!

Praxistipp

Dem Anbieter der App ist es im Rahmen der Verkäufe häufig nicht zuverlässig möglich, seine eigenen Geschäftsbedingungen und Verbraucherinformationen in der gesetzlich geforderten Art und Weise zur Verfügung zu stellen und zu überprüfen, ob diese Angaben im Rahmen der App auf dem mobilen Endgerät des Kunden vollständig dargestellt werden. Daher empfiehlt es sich, ggf. mit dem **App-Entwickler** Regelungen zu treffen, wer sich für die Erfüllung der Informationspflichten im Innenverhältnis verantwortlich zeichnet und wer im Falle einer Rechtsverletzung für den Schaden einzustehen hat. Hierzu können entsprechende **Freistellungsklauseln** vereinbart werden. Aufgrund der Marktmacht der Store-Betreiber wird eine derartige Vereinbarung zwischen Anbieter und Store-Betreiber jedoch kaum in Betracht kommen.

---

2. Dienstleistungen

6 **Apps** sind längst wichtige **Marketinginstrumente** für Unternehmen geworden. Auch Dienstleister setzen vermehrt auf den Einsatz von Apps, um den Anwender über sein mobiles Endgerät bequem Informationen aller Art zu liefern oder etwa die Bestellung von Taxen, Speisen, Hotelübernachtungen oder Handwerksleistungen zu ermöglichen.

---

2 LG Hannover, Urt. v. 17.3.2010 – 22 O 16/10 – MMR-Aktuell 2010, 302008; LG Siegen, Urt. v. 21.1. 2011 – 6 O 86/10 –; anderer Auffassung ist das LG Frankenthal in Bezug auf Informationen zum Zustandekommen des Vertrags und die Speicherung des Vertragstexts: LG Frankenthal, Urt. v. 14.2. 2008 – 2 HK O 175/07 –.

3 LG Köln, Urt. v. 6.8.2009 – 31 O 33/09 – openJur 2011, 69084, Rn 31; vgl. BGH, Urt. v. 4.10.2007 – I ZR 143/04 – GRUR 2008, 84, 86.

4 OLG Hamm, Urt. v. 20.5.2010 – I-4 U 225/09 – abrufbar unter: http://medien-internet-und-recht.de/pdf/VT_MIR_2010_108.pdf, Rn 42ff.

5 OLG Hamm, Urt. v. 20.5.2010 – I-4 U 225/09 – abrufbar unter: http://medien-internet-und-recht.de/pdf/VT_MIR_2010_108.pdf; siehe auch LG Köln, Urt. v. 6.8.2009 – 31 O 33/09 – openJur 2011, 69084, Rn 33f.

Zwar sind die Informationspflichten bei Dienstleistungsangeboten in vielen Fällen mit denen von Warenangeboten vergleichbar. Wichtige Unterschiede ergeben sich jedoch z.B. im Bereich der Widerrufsbelehrung, über die der Verbraucher in abweichender Form zu belehren ist. Das Widerrufsrecht kann bei vollständiger **Erbringung der Dienstleistung** unter den besonderen Bedingungen des § 312c Abs. 3 BGB ganz entfallen. Einzelne Dienstleistungen, wie etwa im Bereich der **Freizeitveranstaltungen** oder **Transportdienstleistungen**, sind vom Fernabsatzrecht ausgenommen. Die **Informationspflichten des elektronischen Geschäftsverkehrs** gem. § 312g BGB sind jedoch grundsätzlich auch in diesen Fällen zu berücksichtigen. 7

3. Besondere Arten von Diensten oder Leistungen über Apps, Bundle-Angebote

Redaktionelle Inhalte, **finanzierte Geschäfte** oder **Gewinnspiele**, die über Apps angeboten werden, verlangen teilweise nach weitergehenden Informationen für den Verbraucher, auf die im Folgenden gesondert einzugehen ist. 8

Da sich für Waren und Dienstleistungen unterschiedliche gesetzliche Informationspflichten und Belehrungen ergeben, werfen **„Bundle-Angebote“** Probleme auf. „Bundle-Angebote“ sind einheitliche Verträge, bei denen z.B. ein **Smartphone** zusammen mit Apps und **redaktionellen Inhalten** (z.B. als **„ePaper“**) angeboten werden. Hier stellt sich die Frage, ob die spezifischen Verbraucherschutzregelungen für Waren oder für Dienstleistungen anzuwenden sind. 9

Besonders anschaulich wird dieses Problem bei der Frage der Belehrung über das Widerrufsrecht: Der Gesetzgeber sieht zwar **Belehrungsmuster** für Waren einerseits und für Dienstleistungen andererseits vor,[6] nicht jedoch für **gemischte Angebote** bestehend aus Waren und Dienstleistungen. Will der Anbieter sicherstellen, dass er ordnungsgemäß und abmahnsicher über das Widerrufsrecht belehrt, muss er die **gesetzlichen Muster der Anlage zum EGBGB** verwenden (vgl. § 360 Abs. 3 S. 1 BGB). 10

Sind die **Waren und Dienstleistungen teilbar**, kann das Problem bei Bundle-Angeboten rechtssicher nur in der Weise gelöst werden, dass man für den Dienst- 11

6 Die gesetzlichen Muster zur Widerrufs- und Rückgabelehrung sind als Anlagen 1 und 2 zu Art. 246 § 2 Abs. 2 S. 1 bzw. Abs. 3 S. 1 EGBGB mit Art. 2 Nr. 4 des Gesetzes zur Anpassung der Vorschriften über den Wertersatz bei Widerruf von Fernabsatzverträgen und über verbundene Geschäfte vom 27.7.2011 (BGBl. I 2011, S. 1600 ff.) neu gefasst worden. Das Gesetz ist seit 4.8.2011 in Kraft. Es kann mit Erläuterungstexten zu den gesetzlichen Mustern im Internet abgerufen werden: http://www.bmj.de/SharedDocs/Downloads/DE/pdfs/Gesetz_zur_Anpassung_der_Vorschriften_ueber_den_Wertersatz_bei_Widerruf_von_Fernabsatzvertraegen_und_uber_verbundene_Vertraege_Veroeffentlichung_Bundesgesetzblatt.pdf?__blob=publicationFile.

leistungs- und Warenteil jeweils die entsprechenden Vorschriften einhält und auch zwei **gesonderte Widerrufsbelehrungen** einstellt.[7]

12 Häufig entspricht jedoch die **Teilbarkeit der Leistungen** bzw. des Bundles nicht dem **Parteiwillen**, wenn etwa der Anbieter ein preislich sehr attraktives iPhone zusammen mit redaktionellen Inhalten im Dauerschuldverhältnis anbietet und der Kunde sein Widerrufsrecht lediglich hinsichtlich der Dienstleistungen ausübt. In der Literatur will man dieses Problem mit dem Rechtsgedanken des § 139 BGB lösen und das Widerrufsrecht in diesen Fällen auf den gesamten Vertrag erstrecken, wenn der **isolierte Widerruf** eines Teils der Leistung unter Berücksichtigung der Interessenlage für eine Partei **nicht zumutbar** ist.[8] Sind die Waren und Dienstleistungen generell **nicht teilbar**, soll es für die Anwendbarkeit der Regelungen für Waren- oder Dienstleistungen auf den **Vertragsschwerpunkt** ankommen.[9]

! **Praxistipp**
Die Aufteilung eines einheitlichen „**Bundle-Angebots**" kann für den Anbieter erhebliche Folgen haben, wenn der Kunde etwa die vergünstigt angebotene Ware behalten will und nur teilweise widerruft. Um bereits im Vorfeld derartigen Teil-Widerrufserklärungen zu begegnen, empfiehlt es sich, im Angebot oder den Geschäftsbedingungen deutlich zu machen, dass die Waren und Dienstleistungen ausschließlich im „Bundle" angeboten werden sollen. Wird auf diese Weise ein „**Einheitlichkeitswillen**" i.S.d. § 139 BGB nach außen **dokumentiert**, erleichtert dies im Streitfall, sich auf die **Nichtteilbarkeit der Leistungen** zu berufen und den Endkunden auf die Ausübung eines einheitlichen Widerrufsrechts zu verweisen.

---

13 Im Übrigen bleibt es bei dem Problem, ob die gesetzlichen Vorschriften bezogen auf Waren oder Dienstleistungen anzuwenden sind. Dies wird sich nur über die unsichere Bestimmung des „**Vertragsschwerpunkts**" lösen lassen. Dieser lässt sich nur unter Beachtung des **Unternehmensgegenstands des Anbieters** klären. Bietet etwa Nokia, dessen Unternehmensgegenstand vornehmlich auf die Herstellung entsprechender Mobiltelefone ausgerichtet ist, ein Smartphone im „Bundle" mit einer Musik-Flatrate an, über den der Nutzer des Telefons unbegrenzt Songs abspielen und herunterladen kann („***Comes with Music***"), spricht viel dafür, den Vertrag als nicht teilbar anzusehen und den Vertragsschwerpunkt im Verkauf der Ware „Smartphone" zu verorten. Umgekehrt wird man bei den üblichen **Bundles aus Mobilfunkvertrag und Smartphone**, die ein Telekommunikationsdienstleister anbietet, von einem einheitlichen Vertrag mit Schwerpunkt im Bereich der Dienstleistungen auszugehen haben.

7 Vgl. etwa MüKo-BGB/*Wendehorst*, § 312b Rn 30 und § 312d Rn 101f.; *Fuchs*, ZIP 2000, 1273, 1283, Fn 94.

8 MüKo-BGB/*Wendehorst*, § 312d Rn 102 m.w.N.

9 MüKo-BGB/*Wendehorst*, § 312d Rn 102; *Fuchs*, ZIP 2000, 1273, 1283, Fn 94.

Im Zweifel sollte man jedoch versuchen, den gesetzlichen Anforderungen sowohl für Waren als auch für Dienstleistungen gleichermaßen gerecht zu werden. Wegen der **Privilegierung des gesetzlichen Musters** der Widerrufs- bzw. Rückgabebelehrungen gem. § 360 Abs. 3 S. 1 BGB empfiehlt es sich jedoch keinesfalls, die Belehrungen zu einer einheitlichen Belehrung zu vermengen. 14

II. Anwendbares Recht und zwingende verbraucherschützende Normen, Gerichtsstand, Durchsetzbarkeit

1. Anwendbares Recht und zwingende verbraucherschützende Normen

Die mittels App angebotenen Leistungen wie Waren und Dienstleistungen richten 15 sich in vielen Fällen an **Endverbraucher**. Es stellt sich insbesondere bei grenzüberschreitenden Angeboten mittels Apps die Frage, inwieweit etwa mit einem deutschen Endverbraucher die **Geltung ausländischen Rechts** vereinbart und damit rigide nationale Vorschriften umgangen werden können. Anders als in der Konstellation zwischen App-Anbieter und Betreiber des App Stores bestehen im Verhältnis zwischen **App-Anbieter** und **Anwendern als Verbraucher** erhebliche Einschränkungen des anwendbaren Rechts und der Rechtswahl.

Im Verhältnis zwischen Unternehmern und Verbrauchern ist im grenzüber- 16 schreitenden Verkehr innerhalb der EU die **Rom-I-Verordnung**[10] zu beachten, die am 17.12.2009 in Kraft trat. Nach Art. 3 Abs. 1 Nr. 1 lit. b) EGBGB ist die Rom-I-Verordnung in ihrem Anwendungsbereich dem **deutschen Internationalen Privatrecht** vorrangig.

Laut Art. 3 Abs. 1 S. 1 Rom-I-Verordnung können die Parteien grundsätzlich das 17 anzuwendende Recht frei bestimmen, und zwar auch auf elektronischem Wege oder im Rahmen von AGB.[11] Gegenüber deutschen Endverbrauchern herrscht gem. Art. 6 Abs. 2 S. 1 Rom-I-Verordnung grundsätzlich ebenfalls **freie Rechtswahl**, soweit die Sonderregelungen zu **Beförderungsverträgen** (Art. 5 Rom-I-Verordnung), **Versicherungsverträgen** (Art. 7 Rom-I-Verordnung) oder **besonderen Arten von Schuldverhältnissen** in Art. 6 Abs. 4 Rom-I-Verordnung nichts anderes bestimmen.[12] Von einer Rechtswahl unberührt bleiben auch **zwingende nationale Vor-**

---

10 VO (EG) Nr. 593/2008 des Europäischen Parlaments und des Rates vom 17.6.2008 über das auf vertragliche Schuldverhältnisse anzuwendende Recht (Rom-I), abrufbar unter: http://eur-lex.europa.eu/LexUriServ/LexUriServ.do?uri=OJ:L:2008:177:0006:0016:DE:PDF.

11 Palandt/*Thorn*, Rom I 1–3 Rn 6 f.; vgl. zur Rechtswahl bei Internetverträgen auch MüKo-BGB/*Martiny*, Art. 4 Rom-I-Verordnung Rn 229 ff.

12 Der sachliche Anwendungsbereich des Art. 6 Rom-I-Verordnung ist denkbar weit und erfasst grundsätzlich alle Verträge zwischen Unternehmern und Verbrauchern über den Kauf und die Lieferung von Waren und anderen Gütern sowie allen Dienstleistungen: MüKo-BGB/*Martiny*, Art. 6 Rom-I-Verordnung Rn 13.

schriften gem. Art. 9 Abs. 1 Rom-I-Verordnung, die von einem Staat als so entscheidend für die Wahrung seines öffentlichen Interesses angesehen werden, dass sie in jedem Fall gelten sollen (sog. **Eingriffsnormen**). Zu den Eingriffsnormen zählen nach der überwiegenden Auffassung nicht **verbraucherschützende Vorschriften des Privatrechts** wie etwa die **Vorschriften des Fernabsatzrechts** gem. §§ 312bff. BGB oder des Kaufrechts. Insoweit ist Art. 6 Rom-I-Verordnung vorrangig.[13]

18 Die Rechtswahl darf jedoch gem. Art. 6 Abs. 2 S. 2 Rom-I-Verordnung nicht dazu führen, dass dem Verbraucher der **Verbraucherschutz** entzogen wird, der ihm nach dem ohne Rechtswahlklausel anzuwendenden Recht zustände. Ohne Rechtswahlklausel ist bei Verträgen zwischen Unternehmern und Verbrauchern gem. Art. 6 Abs. 1 Rom-I-Verordnung lit. a) oder b) grundsätzlich das Recht des Staates anwendbar, in dem der Verbraucher seinen **gewöhnlichen Aufenthalt** hat, wenn der Unternehmer entweder seine Tätigkeit gerade in diesem Staat ausübt oder wenn er seine **Tätigkeit auf** irgendeine Weise auf **diesen Staat** „ausrichtet".

19 Erbringt der Anbieter Leistungen mittels Apps gegenüber einem Verbraucher mit gewöhnlichem Aufenthalt in der Bundesrepublik Deutschland, führt insbesondere Art. 6 Abs. 1 lit. b) Rom-I-Verordnung in vielen Fällen dazu, dass die **Tätigkeit** des App-Anbieters **auf den deutschen Markt „ausgerichtet"** ist und somit ohne Rechtswahlklausel das Recht der Bundesrepublik Deutschland anwendbar ist.

20 Zur Wahrung einer homogenen Verwendung des **„Ausrichtens der Tätigkeit"** ist der Begriff sowohl in Art. 15 Abs. 1 lit. c) **Brüssel-I-Verordnung** als auch in Art. 6 Abs. 1 lit. b) **Rom-I-Verordnung einheitlich auszulegen**. Dies ergibt sich auch aus dem Erwägungsgrund 24 der Rom-I-Verordnung.[14]

21 Nach der jüngsten Rechtsprechung des EuGH ist es für das „Ausrichten der Tätigkeit" auf einen Mitgliedstaat im Sinne der vorstehenden Vorschriften der Brüssel-I-Verordnung bzw. Rom-I-Verordnung nicht mehr erforderlich, dass über eine Website oder App eine Leistung zum Vertragsschluss angeboten und der Vertrag sodann im Fernabsatz abgeschlossen wird.[15] Die **internationale Zuständigkeit** richtet sich auch dann **nach dem Sitz des Verbrauchers** gem. Art. 15 Abs. 1 lit. c) Brüssel-I-Verordnung, wenn lediglich die Website oder das Angebot **auf den Verbraucherstaat ausgerichtet** ist oder die Leistung in diesem Mitgliedstaat erbracht wird, selbst wenn der später geschlossene Vertrag kein Fernabsatzgeschäft ist. Der EuGH

13 Vgl. BGH, Urt. v. 13.12.2005 – XI ZR 82/05 – NJW 2006, 762; *Mankowski* RIW 2006, 326; vgl. auch MüKo-BGB/*Martiny*, Art. 9 Rom-I-Verordnung Rn 88; Palandt/*Thorn*, Rom I 9 Rn 8 (im Bereich der Vorschriften des Verbraucherschutzes ist Art. 6 Rom-I-Verordnung eine abschließende Regelung).

14 Vgl. MüKo-BGB/*Martiny*, Art. 6 Rom-I-Verordnung Rn 31; *Hoeren*, Internetrecht, Stand: Oktober 2012, S. 491f., abrufbar unter: http://www.uni-muenster.de/Jura.itm/hoeren/materialien/Skript/Skript_Internetrecht_Oktober_2012.pdf.

15 EuGH, Urt. v. 6.9.2012 – C-190/11 (*Mühlleitner*) – ZIP 2012, 2175 Rn 45, abweichend und unter Berufung auf Erwägungsgrund Nr. 24 der Brüssel-I-Verordnung noch: *Clausnitzer/Woopen*, BB 2008, 1802; Palandt/*Thorn*, BGB, Rom I 6 Rn 6.

begründet dies insbesondere damit, dass die Anwendungsvoraussetzungen, die Verbraucherverträge erfüllen müssen, im Rahmen des Art. 15 Abs. 1 lit. c) Brüssel-I-Verordnung in allgemeinerer Form als zuvor aufgeführt seien, um angesichts der neuen Kommunikationsmittel und der **Entwicklung des elektronischen Geschäftsverkehrs** einen besseren Schutz des Verbrauchers zu gewährleisten.[16] In Art. 15 Abs. 1 lit. c) Brüsssel-I-Verordnung sei daher auch **nicht das Erfordernis eines Vertragsschlusses im Rahmen des Fernabsatzes** hineinzulesen.

In der **Pammer und Hotel Alpenhof-Entscheidung** hat der EuGH bereits die **Kriterien** genannt, **die für das Ausrichten der Tätigkeit** auch auf den Mitgliedstaat des Verbrauchers relevant sind. Auf den Mitgliedstaat des Verbrauchers ausgerichtet ist die Tätigkeit des Unternehmers bei **allen Formen der Werbung** in dem Vertragsstaat, in dem der Verbraucher seinen Wohnsitz hat, unabhängig davon, ob sie allgemein – über Presse, Radio, Fernsehen, Kino oder in anderer Weise – verbreitet oder unmittelbar, z.B. mit speziell in diesen Staat geschickten Katalogen, an den Empfänger gerichtet wird, und Angebote, die dem Verbraucher persönlich, insbesondere durch einen Vertreter, unterbreitet werden.[17] 22

Für die Begründung der internationalen Zuständigkeit im Mitgliedstaat des Verbrauchers genügt allerdings nicht allein der Umstand, dass lediglich eine Internetseite oder ein Angebot mittels App in jedem Mitgliedstaat abrufbar ist. Es muss der **Wille** zum Ausdruck kommen, **Verbraucher** dieses Mitgliedstaates **geschäftlich anzusprechen**. Für die ausgerichtete Tätigkeit i.S.d. Art. 15 Abs. 1 lit. c) Brüssel-I-Verordnung muss die Tätigkeit jedoch **nicht „gezielt" und in „erheblichem Umfang"** auf den anderen Mitgliedstaat bezogen sein.[18] Es genügen vielmehr **Kriterien**, die auch auf die Ausrichtung auf diesen Mitgliedstaat schließen lassen, wie etwa: 23

- die Angabe von **Telefonnummern mit internationaler Vorwahl**,
- die Verwendung eines anderen **Domänennamens oberster Stufe** als dem des Mitgliedstaates, in dem der Gewerbetreibende niedergelassen ist, z.B. „.de", oder die Verwendung von **neutralen Domänennamen oberster Stufe** wie „.com" oder „.eu",
- **Anfahrtsbeschreibungen** von einem oder mehreren anderen Mitgliedstaaten aus zum Ort der Dienstleistung oder
- die Erwähnung einer **internationalen Kundschaft**, die sich aus in verschiedenen Mitgliedstaaten wohnhaften Kunden zusammensetzt, insbesondere durch die Wiedergabe von **Kundenbewertungen**.[19]

---

16 EuGH, Urt. v. 6.9.2012 – C-190/11 (*Mühlleitner*) – ZIP 2012, 2175 Rn 38ff.; vgl. bereits EuGH, Urt. v. 7.12.2010 – C-585/08 (Pammer und Hotel Alpenhof) – NJW 2011, 505 Rn 59ff.

17 EuGH, Urt. v. 7.12.2010 – C-585/08 (Pammer) – NJW 2011, 505 Rn 66; siehe zur Tätigkeit i.S.d. Art. 6 Abs. 1 lit. b) Rom-I-Verordnung auch: MüKo-BGB/*Martiny*, Art. 6 Rom-I-Verordnung Rn 32.

18 EuGH, Urt. v. 7.12.2010 – C 585/08 – NJW 2011, 505 Rn 82.

19 EuGH, Urt. v. 7.12.2010 – C 585/08 – NJW 2011, 505 Rn 83f.

Auch die **verwendete Sprache** kann hierbei ein Indiz sein: Wird den Verbrauchern auf der Website bzw. im Rahmen der App die Verwendung einer anderen Sprache oder Währung als der in dem Herkunftsland des Anbieters **üblichen Landessprache bzw. -währung** ermöglicht, spricht dies für die „Ausrichtung der Tätigkeit" auf den entsprechenden anderen Mitgliedstaat.[20]

24 Wegen des **Gebots der einheitlichen Auslegung** sind diese Maßstäbe auch im Rahmen des anzuwendenden Rechts gem. Art. 6 Abs. 1 lit. b) Rom-I-Verordnung heranzuziehen.[21] Wird im Rahmen des App-Angebots ausdrücklich darauf Bezug genommen, dass die Leistung in Deutschland erbracht wird, ist die „Ausrichtung" auf Deutschland grundsätzlich zu bejahen. Auch die deutsche Sprache, eine Telefonnummer mit „0049"-Vorwahl, entsprechende Anfahrtsbeschreibungen mit Bezug auf Deutschland etc. können Indizien für die Ausrichtung der Tätigkeit auf Deutschland sein. Ohne besondere Rechtswahl ist dann das Recht des in Deutschland ansässigen Verbrauchers anwendbar.

25 Da dem Verbraucher gem. Art. 6 Abs. 2 S. 2 Rom-I-Verordnung auch im Falle einer Rechtswahlklausel nicht die **zwingenden Vorschriften zum Schutz des Verbrauchers** entzogen werden dürfen, unterliegen die Vertragsklauseln des App-Anbieters der **Klauselkontrolle** gem. §§ 305ff. BGB. Der Anbieter hat zudem etwa die Vorschriften über das **Widerrufsrecht** (vgl. z.B. § 312b BGB), die **Informationspflichten im Fernabsatz** (§ 312c Abs. 1 BGB i.V.m. Art. 246 §§ 1 und 2 EGBGB) sowie die **Pflichten im elektronischen Geschäftsverkehr** (§ 312g BGB) zu beachten.[22] Zwar bleibt die Rechtswahl der Parteien grundsätzlich wirksam. Sie wird jedoch im Sinne des sog. **Günstigkeitsprinzips** nur insoweit verdrängt, als das Recht im Staat des Verbrauchers einen weitergehenden Schutz vorsieht.[23] In der Praxis führt dies häufig zur Anwendung deutscher Verbraucherschutznormen, da das deutsche Recht insoweit selten hinter den Vorschriften des per Rechtswahlklausel bestimmten Rechts zurückbleiben wird.

26 Für den Sonderfall eines in Deutschland ansässigen **Anbieters von Telemediendiensten** sind die Anforderungen des deutschen Rechts gem. § 3 Abs. 1 TMG auch dann anzuwenden, wenn die Dienste in einem anderen Mitgliedstaat der EU gewerbsmäßig erbracht werden.

---

20 So ausdrücklich EuGH, Urt. v. 7.12.2010 – C 585/08 – NJW 2011, 505. Anders und unter Berufung auf Erwägungsgrund Nr. 24 der Brüssel-I-Verordnung etwa Palandt/*Thorn*, Rom I 6 Rn 6; MüKo-BGB/*Martiny* Art. 6 Rom-I-Verordnung Rn 33 a.E.: Benutzte Sprache und Währung bedeutungslos.

21 Vgl. MüKo-BGB/*Martiny*, Art. 6 Rom-I-Verordnung Rn 31; *Hoeren*, Internetrecht, Stand: Oktober 2012, S. 491f., abrufbar unter: http://www.uni-muenster.de/Jura.itm/hoeren/materialien/Skript/Skript_Internetrecht_Oktober_2012.pdf.

22 Siehe zu weiteren Beispielen: MüKo-BGB/*Martiny*, Art. 6 Rom-I-Verordnung Rn 43ff.

23 Palandt/*Thorn*, Rom I 6 Rn 8; MüKo-BGB/*Martiny*, Art. 6 Rom-I-Verordnung Rn 47.

Die **Beachtung verbraucherschützender Normen** kann der App-Anbieter auch kaum dadurch umgehen, dass er das **Recht eines Staates außerhalb der EU** wählt. Für die Staaten des **Lugano-Übereinkommens** über die gerichtliche Zuständigkeit und die Anerkennung und Vollstreckung von Entscheidung in Zivil- und Handelssachen (LGVÜ), d.h. insbesondere für die Länder Schweiz, Island und Norwegen, gelten mit dem LGVÜ die mit der Brüssel-I-Verordnung vergleichbaren Regelungen. Bei der Vereinbarung des Rechts eines sonstigen Staates sind gem. Art. 46b Abs. 1 EGBGB ebenfalls die in Umsetzung der **Verbraucherschutzrichtlinien**[24] in Deutschland erlassenen Normen anwendbar, wenn der Vertrag einen **engen Zusammenhang mit Deutschland** aufweist. Dies ist gem. Art. 46b Abs. 2 Nr. 2 EGBGB insbesondere der Fall, wenn die Tätigkeit des App-Anbieters auf „irgendeinem Wege" auf diesen Staat ausgerichtet ist. Für die **„Ausrichtung der Tätigkeit"** des App-Anbieters kann auf das oben Gesagte verwiesen werden.[25] 27

Praxistipp !

Wird eine App in deutscher Sprache gegenüber deutschen Verbrauchern angeboten, sollte der Anbieter stets sämtliche **verbraucherschützenden Normen** des deutschen Rechts beachten. Dies gilt aufgrund der aktuellen Rechtsprechung des EuGH auch dann, wenn der Vertragsschluss als solcher später nicht mittels App bzw. im „E- oder M-Commerce" zustande kommt. Eine Abweichung von diesem Standard zulasten des Verbrauchers ist auch mit einer **Rechtswahlklausel** nicht zu erreichen.

---

2. Internationaler Gerichtsstand und Rechtsdurchsetzung in Deutschland

Entsprechend dem oben Gesagten[26] wird der App-Anbieter in vielen Fällen sein Angebot bzw. seine Tätigkeit auf den Staat ausrichten, in dem der Verbraucher als Anwender seinen Sitz hat. Dies führt gem. Art. 15c Abs. 1 lit. c) Brüssel-I-Verordnung für einen deutschen Verbraucher grundsätzlich zu einem **internationalen Gerichtsstand in Deutschland**, selbst wenn der Vertrag nicht im **Fernabsatz** geschlossen wird.[27] 28

Gegenüber Verbrauchern ist die **abweichende Vereinbarung eines ausländischen Gerichtsstands** nur in eng begrenzten Ausnahmefällen möglich, insbesondere gem. § 38 Abs. 3 Nr. 1 ZPO nach Entstehen der Streitigkeit. Von den Bestimmungen der Zuständigkeit bei Verbrauchersachen (Art. 15f. Brüssel-I-Verordnung) darf gem. Art. 17 Brüssel-I-Verordnung grundsätzlich ebenfalls nur mit einer **Partei-** 29

---

24 Die einzelnen Verbraucherschutzrichtlinien sind in Art. 46b Abs. 3 EGBGB im Einzelnen aufgeführt.

25 Vgl. Rn 19 ff.

26 Vgl. Rn 19.

27 EuGH, Urt. v. 6.9.2012 – C-190/11 (*Mühlleitner*) – ZIP 2012, 2175 Rn 45.

vereinbarung nach Entstehung der Streitigkeit oder in Fällen abgewichen werden, in denen die Gerichtsstände zugunsten des Verbrauchers erweitert werden.

3. Kontrolle der Allgemeinen Geschäftsbedingungen von Apps und §§ 307ff. BGB

30 Bezieht der Anwender eine App aus einem bestimmten **App Store**, kommt ein **Vertragsverhältnis** über die App als solche in der Regel zwischen dem jeweiligen **Anwender und dem App Store**, lediglich in Ausnahmefällen zwischen dem Anwender und dem Anbieter zustande. Zu den grundsätzlichen Fragen der App-AGB, ihrer Einbindung und der Klauselkontrolle sei auf das 3. Kapitel dieses Buches verwiesen.

31 Soweit der **Anbieter** tatsächlich als Vertragspartner des Anwenders **eigene Leistungen mittels App** anbieten kann,[28] besteht u.U. die Möglichkeit, im Vertragsverhältnis zwischen dem Anbieter und dem Anwender bzw. Endkunden eigene AGB sowie Verbraucherinformationen einzubinden und dem Vertragsverhältnis zugrunde zu legen, die dann **zusätzlich zu den App-AGB des Store-Betreibers** bzw. des Anbieters gelten. Von dieser Möglichkeit sollten Anbieter Gebrauch machen, da sie im **Innenverhältnis** häufig verantwortlich sind für die Einhaltung der gesetzlichen Vorschriften und dem Store-Betreiber gegenüber häufig sogar **zur Freistellung verpflichtet** sind.[29] Der Anbieter muss also auch im Falle der Erbringung von Leistungen über Apps darauf achten, dass seine AGB wirksam einbezogen werden und der Klauselkontrolle der §§ 307ff. BGB standhalten.

a) Einbeziehung der AGB des Anbieters

32 Für die **Einbeziehung der AGB** des Anbieters der Leistung gelten § 305 Abs. 1 und Abs. 2 BGB sowie die Grundsätze, die bereits im Zusammenhang mit den App-AGB erörtert wurden.[30]

33 Während eine wirksame Einbeziehung der App-AGB aufgrund der Begebenheiten in den App Stores in der **fehlenden Möglichkeit der zumutbaren Kenntnisnahme der AGB** gem. § 305 BGB praktisch nicht möglich ist,[31] stellt sich die Situation für die AGB bezogen auf die über die App zu erbringenden Leistungen anders dar. Dabei ist zwischen Anwendern zu differenzieren, die bereits in Vertragsbeziehungen zu einem Anbieter stehen und nun die Leistungen auch mittels App nutzen wollen, und solchen Anwendern, die erstmalig eine Leistung bei dem Anbieter beziehen.

---

28 Dies ist nicht selbstverständlich: Im iTunes-Store werden beispielsweise digitale Inhalte nicht direkt von den Anbietern, sondern ausschließlich von Apple selbst vermarktet.

29 Siehe etwa die Bestimmungen von Apple in der iDPLA; Kap. 3 Rn 277.

30 Vgl. Kap. 3 Rn 318ff.

31 Siehe hierzu Kap. 3 Rn 308, 318ff.; vgl. auch *Kremer*, CR 2011, 769, 775.

Besteht bereits eine **Vertragsbeziehung zwischen dem Anbieter und dem Kunden**, werden die AGB bereits bei dem ursprünglichen Vertragsschluss wirksam einbezogen worden sein. Werden die vertragsgegenständlichen Leistungen nun (zusätzlich) auch mittels App angeboten, müssen die AGB ggf. nicht erneut einbezogen werden. Der Kunde etwa, der bereits in der Vertragsbeziehung zu seiner Bank steht und nun zusätzlich bereits vertragsgegenständliche Leistungen mittels App in Anspruch nehmen kann, muss nicht erneut auf die AGB hingewiesen werden und sich mit ihrer Geltung einverstanden erklären. **Spezifische Regelungen zur Nutzung der Leistungen über Apps** sind dann jedoch im Zweifel nicht zwischen den Parteien explizit vereinbart. Regelungen, die ganz unabhängig von den über die App erbrachten Leistungen die Nutzung der App als solche betreffen, sind dagegen durch die **App-AGB** zu regeln.[32] 34

Handelt es sich dagegen um einen **Anwender, der erstmalig und bisher nicht vertragsgegenständliche Leistungen des Anbieters über die App** bezieht, müssen die AGB bereits vor Abgabe der rechtsverbindlichen Erklärung des Kunden gem. § 305 Abs. 2 Nr. 1 und 2 BGB in der Weise einbezogen werden, dass der Kunde deutlich auf die Geltung der AGB hingewiesen wird, er die Möglichkeit erhält, von ihrem Inhalt in **zumutbarer Weise Kenntnis** zu nehmen und er der **Geltung der AGB zugestimmt** hat. 35

Dabei ist gerade im Bereich der Apps wegen der **eingeschränkten Darstellungsmöglichkeiten** auf Smartphones darauf zu achten, dass der **Hinweis zur Geltung der AGB in deutlicher Form** erfolgt, sodass er von einem Durchschnittskunden auch bei flüchtiger Betrachtung nicht übersehen werden kann.[33] Ein versteckter oder missverständlicher Hinweis ist ungenügend.[34] Bevor der Kunde also eine Leistung über die App verbindlich bestellt und es zum Vertragsschluss kommt, muss zumindest in **räumlichem Zusammenhang mit dem Bestellbutton** deutlich darauf hingewiesen werden, dass die AGB des Anbieters gelten sollen und diese über den Hinweis verlinkt sein.[35] Dass die AGB lediglich unter einem nicht aus sich heraus verständlichen Link zum Abruf bereitgehalten werden, genügt den Anforderungen an eine wirksame Einbeziehung der AGB nicht.[36] An einer **wirksamen Einbeziehung der AGB fehlt** es auch, wenn die **AGB erst nach Vertragsschluss** an den 36

32 Vgl. etwa zu den EULA des App-Anbieters Kap. 3 Rn 287ff.

33 BGH, Urt. v. 18.6.1986 – VIII ZR 137/85 – NJW-RR 1987, 112, 113; LG Essen, Urt. v. 13.2.2003 – 16 O 416/02 – NJW-RR 2003, 1207; Palandt/*Grüneberg*, § 305 Rn 36.

34 Palandt/*Grüneberg*, § 305 Rn 27.

35 Vgl. BGH, Urt. v. 14.6.2006 – I ZR 75/03 – NJW 2006, 2976; LG Essen, Urt. v. 13.2.2004 – 16 O 416/02 – Rn 23, abrufbar unter: http://www.justiz.nrw.de/nrwe/lgs/essen/lg_essen/j2004/16_O_416_02 urteil20040213.html.

36 Siehe OLG Hamm, Urt. v. 14.4.2005 – 4 U 2/05 – NJW 2005, 2319: AGB unter einem Link „mich" nicht wirksam einbezogen.

Anwender gesandt werden.[37] Empfehlenswert, jedoch zur wirksamen Einbeziehung nicht erforderlich, ist die Verwendung einer **Checkbox**, um einen Nachweis zu ermöglichen, dass sich der Anwender mit der Geltung der AGB einverstanden erklärt hat.

37 Der Kunde muss von den AGB **in zumutbarer Weise Kenntnis nehmen können**. Deshalb ist insbesondere bei Apps darauf zu achten, dass die Schrift auch auf kleineren Displays **gut lesbar** ist[38] und die AGB keinen Umfang überschreiten, der ein seitenlanges und **unübersichtliches Scrollen** durch zahlreiche Seiten erforderlich macht.

! **Praxistipp**

Die **Einbeziehung der AGB** in das Vertragsverhältnis ist nur dann wirksam, wenn die vorgenannten Voraussetzungen vor der Abgabe einer verbindlichen Erklärung des Kunden erfüllt sind. Anders als bei **„In-App-Käufen"** steht es dem Anbieter grundsätzlich frei, den Anwender vor der verbindlichen Bestellung einer Leistung zunächst über eine **Zwischen- oder Login-Seite** zu führen, über die er in deutlicher Weise über die Geltung der AGB informiert bzw. sich ggf. anmelden bzw. einloggen kann. Auf diese Weise stellt der Anbieter zugleich sicher, dass der Anwender weiß, wer sein Vertragspartner ist. Dies ist im Falle des Bezugs der App als solcher über den App Store ebenso wie bei In-App-Käufen häufig nicht gewährleistet.[39]

! **Exkurs: Einbeziehung von Datenschutzhinweisen und -erklärungen**

Im Rahmen der Erbringung der Leistungen – seien es Warenkäufe oder Dienstleistungen – kommt es zwangsläufig zur **Erhebung, Speicherung und Verarbeitung personenbezogener Daten.** Diese **Datenerhebung für eigene Zwecke** ist gem. § 28 Abs. 1 Nr. 1 BDSG **ohne Einwilligung des Anwenders** i.S.d. § 4a BDSG zulässig, wenn und soweit dies zur Begründung, Durchführung oder Beendigung des Vertragsverhältnisses mit dem Kunden erforderlich ist. Auch in diesen Fällen ist der Anbieter gem. § 33 Abs. 1 S. 1 BDSG gehalten, über die Einzelheiten der Erhebung, Speicherung und Verarbeitung seiner Daten **zu benachrichtigen.**

38 Die **Information zur Datenverwendung** lässt sich sinnvollerweise durch einen zusätzlichen **Hinweis auf die Datenschutzerklärung** und mit einem entsprechenden Link erfüllen. Da **§ 33 Abs. 1 BDSG als Ausfluss der informationellen Selbstbestimmung** dem Anwender lediglich ermöglichen soll, sich über die Datennutzung zu informieren, ist es entgegen teilweise vertretener Ansicht nicht erforderlich, dass die **Benachrichtigung individuell an den Anwender** gerichtet ist und in der Weise „zugehen" muss, dass sie ohne sein Zutun in seinen Machtbereich gelangt

---

37 BGH, Urt. v. 11.11.2009 – VIII ZR 12/08 – NJW 2010, 864 – Happy Digits: Die erst mit Zusendung der „Happy Digits"-Karte an den Kunden beigefügten AGB werden nicht wirksam einbezogen.

38 Vgl. zur Lesbarkeit der AGB etwa BGH, Urt. v. 3.2.1986 – II ZR 201/85 – NJW-RR 1986, 1311; OLG Saarbrücken, Urt. v. 12.6.2008 – 8 U 380/07–105 – NJW-RR 2009, 989.

39 Vgl. Kap. 3 Rn 339 ff.

(etwa in Form einer aktiv – und verschlüsselt – versendeten E-Mail).[40] Nach Sinn und Zweck des § 33 Abs. 1 BDSG ist ein deutlich gestalteter Hinweis und eine leicht zugängliche elektronische Erklärung ausreichend, die der Anwender abrufen kann. Keinesfalls ausreichend ist jedoch ein bloßer versteckter Hinweis in den AGB.[41]

AGB sollten stets **von Datenschutzhinweisen** und erst recht von datenschutzrechtlichen Einwilligungen **getrennt** werden. Dies gilt insbesondere dann, wenn der Anbieter den Anwender werbend per E-Mail, SMS oder per Telefon anzusprechen beabsichtigt. Nach der Rechtsprechung sind **Einwilligungserklärungen in Telefon-, SMS- oder E-Mail-Werbung** innerhalb von AGB schon deshalb gem. § 307 Abs. 1 S. 1 und Abs. 2 Nr. 1 BGB **unangemessen benachteiligend** und unwirksam, da gegenüber Verbrauchern gem. § 7 Abs. 2 Nr. 2 und Nr. 3 UWG eine **gesonderte** und von den übrigen Erklärungen zu trennende **Einwilligung** erforderlich ist.[42] 39

Selbst wenn von dem Verbraucher keine Einwilligung in die Zusendung von Werbung bzw. in Werbeanrufe eingeholt werden soll, scheitert die Wirksamkeit einer Datenschutzerklärung innerhalb von AGB häufig daran, dass die **Erklärung nicht** vom übrigen Text der AGB i.S.d. § 4a Abs. 1 S. 4 BDSG **ausreichend hervorgehoben** wird.[43] Das Problem verschärft sich im Rahmen von Apps noch dadurch, dass die Darstellungsmöglichkeiten auf Smartphones wegen der geringen Bildschirmgröße ohnehin eingeschränkt sind. Insofern wird es kaum möglich sein, eine i.S.d. § 4a Abs. 1 BDSG ausreichend hervorgehobene Erklärung innerhalb von AGB vorzuhalten. 40

b) Inhaltskontrolle gemäß §§ 305ff. BGB

Die von dem Anbieter im Zusammenhang mit der Leistungsbeziehung gestellten AGB unterliegen der üblichen **Klauselkontrolle gem. §§ 305ff. BGB**. Klauseln können aus unterschiedlichsten Gründen unwirksam sein, etwa weil sie **intransparent**, 41

40 Andere Ansicht jedoch z.B. Simitis/*Dix*, § 33 Rn 36, 38, 49, 55, der zwischen allgemeinen Datenschutzerklärungen und der Benachrichtigung i.S.d. § 33 Abs. 1 BDSG unterscheidet. Die Benachrichtigung müsse individuell an die betroffene Person gerichtet werden; vgl. auch Taeger/Gabel/*Meents*, § 33 Rn 21: Online-Veröffentlichung könne individuelle Benachrichtigung des Betroffenen nicht ersetzen.

41 Simitis/*Dix*, § 33 Rn 36.

42 BGH, Urt. v. 16.7.2008 – VIII ZR 348/06 – NJW 2008, 3055 Rn 27ff.; OLG Hamm, Urt. v. 17.2.2011 – I-4 U 174/10 – Rn 82ff. – abrufbar unter: http://www.justiz.nrw.de/nrwe/olgs/hamm/j2011/I_4_U_174_10urteil20110217.html.

43 OLG Hamm, Urt. v. 14.4.2005 – 4 U 2/05 – Rn 73; vgl. zu § 4 Abs. 2 S. 3 BDSG a.F. auch OLG Köln, Urt. v. 11.1.2002 – 6 U 125/01 – Rn 74 – abrufbar unter: http://www.justiz.nrw.de/nrwe/olgs/koeln/j2002/6_U_125_01urteil20020111.html.

mit **wesentlichen Grundgedanken der gesetzlichen Regelung** nicht vereinbar oder **überraschend** sind gem. §§ 307 Abs. 1, Abs. 2, 305c Abs. 1 BGB.

42 Zweifel bei der **Auslegung von Klauseln** gehen immer zulasten des Verwenders gem. § 305c Abs. 2 BGB. Eine Klausel, die je nach Auslegung zulässig oder unzulässig sein kann, ist nach dem sog. Grundsatz der **„kundenfeindlichsten Auslegung"** immer dahingehend auszulegen, dass die Klausel unzulässig und damit unwirksam ist.[44]

43 Zu beachten ist außerdem gem. § 306 Abs. 2 BGB das **Verbot der sog. geltungserhaltenden Reduktion**. Unzulässige Klauseln sind unwirksam und durch die gesetzliche Regelung zu ersetzen, ohne dass sie auf ein gerade noch zulässiges Maß reduziert werden könnten. Dementsprechend sind die in AGB weitverbreiteten sog. **Salvatorischen Klauseln**, wonach *„eine unwirksame Klausel durch eine Bestimmung ersetzt wird, die dem wirtschaftlichen Willen der Parteien am nächsten kommt"* o.ä. wegen Verstoßes gegen §§ 306 Abs. 2, 307 Abs. 2 Nr. 1 BGB unwirksam.[45]

44 Bei Vertragsschlüssen über mobile Endgeräte besteht wegen der beschränkten Darstellungsmöglichkeit auf den Bildschirmen die Gefahr, dass Verbraucher übereilt **kostenpflichtige Leistungen mittels Apps** bestellen. Diese Gefahr ist auch deshalb beachtlich, da der Verkehr daran gewöhnt ist, dass zahlreiche Leistungen mittels Apps kostenlos angeboten werden. Dies hat auch Folgen für die Klauselkontrolle gem. §§ 305ff. BGB.

45 Bereits vor Einführung der noch zu besprechenden **„Button-Lösung"** wurde in der Rechtsprechung die Auffassung vertreten, dass **Entgeltklauseln** nicht wirksamer Vertragsbestandteil gem. § 305c Abs. 1 BGB werden können, die aufgrund der Klauselgestaltung so unscheinbar in das Gesamtbild eingefügt sind, dass der Vertragspartner mit ihnen nicht rechnet.[46] Vor dem Hintergrund dieser Rechtsprechung ist gerade in Bezug auf Apps eine **deutlich lesbare und verständliche Gestaltung der Entgeltklauseln** für zahlungspflichtige Leistungen über Apps vonnöten.

46 Im Bereich der Beziehung zwischen Unternehmern und Verbrauchern, die Verträge mittels Apps über bestimmte Leistungen schließen, kommt § 310 Abs. 3 Nr. 3 BGB besondere Bedeutung zu: Bei der Bewertung, ob eine **unangemessene Benachteiligung** des Verbrauchers i.S.d. § 307 Abs. 1 und 2 BGB vorliegt, dürfen **auch die den Vertragsschluss begleitenden Umstände** berücksichtigt werden. Schließt

44 BGH, Urt. v. 9.6.2010 – VIII ZR 294/09 – NJW 2010, 2877; BGH, Urt. v. 23.9.2009 – VIII ZR 344/08 – NJW 2009, 3716; BGH, Urt. v. 29.4.2008 – KZR 2/07 – NJW 2008, 2172; Palandt/*Grüneberg*, § 305c Rn 18.

45 OLG Hamburg, Urt. v. 2.4.2008 – 5 U 81/07 – Rn 47f. – openjur.de; OLG Celle, Urt. v. 12.1.1994 – 2 U 28/93 – WM 1994, 885, 893.

46 LG Rostock, Urt. v. 28.5.2008 – 1 S 174/07 – NJW-RR 2008, 1450; LG Flensburg, Urt. v. 8.2.2011 – 1 S 71/10 – NJOZ 2011, 1173; vgl. zu versteckten Entgeltklauseln auch: LG Düsseldorf, Urt. v. 23.10. 2008 – 19 S 29/08 – NJOZ 2009, 391; LG Berlin, Urt. v. 21.10.2011 – 50 S 143/10 – NJW-RR 2012, 424.

der Kunde mittels App über sein mobiles Endgerät z.B. einen Vertrag ab, bei dem die AGB zwar lesbar, jedoch äußerst unübersichtlich gestaltet sind, könnte dies gem. § 310 Abs. 3 Nr. 3 BGB den Ausschlag dafür geben, eine an sich noch zulässige Klausel als unangemessen benachteiligend anzusehen.

Die Besonderheit des Vertriebs von Apps besteht auch darin, dass oftmals **App-AGB und die AGB über die mittels App zu erbringenden Leistungen nebeneinander** existieren und der Anwender an beide Klauselwerke – wenngleich auch im Regelfall gegenüber unterschiedlichen Vertragspartnern – gebunden ist. Im Rahmen des § 310 Abs. 3 Nr. 3 BGB dürfen auch die **Klauseln zweier Vertragswerke in der Gesamtschau** betrachtet werden.[47] Eine an sich zulässige Klausel der AGB des Anbieters kann dann unter Berücksichtigung einer Regelung in den App-AGB dennoch unangemessen benachteiligend sein. 47

c) Exemplarische Darstellung zweifelhafter AGB-Klauseln

Im Rahmen der Gestaltung von AGB-Klauseln kommt es neben der vielfach verwen- 48
deten **„Salvatorischen Klausel"**[48] immer wieder zu **typischen Fehlern**, die nachfolgend exemplarisch vorgestellt werden. Für eine eingehende Darstellung unwirksamer Klauseln wird auf die einschlägige Literatur verwiesen.[49]

Über Apps werden Dienste häufig auch im **Dauerschuldverhältnis** bzw. im 49
Abonnement angeboten. Der Anbieter hat hier regelmäßig das Interesse, mit entsprechenden **Anpassungsklauseln** die AGB und insbesondere das Nutzungsentgelt anzupassen. Üblich sind Klauseln, wonach sich der Verwender vorbehalte, *„den Inhalt der AGB anzupassen, soweit dies dem Kunden zumutbar sei"*. Häufig wird dem Anwender eine Frist von einigen Wochen zugestanden, innerhalb derer er der **AGB-Änderung widersprechen** kann. Widerspricht er nicht, sollen die neuen AGB als vereinbart gelten. Im Falle des Widerspruchs wird beiden Parteien häufig ein **Kündigungsrecht** eingeräumt.

Klauseln, wonach sich der **Anbieter einseitig vorbehält**, die **AGB anzupas-** 50
sen, sind in der Regel intransparent und damit gem. § 307 Abs. 1 S. 2 BGB unangemessen benachteiligend, wenn sich aus der Klausel selbst nicht die **Reichweite der Anpassungsbefugnis** ergibt und für die einseitige Anpassungsbefugnis **kein berechtigtes Interesse** des Anbieters erkennbar ist.[50] Um die Anforderungen des § 308

47 Vgl. hierzu *Kreutzer*, S. 147f., abrufbar unter: http://www.vzbv.de/mediapics/anlage_pm_digitale_medien_06_2006_copy.pdf.

48 Siehe hierzu oben Rn 43.

49 Einen guten Überblick über unzulässige AGB-Klauseln bietet: Palandt/*Grünberg*, § 307 Rn 55ff. und die jeweiligen Kommentierungen zu §§ 308 und 309 BGB.

50 BGH, Urt. v. 11.10.2007 – III ZR 63/07 – NJW-RR 2008, 134 Rn 10ff.; vgl. auch BGHZ 136, 394, 402; BGHZ 141, 153, 155ff.

Nr. 4 BGB zu erfüllen, muss in jedem Fall für die Änderungen ein **triftiger Grund erkennbar** und in der Klausel genannt sein.[51] Daran scheitert ein Großteil der Änderungsklauseln in AGB.

51 Der BGH erkennt zwar an, dass **gesonderte Preisanpassungsklauseln** ein zulässiges Instrument sein können, Preissteigerungen für die Zukunft zu berücksichtigen und das **Äquivalenzverhältnis zwischen Leistung und Gegenleistung** in einem Dauerschuldverhältnis zu bewahren.[52] Die Klauseln müssen jedoch Preisanhebungen von Kostenerhöhungen abhängig machen und **zukünftige Preissteigerungen** bei Vertragsschluss in ihrer zu erwartenden Höhe, hinsichtlich der einzelnen Kostenelemente sowie deren Gewichtung bei der **Kalkulation offenlegen.**[53] Die Klausel muss außerdem die Pflicht – nicht nur das Recht – des Anbieters enthalten, **Preissenkungen an den Kunden weiterzugeben.**[54] Bereits an der Anforderung, dass Preisanpassungsklauseln **„transparent"** sein müssen, scheitern viele derartige Klauseln, zumal kein Unternehmer in einer Klausel seine Kalkulationsgrundlagen freiwillig öffentlich machen möchte.

52 Auch soweit die Anpassungsklauseln vorsehen, dass die Anpassungen erst nach Ablauf einer Frist **ohne Widerspruch des Kunden als „vereinbart" gelten**, müssen diese Klauseln nicht nur den Anforderungen des § 308 Nr. 5 BGB genügen (Einräumung einer **angemessenen Frist zum Widerspruch** des Kunden gegen die Änderung der Geschäftsbedingungen sowie Hinweis auf die Folgen, wenn kein Widerspruch erhoben wird), sondern sind zusätzlich auch an § 307 Abs. 1 BGB zu messen. Nach Auffassung des BGH sind Klauseln, die dem Anbieter jegliche Änderung insbesondere der **wesentlichen Vertragsbedingungen** ermöglicht, in jedem Fall unangemessen benachteiligend.[55] Die Möglichkeit, den Vertrag bei Änderungen der AGB kündigen zu können, stellt nicht in jedem Fall einen angemessenen Ausgleich für den Kunden dar, der zur Wirksamkeit der Anpassungsklausel führt.[56]

---

51 BGH, Urt. v. 11.10.2007 – III ZR 63/07 – NJW-RR 2008, 134 Rn 15; BGHZ 158, 149, 155; BGH, Urt. v. 23.6.2005 – VII ZR 200/04 – NJW 2005, 3420, 3421.

52 Vgl. BGH, Urt. v. 15.11.2007 – III ZR 247/06 – NJW 2008, 360 Rn 10; BGH, Urt. v. 13.12.2006 – VIII ZR 25/06 – NJW 2007, 1054, 1055 Rn 20; BGH, Urt. v. 13.6.2007 – VIII ZR 36/06 – NJW 2007, 2540, 2542 Rn 22.

53 Vgl. BGH, Urt. v. 15.11.2007 – III ZR 247/06 – Rn 10; BGH, Urt. v. 13.6.2007 – VIII ZR 36/06 – NJW 2007, 2540, 2542 Rn 23 ff. m.w.N.

54 Vgl. zu Preisanpassungsklauseln bei Energielieferungsverträgen: BGH, Urt. v. 15.7.2009 – VIII ZR 56/08 – NJW 2009, 2667.

55 BGH, Urt. v. 11.10.2007 – III ZR 63/07 – NJW-RR 2008, 134 Rn 30 ff.

56 BGH, Urt. v. 15.11.2007 – III ZR 247/06 – NJW 2008, 360 Rn 13; vgl. auch BGH, NJW 2009, 2667: Hier konnte die Möglichkeit der Kündigung schon deswegen nicht zur Angemessenheit der Klausel führen, da dem Kunden eines Energielieferanten bei Preisanpassungen ohnehin ein gesetzliches Sonderkündigungsrecht zusteht.

Bei Apps und insbesondere bei **Application Service Providing-Diensten** finden sich häufig Klauseln, die die **Verfügbarkeit des Dienstes** auf einem bestimmten Prozentsatz (z.B. „99%") beschränken oder bestimmte **Unterbrechungen des Dienstes für Wartungs- oder Instandsetzungsarbeiten** regeln. Derartige Klauseln sind nach der Rechtsprechung des BGH keine bloßen **Leistungsbeschreibungen** des Dienstes, die der Klauselkontrolle der §§ 305ff. BGB entzogen wären, sondern eine **Einschränkung der Leistungsverpflichtung.**[57] Eine Leistungsbeschränkung, die das Risiko der Nichtverfügbarkeit der Leistung allein dem Anwender auferlegt, ist als **Haftungsbeschränkung** einzustufen, da der Anbieter im Zeitraum der Wartungen und Unterbrechungen nicht für die Verfügbarkeit des Dienstes haften will.[58] Eine **Haftungsfreizeichnung** ohne Rücksicht auf ein Verschulden des Anbieters ist gem. § 309 Nr. 7 lit. b) BGB unwirksam.[59] 53

Häufig liegen AGB-Klauseln vor, wonach sich der Verwender für den Fall der Nichtverfügbarkeit der bestellten Leistung vorbehält, dem Kunden ein mit dem bestellten Gegenstand in Qualität und Preis **„gleichwertiges" Ersatzprodukt** zu liefern, ggf. kombiniert mit der Möglichkeit, den Ersatzartikel gegen Kaufpreisrückzahlung zurückgeben zu können. Derartige Klauseln sind ohne den Vorbehalt der Zumutbarkeit der Ersatzlieferung und einer näheren Einschränkung, welche Ersatzgegenstände geliefert werden können, intransparent, unangemessen benachteiligend gem. § 307 Abs. 1 S. 2 BGB und stellen gegenüber Verbrauchern einen unzulässigen Änderungsvorbehalt gem. § 308 Nr. 4 BGB dar.[60] 54

AGB-Klauseln, in denen **Lieferfristen als „unverbindlich"** bezeichnet werden, es sei denn, der Termin wird verbindlich zugesagt, sind gem. § 307 Abs. 1 S. 1 und Abs. 2 Nr. 1 BGB unzulässig.[61] Die Lieferzeit wird in diesen Fällen für den Regelfall offen gehalten. Mangels Fälligkeit der Leistung werden die Kunden deshalb davon abgehalten, Erfüllungs- oder Verzugsansprüche geltend zu machen, was gegenüber Verbrauchern zusätzlich einen Verstoß gegen § 309 Nr. 8 lit. a) BGB begründet.[62] Auch Formulierungen wie *„die Lieferung erfolge* ***in der Regel*" oder „*grundsätzlich*"** innerhalb einer bestimmten Frist, sind wegen fehlender Bestimmtheit gem. § 308 Nr. 1 Alt. 2 BGB sowie gem. § 307 Abs. 1 BGB unwirksam.[63] Dies schließt jedoch 55

---

57 BGH, Urt. v. 12.12.2000 – XI ZR 138/00 – NJW 2001, 751.

58 BGH, Urt. v. 12.12.2000 – XI ZR 138/00 – NJW 2001, 751.

59 BGH, Urt. v. 12.12.2000 – XI ZR 138/00 – NJW 2001, 751, vgl. auch LG Karlsruhe, Urt. v. 12.1.2007 – 13 O 180/04 KfH I – CR 2007, 396, 397: Verfügbarkeit von Hosting-Leistungen mit 99 % im Jahresmittel als verdeckter und unzulässiger Haftungsausschluss.

60 BGH, Urt. v. 21.9.2005 – VIII ZR 284/04 – MMR 2005, 833.

61 OLG Frankfurt a.M., Urt. v. 10.11.2005 – 1 U 127/05 – MMR 2006, 325.

62 OLG Frankfurt a.M., Urt. v. 10.11.2005 – 1 U 127/05 – MMR 2006, 325; vgl. BGH, Urt. v. 28.6.1984 – VII ZR 276/83 – WM 1984, 1317.

63 KG, Beschl. v. 3.4.2007 – 5 W 73/07 – MIR 2007, Dok. 145; OLG Frankfurt a.M., Beschl. v. 27.7.11 – 6 W 55/11 – MIR 2011, Dok. 083.

eine **Zeitraumangabe für Lieferfristen** nicht generell aus. Dem Kunden muss jedoch jederzeit erkennbar sein, wann er mit der Lieferung spätestens rechnen kann. Möglich wäre z.B. eine Klausel, die die Lieferung *„spätestens innerhalb von 2 Wochen nach Auftragsbestätigung“* vorsieht.

56 Jegliche Klausel, die in der gebotenen **„kundenfeindlichsten Auslegung“**[64] dahingehend zu verstehen ist, dass das **Widerrufsrecht des Verbrauchers ausgeschlossen oder eingeschränkt** wird, ist unwirksam. Als unzulässige Einschränkung des gesetzlich vorgesehenen Widerrufsrechts und damit als Verstoß gegen § 307 Abs. 2 Nr. 1 BGB sind etwa Klauseln angesehen worden, wonach der Verbraucher die **Ware in der Originalverpackung** zurückgeben müsse,[65] die **unfrei zurückgesandte Ware nicht angenommen** werde[66] oder der Verbraucher zur Durchführung des Widerrufs- bzw. Rückgaberechts von dem beigefügten **Retourenschein** Gebrauch machen müsse.[67] Einige Gerichte erachten es jedoch für zulässig, **unverbindliche „Rücksendungsempfehlungen“** zu erteilen, wenn dies unmissverständlich als „Bitte“ gegenüber dem Verbraucher formuliert ist.[68]

57 Üblich sind Klauseln, wonach der Kunde gegen Forderungen des Anbieters nur aufrechnen dürfe, wenn die Forderungen unbestritten oder rechtskräftig festgestellt wurden. Der BGH hält solche **formularmäßigen Aufrechnungsverbote** für unangemessen benachteiligend gem. § 307 Abs. 1 S. 1, Abs. 2 Nr. 1 BGB, da der Kunde z.B. trotz bestehender Gewährleistungs- oder Haftungsansprüche gezwungen werden könne, den Anspruch des Anbieters zu erfüllen. Die damit einhergehende **Störung des Verhältnisses zwischen Leistung und Gegenleistung** benachteilige den Kunden unangemessen.[69]

58 Die häufig verwendeten Klauseln, der Kunde habe den **Kaufgegenstand** *„unverzüglich nach Lieferung auf Mängel oder Transportschäden **zu untersuchen**“*, sind gegenüber Verbrauchern unangemessen benachteiligend, weil sie die zwingenden gesetzlichen Gewährleistungsrechte des Käufers im Verbrauchsgüterkauf einschränken.[70]

---

64 Vgl. hierzu oben Rn 42.

65 Vgl. OLG Hamm, Urt. v. 10.12.2004 – 11 U 102/04 – NJW-RR 2005, 1582; vgl. auch LG Stuttgart, Urt. v. 29.5.2006 – 37 O 44/06 KfH – WRP 2006, 1156.

66 OLG Hamburg, Beschl. v. 14.2.2007 – 5 W 15/07 – n.v.; vgl. LG Düsseldorf, Urt. 23.7.10 – 38 O 19/10 – abrufbar unter: http://www.justiz.nrw.de/nrwe/lgs/duesseldorf/lg_duesseldorf/j2010/38_O_19_10urteil20100723.html, Rn 92.

67 Vgl. hierzu OLG Hamm, Urt. v. 10.12.2004 – 11 U 102/04 – NJW-RR 2005, 1582 Rn 20 ff.

68 So zutreffend: z.B. LG Hamburg, Urt. v. 6.1.2011 – 327 O 779/10 – MMR 2012, 96.

69 BGH, Urt. v. 7.4.2011 – VII ZR 209/07 – NJW 2011, 1729 Rn 15 ff.

70 Vgl. KG, Urt. v. 4.2.2005 – 5 W 13/05 – MMR 2005, 466; LG Hamburg, Urt. v. 5.9.2003 – 324 O 224/03 – MMR 2004, 190; LG Frankfurt a.M., Urt. v. 9.3.2005 – 2-02 O 341/04 – WRP 2005, 922 ff.

Beliebt in AGB sind auch **Einschränkungen der Haftung, der Gewährleistung oder der Verkürzung der Verjährungsfristen.** Diese Einschränkungen sind gegenüber deutschen Verbrauchern fast immer unwirksam, weil sie zu einer Einschränkung der im Verhältnis zu Verbrauchern gem. §§ 437 ff. BGB zwingenden Bestimmungen der **kaufrechtlichen Gewährleistung** führen. Haftungsbeschränkungen müssen unter Berücksichtigung des § 309 Nr. 7 BGB Verletzungen von **Leben, Körper und Gesundheit** sowie **grob fahrlässige Handlungen** ausnehmen. Dabei ist zu beachten, dass auch die eigentlich zulässige **Verkürzung der gesetzlichen Verjährung** zu einem Verstoß gegen § 309 Nr. 7 a) und b) BGB führen kann, wenn die dort geregelten Sonderfälle nicht von der Verjährungsverkürzung ausgenommen werden.[71] 59

Der Verwender darf die Haftung auch nicht einschränken in Fällen der **Produkthaftung** sowie der leicht fahrlässigen Verletzung sog. **Kardinalpflichten,** d.h. solcher wesentlicher Pflichten, die der Anbieter nach dem Sinn und Zweck des Vertragsverhältnisses dem Kunden gerade zu gewähren hat oder deren Erfüllung die Nutzung überhaupt erst ermöglicht und auf deren Einhaltung der Kunde regelmäßig vertrauen darf.[72] Damit die Haftungsklausel nicht wegen Verstoßes gegen das Transparenzgebot gem. § 307 Abs. 1 S. 2 BGB unwirksam ist, muss der Begriff der „Kardinalpflichten" in der Klausel näher definiert werden.[73] 60

Häufig erfolgt bei dem **Verkauf von Gutscheinen** eine **Begrenzung der Gültigkeitsdauer** auf ein Jahr ab Ausstellungsdatum. Solche Klauseln können unangemessen benachteiligend und gem. § 307 Abs. 1 S. 1, Abs. 2 Nr. 1 BGB unwirksam sein, wenn sie im Vergleich zur gesetzlichen Regelverjährung von drei Jahren eine erhebliche Verkürzung der Gültigkeitsdauer vorsehen und zu einem ersatzlosen Verlust des Leistungsanspruchs nach Ablauf der Gültigkeitsdauer des Gutscheins führen. Hierin liegt auch eine **Beeinträchtigung des Äquivalenzprinzips,** d.h. des angemessenen Verhältnisses zwischen Leistung und Gegenleistung.[74] 61

4. Durchsetzbarkeit verbraucherschützender Normen durch Verbände und Wettbewerber

Anbieter sehen sich bei **rechtswidrigen AGB oder fehlerhaften Verbraucherinformationen** häufig nicht nur dem Problem ausgesetzt, dass der Anwender sich auf 62

---

71 BGH, Urt. v. 26.2.2009 – Xa ZR 141/07 – NJW 2009, 1486.

72 Zur Haftungseinschränkung in Bezug auf wesentliche Vertragspflichten: BGHZ 149, 89, 95 f.; BGH, Urt. v. 24.10.2001 – VIII ARZ 1/01 – BGHZ 145, 203, 244; BGH, Urt. v. 11.11.1992 – VIII ZR 238/91 – NJW 1993, 335.

73 BGH, Urt. v. 20.7.2005 – VIII ZR 121/04 – NJW-RR 2005, 1496; vgl. OLG Celle, Urt. v. 30.10.2008 – 11 U 78/08 – BB 2009, 129.

74 Vgl. OLG München, Urt. v. 14.4.2011 – 29 U 4761/10 –; vgl. auch OLG München, Urt. v. 14.4.2011 – 29 U 4761/10 – NJW-RR 2008, 1233, 1234.

die Rechtswidrigkeit beruft und ggf. (Zahlungs-)**Ansprüche** gegen den Anwender **nicht mehr durchsetzbar** sind.

63 Sowohl Wettbewerber des Anbieters als auch Verbraucherschutzverbände können vielmehr die **Verletzung verbraucherschützender Normen** im Wege der **wettbewerbsrechtlichen Abmahnung** oder – im Falle der Verbände – auch durch **Unterlassungsklage** verfolgen.

64 Mittlerweile ist höchstrichterlich geklärt, dass zu den **Marktverhaltensregelungen** i.S.d. § 4 Nr. 11 UWG praktisch alle verbraucherschützenden Normen des BGH wie z.B. die Bestimmungen des § 475 Abs. 1 S. 1 BGB über den Gewährleistungsausschluss,[75] des § 477 Abs. 1 BGB über die Garantieerklärung[76] und der §§ 312c, 355 BGB über die Informationspflichten bei Fernabsatzverträgen zählen.[77] Verstoßen AGB gegen diese und weitere Normen, verhält sich der Anbieter gem. § 4 Nr. 11 UWG **unlauter**. Wettbewerbern und Verbänden steht dann gem. §§ 8 Abs. 1, 3 Abs. 1, 4 Nr. 11 UWG ein **Unterlassungsanspruch** zu. Zumindest für den Unterlassungsanspruch und die **Kostenfolgen einer Abmahnung** (vgl. § 12 Abs. 1 S. 2 UWG) kommt es dabei nicht einmal auf ein Verschulden des Anbieters an.

a) Verbände und „qualifizierte Einrichtungen"

65 Es treten in Deutschland neben Wettbewerbern häufig **Verbraucherschutzverbände** oder sonstige **„qualifizierte Einrichtungen"** auf den Plan, um Rechtsverstöße wegen rechtswidriger AGB oder Verletzung von verbraucherschützenden Normen zu verfolgen. Neben der klassischen **Abmahnung** und Verfolgung des Rechtsverstoßes als **Wettbewerbsrechtsverletzung** gem. § 4 Nr. 11 UWG, haben deutsche Verbraucherschutzverbände vor deutschen Gerichten die Möglichkeit, eine **Unterlassungsklage wegen rechtswidriger AGB** i.S.d. §§ 1 und 4a UKlaG zu erheben. Allein der Verbraucherzentrale Bundesverband e.V. und die Verbraucherzentralen leiten jährlich ca. 1.200 bis 1.400 neue Verfahren ein. Ein Großteil dieser Verfahren haben die Werbung im Internet wie z.B. unzureichende Widerrufsbelehrungen, verschleierte Preisangaben oder irreführende Werbung mit Testurteilen der Stiftung Warentest zum Gegenstand.[78]

66 Derartige Einrichtungen sind grundsätzlich zur Geltendmachung von wettbewerbsrechtlichen Ansprüchen gem. § 8 Abs. 3 Nr. 2 und Nr. 3 UWG **aktivlegitimiert**. Die Streitwerte sind beträchtlich, da manche Gerichte von einem erhöhten **„öffent-**

75 Vgl. BGH, Urt. v. 31.3.2010 – I ZR 34/08 – GRUR 2010, 1117 Rn 24ff.

76 BGH, Urt. v. 14.4.2011 – I ZR 133/09 – GRUR 2011, 638 Rn 22.

77 BGH, Urt. v. 29.4.2010 – I ZR 66/08 – GRUR 2010, 1142 Rn 14 und 22.

78 Siehe Broschüre „Recht durchsetzen – Verbraucher stärken" des Verbraucherzentrale Bundesverband e.V., 2011, abrufbar unter: http://www.vzbv.de/mediapics/rechtsdurchsetzung-broschuere_vzbv_2011.pdf.

lichen Interesse" an der Verfolgung der Verstöße durch Verbraucherschutzverbände ausgehen. Für die Durchsetzung eines Unterlassungsanspruchs soll nach Ansicht des OLG Frankfurt a.M. bei fehlerhafter oder fehlender Widerrufsbelehrung z.B. ein **Streitwert** von 15.000 € angemessen sein.[79]

Nach §§ 3, 4a Abs. 1, Abs. 2 UKlaG sind die qualifizierten Einrichtungen in Deutschland nach Auffassung des BGH generell in der Lage, **grenzüberschreitend Verstöße** gegen die in § 4a Abs. 1 UKlaG in Bezug genommenen verbraucherschützenden Regelungen in ihrer jeweiligen in das **nationale Recht** umgesetzten Form zu verfolgen. Die Verbraucherschutzverbände können danach nicht nur inländische App-Anbieter verklagen, wenn sie in einem anderen Mitgliedstaat der Gemeinschaft gegen verbraucherschützende Normen verstoßen, sondern umgekehrt auch **App-Anbieter aus einem anderen Mitgliedstaat**, die im Inland die für ihr Handeln maßgeblichen gemeinschaftsrechtlichen oder auf gemeinschaftsrechtlicher Grundlage erlassenen Vorschriften ihres Heimatrechts nicht einhalten.[80] 67

Der BGH bejaht insoweit die **internationale Zuständigkeit** aufgrund der Gleichstellung missbräuchlicher Klauseln in AGB mit einer unerlaubten Handlung gem. Art. 5 Nr. 3 Brüssel-I-Verordnung.[81] Der **Unterlassungsanspruch** des Verbraucherschutzverbandes als solcher richte sich ebenfalls – wegen seiner **deliktischen Qualifizierung** – nach deutschem Recht gem. Art. 4 Abs. 1 **Rom-II-Verordnung**.[82] Allerdings war im Fall des BGH die Frage der Wirksamkeit der einzelnen AGB-Klauseln – da die verklagte Fluglinie aus Lettland stammte – anhand des lettischen Rechts zu prüfen, da die entsprechenden Luftbeförderungsverträge mit Lettland den **engsten Bezug** aufwiesen.[83] 68

Auch **App-Anbieter außerhalb der EU** sehen sich der Klauselkontrolle durch Verbraucherschutzverbände ausgesetzt, wenn sie gegenüber deutschen Verbrauchern rechtswidrige AGB-Klauseln einsetzen. So war etwa für den Verbraucherzentrale Bundesverband e.V. gegen den in den USA im Bundesstaat Washington ansässigen Spieleentwickler des **Computerspiels „Half-Life 2"** ein **Gerichtsstand in Deutschland**, gestützt auf § 1 UKlaG, wegen angeblich unzulässiger AGB-Klauseln im Zusammenhang mit dem Verkaufsverbot des Spieler-Accounts gegeben.[84] Trotz 69

79 OLG Frankfurt a.M., Beschl. v. 4.8.2011 – 6 W 70/11 –; OLG Frankfurt a.M., Beschl. v. 8.11.2011 – 6 W 91/11 – GRUR-RR 2012, 95; a.A. jedoch z.B. OLG Jena, Urt. v. 29.3.2012 – 2 U 82/12 – Streitwert von 2.500 € für unrichtige bzw. unvollständige Anbieterbezeichnung angemessen.

80 Vgl. BGH, Urt. v. 9.7.2009 – Xa ZR 19/08 – EuZW 2009, 907 Rn 26.

81 BGH, Urt. v. 9.7.2009 – Xa ZR 19/08 – EuZW 2009, 907 Rn 12 unter Berufung auf: EuGH, Urt. v. 1.10.2002 – C-167/00 – NJW 2001, 3617 Rn 40 ff.

82 VO (EG) Nr. 864/2007 des Europäischen Parlaments und des Rates vom 11.7.2007 über das auf außervertragliche Schuldverhältnisse anzuwendende Recht (Rom-II), abrufbar unter: http://eur-lex.europa.eu/LexUriServ/LexUriServ.do?uri=OJ:L:2007199:0040:0049:DE:PDF.

83 BGH, Urt. v. 9.7.2009 – Xa ZR 19/08 – EuZW 2009, 907 Rn 19.

84 BGH, Urt. v. 11.2.2010 – I ZR 178/08 – GRUR 2010, 822.

der **Rechtswahlklausel**, die das Recht des Staates Washington vorsah, war in diesem Fall auch **deutsches Recht** gem. Art. 6 Abs. 1 und 2 Rom-I-Verordnung, Art. 46b EGBGB **anwendbar**. Die **Verbandsklage auf Unterlassung** der Verwendung einer missbräuchlichen Klausel in AGB durch einen Gewerbetreibenden in Verträgen mit Verbrauchern betreffe laut BGH keine vertraglichen Ansprüche, sondern eine **unerlaubte Handlung**.[85] Der für die Anwendung deutschen Rechts notwendige **Inlandsbezug** (vgl. Art. 40 Abs. 1 EGBGB, Art. 4 Abs. 1 Rom II-Verordnung) sei im Streitfall gegeben, da der Spieleanbieter auf den in Deutschland angebotenen CD-ROMs auf die auf seiner Internetseite eingestellten AGB hingewiesen und sie damit auch in Deutschland verwendet habe.[86]

b) Wettbewerber

70 Zwar sind auch **Wettbewerber aktivlegitimiert**, Unterlassungsansprüche wegen fehlerhafter AGB oder aufgrund des Verstoßes gegen verbraucherschützende Normen gem. §§ 8 Abs. 1, 3 Abs. 1, 4 Nr. 11 UWG zu verfolgen. Allerdings ist die Rechtsverfolgung im Vergleich zu den besprochenen Verbänden im **grenzüberschreitenden Bereich** eingeschränkt.

71 Als **Wettbewerber** i.S.d. §§ 2 Abs. 1 Nr. 3, 8 Abs. 1 Nr. 3 UWG kommen auch **ausländische Unternehmen** in Betracht, wenn sie im In- oder Ausland zu einem inländischen Verletzer auf einem gemeinsamen Markt in Deutschland in einem **konkreten Wettbewerbsverhältnis** stehen.[87] Zur Begründung eines deutschen Gerichtsstands ist dann jedoch erforderlich, dass sich der **Erfolgsort** der Wettbewerbsverletzung gem. Art. 5 Nr. 3 Brüssel-I-Verordnung **im Inland** befindet. Bei Wettbewerbsverletzungen im Internet ist dies nur der Fall, wenn sich der Internetauftritt **bestimmungsgemäß im Inland auswirken** soll.[88] Bei Leistungen, die mittels App dem Kunden angeboten werden, wird daher sorgfältig zu prüfen sein, ob sich das Angebot bestimmungsgemäß auf den deutschen Markt auswirkt. Dabei können die **verwendete Sprache** oder **Währung**, der **Versandkostenschlüssel** mit Portoangaben nach Deutschland, die **Telefonnummer** mit internationalen Vorwahlen und weitere Indizien dafür sprechen, dass sich das Angebot bestimmungsgemäß in Deutschland auswirken soll.

---

85 BGH GRUR 2010, 822 Rn 14; BGH NJW 2009, 3371.

86 BGH GRUR 2010, 822 Rn 14.

87 OLG Karlsruhe, Urt. v. 17.2.2012 – 4 U 197/11 – 4 U 197/11 – abrufbar unter: http://www.raskwar.de/urteile/OLG%20Karlsruhe%204%20U%20197-11.htm; vgl. *Köhler/Bornkamm*, § 2 Rn 95 m.w.N.

88 BGH, Urt. v. 30.3.2006 – I ZR 24/03 – NJW 2006, 2630 Rn 21.

B. Informationspflichten und Anbieterkennzeichnung

Anbieter, die mittels App Leistungen gegenüber Verbrauchern erbringen, haben 72
zahlreiche **gesetzliche Informationspflichten** zu beachten. Dabei kann zwischen allgemeinen und mit Bezug auf die jeweils zu erbringende Leistung speziellen Pflichten differenziert werden:

I. Allgemeine Pflichten im Rahmen des Angebots von Leistungen mittels Apps gegenüber Endkunden

1. Impressumspflichten

Laut § 5 Abs. 1 Nr. 1 bis 7 TMG hat ein Diensteanbieter für **geschäftsmäßige, in der** 73
Regel gegen Entgelt angebotene Telemedien u.a.

- seinen vollständigen Namen (Vor- und Zuname) bzw. die Firma,
- die Anschrift,
- ggf. die Rechtsform und sämtliche vertretungsberechtigten Personen (mit Vor- und Zunamen),
- E-Mail-Adresse, ggf. Telefon- und Faxnummer,[89]
- Angaben zum Stammkapital,
- Angaben zur zuständigen Aufsichtsbehörde (wenn der Dienst einer behördlichen Erlaubnis bedarf),
- das Registergericht und die Registernummer (z.B. Handels-, Vereins- oder Genossenschaftsregister),
- die Umsatz- oder Wirtschaftssteueridentifikationsnummer sowie
- bei besonderen Berufsgruppen wie z.B. Steuerberatern, Ärzten oder Rechtsanwälten die zuständige Kammer, die berufsrechtlichen Regelungen und die Berufsbezeichnung

anzugeben.

Zum Vorhalten eines Impressums i.S.d. § 5 TMG sind **alle Anbieter von „ge-** 74
schäftsmäßigen“ Telemedien verpflichtet. Im Sinne der Definitionen der „Telemedien“ gem. §§ 1, 2 Abs. 1 TMG gehören zu den **Telemedien** sämtliche elektronischen Informations- und Kommunikationsdienste, die für eine individuelle Nutzung von kombinierbaren Daten bestimmt sind und denen eine Übermittlung mittels Te-

89 Es war insbesondere umstritten, ob zu den Angaben zur „unmittelbaren Kommunikation“ i.S.d. § 5 Abs. 1 Nr. 2 TMG auch die Angabe der Telefonnummer erforderlich ist. Der EuGH hat nun klargestellt, dass dies nicht zwingend der Fall ist. Zusätzlich zur Angabe einer E-Mail-Adresse kann auch ein elektronisches Kontaktformular ausreichen, wenn auf Anfragen in 30 bis 60 Minuten reagiert wird und der Anwender auch einen Zugang zum Internet hat: vgl. EuGH, Urt. v. 16.10.2008 – C-298/07 – Rn 35 und Rn 40 = MIR 2008, Dok. 308.

lekommunikation zugrunde liegt.[90] Hierzu zählt auch das Waren- oder Leistungsangebot eines Anbieters, das er mittels Apps auf den mobilen Endgeräten des Anwenders bereithält. Als Telemedien sind bereits die bloße **Werbung für Waren ohne direkte Bestell- oder Kommunikationsmöglichkeit** zwischen Anbieter und Anwender anzusehen.[91] Auch für zu **Marketingzwecken eingesetzte „Social Media"-Accounts**, etwa bei Facebook, sind eigene Anbieterkennungen erforderlich, es sei denn, es liegt eine **rein private Nutzung** vor.[92]

75 Unter den Begriff der **Telemedien** fallen auch **Mediendienste**, d.h. Informations- und Kommunikationsdienste i.S.d. § 2 Abs. 1 S. 1 MDStV, die sich an die Allgemeinheit richten und unter Benutzung elektromagnetischer Schwingungen verbreitet werden.[93] Dies trifft z.B. auf **ePaper von Tages- oder Wochenzeitungen** zu, die mittels App über das mobile Endgerät des Anwenders abgerufen werden können.

76 **Geschäftsmäßige Diensteanbieter** i.S.d. § 5 Abs. 1 TMG sind solche, die ihre Dienste **nachhaltig, nicht nur gelegentlich und in der Regel gegen Entgelt** anbieten.[94] Dienste, die von Privatpersonen werbefrei und unentgeltlich ausschließlich zu persönlichen oder **privaten Zwecken** über Apps angeboten werden, sind daher von der Impressumspflicht ausgenommen.[95] Wie sich aus der obigen Definition ergibt, führt jedoch lediglich der Umstand, dass der Dienst kostenlos angeboten wird, nicht aus der Impressumspflicht heraus. **Kommerzielle Telemedienanbieter** unterliegen daher grundsätzlich der Impressumspflicht.[96]

77 § 55 Abs. 2 S. 1 RStV erweitert die Impressumspflichten für Anbieter von Telemedien mit **journalistisch-redaktionell gestalteten Angeboten** noch um die **Angabe eines Verantwortlichen** des Dienstes mit Angabe des Namens und der Anschrift. Nach § 55 Abs. 2 S. 2 RStV ist bei mehreren genannten Verantwortlichen kenntlich zu machen, für welchen inhaltlichen Teil des Dienstes die jeweilige Person verantwortlich ist.

78 Diensteanbieter im Rahmen von Apps sind in gleicher Weise wie sonstige Telemediendienste der Impressumpflicht unterworfen.[97] Die Informationen des Impres-

90 Siehe zu dieser Definition *Härting*, Rn 1638.

91 OLG Düsseldorf, Urt. v. 18.12.2007 – I-20 U 17/07 – MIR 2008, Dok. 231 = MMR 2008, 68, 683; OLG Frankfurt a.M., Urt. v. 6.3.2007 – 6 U 115/06 – MIR 2007, Dok. 137 = MMR 2007, 379.

92 OLG Düsseldorf, Urt. v. 18.12.2007 – I-20 U 17/07 – MIR 2008, Dok. 231 = MMR 2008, 68, 683; LG Aschaffenburg, Urt. v. 19.8.2011 – 2 HK O 54/11 – CR 2012, 57.

93 *Härting*, Rn 1639 m.w.N.

94 Vgl. *Härting*, Rn 1182; *Ott*, MMR 2007, 354, 355.

95 Vgl. *Härting*, Rn 1184.

96 Vgl. auch *Härting*, Rn 1185.

97 Siehe hierzu bereits oben Rn 4 und OLG Hamm, Urt. v. 20.5.2010 – I-4 U 225/09 – abrufbar unter: http://medien-internet-und-recht.de/pdf/VT_MIR_2010_108.pdf.

sums sind gem. § 5 TMG, § 55 RStV ***„leicht erkennbar, unmittelbar erreichbar und ständig verfügbar"*** zu halten.

„Leicht erkennbar" sind die Pflichtangaben ausschließlich dann, wenn **sie einfach und effektiv optisch wahrzunehmen** sind.[98] Nicht ausreichend, weil nicht „leicht erkennbar", sind etwa Links wie „Backstage".[99] Die Anbieterkennzeichnung darf nicht lediglich in der Datenschutzerklärung oder innerhalb der AGB integriert sein.[100] 79

Das Kriterium der **„unmittelbaren Erreichbarkeit"** ist nach Auffassung des BGH erfüllt, wenn die Anbieterkennzeichnung **über zwei deutlich bezeichnete Links** „Kontakt" und „Impressum" abgerufen werden kann.[101] Entsprechendes soll für einen Link „Mich" auf „eBay"-Seiten gelten, über den wiederum ein Link zum „Impressum" zu finden ist.[102] 80

„Ständig verfügbar gehalten" i.S.d. § 5 Abs. 1 TMG, § 55 RStV ist ein Impressum nur dann, wenn der Anwender die Pflichtangaben **jederzeit abrufen** kann.[103] 81

Im Zusammenhang mit den **App-Angeboten auf Plattformen wie „iTunes"-Store** ist die Anbieterkennzeichnung meist gar nicht oder nur unzureichend vorhanden.[104] Im iTunes-Store besteht nicht einmal die Möglichkeit für den Anbieter, seine vollständige Anbieterkennzeichnung zu platzieren.[105] In diesen Fällen bleibt dem Anbieter nichts anderes übrig, als mit einem **deutlich gestalteten Link** im Angebot auf eine externe Impressumsseite zu verlinken.[106] 82

Der App-Anbieter kann sich nach der obergerichtlichen Rechtsprechung zu Internetplattformen nicht darauf berufen, dass der Betreiber der übergeordneten Plattform (also z.B. Apple) ein vollständiges Impressum vorhält. Die einzelnen **Anbieter** sind vielmehr für die von ihnen beinflussbaren Unterseiten bzw. Angebote **selbst impressumspflichtig**, sobald sich das **Angebot als eigenständiger Auftritt des jeweiligen Anbieters** erweist.[107] Dies ist nicht nur bei Angeboten auf Plattfor- 83

---

98 Sehr streng ist das OLG Frankfurt a.M., Urt. v. 4.12.2008 – 6 U 187/07 – Rn 55 = openJur 2009, 66 (Link „Impressum" in kleiner und drucktechnisch nicht hervorgehobener Schrift am rechten unteren Ende der Website nicht ausreichend); siehe auch OLG Hamburg, Beschl. v. 20.11.2002 – 5 W 80/02 – MMR 2003, 105; *Schröder/Bühlmann*, CR 2012, 318, 320 m.w.N.

99 OLG Hamburg MMR 2003, 105.

100 LG Stuttgart, Urt. v. 11.3.2003 – 20 O 12/03 – NJW-RR 2004, 911; LG Berlin, Urt. v. 17.9.2002 – 103 O 102/02 – CR 2003, 139; *Schröder/Bühlmann*, CR 2012, 318, 320.

101 BGH, Urt. v. 20.7.2006 – I ZR 228/08 – GRUR 2007, 159

102 KG, Urt. v. 11.5.2007 – 5 W 116/07 – GRUR-RR 2007, 326.

103 *Schröder/Bühlmann*, CR 2012, 318, 320; *Hoß*, CR 2003, 689.

104 *Kremer*, CR 2011, 769, 771.

105 *Schröder/Bühlmann*, CR 2012, 318, 320.

106 So zutreffend *Schröder/Bühlmann*, CR 2012, 318, 320.

107 Vgl. OLG Düsseldorf, Urt. v. 18.12.2007 – I-20 U 17/07 – MIR 2008, Dok. 231; OLG Frankfurt a.M., Urt. v. 6.3.2007 – 6 U 115/06 – MIR 2007, Dok. 137 = MMR 2007, 379; *Schröder/Bühlmann*, CR 2012, 318, 319 m.w.N.

men wie eBay, Immobilienscout oder mobile.de, sondern auch in den jeweiligen App Stores wie iTunes, Google Play, Windows Phone Market Place etc. regelmäßig der Fall.[108]

84 In dem Verstoß gegen § 5 TMG oder § 55 RStV liegt zugleich ein **Wettbewerbsverstoß**, da es sich bei der genannten Vorschrift um eine **Marktverhaltensregelung** gem. § 4 Nr. 11 UWG handelt.[109]

2. Preisangaben

85 **Verstöße gegen die PAngV** sind häufig Anlass für Abmahnungen, stellen sie doch ebenfalls Marktverhaltensregelungen i.S.d. § 4 Nr. 11 UWG dar, deren Verletzung zu wettbewerbsrechtlichen Unterlassungsansprüchen führt.[110] Dies gilt auch für die Vorschrift des § 5 PAngV zu **Preisangaben für Dienstleistungen**, die im Einklang mit dem EU-Recht steht.[111]

86 Nach § 1 Abs. 1 S. 1 PAngV sind bei Angeboten über Waren und Leistungen[112] wie auch bei entsprechender Werbung gegenüber Verbrauchern stets die **Endpreise** einschließlich der **Umsatzsteuer** und **sonstiger Preisbestandteile** (z.B. Verpackungskosten) anzugeben. Keine preisangabepflichtigen Angebote oder Werbung i.S.d. § 1 PAngV sind **Imagewerbungen**, die allgemein eine Marke oder ein Unternehmen bewerben.[113] Etliche Ausnahmen von den Preisangabepflichten enthält § 9 PAngV. So sind z.B. gem. § 9 Abs. 1 Nr. 5 PAngV sämtliche **Internetauktionen** von der Preisangabepflicht ausgenommen.[114]

87 Da es sich bei dem Bezug von Waren und Dienstleistungen mittels Apps um **Fernabsatzgeschäfte** i.S.d. § 312b Abs. 1 BGB handelt, muss gem. § 1 Abs. 2 S. 1 Nr. 1 und 2 PAngV zusätzlich angegeben werden, ob die Preise die **Umsatzsteuer und**

---

108 *Schröder/Bühlmann*, CR 2012, 318, 319 f. mit weiteren Beispielen für „eigenständige" und damit impressumspflichtige Angebote.

109 BGH, Urt. v. 20.7.2006 – I ZR 228/08 – GRUR 2007, 159; OLG Frankfurt a.M., Urt. v. 4.12.2008 – 6 U 187/07 – Rn 56 = openJur 2009, 66.

110 Vgl. nur BGH, Urt. v. 25.2.1999 – I ZR 4/97 – GRUR 1999, 762, 763; BGH, Urt. v. 3.7.2003 – I ZR 211/01 – CR 2003, 816, 817.

111 BGH, Urt. v. 22.3.2012 – I ZR 111/11 – GRUR 2012, 1159 Rn 9 f.

112 Zu dem Begriff der „Leistungen" zählen Dienstleistungen aller Art, insbesondere auch Telekommunikationsdienstleistungen: BGH, Urt. v. 3.7.2003 – I ZR 211/01 – GRUR 2003, 971, 972; siehe auch *Köhler/Bornkamm*, § 1 PAngV Rn 4.

113 Vgl. zur bloßen Werbung ohne Preisangabepflicht: BGH, Urt. v. 9.6.2004 – I ZR 187/02 – GRUR 2004, 960, 961; *Schirmbacher/Bühlmann*, K&R 2010, 220, 223. Warenpräsentationen mit unmittelbarer Bestellmöglichkeit bedürften jedoch stets einer Preisangabe: *Härting*, Rn 1146.

114 *Köhler/Bornkamm*, § 9 PAngV Rn 6; *Bullinger*, WRP 2000, 253, 256; dies gilt auch für Internetauktionen wie etwa solchen auf der Plattform „eBay", die nach deutschem Recht keine „Versteigerung" i.S.d. § 156 BGB darstellen, da § 9 Abs. 1 Nr. 5 PAngV nicht auf § 156 BGB verweist. So zu Recht *Härting*, Rn 1174.

zusätzlichen Preisbestandteile enthalten und ob **zusätzliche Liefer- und Versandkosten** anfallen. Fallen derartige zusätzliche Liefer- oder Versandkosten an, muss gem. § 1 Abs. 2 S. 2 PAngV grundsätzlich auch deren Höhe angegeben werden.

Häufig übersehen wird auch die Pflicht zur **Angabe von Grundpreisen** gem. § 2 88
Abs. 1 PAngV. Der Grundpreis ist anzugeben bei Angeboten und Werbung für Ware gegenüber Endverbrauchern, die nach Gewicht, Volumen, Länge oder Fläche verkauft werden. Es ist also zusätzlich zum Preis des jeweiligen Produkts der **Preis je Mengeneinheit** einschließlich Umsatzsteuer und sonstiger Preisbestandteile anzugeben.

Es gilt gem. § 1 Abs. 6 PAngV der **Grundsatz der Preisklarheit und Preis-** 89
wahrheit, der gerade auch im Bereich der Angebote mittels Apps besonders zu beachten ist.

Der **Grundsatz der Preiswahrheit** besagt, dass der angegebene Preis mit dem 90
tatsächlich berechneten Preis übereinstimmen muss. Hier gilt es für Anbieter von Apps, die ihre Leistungen über die Plattform bzw. den App Store eines Dritten anbieten, besonders darauf zu achten, dass die **Preise stets aktuell gehalten** werden. Ansonsten droht nicht nur ein Verstoß gegen § 1 Abs. 6 S. 1 PAngV, sondern auch ein Wettbewerbsverstoß wegen unlauterer irreführender Werbung gem. § 5 Abs. 1 Nr. 2 UWG. Eine wettbewerbsrechtlich relevante Irreführung liegt dabei auch dann vor, wenn nach einer Preiserhöhung der unrichtige Preis lediglich wenige Stunden im Angebot dargestellt wird – der Verbraucher erwartet sowohl bei eigenen Angebotsseiten des Anbieters im Internet als auch etwa aufseiten der **Preissuchmaschinen höchste Aktualität** der Angebote.[115] Ohne dass es darauf ankäme, ob der Plattformbetreiber als Beauftragter i.S.d. § 8 Abs. 2 UWG anzusehen ist, haftet der Anbieter stets selbst für die Preisangaben seiner Angebote auf Drittseiten, wenn er das Angebot dort veranlasst und die Produktinformationen an den Dritten weitergeleitet hat.[116]

Praxistipp !

Preisangaben müssen **stets aktuell** sein. Werden Angebote auf Portalen Dritter eingestellt, sollte man vor der Anhebung von Preisen **zunächst sicherstellen**, dass die **Preisangaben auf dem Drittportal** angepasst worden sind, bevor man die Preise tatsächlich erhöht. Nur so lassen sich teure Abmahnungen wegen fehlerhafter Preisangaben vermeiden.

Um dem Grundsatz der Preisklarheit zu genügen, müssen die Preisangaben in der 91
Werbung **eindeutig zuzuordnen sowie leicht erkennbar, deutlich lesbar und sonst gut wahrnehmbar** gestaltet sein. Daran fehlt es z.B., wenn gegenüber einem

115 Vgl. zu Preisangaben auf Preissuchmaschinen: BGH, Urt. v. 11.3.10 – I ZR 123/08 – GRUR 2010, 936 Rn 10, 18 ff.

116 BGH, Urt. v. 18.3.2010 – I ZR 16/08 – GRUR 2010, 1110 Rn 16 f.

blickfangmäßig hervorgehobenen Preis weitere Preisbestandteile verschwiegen werden oder in der Darstellung untergehen.[117] Die eindeutige Zuordnung zwischen Angebot und Preis bzw. Preisbestandteilen lässt sich beispielsweise durch einen **klaren und unmissverständlichen Sternchenhinweis** realisieren, wenn das „Sternchen" am Blickfang teilhat, dadurch die Zuordnung der Angaben in der Werbung gewahrt bleibt und die Angaben gut lesbar und vollständig sind.[118] Im Internet dürfen **Liefer- und Versandkosten** unter den vorgenannten Voraussetzungen grundsätzlich auch auf einer **gesonderten Unterseite** angegeben werden, wenn der Verbraucher dazu gezwungen wird, die betreffende Seite noch vor Einleitung des Bestellvorgangs aufzurufen.[119] Anderes gilt nur für **Preissuchmaschinen**, da ansonsten die **leichte Vergleichbarkeit** der Produkte und Preise nicht gewährleistet ist – hier müssen stets alle Preisbestandteile auf einen Blick erkennbar sein.[120]

92 Gewisse **Erleichterungen des Grundsatzes der Preisklarheit** gelten für die Angabe gem. § 1 Abs. 2 S. 1 Nr. 1 PAngV dafür, ob die **Umsatzsteuer** im Preis enthalten ist. Der Verbraucher ist insoweit daran gewöhnt, dass die angegebenen Preise die Umsatzsteuer enthalten. Insofern genügt es, darauf leicht erkennbar und gut wahrnehmbar auf einer nachgeordneten Seite hinzuweisen, jedoch nicht erst nach Einleitung des Bestellvorgangs bzw. bei Einlegen der Ware in den **„Warenkorb"**.[121]

93 Über Apps werden häufig **kombinierte Leistungen** angeboten, die teils unentgeltlich, teils entgeltlich sind. In derartigen Fällen ist der Anbieter verpflichtet, dem Verbraucher die **tatsächlichen Kosten** aufzuzeigen, mit denen er zu rechnen hat.[122]

94 Allerdings bezieht sich die Pflicht zur Angabe der Endpreise ausschließlich auf die jeweils **unmittelbar angebotene oder beworbene Ware/Leistung**. Sie gilt regelmäßig nicht für andere Produkte, die lediglich im Falle der Verwendung der angebotenen oder beworbenen Produkte erforderlich oder mit diesen kompatibel sind, auch wenn er diese selbst anbietet und mittelbar bewirbt.[123] Das bedeutet z.B. im

---

117 BGH, Urt. v. 10.12.2009 – I ZR 149/07 – GRUR 2010, 744 Rn 35; siehe auch BGH, Urt. v. 26.2. 2009 – I ZR 163/06 – CR 2009, 746, 747 f.: Unzureichend ist die Grundpreisangabe in der Produktbeschreibung, ohne dass der Endpreis und der Grundpreis im Angebot auf einen Blick wahrnehmbar wären.

118 Vgl. BGH, Urt. v. 10.12.2009 – I ZR 149/07 – GRUR 2010, 744 Rn 35; OLG Hamm, Urt. v. 28.6. 2012 – 4 U 69/12 – Rn 60.

119 BGH, Urt. v. 18.3.2010 – I ZR 16/08 – GRUR 2010, 1110 Rn 23; *Köhler/Bornkamm*, § 1 PAngV Rn 26.

120 BGH, Urt. v. 18.3.2010 – I ZR 16/08 – GRUR 2010, 1110 Rn 25; BGH, Urt. v. 16.7.2009 – I ZR 140/ 07 – GRUR 2010, 251 Rn 13 ff.

121 Vgl. BGH, Urt. v. 4.10.2007 – I ZR 22/05 – NJW 2008, 1595 Rn 29; BGH, Urt. v. 16.7.2009 – I ZR 50/07 – GRUR 2010, 248 Rn 23, 26 f.

122 BGH, Urt. v. 5.11.2008 – I ZR 55/06 – GRUR 2009, 690 Rn 21.

123 BGH, Urt. v. 10.12.2009 – I ZR 149/07 – GRUR 2010, 744 Rn 29 f.; *Köhler/Bornkamm*, § 1 PAngV Rn 13.

Falle von **In-App-Käufen**, dass der Anbieter bei der Werbung oder dem Angebot einer Spiele-App zunächst **nur den Endpreis der App** angeben muss, nicht dagegen die Preise für im Wege von In-App-Käufen beziehbaren **Items für das Spiel**. Etwas anderes gilt nur bei **einheitlichen Leistungsangeboten**, bei denen die Entscheidung für den Kauf der App gleichzeitig auch die Verpflichtung zum Bezug entsprechender weiterer Gegenstände mit sich bringt.

Insbesondere im Bereich der **Reise- oder Transportleistungen** hängen die 95 Preise von zahlreichen Buchungsmodalitäten ab, die der Kunde auswählt. Ein konkreter Endpreis kann daher bei Beginn der Buchung nicht angegeben werden. In diesen Fällen genügt es, wenn die Endpreise aufgrund einfacher elektronischer Verknüpfung, etwa durch einen **Wechsel in ein Preisverzeichnis** oder durch weitere fortlaufende Eingabe in das Reservierungssystem, **am Ende des Buchungsvorgangs** festgestellt werden können und die Anwender hierauf klar und unmissverständlich hingewiesen werden.[124] Für **Flugreisen** gilt mit Art. 23 Abs. 1 S. 2 der Luftverkehrsdiensteverordnung eine Spezialregelung, die neben dem Endpreis die Angabe der dort konkret benannten Preisbestandteile verlangt.[125]

Die Preisangabepflichten gemäß PAngV werden von § 5a Abs. 3 Nr. 3 UWG flan- 96 kiert, wonach es zur Vermeidung einer **„Irreführung durch Unterlassung"** erforderlich ist, bei „Angeboten" von Waren oder Dienstleistungen die Endpreise (oder – wenn der Endpreis aufgrund der Besonderheiten der Leistung nicht im Voraus berechnet werden kann – zumindest die **Art der Preisberechnung**), sowie ggf. alle zusätzlichen **Fracht-, Liefer- und Zustellkosten** anzugeben. Ein **„Angebot"** i.S.d. § 5a Abs. 3 UWG verlangt – ebenso wie § 1 PAngV[126] – kein bindendes Angebot i.S.d. § 145 BGB und auch keine invitatio ad offerendum in dem Sinne, dass es sich bereits um die konkrete Aufforderung zur Abgabe von Angeboten der Verbraucher handeln müsste.[127] Es genügt vielmehr eine **kommerzielle Kommunikation**, die den Verbraucher bereits derart konkret **über ein bestimmtes Produkt** informiert, dass sie aus Sicht des Verkehrs und des angesprochenen Kunden bereits den **Abschluss eines Geschäfts unmittelbar zulassen**.[128] Hierzu kann die Angabe des grundsätzlichen Vertragsgegenstandes und ein **Eckpreis** („ab ... €") ausreichen, auch wenn hinsichtlich der Produktdetails auf die Website verwiesen wird.[129] Die **Image- oder**

124 BGH, Urt. v. 3.4.2003 – I ZR 222/00 – GRUR 2003, 889, 890 Rn 27; vgl. auch *Köhler/Bornkamm*, § 1 PAngV Rn 26.

125 Siehe Art. 23 Verordnung vom 24.9.2008 über gemeinsame Vorschriften für die Durchführung von Luftverkehrsdiensten in der Gemeinschaft, abrufbar unter: http://eur-lex.europa.eu/LexUriServ/LexUriServ.do?uri=OJ:L:2008:293:0003:0020:DE:PDF.

126 Siehe hierzu bereits oben Rn 86.

127 *Köhler/Bornkamm*, § 5a Rn 30a.

128 BGH, Urt. v. 3.7.2003 – I ZR 211/01 – GRUR 2003, 971, 972; vgl. BGH, Urt. v. 23.6.1983 – I ZR 109/81 – GRUR 1983, 661, 662; *Köhler/Bornkamm*, § 1 PAngV Rn 5.

129 EuGH, Urt. v. 12.5.2011 – C-122/10 – GRUR 2011, 930 Rn 41, 49 und 59.

Erinnerungswerbung ohne konkreten Bezug auf bestimmte Produkte ist von der Pflicht zur Preisangabe i.S.d. § 5a Abs. 3 Nr. 3 UWG ausgenommen.[130]

3. Widerrufs-/Rückgabebelehrung und Ausnahmen vom Widerrufs-/Rückgaberecht

97 Sowohl für die Verträge über Apps als auch für entsprechende Verträge über Waren und Leistungen, die mittels Apps von einem Unternehmer bezogen werden, steht dem Anwender als Verbraucher grundsätzlich das **Widerrufsrecht** gem. §§ 312d Abs. 1, 355 BGB zu. Bei diesen Verträgen handelt es sich um **Fernabsatzverträge** i.S.d. § 312b Abs. 1 BGB. Die Verträge werden nämlich in der Regel unter ausschließlicher Verwendung von Fernkommunikationsmitteln i.S.d. § 312b Abs. 2 BGB geschlossen. Allerdings sind für einige Geschäfte die Vorschriften über den Fernabsatz gem. §§ 312bff. BGB insgesamt ausgeschlossen, für andere Geschäfte besteht gem. § 312d Abs. 4 BGB kein Widerrufsrecht:

98 Die Vorschriften über Fernabsatzgeschäfte gem. § 312b Abs. 3 Nr. 1 BGB finden keine Anwendung auf **Verträge über den Fernunterricht** i.S.d. § 1 FernUSG. Hier besteht ein **spezielles Widerrufsrecht** gem. § 4 FernUSG. Allerdings ist zu beachten, dass nicht jeder Kurs, der im Sinne des **„E-Learning"** über Apps angeboten wird, zum Ausschluss der fernabsatzrechtlichen Regelungen führt. Ein **Fernunterrichtsvertrag** i.S.d. § 1 FernUSG verlangt, dass der Unternehmer zur entgeltlichen Vermittlung von Kenntnissen und Fähigkeiten verpflichtet ist, bei der der Lernende vom Lehrenden zumindest überwiegend räumlich getrennt ist, und bei dem eine Überwachung des Lernerfolgs durch den Lehrenden geschuldet ist. Dabei ist etwa die **einmalige Überwachung des Lernerfolgs** ebenso ausreichend wie die **mündliche Kontrolle während eines begleitenden Direktunterrichts**.[131] Es kommt nicht einmal darauf an, ob die Lernkontrolle tatsächlich durchgeführt wird.[132] Findet eine Überwachung in diesem weit verstandenen Sinne nicht statt, bleiben für den App-Anbieter sämtliche fernabsatzrechtlichen Vorschriften anwendbar.

99 Nach § 312b Abs. 3 Nr. 5 BGB sind vom Fernabsatzrecht ausgenommen **Verträge über die Lieferung von Lebensmitteln, Getränken oder sonstigen Haushaltsgegenständen des täglichen Bedarfs**, die am Wohnsitz, am Aufenthaltsort oder am Arbeitsplatz eines Verbrauchers von Unternehmern im Rahmen häufiger und regelmäßiger Fahrten geliefert werden. Die Haushaltsgegenstände des täglichen Bedarfs müssen jedoch vom Unternehmer selbst ausgeliefert bzw. organisiert wer-

130 *Köhler/Bornkamm*, § 5a Rn 30c.
131 Vgl. hierzu BGH, Urt. v. 15.10.2009 – III ZR 310/08 – NJW 2010, 608 Rn 23.
132 BGH, Urt. v. 15.10.2009 – III ZR 310/08 – NJW 2010, 608 Rn 24f.

den, weshalb der klassische Versandhandel nicht unter diese Ausnahme fällt.[133] Unter die Gegenstände des täglichen Bedarfs fallen etwa nicht Digitalkameras;[134] ebenso wenig **Zeitungen und Zeitschriften** i.S.d. § 312b Abs. 3 Nr. 5 BGB, was sich allerdings erst systematisch aus dem Ausschluss des Widerrufsrechts für diese Gegenstände gem. § 312d Abs. 4 Nr. 3 BGB ergibt. Diese Vorschrift würde leerlaufen, wären Verträge über Zeitungen und Zeitschriften bereits generell von den Vorschriften des Fernabsatzrechts ausgenommen.[135]

Im Bereich der Apps relevant sind insbesondere die weiteren Ausnahmen des 100
§ 312b Abs. 3 Nr. 6 BGB über die **Erbringung von Dienstleistungen in den Bereichen der Unterbringung, Beförderung, Lieferung von Speisen und Getränken sowie der Freizeitgestaltung**, wenn die Dienstleistung zu einem bestimmten Zeitpunkt oder innerhalb eines genau angegebenen Zeitraums zu erbringen ist. Zu den vom fernabsatzrechtlichen Widerrufsrecht ausgenommenen Leistungen i.S.d. § 312b Abs. 3 Nr. 6 BGB zählen etwa der Kauf von Bahntickets mittels Apps, die in einem bestimmten Zeitraum in Anspruch genommen werden können. Der Anwendungsbereich dieser Vorschrift ist nicht auf Beförderungsleistungen zu touristischen Zwecken beschränkt.[136] Auch die **Anmietung von Fahrzeugen** im Wege des Fernabsatzvertrags unterfällt dem Anwendungsbereich des § 312b Abs. 3 Nr. 6 BGB[137] ebenso wie die **Anmietung von Hotelzimmern** und **Tickets für Konzerte** oder Freizeitveranstaltungen.[138]

Zahlreiche Apps und über sie erbrachte Leistungen werden unentgeltlich ange- 101
boten. Es stellt sich insoweit die Frage, ob vom Anwendungsbereich des Fernabsatzrechts gem. §§ 312bff. BGB auch Verträge über derartige **unentgeltliche Leistungen** erfasst werden. Während das Gesetz im Rahmen des **Haustürwiderrufsrechts** (§ 312 Abs. 1 S. 1 BGB) und der sog. **Button-Lösung** (§ 312g Abs. 2 S. 1 BGB) explizit von „entgeltlichen Leistungen" spricht, ist dies im Bereich des **Fernabsatzrechts** gem. § 312b Abs. 1 BGB oder auch allgemein für den Bereich der allgemeinen **Verträge im elektronischen Geschäftsverkehr** (§ 312g Abs. 1 BGB) nicht der Fall. Die fernabsatzrechtlichen Pflichten gehen zudem über das bloße Widerrufsrecht hinaus, das bei unentgeltlichen Leistungen entbehrlich sein könnte. Gerade im Bereich der **Gewährleistung oder Haftung** ist der Verbraucher dagegen auch auf Informationen

---

133 BGH, Urt. v. 9.6.2011 – I ZR 17/10 – GRUR 2012, 188 Rn 23; MüKo-BGB/*Wendehorst*, § 312b Rn 80; vgl. auch Palandt/*Grüneberg*, § 312b Rn 15.

134 Siehe nur LG Kleeve, Urt. v. 22.11.2002 – 5 S 90/02 – MMR 2003, 424.

135 Vgl. BGH, Urt. v. 9.6.2011 – I ZR 17/10 – GRUR 2012, 188 Rn 15ff.

136 OLG Frankfurt a.M., Urt. v. 15.4.10 – 6 U 49/09 – Rn 29 m.w.N. = openJur 2010, 716 = MDR 2010, 1039.

137 Vgl. zu Art. 3 Abs. 2 Fernabsatz-Richtlinie: EuGH, Urt. v. 10.3.2005 – C-336/03 – NJW 2005, 3055, 3056.

138 Palandt/*Grüneberg*, § 312b Rn 16; vgl. zu Tickets für Konzerte und Kinoveranstaltungen auch: AG München, Urt. v. 2.12.2005 – 182 C 26 144/05 – MMR 2007, 743f.

über einschränkende AGB-Klauseln angewiesen. Aus diesen Gründen ist der Auffassung zu folgen, die die §§ 312b ff. BGB bei unentgeltlichen Leistungen bzw. Apps für anwendbar erachtet.[139]

102 Der **Erwerb von Gutscheinen im Wege von Apps** führt dagegen grundsätzlich nicht zum Ausschluss der fernabsatzrechtlichen Regelungen, auch wenn der Gegenstand des Gutscheins ein Geschäft ist, das unter § 312b Abs. 3 Nr. 6 BGB fällt. So unterliegt etwa die Anmietung eines Ferrari dem fernabsatzrechtlichen Widerrufsrecht, wenn für die Inanspruchnahme der Leistung keine bestimmte Leistungszeit, sondern lediglich eine **zeitliche Gültigkeitsdauer des Gutscheins** zur Wahrnehmung der Dienstleistung von einem Jahr vereinbart ist.[140]

103 Nach § 312b Abs. 4 S. 1 BGB sind die fernabsatzrechtlichen Vorschriften nur auf den Abschluss des ersten Vertrags anwendbar, wenn ihm weitere **im zeitlichen Zusammenhang folgende Verträge oder Vorgänge gleicher Art** folgen. Die Vorschrift ist anwendbar auf **Dauerschuldverhältnisse**, in deren Vollzug weitere den Verbraucher verpflichtende Vorgänge stattfinden. Die Verbraucherinformationen und insbesondere die Belehrung über das Widerrufsrecht müssen dann nur für den ursprünglichen Vertrag erfolgen.[141]

104 Die Anwendung dieser Vorschrift könnte insbesondere für **In-App-Verkäufe** zu erwägen sein. Wird ein App-Vertrag geschlossen, an den sich in einem zeitlichen Zusammenhang etwa In-App-Käufe anschließen, könnte der Unternehmer eventuell seine fernabsatzrechtlichen Pflichten dadurch erfüllen, dass er lediglich im Rahmen des ursprünglichen App-Vertrags die Verbraucherinformationspflichten erfüllt und über das Widerrufsrecht belehrt. Der Anwendung des § 312b Abs. 4 S. 1 BGB auf **App-Verträge und Folgegeschäfte** steht jedoch bereits entgegen, dass mit dem App-Vertrag grundsätzlich ein **kaufrechtliches Austauschverhältnis** und kein Dauerschuldverhältnis begründet wird.[142] Zudem dürfte es in vielen Fällen an dem **inneren Zusammenhang zwischen App-Kauf und dem Folgegeschäft** fehlen. Am ehesten zu bejahen ist dieser Zusammenhang etwa bei einer **Spiele-App**, der sich In-App-Käufe in Form von **Item-Käufen** (z.B. „Gold", „Waffenkäufe" etc.) anschließen.

Praxistipp

Der Anbieter, der seine **App über App Stores vermarktet**, sollte sich auch bei **Dauerschuldverhältnissen** nicht auf § 312b Abs. 4 S. 1 BGB in der Weise verlassen, dass die Belehrungen und Informationspflichten bereits mit dem grundlegenden Vertragsschluss erfüllt sind. Häufig ist er nämlich nicht in der Lage, die Erfüllung der fernabsatzrechtlichen Pflichten der §§ 312b ff. BGB im Rahmen des jeweiligen App Stores zu kontrollieren.

139 So zu Recht MüKo-BGB/*Wendehorst*, § 312b Rn 23 m.w.N.

140 AG Hamburg-Harburg, Urt. v. 7.6.2006 – 644 C 100/06 – n.v., abrufbar unter: http://www.it-recht-kanzlei.de/viewLaw.php?_rid=5259.

141 Palandt/*Grüneberg*, § 312b Rn 19.

142 Vgl. Kap. 3 Rn 303 ff.

Außerhalb der App Stores lässt sich dagegen bei Apps, mit denen ein Dauerschuldverhältnis begründet wird, § 312b Abs. 4 S. 1 BGB und ein sog. **Medienbruch** einsetzen, um die fernabsatzrechtlichen Informationen rechtssicher zur Verfügung zu stellen. Hierzu wird der **Rahmenvertrag mit dem Anwender** zunächst mittels PC im Internet als klassisches **„E-Commerce"-Geschäft** geschlossen und die erforderlichen **Informationen per E-Mail** geliefert, um sodann weitere einzelne **Folgegeschäfte mittels App** über das mobile Endgerät im sog. **M-Commerce** zu ermöglichen.

Bestimmte Verträge unterfallen zwar den fernabsatzrechtlichen Vorschriften der §§ 312bff. BGB, sind jedoch vom **Widerrufs- bzw. Rückgaberecht** gem. § 312d Abs. 4 BGB **ausgenommen.** 105

Im Zusammenhang mit dem Vertrieb der Apps als solchen ist insbesondere die Ausnahme des § 312b Abs. 4 Nr. 1 BGB von Bedeutung. Vom Widerrufsrecht sind danach Waren ausgenommen, die **aufgrund ihrer Beschaffenheit nicht zur Rücksendung geeignet** sind. Unter Berufung auf die Gesetzesbegründung wird vertreten, dass zum Download angebotene Software vom Widerrufsrecht ausgenommen ist, da sie wegen der möglichen Weiterbenutzung nicht „rückstandslos" an den Anbieter zurückgegeben werden könne.[143] Dieser Auffassung ist mit Hinblick auf den gesetzgeberischen Willen auch für Verträge über den Bezug von Apps zu folgen. Eine analoge Anwendung der Vorschrift des § 312d Abs. 4 Nr. 2 BGB – wie sie gelegentlich für den Softwaredownload vorgeschlagen wird[144] – verbietet sich bereits deshalb, weil es sich bei § 312d Abs. 4 BGB um Ausnahmen vom Widerrufsrecht handelt, die grundsätzlich eng auszulegen sind. Das Widerrufsrecht ist nach dieser Vorschrift nur dann ausgeschlossen, wenn der Anbieter dem Verbraucher einen Datenträger mit echter physischer Versiegelung liefert.[145] 106

Über Apps werden häufig auch **Zeitungen, Zeitschriften oder Illustrierte** als ePaper angeboten. Für derartige Verträge ist das Widerrufsrecht gem. § 312d Abs. 4 Nr. 3 BGB, bei dem Bezug sonstiger digitalisierter Inhalte eventuell wegen ihrer „Nichteignung zur Rücksendung" auch gem. § 312d Abs. 4 Nr. 1 BGB, ausgeschlossen. 107

Zu beachten ist jedoch, dass gerade auch für Zeitungen, Zeitschriften oder Illustrierte ein Widerrufsrecht für Verbraucher bestehen kann, wenn ein **Ratenlieferungsvertrag** i.S.d. § 510 BGB vereinbart wird. Wie sich aus § 312d Abs. 4 S. 1 BGB („*soweit nicht ein anderes bestimmt ist*") und § 312d Abs. 5 S. 2 BGB ergibt, bleiben Widerrufsrechte aufgrund sonstiger Vorschriften unberührt. Dem Verbraucher steht gem. § 510 Abs. 1 S. 1 Nr. 2 BGB ein Widerrufsrecht bei Verträgen zu, die die regel- 108

143 Palandt/*Grüneberg*, § 312d Rn 9 unter Berufung auf die Gesetzesbegründung BT-Drucks. 14/2658, S. 44; vgl. auch *Kremer*, CR 2011, 769, 774.

144 *Arnold*, CR 1997, 526, 531.

145 Vgl. OLG Hamm, Urt. v. 30.3.2010 – 4 U 212/09 – K&R 2010, 411, 412; *Härting*, Rn 802 m.w.N.

mäßige Lieferung von Sachen gleicher Art zum Gegenstand haben, und bei denen der Verbraucher gem. § 491 Abs. 2 Nr. 1 BGB zu einer Zahlung von 200 € oder mehr verpflichtet wird, bevor er kündigen kann. Dies trifft häufig auch auf Zeitungs- oder Zeitschriftenabonnements zu,[146] bei denen die entsprechenden Zahlungsverpflichtungen erreicht werden und die Zeitungen als physische Ausgaben geliefert werden.

109 Ein Widerrufsrecht besteht jedoch nicht bei dem **Abonnementbezug digitaler Ausgaben (ePaper) von Zeitungen, Zeitschriften oder Illustrierten**, selbst wenn die Mindestzahlungsverpflichtung für den Verbraucher 200 € oder mehr beträgt. Schon der Wortlaut des § 510 Abs. 1 Nr. 2 BGB spricht dagegen, da dort von „Sachen“ und damit **verkörperten Gegenständen** die Rede ist. Auch eine analoge Anwendung der Vorschrift des § 510 Abs. 1 S. 1 Nr. 2 BGB auf **digitale Medien im Abonnementbezug** ist mangels Regelungslücke abzulehnen, da diese Vorschrift lediglich die rechtliche Stellung der Verbraucher im Sinne des früheren Abzahlungsgesetzes erhalten, nicht aber erweitern wollte. Das Abzahlungsgesetz stellte jedoch bewusst – wie auch die späteren Vorschriften des § 2 Nr. 2 VerbKrG, § 505 Abs. 1 S. Nr. 2 BGB a.F. bzw. nun § 510 Abs. 1 S. 1 Nr. 2 BGB – allein auf Verträge über bewegliche Sachen ab.[147] Ein allgemeiner Grundsatz, dass einem Verbraucher bei langfristigen Verträgen mit laufenden Zahlungsverpflichtungen stets ein Widerrufsrecht zusteht, ist dem § 510 BGB nicht zu entnehmen.[148]

110 **Sowohl über das Bestehen als auch über das Nichtbestehen eines Widerrufs-/Rückgaberechts** i.S.d. §§ 312d Abs. 1, 355 BGB hat der Unternehmer den Verbraucher gem. § 312c Abs. 1 BGB i.V.m. Art. 246 § 1 Abs. 1 Nr. 10 EGBGB ordnungsgemäß **zu belehren**. Dies hat in einer dem „eingesetzten Fernkommunikationsmittel entsprechenden Weise“ klar und verständlich gem. Art. 246 § 1 Abs. 1 Nr. 10 EGBGB **vor Abgabe** der verbindlichen **Vertragserklärung** zumindest in **elektronischer Form** und gem. Art. 246 § 2 Abs. 1 Nr. 1 und Nr. 2 EGBGB spätestens unmittelbar **nach Vertragsschluss** zusätzlich **in Textform** zu erfolgen.

111 Über das Bestehen oder Nichtbestehen des Widerrufsrechts wird nur dann **„klar und verständlich“ belehrt**, wenn der Belehrungstext zumutbar wahrgenommen werden kann. Gerade auch für Apps ist dabei zu beachten, dass eine in einer sehr kleinen **Scrollbox** mit wenig sichtbarem Text untergebrachte Belehrung von Gerichten teilweise als nicht „klar und verständlich“ angesehen wird.[149]

---

146 Vgl. BGH, Urt. v. 11.4.2002 – I ZR 306/99 – NJW 2002, 2391; Palandt/*Grüneberg*, § 510 Rn 3.
147 Vgl. BGH, Urt. v. 13.3.2003 – I ZR 290/00 – NJW 2003, 1932: keine analoge Anwendbarkeit auf Pay-TV-Abonnement.
148 Vgl. BGH NJW 2003, 1932, zur Vorgängervorschrift des § 505 BGB a.F.
149 OLG Frankfurt a.M., Beschl. v. 9.5.2008 – 6 W 61/07 – JurPC Web-Dok. 133/2008, Abs. 2.

Praxistipp

!

Zur Erfüllung der Belehrungspflicht über das Widerrufs- bzw. Rückgaberecht kann der Unternehmer gem. Art. 246 § 2 Abs. 3 S. 1 EGBGB die in den Anlagen 1 und 2 **für die Belehrung über das Widerrufs- oder Rückgaberecht vorgesehenen Muster** in Textform verwenden.[150] Da § 360 Abs. 3 S. 1 BGB vorsieht, dass der Unternehmer seinen Belehrungspflichten in jedem Fall nachkommt, wenn er die gesetzlichen Muster verwendet, sollte nach Möglichkeit auch der Wortlaut dieser Muster exakt eingehalten werden. In den bereits oben besprochenen problematischen Fällen der **gemischten Leistungen aus Waren und Dienstleistungen**, insbesondere bei sog. **Bundle-Angeboten**, müssen im Zweifel **zwei Belehrungen** zur Verfügung gestellt werden.[151] Zu warnen ist gerade im App-Bereich vor kleinen Scrollboxen mit jeweils wenig sichtbarem Textinhalt, die den Verbraucher dazu zwingen, sich praktisch zeilenweise durch die Belehrung zu scrollen.

Bei der Erbringung von Dienstleistungen mittels App kann ein bestehendes Widerrufsrecht unter den Voraussetzungen des § 312d Abs. 3 BGB erlöschen. Die Vorschrift setzt allerdings voraus, dass die Parteien beiderseits den Vertrag vollständig erfüllt haben. Dies gilt auch im Fall von Dauerschuldverhältnissen, Sukzessivlieferungsverträgen und Online-Spielen,[152] sodass ein **vorzeitiges Erlöschen des Widerrufsrechts** in diesen Fällen kaum denkbar ist. Der Verbraucher muss außerdem ausdrücklich und vor Beginn der Vertragserfüllung erklärt haben, dass der Vertrag vor Ausübung des Widerrufsrechts vollständig erfüllt wird.[153] Das Widerrufsrecht erlischt unabhängig davon, ob der Verbraucher über sein Verbraucherrecht und insbesondere über das Widerrufsrecht ausreichend aufgeklärt wurde oder nicht.[154] Bei **Verletzung der entsprechenden Verbraucherinformationspflichten** kann dem Verbraucher jedoch ein **Schadensersatzanspruch** gem. § 280 Abs. 1 BGB oder wegen **Verletzung vorvertraglicher Pflichten** gem. § 311 Abs. 2 BGB zustehen.[155] 112

4. Die sog. Button-Lösung

Der Gesetzgeber hat mit Wirkung zum 1.8.2012 die sog. Button-Lösung im § 312g BGB 113
n.F. umgesetzt.[156] Nach § 312g Abs. 2 S. 1 BGB muss der Unternehmer dem Verbrau-

150 Die gesetzlichen Muster zur Widerrufs- und Rückgabelehrung können mit Erläuterungstexten im Internet abgerufen werden: http://www.bmj.de/SharedDocs/Downloads/DE/pdfs/Gesetz_zur_Anpassung_der_Vorschriften_ueber_den_Wertersatz_bei_Widerruf_von_Fernabsatzvertraegen_und_uber_verbundene_Vertraege_Veroeffentlichung_Bundesgesetzblatt.pdf?__blob=publicationFile.

151 Siehe hierzu bereits ausführlich oben Rn 9 ff.

152 *Diegmann/Kuntz*, NJW 2010, 561; Palandt/*Grüneberg*, § 312d Rn 7.

153 Palandt/*Grüneberg*, § 312d Rn 7: Die bloße Hinnahme der Leistung genügt nicht.

154 BGH, Urt. v. 16.3.2006 – III ZR 152/05 – NJW 2006, 1971 Rn 34; Palandt/*Grüneberg*, § 312d Rn 7.

155 BGH, Urt. v. 16.3.2006 – III ZR 152/05 – NJW 2006, 1971, Rn 34; Palandt/*Grüneberg*, § 312d Rn 7.

156 Gesetz zur Änderung des BGB zum besseren Schutz der Verbraucherinnen und Verbraucher vor Kostenfallen im elektronischen Geschäftsverkehr und zur Änderung des Wohnungseigentums-

cher bei Verträgen über **entgeltliche Leistungen im elektronischen Geschäftsverkehr** unmittelbar vor Abgabe seiner verbindlichen Bestellung **in hervorgehobener Weise klar und verständlich** folgende Informationen zur Verfügung stellen:

- Wesentliche Merkmale der Waren und Dienstleistungen,
- ggf. die Mindestlaufzeit des Vertrags, wenn dieser eine dauernde oder regelmäßig wiederkehrende Leistung zum Inhalt hat,
- den Gesamtpreis der Ware oder Dienstleistung einschließlich aller damit verbundenen Preisbestandteile sowie alle über den Unternehmer abgeführten Steuern oder, wenn kein genauer Preis angegeben werden kann, seine Berechnungsgrundlage, die dem Verbraucher eine Überprüfung des Preises ermöglicht und
- ggf. zusätzlich anfallende Liefer- und Versandkosten sowie einen Hinweis auf mögliche weitere Steuern oder Kosten, die nicht über den Unternehmer abgeführt oder von ihm in Rechnung gestellt werden.

114 Unter **Verträge** im **elektronischen Geschäftsverkehr** i.S.d. § 312g Abs. 1 BGB fallen sämtliche Verträge über Waren und Dienstleistungen (mit Ausnahme der Finanzdienstleistungen), zu deren Abschluss sich der Unternehmer eines Tele- oder Mediendienstes bedient. Da die App-bezogenen Verträge stets unter Einsatz von elektronischen Kommunikationsmitteln zustande kommen, handelt es sich um Verträge im elektronischen Geschäftsverkehr.

115 Die vorstehend angegebenen Informationen müssen **„in hervorgehobener Weise klar und verständlich" im engen räumlichen Zusammenhang zu dem Bestellbutton**, mit dem der Anwender die entsprechende Leistung bezieht, dargestellt werden. Es sollte daher darauf geachtet werden, dass die Angaben auch auf kleineren mobilen Endgeräten **deutlich lesbar** gestaltet werden, etwa in Form einer **Bestellübersicht**, bevor der Anwender den Bezug der App bzw. Leistung bestätigt. Laut Gesetzesbegründung ist nicht nur ein **räumlicher**, sondern auch ein **enger zeitlicher Zusammenhang** zur Abgabe der verbindlichen Bestellung des Verbrauchers einzuhalten.[157] Die Informationen sind daher zwingend erst **am Ende des Bestellprozesses** und in **unmittelbarer Nähe zum Bestellbutton** anzuzeigen. Gerade mit Hinblick auf kleinere mobile Endgeräte muss darauf geachtet werden, dass die Informationen i.S.d. § 312g Abs. 2 S. 1 BGB in einem derartigen räumlichen Zusammenhang mit dem Bestell-Button stehen, dass die **Informationen und der Bestell-**

gesetzes vom 10.5.2012, BGBl. I 2012 S. 1084, abrufbar unter: http://www.bgbl.de/Xaver/start.xav?startbk=Bundesanzeiger_BGBl&start=//*[@attr_id=%27bgbl112s1084.pdf%27].

157 Gesetzesbegründung vom 16.11.2011, BT-Drucks. 17/7745, S. 10, abrufbar unter: http://dipbt.bundestag.de/dip21/btd/17/077/1707745.pdf.

Button ohne Scrollen gleichzeitig zu sehen sind.[158] Die Darstellung der Informationen über einen gesonderten Link ist in keinem Fall ausreichend.

§ 312g Abs. 3 S. 1 BGB verlangt, dass die Bestellsituation so zu gestalten ist, 116
dass der Verbraucher mit seiner Bestellung ausdrücklich bestätigt, dass er sich zu einer Zahlung verpflichtet. Geschieht die **Bestellung** – wie bei Apps regelmäßig – **mittels einer „Schaltfläche"**, kommt der Unternehmer dieser Pflicht gem. § 312g Abs. 3 S. 2 BGB nur nach, wenn der **Button** „gut lesbar" und mit nichts anderem als den Wörtern **„zahlungspflichtig bestellen"** oder mit einer entsprechenden eindeutigen Formulierung beschriftet ist. Die Formulierung des Gesetzes ist widersprüchlich. Der Gesetzgeber verlangt einerseits die ausschließliche Wortwahl „zahlungspflichtig bestellen", andererseits lässt er auch andere, ebenso eindeutige Wörter zu. In der **Gesetzesbegründung** werden Formulierungen wie „Anmeldung", „weiter", „bestellen" oder „Bestellung abgeben" als unzureichend angesehen.[159] Ob allerdings die in der Gesetzesbegründung erwähnten **Positivbeispiele** wie **„kaufen", „kostenpflichtig bestellen", „Gebot abgeben"** oder **„Gebot bestätigen"**[160] tatsächlich auch von Gerichten als ausreichend i.S.d. § 312g Abs. 3 BGB angesehen werden, bleibt abzuwarten. In der Praxis haben sich viele Anbieter längst von der sperrigen Formulierung „zahlungspflichtig bestellen" distanziert und präferieren Beschriftungen wie „kaufen", „kostenpflichtig bestellen", **„jetzt kaufen"** o.ä.[161] Angesichts der drakonischen Folgen, die mit der Nichteinhaltung der Pflicht gem. § 312g Abs. 3 BGB verbunden ist, ist in der Praxis anzuraten, bei dem gesetzlich explizit aufgeführten Wortlaut „zahlungspflichtig bestellen" zu bleiben.

Nach § 312g Abs. 4 BGB **kommt ein Vertrag nicht zustande**, wenn der Unter- 117
nehmer die **Pflicht zur Beschriftung des Bestellbuttons** i.S.d. § 312g Abs. 3 BGB nicht einhält. Die Rechtsfolge tritt also nicht ein, wenn der Unternehmer zwar einen gesetzeskonformen Bestellbutton einsetzt, jedoch die Darstellung der Information i.S.d. § 312g Abs. 2 S. 1 BGB nicht oder nicht ausreichend umsetzt.

Für den Bereich der Apps bleibt insbesondere abzuwarten, ob die App Store- 118
Betreiber die Vorgaben des § 312g BGB in ausreichender Form umsetzen. Die Vorschriften sind **nicht nur bei App-Käufen** als solchen, **sondern auch bei** den **In-App-Käufen** gesondert zu beachten.

---

158 BT-Drucks. 17/7745, S. 11f.
159 BT-Drucks. 17/7745, S. 12.
160 BT-Drucks. 17/7745, S. 12.
161 Die Gesetzesbegründung erwähnt ausdrücklich die alternativen Beschriftungen des Bestellbuttons mit „kostenpflichtig bestellen", „zahlungspflichtigen Vertrag schließen" und „kaufen": vgl. Gesetzesbegründung vom 16.11.2011, BT-Drucks. 17/7745, S.12.

5. Informationspflichten im Fernabsatzgeschäft

119 Der Kauf von Apps oder Leistungen, die mittels Apps vom Anbieter bezogen werden, sind – abgesehen von den Ausnahmen des § 312b Abs. 3 BGB[162] – **Fernabsatzverträge** gem. § 312b Abs. 2 BGB, da diese Verträge unter ausschließlicher Verwendung von Fernkommunikationsmitteln i.S.d. § 312b Abs. 2 BGB abgeschlossen werden.

120 Nach § 312c Abs. 1 BGB hat der Unternehmer den Verbraucher bei einem Fernabsatzgeschäft nach Maßgabe des Art. 246 §§ 1 und 2 EGBGB zu unterrichten. Dabei ist zu unterscheiden zwischen **Informationen**, die dem Verbraucher bereits vor Abgabe seiner Vertragserklärung **in elektronischer Form** zur Verfügung gestellt werden müssen und solchen **Informationen**, die zusätzlich **in Textform** „alsbald", spätestens jedoch bis zur Lieferung der Ware oder bis zur Erfüllung des Vertrags, zugehen müssen.

121 Bereits **vor Abgabe der Vertragserklärung** des Anwenders muss der Unternehmer gem. Art. 246 § 1 Abs. 1 EGBGB **in elektronischer Form informieren** über:
- seine Identität einschließlich Unternehmensregister, Registergericht und -nummer (Nr. 1),
- die Identität der Unternehmensvertreter mit Name und Vorname[163] (Nr. 2),
- die ladungsfähige Anschrift des Unternehmers (Nr. 3),
- die wesentlichen Merkmale der Ware oder Dienstleistung sowie Informationen darüber, wie der Vertrag zustande kommt (Nr. 4),
- die Mindestlaufzeit des Vertrags, wenn dieser eine dauernde oder regelmäßig wiederkehrende Leistung zum Inhalt hat (Nr. 5),
- einen Vorbehalt, eine in Qualität und Preis gleichwertige Leistung (Ware oder Dienstleistung) zu erbringen, und einen Vorbehalt, die versprochene Leistung im Falle ihrer Nichtverfügbarkeit nicht zu erbringen (Nr. 6),
- den Gesamtpreis der Ware oder Dienstleistung einschließlich aller damit verbundenen Preisbestandteile sowie alle über den Unternehmer abgeführten Steuern oder, wenn kein genauer Preis angegeben werden kann, seine Berechnungsgrundlage, die dem Verbraucher eine Überprüfung des Preises ermöglicht (Nr. 7),
- ggf. zusätzlich anfallende Liefer- und Versandkosten sowie einen Hinweis auf mögliche weitere Steuern oder Kosten, die nicht über den Unternehmer abgeführt oder von ihm in Rechnung gestellt werden (Nr. 8),
- die Einzelheiten hinsichtlich der Zahlung und der Lieferung oder Erfüllung (Nr. 9),[164]

---

162 Siehe bereits oben Rn 87 ff.

163 Die Angabe der Vornamen der Unternehmensvertreter ist zwar im Gesetz nicht ausdrücklich verlangt, wird jedoch teilweise in der Rechtsprechung gefordert: KG, Beschl. v. 13.2.2007 – 5 W 34/07 – NJW-RR 2007, 1050.

164 Hierzu gehören u.a. auch Angaben zu Zahlungsmöglichkeiten und -fristen sowie die Lieferzeiten und Liefermodalitäten.

- das Bestehen oder Nichtbestehen[165] eines Widerrufs- oder Rückgaberechts sowie die Bedingungen und Einzelheiten der Ausübung (Nr. 10),[166]
- alle spezifischen zusätzlichen Kosten, die der Verbraucher für die Benutzung des Fernkommunikationsmittels zu tragen hat, wenn solche zusätzlichen Kosten durch den Unternehmer in Rechnung gestellt werden (Nr. 11), und
- eine Befristung der Gültigkeitsdauer der zur Verfügung gestellten Informationen, beispielsweise die Gültigkeitsdauer befristeter Angebote, insbesondere hinsichtlich des Preises (Nr. 12).

Die vorgenannten Informationen müssen in elektronischer **Form in einer dem ein- gesetzten Telekommunikationsmittel entsprechenden Weise klar und verständlich** übermittelt werden. Dies ermöglicht auch die Darstellung der Informationen auf dem Bildschirm des mobilen Endgeräts. Die Formulierung lässt es auch zu, bei Apps als Besonderheit zu berücksichtigen, dass die Darstellungsmöglichkeiten gerade bei Smartphones aufgrund der geringen Bildschirmgröße eingeschränkt sind. Die Anforderungen des Art. 246 § 1 EGBGB sollten daher auch dann erfüllt sein, wenn die Verbraucherinformationen in kleiner Schrift dargestellt und erst dann ohne Mühen lesbar sind, wenn der Smartphone-Nutzer die Schrift vergrößert. Um dem **Transparenzgebot** zu genügen, sollte bei App-Angeboten gegenüber deutschen Verbrauchern die Information in deutscher Sprache angezeigt werden.[167] 122

Art. 246 § 2 Abs. 1 Nr. 2 EGBGB stellt die Informationen dar, die der Unternehmer dem Verbraucher **in Textform „alsbald, spätestens bis zur vollständigen Erfüllung des Vertrags, bei Waren spätestens bis zu Lieferung an den Verbraucher“** zu erfüllen hat. Hierzu zählen: 123

- Die Vertragsbestimmungen einschließlich der AGB,
- erneut die bereits in elektronischer Form vor Vertragsschluss mitzuteilenden Informationen gem. Art. 246 § 1 Abs. 1 Nr. 1–12 EGBGB,[168]
- die vertraglichen Kündigungsbedingungen einschließlich etwaiger Vertragsstrafen (Art. 246 § 2 Abs. 1 Nr. 2, Unterziff. 4 EGBGB), wenn der Vertrag ein Dauerschuldverhältnis betrifft, das auf unbestimmte Zeit geschlossen wird, oder das eine Laufzeit von mehr als einem Jahr vorsieht, sowie
- Informationen über Kundendienst und geltende Gewährleistungs- und Garantiebedingungen.

---

165 Es ist also entscheidend, auch darüber zu belehren, dass kein Widerrufsrecht besteht, etwa weil es sich bei der App um einen zur Rücksendung i.S.d. § 312d Abs. 4 Nr. 13. Fall BGB nicht geeigneten Gegenstand handelt.

166 Der Verwender sollte grundsätzlich das gesetzliche Muster der Widerrufsbelehrung verwenden: Vgl. hierzu bereits oben Rn 111, Fn 150 mit einem Link zu den gesetzlichen Musterbelehrungen.

167 Vgl. hierzu Palandt/*Grüneberg*, Art. 246 § 1 EGBGB Rn 4.

168 Vgl. hierzu oben Rn 119.

124 Die schwer verständliche Regelung des Art. 246 § 2 Abs. 2 S. 1 EGBGB besagt, dass die Informationspflichten nach Art. 246 § 2 EGBGB bei der Erbringung von Dienstleistungen dann vollständig entfallen, wenn diese unmittelbar unter Einsatz von Fernkommunikationsmitteln erbracht werden, nur einmal erfolgen sollen und über den Betreiber der Fernkommunikationsmittel abgerechnet werden.[169] Das bedeutet, dass bei einer **einmaligen und mittels Apps unmittelbar erbrachten Dienstleistung, die direkt über die Telefonrechnung abgerechnet wird**, keine Informationspflichten in Textform erfolgen müssen. Das entbindet den Anbieter allerdings nicht von den in elektronischer Form zu erbringenden Informationspflichten gem. Art. 246 § 1 EGBGB.

125 Auf die Einhaltung der vorgenannten Informationspflichten auch in Textform gem. Art. 246 § 2 EGBGB sollte besonderer Wert gelegt werden. Werden dem Verbraucher die Informationen nicht in Textform zur Verfügung gestellt, führt dies gem. § 312d Abs. 2 S. 1 BGB dazu, dass die **Widerrufsfrist** nicht zu laufen beginnt. Neben möglichen wettbewerbsrechtlichen Abmahnungen und Schadensersatzansprüchen des Verbrauchers i.S.d. §§ 280 Abs. 1, 311 Abs. 2, 241 Abs. 2 BGB kann die Missachtung dieser Pflichten dazu führen, dass ein **„ewiges“ Widerrufsrecht** für den Kunden besteht. § 355 Abs. 4 S. 3 BGB stellt nunmehr klar, dass das **Widerrufsrecht auch über einen Zeitraum von mehr als sechs Monaten nach Vertragsschluss** noch bestehen bleibt, wenn der Anbieter die Widerrufsbelehrung nicht in Textform an den Verbraucher schickt oder bei Finanzdienstleistungen seinen Belehrungspflichten i.S.d. Art. 246 § 2 Abs. 1 S. 1 Nr. 1 und S. 2 Nr. 1–3 EGBGB nicht ordnungsgemäß nachkommt.

! **Praxistipps**

Die Rechtsprechung stellt hohe **Anforderungen** an die Erteilung der Verbraucherinformationen in **Textform**. Dies ist grundsätzlich nur dadurch zu erfüllen, dass man dem Kunden die erforderlichen Informationen **per Brief, E-Mail oder SMS** unmittelbar nach Vertragsschluss zusendet. Die meisten nach Art. 246 § 2 EGBGB geforderten Informationen lassen sich gut in AGB integrieren. Man kann somit dem Verbraucher z.B. eine E-Mail schicken, in dem der Vertragsschluss bestätigt, die wesentlichen Vertragsleistungen und der Endpreis dargestellt werden und im Übrigen auf die Geltung der im Anhang beigefügten AGB verwiesen wird.

---

126 Häufig wird die Vorschrift des Art. 246 § 2 Abs. 3 S. 2 EGBGB übersehen. Danach müssen insbesondere die ladungsfähige **Anschrift, die Widerrufs- bzw. Rückgabebelehrung sowie Informationen zum Kundendienst** und **geltende Gewährleistungs- und Garantiebedingungen** dann in besonderer Weise **hervorgehoben** und gestaltet werden, wenn sie **in AGB** integriert werden.

169 Palandt/*Grüneberg*, Art. 246 § 2 EGBGB Rn 10.

Praxistipp
Gerade die **Widerrufs- bzw. Rückgabebelehrung** muss – wenn sie in die AGB integriert wird – **deutlich hervorgehoben gestaltet** werden. Hierzu empfiehlt es sich, die Belehrung in Fettdruck und zusätzlich mit einer Rahmenumrandung zu versehen.

Nach den fernabsatzrechtlichen Vorschriften kommt der Anbieter seinen Informa- 127
tionspflichten über die Belehrung über das Widerrufs- bzw. Rückgaberecht nach, wenn er den Verbraucher hierüber vor Abgabe der entsprechenden Vertragserklärung in elektronischer Form und zusätzlich nach Vertragsschluss bis zur vollständigen Erfüllung des Vertrags bzw. bis zur Lieferung der Ware in Textform belehrt. Davon unabhängig ist die Frage, ob die Belehrung so rechtzeitig erfolgt, dass die **Widerrufsfrist 14 Tage und nicht einen Monat** beträgt. Dies richtet sich nach § 355 Abs. 2 S. 1 und 2 BGB. Bei Fernabsatzverträgen muss danach die **Widerrufs- bzw. Rückgabelehrung in Textform** allerspätestens **unverzüglich nach Vertragsschluss** mitgeteilt werden, um eine Widerrufsfrist von 14 Tagen in Lauf zu setzen. Ansonsten gilt eine Widerrufsfrist von einem Monat gem. § 355 Abs. 2 S. 3 BGB.

Dabei soll für eine **unverzügliche Belehrung nach Vertragsschluss** genügen, 128
dass der Verkäufer die **erste** ihm **zumutbare Möglichkeit** ergriffen hat, die Belehrung nach Vertragsschluss **in Textform zuzusenden.** Insofern darf im Rahmen einer **eBay-Auktion** zwischen Abgabe des Höchstgebots (= Vertragsschluss) und der Zusendung der Belehrung in Textform ein Zeitraum von mehr als 49 Stunden liegen.[170] Dieser Rechtsprechung ist zuzustimmen, da sie im Einklang mit der Legaldefinition der „Unverzüglichkeit" (§ 121 Abs. 1 S. 1 BGB) steht.

Weitergehende Informationspflichten sieht das Gesetz für Verträge über **Fi-** 129
nanzdienstleistungen vor. Hierauf ist weiter unten gesondert einzugehen.[171]

6. (Informations-) Pflichten im elektronischen Geschäftsverkehr

Da sich der Unternehmer bei Abschluss von Verträgen über oder mittels Apps stets 130
der Telemedien bedient, handelt es sich bei diesen Verträgen nicht nur um Fernabsatzverträge, sondern auch um **Verträge im elektronischen Geschäftsverkehr** gem. § 312g Abs. 1 S. 1 BGB. Zusätzlich zu den bereits besprochenen **Pflichten der sog. Button-Lösung**[172] hat der Anbieter der App dafür Sorge zu tragen, dass dem Kunden.

- angemessene, wirksame und zugängliche technische Mittel zur Verfügung stehen, mit deren Hilfe er Eingabefehler vor Abgabe seiner Bestellung erkennen und berichtigen kann (§ 312g Abs. 1 S. 1 Nr. 1),

170 Vgl. OLG Hamm, Urt. v. 10.1.2012 – I-4 U 145/11 – NJW 2012, 1156 Rn 56 ff.
171 Siehe hierzu Rn 142 ff.
172 Siehe hierzu bereits oben Rn 113 ff.

- der Zugang der Bestellung unverzüglich auf elektronischem Wege bestätigt wird (§ 312g Abs. 1 S. 1 Nr. 3) und
- die Möglichkeit verschafft wird, die Vertragsbestimmungen einschließlich der AGB bei Vertragsschluss abzurufen und in wiedergabefähiger Form zu speichern (§ 312g Abs. 1 S. 1 Nr. 4).

131 Auch im Rahmen der Bestellung von Apps oder mittels Apps ist demnach darauf zu achten, dass der Anwender in der Lage ist, **Fehler in der Bestellung technisch zu erkennen und zu berichtigen**. Hierfür ist insbesondere zweckmäßig, am Ende der Bestellung eine **Bestellübersichtsseite** vorzusehen, auf der dem Kunden die gesamte Bestellung übersichtlich zusammengefasst dargestellt wird und die Möglichkeit besteht, auf die früheren Bestellschritte zurückgehen zu können.

! **Praxistipp**
Die Anforderungen des § 312g Abs. 1 S. 1 Nr. 3 und 4 BGB erfüllt der Anbieter am besten dadurch, dass er unmittelbar nach der Bestellung eine **E-Mail** an den Kunden verschickt, in dem er die **Bestellung bestätigt** und die wesentlichen Vertragsinformationen einschließlich AGB beifügt. Wird keine E-Mail-Adresse beim Anwender erhoben, müssen diese **Informationen** notfalls **per SMS** verschickt werden. Dies ist zwar für die Bestellbestätigung als solche unproblematisch. Hinsichtlich der Vertragsbestimmungen sowie der AGB besteht dabei jedoch immer die Gefahr, dass die **Darstellungen auf mobilen Endgeräten** zu klein geraten, unübersichtlich sind und dem Anbieter mangelnde Transparenz bei der Darstellung der Informationen vorgeworfen wird. Im Zweifel ist hier jedenfalls die Zusendung per E-Mail vorzuziehen.

132 Nach § 312g Abs. 1 S. 1 Nr. 2 BGB hat der Anbieter der App dem Verbraucher die in Art. 246 § 3 EGBGB bestimmten **Informationen rechtzeitig vor Abgabe von dessen Bestellung klar und verständlich** mitzuteilen. Hierbei handelt es sich um Informationen:
- über die einzelnen technischen Schritte, die zum Vertragsschluss führen,
- darüber, ob der Vertragstext nach Vertragsschluss von dem Anbieter der App gespeichert wird und ob er dem Kunden zugänglich ist und
- darüber, wie der Kunde Eingabefehler vor Abgabe der Vertragserklärung erkennen und berichtigen kann,
- über die für den Vertragsschluss zur Verfügung stehenden Sprachen und
- über sämtliche Verhaltenskodizes, denen sich der Unternehmer unterwirft, sowie über die Möglichkeit des elektronischen Zugangs zu diesen Regelwerken (hierzu gehören etwa die Regelwerke der Anwalts-, Steuerberater- und Ärztekammern).

! **Praxistipp**
Sinnvollerweise werden die Schritte, die zum Vertragsschluss führen, im Rahmen des **Bestellprozesses** erklärt. Die übrigen Informationen lassen sich grundsätzlich gut **in AGB integrieren**. Die Informationspflichten gem. § 312g Abs. 1 S. 1 Nr. 2 BGB müssen nicht in Textform erfolgen. Es ge-

nügt also grundsätzlich die **Einblendung auf dem Bildschirm**. Zu beachten ist, dass speziell für die Informationen, die im Zusammenhang mit § 312g Abs. 2 BGB gefordert werden (sog. **Button-Lösung**), besondere Anforderungen an die Gestaltung gestellt werden. Diese Informationen müssen **räumlich unmittelbar vor der Bestellung** des Kunden **in hervorgehobener Weise** eingeblendet bzw. zur Verfügung gestellt werden.

Der Verstoß gegen die Pflichten im elektronischen Geschäftsverkehr kann nicht nur 133
wettbewerbsrechtliche Abmahnungen nach sich ziehen. Laut § 312g Abs. 6 BGB beginnt die Widerrufsfrist solange nicht zu laufen, bis der Anbieter seine Pflichten gem. § 312g Abs. 1 S. 1 BGB erfüllt hat.

7. Wettbewerbsrechtlich relevante Informationspflichten, §§ 4 Nr. 11, 5a Abs. 2–4 UWG

Nach § 4 Nr. 11 UWG handelt unlauter, wer einer gesetzlichen Vorschrift zuwiderhan- 134
delt, die auch dazu bestimmt ist, im Interesse der Marktteilnehmer das Marktverhalten zu regeln. Sämtliche Informationspflichten gegenüber Verbrauchern, die ihre Grundlage in Art. 7 Abs. 4 **UGP-Richtlinie**[173] (z.B. fehlende Angabe der wesentlichen Merkmale des Produkts, Anschrift und Identität des Anbieters, Preise, Zahlungs- und Lieferbedingungen etc.) oder in Art. 7 Abs. 5 UGP-Richtlinie in Verbindung mit den in Anhang II der Richtlinie aufgeführten Rechtsakten der EU finden (z.B. **Richtlinie über den elektronischen Geschäftsverkehr** etc.), sind **Marktverhaltensregelungen** i.S.d. § 4 Nr. 11 UWG und führen zu einem Wettbewerbsverstoß.[174]

Allerdings ergibt sich aus dem Erwägungsgrund Nr. 15 S. 4 und 5 UGP- 135
Richtlinie, dass ein Verstoß gegen **nationale Informationspflichten, die über Informationspflichten der UGP-Richtlinie hinausgehen**, wegen der angestrebten Vollharmonisierung und der einheitlichen Informationsanforderungen in der EU kein wettbewerbsrechtlich relevantes Unterlassen darstellt.[175]

Häufig stellen Verletzungen der Informationspflicht auch eine **Irreführung** 136
durch Unterlassen gem. §§ 3 Abs. 1 und 2, 5a Abs. 2 bis 4 UWG dar, wenn sich der App-Anbieter – wie regelmäßig – auch an Verbraucher richtet. Insoweit stellt § 5a

173 EU-RL vom 11.5.2005 über unlautere Geschäftspraktiken im binnenmarktinternen Geschäftsverkehr zwischen Unternehmen und Verbrauchern und zur Änderung der RL 84/450/EWG des Rates, der RL 97/7/EG, 98/27/EG und 2002/65/EG des Europäischen Parlaments und des Rates sowie der VO (EG) Nr. 2006/2004 des Europäischen Parlaments und des Rates (Richtlinie über unlautere Geschäftspraktiken), ABl. (EU) L 149/22, abrufbar unter: http://eur-lex.europa.eu/LexUriServ/LexUriServ.do?uri=OJ:L:2005:149:0022:0022:DE:PDF.

174 Vgl. BGH, Urt. v. 29.4.2010 – I ZR 66/08 – GRUR 2010, 1142 Rn 12; BGH, Urt. v. 14.4.2011 – I ZR 133/09 – WRP 2011, 866 Rn 19.

175 OLG Frankfurt a.M., Urt. v. 12.4.2011 – 11 U 5/11 (Kart) – Rn 23ff., abrufbar unter: http://openjur.de/u/307124.html.

Abs. 4 UWG klar, dass die Verletzung **unionsrechtlicher Informationspflichten** – beruhen sie auf Richtlinien oder Verordnungen – **stets „wesentlich"** sind und damit zu einer Wettbewerbsverletzung gem. § 5a Abs. 2 UWG führen.

137 **Fehlende Preisangaben** i.S.d. § 5a Abs. 3 Nr. 3 UWG bei Waren- oder Dienstleistungsangeboten sind ebenfalls als „wesentlich" i.S.d. § 5a Abs. 2 UWG anzusehen und damit als Wettbewerbsverstoß zu werten.[176]

138 Um nicht irreführend gem. § 5a Abs. 3 Nr. 1 UWG zu handeln, sind auch die **wesentlichen Merkmale der Ware oder Dienstleistung** in dem dieser und dem verwendeten Kommunikationsmittel angemessenen Umfang anzugeben. Zu den wesentlichen Merkmalen zählen alle Eigenschaften und Bedingungen des Produkts, die für den Verbraucher von besonderem Interesse sein können.[177] Wird etwa gegenüber Verbrauchern mit Apps geworben, für die **Folgekosten** durch **zwingende In-App-Käufe oder zusätzliche Items** anfallen, wäre es gem. § 5a Abs. 3 Nr. 1 UWG irreführend, eine Information hierüber zu unterlassen.

139 Die **fehlende Anbieterkennzeichnung** führt zwingend zu einer wettbewerbsrechtlich relevanten Irreführung durch Unterlassung gem. § 5a Abs. 3 Nr. 2 UWG. Gerade im Bereich der **App Stores** besteht das Problem, dass die Anbieterinformationen entweder nicht oder nur unvollständig angegeben werden.

140 Zugunsten des Anbieters müssen die verbraucherrelevanten Angaben i.S.d. § 5a Abs. 2 bis 4 UWG stets vor dem Hintergrund der **Beschränkungen des jeweiligen Kommunikationsmittels** beurteilt werden. Gerade im Bereich der Apps, die bestimmungsgemäß auf **mobilen Endgeräten** mit zumeist kleineren Displays angeboten werden, wird man daher dem App-Anbieter gestatten dürfen, für weitergehende **Informationen zum Produkt und zum Anbieter per Link** auf leicht zugängliche Unterseiten zu verweisen. So weist auch der EuGH unter Bezugnahme auf Art. 7 Abs. 1 der UGP-Richtlinie darauf hin, dass Beschränkungen des **Kommunikationsmittels bei den Informationspflichten zu berücksichtigen** sind, bei preisvariablen Produkten ein **„ab"-Preis** genannt oder für eine ausführliche Beschreibung der wesentlichen Merkmale der Ware oder Dienstleistungen z.B. auf die Website des Anbieters verwiesen werden darf.[178]

II. Besondere Pflichten bei speziellen Apps

141 Für spezielle Apps oder Leistungen, die mittels Apps angeboten werden, können **zusätzliche oder weitergehende Pflichten** bestehen. Es würde den Rahmen dieses

176 Siehe hierzu und zur Abgrenzung des „Angebots" von der Image- und Erinnerungswerbung bereits oben Rn 96.

177 *Köhler/Bornkamm*, § 5a Rn 31.

178 EuGH, Urt. v. 12.5.2011 – C-122/10 – GRUR 2011, 930 Rn 40f. und 56.

Kapitels sprengen, sämtliche dieser Pflichten aufzuführen. Exemplarisch werden im Folgenden finanzierte Geschäfte, Gewinnspiele und redaktionelle Inhalte dargestellt:

1. Finanzierte Geschäfte

Finanzierte Geschäfte können mittels Apps insbesondere dadurch zustande kommen, dass eine **Leistung oder Ware in Raten abbezahlt** wird. Auch die „einfache" **Ratenzahlung** ist als Teilzahlungsgeschäft und „sonstige Finanzierungshilfe" gem. §§ 506 Abs. 3, 507 BGB eine **Finanzdienstleistung** i.S.d. § 312b Abs. 1 S. 2 BGB. 142

Bei Finanzdienstleistungen kann der Verbraucher gem. § 312c Abs. 3 BGB jederzeit während der Vertragslaufzeit verlangen, dass ihm die **Vertragsbestimmungen einschließlich der AGB in einer Urkunde** zur Verfügung gestellt werden. 143

Zusätzlich zu den allgemeinen Informationspflichten im Fernabsatz, die sich aus § 312c Abs. 1 BGB, Art. 246 § 1 EGBGB ergeben, muss der die Ratenzahlung finanzierende Unternehmer **weitere Informationen** gem. Art. 246 § 1 Abs. 2 und Art. 246 § 2 Abs. 1 EGBGB zur Verfügung stellen. Diese Angaben müssen bei dem Vertrag über die Ratenfinanzierung grundsätzlich sogar **vor Vertragsschluss „klar und verständlich" in Textform** erfolgen. Allerdings wird sich der Anbieter einer mittels App angebotenen Finanzdienstleistung gem. Art. 246 § 2 Abs. 1 Nr. 1 EGBGB darauf berufen können, dass aufgrund der Besonderheiten der Apps keine Information in Textform vor Vertragsschluss möglich ist. Er genügt dann den Informationspflichten, wenn er die **Informationen unmittelbar nach Vertragsschluss** (etwa per E-Mail) an den Kunden schickt. Folgende Zusatzinformationen sind gem. Art. 246 § 1 Abs. 2 und § 2 Abs. 1 EGBGB erforderlich: 144

- die geltenden AGB des Kreditgebers,
- die Hauptgeschäftstätigkeit des Unternehmers und die für seine Zulassung zuständige Aufsichtsbehörde,
- die vertraglichen Kündigungsbedingungen einschließlich etwaiger Vertragsstrafen,
- die Mitgliedstaaten der EU, deren Recht der Unternehmer der Aufnahme von Beziehungen zum Verbraucher vor Abschluss des Fernabsatzvertrags zugrunde legt,
- eine Vertragsklausel über das auf den Fernabsatzvertrag anwendbare Recht oder über das zuständige Gericht,
- die Sprachen, in welchen die Vertragsbedingungen und die in dieser Vorschrift genannten Vorabinformationen mitgeteilt werden, sowie die Sprachen, in welchen sich der Unternehmer verpflichtet, mit Zustimmung des Verbrauchers die Kommunikation während der Laufzeit dieses Vertrags zu führen,
- einen möglichen Zugang des Verbrauchers zu einem außergerichtlichen Beschwerde- und Rechtsbehelfsverfahren und ggf. die Voraussetzungen für diesen Zugang und

- das Bestehen eines Garantiefonds oder anderer Entschädigungsregelungen, die nicht unter die RL 94/19/EG des Europäischen Parlaments und des Rates vom 30.5.1994 über Einlagensicherungssysteme (ABl. EG Nr. L 135 S. 5) und die RL 97/9/EG des Europäischen Parlaments und des Rates vom 3.3.1997 über Systeme für die Entschädigung der Anleger (ABl. EG Nr. L 84 S. 22) fallen.

145 Handelt es sich um ein **Verbraucherdarlehensvertrag**, also insbesondere um einen entgeltlichen Darlehensvertrag zwischen dem Anbieter und einem Verbraucher **mit einem Nettodarlehensbetrag von 200 € oder mehr** (vgl. § 491 Abs. 1, Abs. 2 Nr. 1 BGB), müssen gem. § 491a Abs. 1 BGB auch vor Vertragsschluss in Textform die Informationen des Art. 247 EGBGB zur Verfügung gestellt werden. In den häufigen Fällen der Ratenzahlungsvereinbarung handelt es sich in der Regel um ein **verbundenes Geschäft** aus der Ware/Leistung einerseits und dem Kreditvertrag andererseits. In diesem Fall sind den Kunden z.B. gem. § 491a Abs. 1 BGB i.V.m. Art. 247 §§ 12, 1 ff. EGBGB folgende **Informationen in Textform** zur Verfügung zu stellen:
- den Namen und die Anschrift des Darlehensgebers,
- die Art des Darlehens,
- der effektive Jahreszins,
- der Nettodarlehensbetrag,
- der Sollzinssatz,
- die Vertragslaufzeit,
- der Betrag, die Zahl und die Fälligkeit der einzelnen Teilzahlungen,
- der Gesamtbetrag,
- die Auszahlungsbedingungen,
- alle sonstigen Kosten, insbesondere im Zusammenhang mit der Auszahlung oder der Verwendung eines Zahlungsauthentifizierungsinstruments, mit dem sowohl Zahlungsvorgänge als auch Abhebungen getätigt werden können, sowie die Bedingungen, unter denen die Kosten angepasst werden können,
- den Verzugszinssatz und die Art und Weise seiner etwaigen Anpassung sowie ggf. anfallende Verzugskosten,
- einen Warnhinweis zu den Folgen ausbleibender Zahlungen,
- das Bestehen oder Nichtbestehen eines Widerrufsrechts,
- das Recht des Darlehensnehmers, das Darlehen vorzeitig zurückzuzahlen,
- die sich aus § 491a Abs. 2 BGB ergebenden Rechte,
- die sich aus § 29 Abs. 7 BDSG ergebenden Rechte.

146 Der Kreditgeber muss außerdem bei der Finanzierung einer Leistung bzw. Ware im Rahmen eines **verbundenen Geschäfts** hinsichtlich des eigentlichen **Darlehensvertrags** die inhaltlichen Anforderungen des Art. 246 §§ 6 und 7 EGBGB einhalten. Hierzu zählen:

- der Kaufgegenstand und der Barzahlungspreis sowie
- Informationen zu verbundenen Geschäften im Zusammenhang mit dem Widerrufsrecht (§§ 358, 359 BGB).

Zur Erfüllung der Informationspflichten sind grundsätzlich die in **Anlagen 3 und 4 zu Art. 247 § 2 EGBGB vorgesehenen Muster** zu verwenden (vgl. Art. 247 § 2 EGBGB).[179] Entsprechendes gilt bei verbundenen Geschäften bzw. sonstigen entgeltlichen Finanzierungshilfen für die **Muster-Widerrufsbelehrung für Verbraucherdarlehensverträge** als Anlage 6 zu Art. 12 Abs. 1 EGBGB (vgl. Art. 247 § 12 Abs. 1 S. 3–6 EGBGB).[180] 147

Praxistipp !
Allein schon aus dieser Fülle an Informationen für das Teilzahlungsgeschäft wird deutlich, dass die **Informationen über entgeltliche Finanzierungshilfen mittels App** kaum sinnvoll dargestellt werden können. Es empfiehlt sich daher dringend, finanzierte Geschäfte im Wege des sog. **Medienbruchs** ausschließlich über das klassische E-Commerce mit PC und Browser oder gar auf dem schriftlichen Wege zum Abschluss zu bringen.

Bereits in der **Werbung für konkrete finanzierte Waren oder Leistungen** gegenüber Verbrauchern mittels Apps sind außerdem die **Vorschriften der Preisangabenverordnung** zu beachten. Dies betrifft insbesondere: 148
- die Angabe des effektiven Jahreszinssatzes (§§ 6 Abs. 1, 6a Abs. 1 Nr. 3 PAngV),
- den Sollzinssatz (§ 6a Abs. 1 Nr. 1 PAngV: einschließlich der Angabe, ob dieser Zinssatz gebunden, veränderlich oder kombiniert ist) und den
- Netto-Darlehensbetrag (§ 6a Abs. 1 Nr. 2 PAngV).

In der Werbung ist ggf. gem. § 6a Abs. 1 PAngV zusätzlich anzugeben:
- die Vertragslaufzeit,
- bei Teilzahlungsgeschäften die Sache oder Dienstleistung, der Barzahlungspreis sowie der Betrag der Anzahlung und
- ggf. der Gesamtbetrag und der Betrag der Teilzahlungen.

---

179 Die Anlagen 3 und 4 zu Art. 247 § 2 EGBGB sind dem Gesetz zur Umsetzung der Verbraucherkreditrichtlinie, des zivilrechtlichen Teils der Zahlungsdiensterichtlinie sowie zur Neuordnung der Vorschriften über das Widerrufs- und Rückgaberecht vom 29.7.2009 (BGBl. I S. 2355, 2393 ff.) zu entnehmen.
180 Die entsprechende Muster-Widerrufsbelehrung ist dem Gesetz zur Einführung einer Musterwiderrufsinformation für Verbraucherdarlehensverträge, zur Änderung der Vorschriften über das Widerrufsrecht bei Verbraucherdarlehensverträgen und zur Änderung des Darlehensvermittlungsrechts vom 24.7.2010 (BGBl. I S. 977, 980 ff.) zu entnehmen.

149 Laut § 6 Abs. 3 PAngV sind die vorgenannten Angaben der § 6 Abs. 1 und 2 PAngV mit einem **Beispiel** versehen. Dabei muss von einem **effektiven Jahreszinssatz** ausgegangen werden, der erwarten lässt, dass er für mindestens zwei Drittel der abzuschließenden Verträge zutrifft oder zumindest niedriger als der angegebene Zinssatz ist.

2. Gewinnspiele

150 Werden über Apps Gewinnspiele angeboten, sind insbesondere der § 4 Nr. 5 und Nr. 6 UWG zu beachten. Nach § 4 Nr. 5 UWG handelt unlauter, wer bei Gewinnspielen mit Werbecharakter die **Teilnahmebedingungen** nicht **klar und eindeutig** angibt. Die Vorschrift erfasst bereits die **Ankündigung eines Gewinnspiels mit Werbecharakter.**[181] Zu den Teilnahmebedingungen zählen sowohl die **Angabe der Personengruppe**, die zur Teilnahme berechtigt ist als auch die **genauen Modalitäten der Teilnahme** wie etwa die Angabe, wer Veranstalter ist, in welcher Art und Weise an dem Gewinnspiel teilgenommen werden kann sowie Angaben dazu, wie der Gewinn ermittelt wird, wie der Preis zu erhalten ist, ob ggf. Kosten der Teilnahme anfallen etc.[182]

151 Für den Bereich der Apps ist dabei Art. 7 Abs. 1 der **UGP-Richtlinie** bedeutsam, wonach der Umfang der Informationspflichten im Einzelfall auch unter **Berücksichtigung der Beschränkungen des Kommunikationsmediums** bestimmt werden muss.[183] Letztlich ist dabei auch die Bedeutung der einzelnen Informationen „als wesentlich" für die Verbraucherentscheidung im Einzelfall zu berücksichtigen.[184] So sind in **flüchtigen Medien** wie etwa dem Fernsehen einer ausführlichen Erläuterung der Teilnahmebedingungen Grenzen gesetzt, was sich auf den Umfang der Informationspflichten auswirkt.[185]

152 Dies muss entsprechend auch für Apps gelten. Insbesondere wenn die **Gewinnspielteilnahme** noch **nicht unmittelbar über die App** stattfinden kann, genügt für die Einzelheiten der Spielbedingungen etwa ein **Verweis auf die Website** oder auf im Handel erhältliche Teilnahmekarten.[186]

153 Zu beachten ist grundsätzlich auch § 4 Nr. 6 UWG, wonach es grundsätzlich unlauter ist, die **Teilnahme am Gewinnspiel von dem Erwerb einer Ware oder Leistung abhängig** zu machen, es sei denn, das Gewinnspiel ist „naturgemäß" mit der Ware oder Dienstleistung verbunden. Das **Koppelungsverbot** greift stets dann,

---

181 BGH, Urt. v. 10.1.2008 – I ZR 196/05 – GRUR 2008, 724.
182 *Köhler/Bornkamm*, § 4 Rn 5.11.
183 *Köhler/Bornkamm*, § 4 Rn 5.3.
184 Vgl. BGH, Urt. v. 9.7.2009 – I ZR 64/07 – GRUR 2010, 158 Rn 11.
185 BGH, Urt. v. 9.7.2009 – I ZR 64/07 – GRUR 2010, 158 Rn 15 m.w.N.
186 Vgl. BGH, Urt. v. 9.7.2009 – I ZR 64/07 – GRUR 2010, 158 Rn 15.

wenn der Verbraucher gezwungen wird, ein Produkt zu kaufen, um überhaupt an dem Gewinnspiel teilnehmen zu können.[187] Das grundsätzliche Koppelungsverbot gilt etwa nicht, wenn dem Verbraucher alternative, leicht zugängliche und somit **zumutbare Alternativen der Gewinnspielteilnahme** ohne Waren- bzw. Leistungsbezug eröffnet werden.[188] Im Rahmen der Apps bestehen hier keine Besonderheiten.

3. Redaktionelle Inhalte

Über Apps werden häufig redaktionelle Inhalte verbreitet. Hierbei ist gem. § 55 154
Abs. 2 RStV das **Impressum** zusätzlich zu den Angaben nach §§ 5, 6 TMG auch um ein oder mehrere Personen mit Name und Anschrift zu ergänzen, die für die **journalistisch-redaktionellen Inhalte** verantwortlich sind.[189]

Bei der Bereitstellung von redaktionellen Inhalten mittels Apps ist insbesondere 155
das sog. **Trennungsgebot** zu beachten. Nach § 6 Abs. 1 Nr. 1 TMG[190] muss **Werbung als solche klar erkennbar** und **von** den **redaktionellen Inhalten deutlich getrennt** dargestellt werden.

Eine Trennung der redaktionellen Inhalte von Werbung ist auch bei den auf 156
mobilen Endgeräten häufig kleineren Display-Flächen zuverlässig zu gewährleisten. Die **strengen Anforderungen an die Trennung** bei der Tagespresse für redaktionelle Veröffentlichungen gelten auch im Bereich der Apps.[191] So kann etwa ein Verstoß gegen das Trennungsgebot vorliegen, wenn von einem redaktionell gestalteten Beitrag **zu einer Werbeseite verlinkt** wird, ohne dass dies für den Nutzer deutlich und unmissverständlich erkennbar wäre.[192] Ob eine **getarnte Werbung** in Form einer über die sachliche Unterrichtung hinausgehenden Berichterstattung vorliegt, ist im Einzelfall unter Berücksichtigung des Inhalts des Berichts, dessen Anlass und Aufmachung sowie der Gestaltung und Zielsetzung des Presseorgans zu würdigen.[193]

---

187 Dies gilt auch, wenn die Ware von einem Dritten bezogen werden muss und der Gewinnspielanbieter an dem Waren- oder Dienstleistungsgeschäft nicht unmittelbar partizipiert: vgl. OLG Celle, Urt. v. 10.1.2008 – 13 U 118/07 – GRUR-RR 2008, 349.

188 Vgl. hierzu im Einzelnen *Köhler/Bornkamm*, § 4 Rn 6.21 m.w.N.

189 Siehe bereits oben Rn 77.

190 Vergleichbare Regelungen enthalten die §§ 7 Abs. 3 S. 1 und 58 Abs. 1 RStV für den Rundfunk bzw. für Telemedien, die dem Rundfunkrecht unterliegen, sowie für die Presse die jeweiligen Landespressegesetze.

191 Vgl. *Köhler/Bornkamm*, § 4 Rn 1.273 und Rn 3.41 zu Internetwerbung.

192 KG, Urt. v. 30.6.2006 – 5 U 127/05 – NJW-RR 2006, 1633; OLG München, Urt. v. 10.12.2009 – 29 U 2841/09 – WRP 2010, 671.

193 BGH, Urt. v. 18.2.1993 – I ZR 219/91 – GRUR 1993, 565, 566; *Köhler/Bornkamm*, § 4 Rn 3.29.

157 Wird nicht deutlich zwischen Werbung und redaktionellen Inhalten getrennt, ist das Verhalten nicht nur gem. § 4 Nr. 11 UWG unlauter, sondern auch gem. § 4 Nr. 3 UWG, da der Werbecharakter einer geschäftlichen Handlung verschleiert und gegen das **Verbot der „getarnten Werbung"** verstoßen wird.

III. Umsetzung des Textformerfordernisses für bestimmte Informationspflichten bei Apps

158 Zahlreiche Informationen wie etwa die Widerrufsbelehrung oder die in Art. 246 § 2 EGBGB aufgeführten Informationen[194] müssen dem Verbraucher auch in Textform spätestens unverzüglich nach Vertragsschluss zugesendet werden.

159 Die **Textform i.S.d. § 126b BGB** verlangt, dass die Erklärung in einer Urkunde oder auf andere zur **dauerhaften Wiedergabe in Schriftzeichen geeignete Weise** abgegeben, die Person des Erklärenden genannt und der Abschluss der Erklärung durch Nachbildung einer Namensunterschrift oder anders erkennbar gemacht wird. Den Anforderungen genügen jedenfalls auf **Papier, CD-ROM**, aber auch **per E-Mail oder Telefax** versandte Erklärungen.[195] Die Textform erfüllt auch eine entsprechende Erklärung per **SMS**.

160 Ob das Textformerfordernis auch dadurch erfüllt werden kann, dass der Verbraucher im Internet eine **Downloadmöglichkeit der Erklärung** eröffnet wird, war längere Zeit umstritten. Nach der jüngsten Rechtsprechung des BGH und des EuGH genügt für die Textform ausschließlich eine Erklärung, die dem Verbraucher in einer **zur dauerhaften Wiedergabe geeigneten Weise zugeht.**[196] Erforderlich ist daher eine an den Verbraucher gerichtete E-Mail oder ein Schreiben. Die bloße Darstellung der Widerrufsbelehrung in elektronischer Form mit **Abrufmöglichkeit auf der Website** ist nicht ausreichend.[197] Ebenso wenig ist ausreichend, dass der Verbraucher die Informationen lediglich über einen auf der Website und per E-Mail **zugesendeten Link** abrufen kann.[198]

161 Für die Erbringung der Informationen in „Textform" gem. Art. 246 § 2 EGB ist es somit zwingend erforderlich, dass eine Erklärung **ohne Zutun des Verbrauchers** so **in seinen Machtbereich** gelangt, dass er die Informationen dauerhaft speichern kann. Dies ist nur per E-Mail, SMS, Fax oder Brief gewährleistet. Wegen des **Zu-**

---

194 Siehe hierzu oben Rn 111.

195 Palandt/*Ellenberger*, § 126b Rn 3 m.w.N.

196 BGH, Urt. v. 29.4.2010 – I ZR 66/08 – NJW 2010, 3566 Rn 19.

197 BGH Urt. v. 29.4.2010 – I ZR 66/08 – NJW 2010, 3566 Rn 19 ff.

198 Vgl. auch EuGH, Urt. v. 5.7.2012 – C-49/11 – Rn 37, 42 ff. – abrufbar unter: http://curia.europa.eu/jurisdocument/document.jsf?text=&docid=124744&pageIndex=0&doclang=DE&mode=req&dir=&occ=first&part=1.

gangserfordernisses ist es auch nicht ausreichend, dass der Verbraucher lediglich per **Checkbox** o.ä. erklärt, er habe von der Möglichkeit des Downloads der Erklärung Gebrauch gemacht. Entgegen einer vertretenen Auffassung ist es nicht ausreichend, dass es **in irgendeiner Weise tatsächlich zu einem Download** der Erklärung kommt.[199] Die Anforderungen der Textform gem. § 126b BGB sind objektiv zu bestimmen und setzen zumindest nach Auffassung des BGH einen Zugang der Erklärung ohne Mitwirkung des Erklärungsempfängers voraus. Für diese objektiven Kriterien kann es nicht entscheidend sein, ob es im Einzelfall tatsächlich zu einem Download kommt oder nicht.

Die **Versendung der Information per SMS** erfüllt zwar die Textform. Es muss 162 jedoch bezweifelt werden, ob mittels SMS dem Verbraucher die **Informationen in „klarer" und „verständlicher" Weise** zur Verfügung gestellt werden, wie es etwa Art. 246 EGBGB fordert. Gerade bei mobilen Endgeräten mit geringen Displaygrößen ist die Klarheit und Verständlichkeit bei **seitenweisem Scrollen** durch Informationstexte zweifelhaft. Der Anbieter läuft außerdem Gefahr, dass etwa per SMS versendete umfangreiche AGB nicht gem. § 305 Abs. 2 Nr. 2 BGB **in zumutbarer Weise zur Kenntnis genommen** werden können und somit kein Vertragsbestandteil werden.

Für die Praxis ist daher zu empfehlen, von dem Anwender zumindest die E- 163 Mail-Adresse zu erheben, über die ihm die entsprechenden Erklärungen zugestellt werden können. Dies ist allemal sicherer als die Zustellung per SMS.

C. Jugendschutzbestimmungen

I. Einleitung

Das Jugendschutzrecht und das Internet leben seit jeher nicht eben in perfekter 164 Harmonie.[200] In der hergebrachten, professionellen Medienlandschaft, in der die Verleger, Rundfunk- und Fernsehanstalten noch eine Art „Gatekeeper"-Funktion innehatten und somit eine recht engmaschige Kontrolle darüber gegeben war, was an Inhalten der Öffentlichkeit zugemutet wurde (oder eben auch nicht), hatten die Behörden stets einen Ansprechpartner, dem gegenüber die Regularien im normalen Verwaltungsgang durchgesetzt werden konnten. Das Jugendschutzrecht hatte bei Weitem nicht die Schwierigkeiten, sich zu behaupten, denen es nunmehr in der digitalen Welt ausgesetzt ist.

---

199 So jedoch Palandt/*Ellenberger*, § 126b Rn 3.
200 Vgl. *Stettner*, ZUM 2003, 425, 426.

165 Denn der durch das Internet in Gang gesetzte Wandel hat dem deutschen Jugendschutzrecht ein regelrecht **strukturelles Vollzugsdefizit** eingebracht. Durch das Internet konnte nun jeder zum „Verleger“ werden und die wenigsten scheren sich dabei um jugendschutzrechtliche Regularien. Im Gegenteil wurde das Jugendschutzrecht von den nicht-institutionellen Adressaten, von Bloggern, Forenbetreibern und Communities mehr und mehr als veraltet oder gar als Mittel zur Beschränkung der Meinungsäußerungsfreiheit begriffen und attackiert. Dies hat sich kaum einmal so deutlich gezeigt, wie beim Kampf um die Einführung des neuen Jugendmedienschutz-Staatsvertrags, der ja schließlich auch am Protest der sog. Netzgemeinde gescheitert ist.

166 Hinzu kommt die weitestgehende Anonymität, die das Internet gewährt. Die Betreiber von pornographischen Angeboten, von Hass- und Gewaltangeboten wissen sich zu verstecken und sind für die Behörden schlichtweg nicht zu greifen. Unterschiedliche internationale Regulierungsstandards machen ein **grenzüberschreitendes Eingreifen** zumeist unmöglich. Nicht zuletzt aus dieser Hilflosigkeit heraus ist in Deutschland vor einigen Jahren der Versuch unternommen worden, mithilfe von Sperrverfügungen rechtsradikale Propagandaseiten für deutsche Nutzer unsichtbar zu machen.[201] Ebenso erklärt sich der Versuch, mithilfe eines eigens dafür geschaffenen Gesetzes das Instrument der Netzsperren in Deutschland verbindlich einzuführen.[202]

167 Alle diese Versuche blieben weitestgehend erfolglos. In Einzelfällen sind Jugendschutzbehörden mit Erfolg gegen jugendgefährdende Angebote vorgegangen, in der Masse bleibt indes nur festzuhalten, dass das deutsche Jugendschutzrecht vergleichsweise hilflos vor den Herausforderungen steht, die das Internet ihm aufgegeben hat. Die schiere Masse der Angebote, die Ubiquität des Netzes, seine bewusst dezentrale technische Infrastruktur und die mangelnde Akzeptanz gegenüber nationalstaatlichen Regulierungsversuchen verhindern heute eine effektive Durchsetzung rechtlicher, insbesondere jugendschutzrechtlicher Regularien.

168 Anders – man könnte fast sagen: umgekehrt – stellt sich die Sache dar, wenn man den Blick auf den Markt der mobilen **Apps** lenkt: Nicht nur, dass den Behörden hier schon rein tatsächlich mehrere Personen greifbar zur Verfügung stehen, die Adressat behördlicher Vollzugsmaßnahmen sein könnten – mindestens nämlich der Store-Betreiber und der Anbieter. Darüber hinaus hat sich auch gezeigt, dass zumindest bislang die Jugendschutzbestimmungen der einzelnen App Stores weit über

201 Geläufig sein dürfte der Fall der sog. Düsseldorfer Sperrverfügungen. Damals hatte die Bezirksregierung Düsseldorf Internet-Access-Provider förmlich dazu verpflichtet, ihren Nutzern den Zugang zu bestimmten rechtsradikalen Internetangeboten zu verunmöglichen. Ausführlich mit dem Fall befasst hat sich *Billmeier*, passim.

202 So durch das mittlerweile wieder aufgehobene Zugangserschwerungsgesetz vom 17.2.2010 (BGBl. I 2010 S. 78).

das hinausgehen, was das Jugendschutzrecht dem Anbieter auferlegt. Gerade der App Store von Apple hat mittlerweile einige Berühmtheit für seine **besondere Strenge** in jugendschutzrechtlichen Belangen erlangt, wobei dies nicht eben positiv konnotiert, sondern regelmäßig als meinungsfeindlicher Auswuchs amerikanischer Prüderie kritisiert wird.

So dürfte es gerade den großen Presseverlagen, die angesichts der um die Jahr- 169
tausendwende aufgekommenen Zeitungskrise gehofft hatten, durch den digitalen Vertrieb ihrer Presseprodukte auf Tablets mittels mobiler Apps neue Märkte erschließen zu können, einen gehörigen Schrecken eingejagt haben, als Apple in einigen spektakulären Fällen Presseprodukte aus dem App Store warf, weil sie die eine oder andere Abbildung nackter Frauenbrüste oder sonst nach Meinung von Apple „unangemessene" Inhalte enthielten.[203] Derartige Beispiele gibt es viele.

Es lässt sich also konstatieren, dass – verglichen mit dem sonstigen Internet – 170
das Biotop der mobilen Apps insbesondere im Hinblick auf pornographische und Gewaltdarstellungen derzeit so sauber ist, wie das öffentlich-rechtliche Vorabendprogramm im deutschen Fernsehen. Gleichwohl – oder gerade deshalb – sollte der Anbieter einer App das Jugendschutzrecht nicht für unerheblich halten. Die Erfüllung der gesetzlichen jugendschutzrechtlichen Regularien dürfte heute wenn zwar oft nicht hinreichende, aber doch zumindest **notwendige Voraussetzung** dafür sein, dass eine App in den großen App Stores angeboten werden darf. Welche Fallstricke hier auf den Anbieter warten, ist Gegenstand der nachfolgenden Ausführungen.

II. Anwendbares Recht

Zunächst einmal stellt sich die naheliegende Frage, welche jugendschutzrechtli- 171
chen Regularien bei dem Vertrieb von Apps überhaupt beachtet werden müssen. Diese Frage stellt sich parallel auch bei den jugendschutzrechtlichen Anforderungen an digitale Inhalte, die über das Internet vertrieben werden, im Allgemeinen und stellt die Rechtspraxis auch dort vor erhebliche Probleme.

1. International

Angesichts der schon angesprochenen **Ubiquität** des Internets, die auf den Markt 172
der mobilen Apps wohl im Wesentlichen übertragbar ist, konkurrieren potenziell weltweit die Rechtsordnungen all jener Staaten, in denen eine App erhältlich ist,

---

203 Vgl. *Gebauer/Patalong*, in: Spiegel Online v. 23.2.2010, abrufbar unter: http://www.spiegel.de/netzwelt/web/medien-auf-dem-iphone-aufstand-gegen-apples-app-zensur-a-679750.html.

wenn es um die jugendschutzrechtlichen Standards geht, denen die App unterliegt. Die folgenden Ausführungen müssen sich dabei naturgemäß auf die Geltung und den Inhalt des maßgeblichen deutschen Rechts beschränken.

173 Daher gilt es zuerst der Frage nachzugehen, ob bzw. unter welchen Voraussetzungen das deutsche Jugendschutzrecht überhaupt **international Anwendung** findet. Die einschlägigen Normen machen hierzu keine Angabe. In § 2 Abs. 1 des Jugendmedienschutz-Staatsvertrags (JMStV) heißt es hierzu lediglich lapidar, der Staatsvertrag gelte *„für elektronische Informations- und Kommunikationsmedien (Rundfunk und Telemedien)“*. Eine territoriale Eingrenzung ist dem Gesetz hingegen nicht zu entnehmen. Der räumliche Geltungsbereich muss demgemäß nach den allgemeinen Grundsätzen ermittelt werden. Einen ersten Anhaltspunkt hierfür bietet § 2 Abs. 3 JMStV, in dem es heißt, der Staatsvertrag lasse das *„Telemediengesetz und die für Telemedien anwendbaren Bestimmungen des Rundfunkstaatsvertrages“* unberührt.

174 Orientiert man sich bei der Frage des räumlichen Geltungsbereichs des JMStV allerdings an Telemediengesetz (TMG) und Rundfunkstaatsvertrag (RStV), so wird die Rechtslage nicht eben deutlicher. Das Telemediengesetz enthält eine Reihe von Regelungen, die sich mit seiner räumlichen Geltung befassen. Auch dort heißt es in § 1 Abs. 1 zunächst schlicht, es gelte – mit einigen Einschränkungen – *„für alle elektronischen Informations- und Kommunikationsdienste“*. Aus den Formulierungen des § 1 Abs. 6 lässt sich indes schließen, dass es nicht lediglich in Deutschland ansässige Anbieter regulieren möchte. Anderenfalls wäre es sinnlos, eine Bereichsausnahme nur für Anbieter solcher Telemedien einzuführen, die „ausschließlich zum Empfang in Drittländern bestimmt sind“. Im Umkehrschluss ist § 1 Abs. 6 TMG daher zu entnehmen, dass das deutsche Regulierungsregime jedenfalls grundsätzlich auch Geltung für im Ausland ansässige Anbieter beansprucht.

175 Diese Überlegung lässt sich darüber hinaus auch auf das in § 3 TMG geregelte **Herkunftslandprinzip** stützen. Dieses regelt, verkürzt zusammengefasst, – in redaktionell völlig misslungener Weise – den Grundsatz, dass letztlich solche Telemedienanbieter von der deutschen Regulierung befreit sind, die ihren Sitz in anderen Staaten der EU haben. Diese Befreiung wäre dann nicht erforderlich, wenn der Geltungsbereich des TMG von vorneherein auf das Gebiet der Bundesrepublik Deutschland beschränkt wäre. Hiervon stellt das TMG wiederum eine Rückausnahme auf für *„Einschränkungen des innerstaatlichen Rechts, soweit dieses dem Schutz der öffentlichen Sicherheit und Ordnung, insbesondere [...] des Jugendschutzes und der Bekämpfung der Hetze aus Gründen der Rasse, des Geschlechts, des Glaubens oder der Nationalität sowie von Verletzungen der Menschenwürde einzelner Personen“* dient.

176 Mit anderen Worten: Das Herkunftslandprinzip gilt für den Bereich des Jugendschutzrechts gerade nicht. Das deutsche Jugendschutzrecht beansprucht zumindest dann auch für **ausländische Anbieter** Geltung, wenn das fragliche Angebot **in**

Deutschland abrufbar ist, ungeachtet dessen, ob der Anbieter seinen Sitz in der EU oder in einem Drittstaat hat.[204]

Beispiel
Die vom amerikanischen Anbieter X angebotene App ist über Google Play auch in Deutschland erhältlich. Sie unterliegt dann nach der Rechtsprechung dem deutschen Jugendschutzrecht.

Das ist **nicht unproblematisch**. Das **völkerrechtliche Interventionsverbot** steht jedenfalls unmittelbaren Maßnahmen deutscher Behörden gegen im Ausland ansässige Anbieter entgegen. Das im dritten Grundsatz der Friendly Relations Declaration wiedergegebene Interventionsverbot gehört zu den allgemeinen Grundsätzen des Völkerrechts und beansprucht damit unmittelbare Geltung auch für alle deutschen Behörden (Art. 25 GG). Eine nach den Grundsätzen des Völkerrechts unzulässige Intervention liegt vor, wenn ein Staat Hoheitsgewalt auf dem Territorium eines anderen Staates ausübt. Dies wird etwa angenommen für förmliche Zustellungen von Urteilen, Verwaltungsakten und vergleichbaren Dokumenten, aber auch für die gesetzliche Regelung von ausländischen Sachverhalten, wie sie das deutsche Jugendschutzrecht vornimmt.[205] 177

Die **Ausübung von Hoheitsgewalt** auf dem Territorium eines anderen Staates ist aber nur zulässig, wenn dieser eingewilligt hat, oder das Interventionsverbot dispensiert ist.[206] Für den Fall der Regelung ausländischer Sachverhalte lassen sich Ausnahmen auf drei Wegen begründen: 178
- über das aktive Personalprinzip, wonach jeder Staat seinen eigenen Bürger auch im Ausland dem eigenen Recht unterwerfen darf,
- über das passive Personalprinzip, wonach ein Staat auch Angriffe auf Rechtsgüter der eigenen Bürger im Ausland seiner Strafgewalt unterwerfen kann und
- über das Weltrechtsprinzip, wonach ein Staat solche – auch ausländischen – Sachverhalte regeln darf, die gegen allgemeine Grundsätze der Völkerrechtsgemeinschaft verstoßen.

Nur wenn einer dieser Grundsätze im konkreten Fall das völkerrechtliche Interventionsverbot dispensiert, darf eine Behörde ein ausländisches jugendschutzrechtlich relevantes Angebot nach eigenem deutschem Recht beurteilen; in allen anderen Fällen steht dem das Völkerrecht unmittelbar entgegen.[207]

---

204 VG Gelsenkirchen, Urt. v. 16.12.2009 – 14 K 4086/07 – Rn 34 m.w.N.; VG Köln, Urt. v. 3.3.2005 – 6 K 7151/02 – MMR 2005, 399, 401; für den Bereich des Wettbewerbsrechts und die dort geltenden Modifikationen vgl. auch die Nachweise bei *Engels/Jürgens/Kleinschmidt*, K&R 2008, 65, 66.
205 *Kempen/Hillgruber*, Kap. 4 Rn 37.
206 Zusammenfassend *Koreng*, S. 123 ff.
207 *Koreng*, S. 127.

179 Praktisch könnte man einen solchen Dispens etwa im Falle von Kinderpornographie annehmen, denn diese ist bereits durch das Völkerrecht selbst geächtet.[208] Angebote, die gegen diesen Grundsatz verstoßen, dürfte das deutsche Recht demnach auch dann für unzulässig erklären, wenn sich der Anbieter im Ausland aufhält. Anders wäre es dort, wo das deutsche Recht beispielsweise rechtsextreme Inhalte für unzulässig erklärt. Da hierüber kein internationaler Konsens besteht, wäre eine solche deutsche Regelung völkerrechtswidrig, wenn man sie auf Angebote ausländischer Anbieter anwendet. Es müsste nach der hier vertretenen Auffassung also **von Fall zu Fall** entschieden werden, ob auf ein bestimmtes ausländisches Angebot eine bestimmte deutsche Jugendschutzbestimmung Anwendung finden kann.

180 Ungeachtet dessen ist jedenfalls die **Zustellung deutscher Verwaltungsakte** auf fremdem Territorium nicht ohne Weiteres zulässig, selbst wenn der Sachverhalt, um den es geht, sich nach deutschem Recht beurteilt. Ein aufsichtsrechtliches Vorgehen deutscher Jugendschutzbehörden gegen ein Angebot eines ausländischen Anbieters ist daher nicht nur rechtlich in aller Regel unzulässig, sondern auch faktisch sehr unwahrscheinlich.

181 **Zusammenfassend** muss trotz der geschilderten Bedenken aufgrund der herrschenden Rechtsprechung davon ausgegangen werden, dass der Anbieter einer App, gleich wo er seinen Sitz hat, stets den Anforderungen des deutschen Jugendschutzrechts unterliegt, sofern seine App auch **in Deutschland erhältlich** ist. Gleichwohl ist es tendenziell unwahrscheinlich, dass eine Behörde ordnungsrechtliche Maßnahmen gegenüber einem im Ausland befindlichen Anbieter ergreifen oder durchsetzen können wird. Dies entbindet freilich nicht von der Einhaltung der Bestimmungen, denn trotz einer geringen Verfolgungswahrscheinlichkeit durch Behörden besteht das ungleich höhere Risiko, auf wettbewerbsrechtlicher Basis von einem Mitbewerber angegriffen zu werden.[209]

2. Sachlich

182 Ist deutsches Recht grundsätzlich anwendbar, stellt sich darüber hinaus die Frage, ob die jugendschutzrechtlichen Anforderungen an Apps sich in Deutschland nach dem Jugendschutzgesetz des Bundes (JuSchG) oder nach dem von den Ländern beschlossenen JMStV richten. Mit gewissen Einschränkungen können deren Anwendungsbereiche grob mithilfe der Faustformel unterschieden werden, wonach das JuSchG für den **Offline**-Bereich zuständig ist, der JMStV hingegen für den **Online**-Bereich.[210] Nichtsdestoweniger kann die Abgrenzung zwischen den Anwendungsbereichen dieser Normen im Einzelfall – und gerade für den hier relevanten Bereich

---

208 Art. 19 Abs. 1 des Übereinkommens über die Rechte des Kindes vom 20.11.1989.

209 Dazu noch später Rn 245 ff.

210 *Stettner*, ZUM 2003, 425, 428.

mobiler Apps – Schwierigkeiten bereiten, zumal das JuSchG durchaus auch Vorschriften zur Regulierung von Online-Medien enthält.[211]

Im Grundsatz kommt es für den Regulierungsmaßstab allerdings in jedem Fall 183
darauf an, ob es um die Beurteilung eines **Trägermediums** oder eines **Telemediums** geht. Für den Bereich der Trägermedien sind ausschließlich die entsprechenden Bestimmungen des JuSchG anzuwenden, für die Telemedien sind es primär die Regelungen des JMStV und einige spezielle Vorschriften des JuSchG. Die Begriffe „Trägermedium" und „Telemedium" sind allerdings jeweils exklusiv zu verstehen, d.h., dass sich die Anwendungsbereiche nicht überschneiden können.[212]

a) Smartphone-Apps als „Trägermedien"?

Ein **Trägermedium** liegt, mit der Folge, dass dann der Anwendungsbereich der 184
Vorschriften des JuSchG eröffnet ist, nach § 1 Abs. 2 S. 1 JuSchG dann vor, wenn der Medienträger sich zur Weitergabe eignet und zur unmittelbaren Wahrnehmung bestimmt ist oder in einem Vorführ- oder Spielgerät eingebaut ist. Für die Frage, wann demgegenüber ein Telemedium vorliegt, verweist § 1 Abs. 3 S. 1 JuSchG auf das TMG. Die Frage, ob eine App im Sinne des JuSchG ein Trägermedium ist, hängt also davon ab, ob man sie als „zur Weitergabe" geeignet ansieht oder aber davon ausgehen möchte, dass sie *„zur unmittelbaren Wahrnehmung bestimmt"* oder in ein *„Vorführ- oder Spielgerät"* fest eingebaut ist.

aa) Zur Weitergabe geeignet

Im Sinne des Gesetzes ist ein Medium **zur Weitergabe geeignet**, wenn es *„ohne* 185
eine vorhergehende erhebliche Demontage oder einen sonstigen Ausbau aus einem übergeordneten Medienbetriebssystem an eine andere Person tatsächlich übergeben werden" kann.[213] Der Gesetzgeber hat sich dabei noch am Leitbild der typischen Trägermedien (DVD/CD usw.) orientiert.[214] In diesem Sinn wird eine Eignung zur Weitergabe im Fall von Apps in der Regel zu verneinen sein. Apps werden typischerweise auf ein (mobiles) Endgerät heruntergeladen. Sie können dann – wenn überhaupt – nur noch in unkörperlicher Weise weitergegeben werden oder aber durch Weitergabe des Endgeräts selbst. Die Weitergabe des Endgeräts selbst genügt aber nicht, um eine App im gesetzlichen Sinne als „zur Weitergabe geeignet" anzusehen.[215]

---

211 Vgl. Hahn/Vesting/*Schulz*, § 2 JMStV Rn 2.
212 *Liesching/Schuster*, § 1 JuSchG Rn 17.
213 *Liesching/Schuster*, § 1 JuSchG Rn 18.
214 BT-Drucks. 14/9013, S. 39 f.
215 Vgl. *Liesching/Schuster*, § 1 JuSchG Rn 18.

bb) Unmittelbar wahrnehmbar

186 Eine App ist auch nicht im Sinne des JuSchG **„zur unmittelbaren Wahrnehmung bestimmt"**. Dies ist nur dann der Fall, wenn der Medienträger die Medieninhalte *„direkt zur Anschauung"* bringt, ohne dass *„ein über die sinnliche Wahrnehmung hinausgehender (technischer) Verarbeitungsvorgang erforderlich ist."*[216] Dies ist in der Regel nur bei Druckschriften der Fall, wobei hier in der Regel auch schon die Eignung zur Weitergabe zu bejahen sein dürfte, worauf *Liesching/Schuster* zutreffend hinweisen.[217]

cc) Smartphone als „Vorführ- oder Spielgerät"

187 Diskutabel erscheint indes die Frage, ob eine App *„in einem Vorführ- oder Spielgerät eingebaut"* ist. Dies hängt zunächst an der Frage, ob ein (mobiles) Endgerät, d.h. ein Smartphone oder Tablet ein **„Vorführ- oder Spielgerät"** ist. Mit diesem Begriff meint das Gesetz solche Geräte, die bestimmungsgemäß oder auch nur tatsächlich zu Vorführ- oder Spielzwecken genutzt werden.[218] Das kann bei bestimmten Arten von mobilen Endgeräten, etwa bei Spielekonsolen oder tragbaren Vorführgeräten wohl bejaht werden, zumal es auf die Art und Weise der Nutzung ankommt. In solchen Fällen kann im Einzelfall das JuSchG Anwendung finden, wenn auf dem Endgerät gespeicherte digitale Inhalte abgespielt werden. *Liesching/Schuster* gehen davon aus, dass lokal gespeicherte Dateninhalte dann als Trägermedien zu gelten haben, wenn ihre Verwendung bestimmungsgemäß oder tatsächlich Vorführ- oder Spielzwecken dient und nicht die elektronische Distribution im Vordergrund steht.[219] Dies würde allerdings dazu führen, dass Spiele-Apps regelmäßig als Trägermedien, Apps mit kommunikativen oder informativen Funktionen, wie beispielsweise soziale Netzwerke, Nachrichtenticker und dergleichen hingegen in der Regel als Telemedien zu gelten hätten.

188 Diese Auffassung übergeht ein weiteres wesentliches Tatbestandsmerkmal des § 1 Abs. 2 S. 1 Var. 3 JuSchG. Denn hiernach erscheint jedenfalls das Merkmal **„eingebaut"** als problematisch, welches zumindest eine derartig feste Verbindung erfordert, dass es erheblichen Aufwand bereitet, den Medienträger vom Gerät zu trennen. Zwar wird für Smartphones in der Regel gelten müssen, dass der **Medienträger**, also die Speichereinheit im technischen Sinn tatsächlich nicht ohne Aufwand aus dem Smartphone entfernt werden kann. Andererseits dürfte es nach der

216 *Liesching/Schuster*, § 1 JuSchG Rn 19.

217 *Liesching/Schuster*, § 1 JuSchG Rn 19, wonach ein eigenständiger Anwendungsbereich des Merkmals „direkt zur Anschauung" wohl nur in Fällen wie großformatigen Plakatwänden bejaht werden kann.

218 *Liesching/Schuster*, § 1 JuSchG Rn 20.

219 Vgl. *Liesching/Schuster*, § 1 JuSchG Rn 23.

gesetzgeberischen Intention, die zugegebenermaßen im Wortlaut keinen Niederschlag gefunden hat, eher darauf ankommen, ob der jeweilige **Medieninhalt**, im hiesigen Kontext also die App als solche, sich wieder unproblematisch aus dem Endgerät entfernen lässt, was ohne Weiteres bejaht werden muss. Eine an diesem **Gesetzeszweck** orientierte Auslegung des § 1 Abs. 2 S. 1 JuSchG führt demgemäß zu dem **Ergebnis**, dass im Fall von Apps in aller Regel zumindest das Merkmal „eingebaut" verneint werden muss.

Richtiger erscheint daher die Auffassung, wonach letztlich danach zu differen- **189** zieren ist, ob die **elektronische** Übermittlung von Inhalten im Vordergrund steht oder aber die **körperliche.**[220] Demnach wären Smartphone-Apps generell nicht als Trägermedien einzuordnen, weil sie bzw. die von ihnen dargestellten Inhalte stets auf elektronischem Weg übermittelt werden. Dies hat zur Folge, dass – von wenigen Ausnahmen abgesehen – Apps jedenfalls **nicht** dem Anwendungsbereich der für Trägermedien geltenden Vorschriften des **JuSchG** unterfallen.

b) Apps als „Telemedien"

Es liegt daher vielmehr nahe, Apps als **Telemedien** einzustufen mit der Folge, dass **190** sie nach § 2 Abs. 1 JMStV im Wesentlichen dem JMStV unterfallen, aber auch einigen speziellen Vorschriften des JuSchG. Unter den Begriff der Telemedien fallen nach der Legaldefinition des § 2 Abs. 1 S. 3 RStV *„alle elektronischen Informations- und Kommunikationsdienste, soweit sie nicht Telekommunikationsdienste [...] oder telekommunikationsgestützte Dienste [...] sind"*. Es liegt auf der Hand, dass auch diese Definition nicht zu Unrecht als missglückt bezeichnet wird, erlaubt sie doch keine trennscharfe Unterscheidung zwischen **Rundfunk** und Telemedien.[221] Dies ist auch für den Kontext des Jugendmedienschutzes nicht unerheblich, weil das Gesetz durchaus Unterscheidungen daran knüpft, ob ein Rundfunkangebot oder ein Telemedium vorliegt. Auch im Bereich der Apps ist es denkbar, dass die strengeren rundfunkrechtlichen Vorschriften einmal Anwendung finden können, bedenkt man beispielsweise die Möglichkeit, ein Fernseh- oder Radioprogramm live über eine App zu streamen.[222]

Da der JMStV nach seinem § 2 Abs. 1 allerdings sowohl für Telemedien wie auch **191** für den Rundfunk gilt, kann die Unterscheidung einstweilen noch offen bleiben, sofern Apps jedenfalls „Telemedien" im Sinne der gesetzlichen Vorschrift sind. Eine trennscharfe Definition dieses Begriffs hat sich bislang noch nicht durchsetzen können. Einigkeit besteht aber darüber, dass ein Telemedium durch die **elektronische**

---

220 *Stettner*, ZUM 2003, 425, 429.
221 Spindler/Schuster/*Holznagel/Kibele*, § 2 RStV Rn 59.
222 Vgl. Hahn/Vesting/*Schulz*, § 2 RStV Rn 66.

Bereitstellung einer Dienstleistung charakterisiert wird,[223] wobei nicht der Übertragungsvorgang im Vordergrund stehen darf, sondern die angebotenen **Inhalte**: *„[...] die für den Dienst erforderlichen Inhalte müssen elektronisch zur Verfügung gestellt werden.“*[224] Unerheblich ist jedenfalls, ob ein Angebot an die Allgemeinheit gerichtet oder zur individuellen Nutzung gedacht ist.[225] Gemeint ist letztlich der gesamte *„Online-Bereich mit Ausnahme des Rundfunks“*.[226] Dementsprechend geht das OLG Hamm in einer der wenigen bislang bekannt gewordenen Entscheidungen, die sich mit dieser Frage befassen, davon aus, dass eine Smartphone-App, mithilfe derer eine Website in einer für ein Smartphone optimierten Fassung angezeigt werden kann, als Telemedium anzusehen ist – allerdings eher implizit und ohne dies näher zu begründen.[227]

192 Dem wird man für die meisten Erscheinungsformen von Apps zustimmen können. In der Regel bietet eine App dem Nutzer bestimmte Inhalte an. Diese werden in jedem Fall auf elektronischem Wege übermittelt, die Darstellung der Inhalte steht dabei klar im Vordergrund. Anders kann dies freilich bei solchen Apps sein, die der reinen Individualkommunikation dienen, wie etwa Messenger-Apps oder solchen, die der IP-(Video-)Telefonie dienen.

c) Ergebnis

193 Zusammenfassend bleibt festzuhalten, dass sich die Unterscheidung zwischen Telemedien und **Trägermedien** letztlich, ungeachtet einiger Inkohärenzen, die sich aus der Formulierung der jeweiligen Gesetze ergeben, danach richtet, ob das jeweilige Medium körperlich oder unkörperlich verbreitet werden soll.[228] Smartphone-Apps werden unkörperlich verbreitet, weshalb sie im Regelfall nicht als Trägermedien eingeordnet werden können.

194 Größere Schwierigkeiten bereiten kann demgegenüber die Abgrenzung zwischen Telemedien und **Rundfunk**. Es erscheint nicht ausgeschlossen, dass eine Smartphone-App, die etwa das Live-Streaming von Fernseh- oder Radioprogrammen oder ähnliche Dienste ermöglicht, im Einzelfall als „Rundfunk“ anzusehen ist und einer dementsprechend stärkeren Regulierung unterliegt. Das kann dann von praktischer Relevanz sein, wenn etwa ein ausländisches Rundfunkprogramm gestreamt wird, dessen Anbieter sich nicht an die Vorschriften des deutschen Rund-

223 Vgl. Hahn/Vesting/*Schulz*, § 2 RStV Rn 61.
224 Spindler/Schuster/*Holznagel/Ricke*, § 1 TMG Rn 4.
225 *Liesching*, NJW 2002, 3281, 3284.
226 *Liesching*, NJW 2002, 3281, 3283.
227 OLG Hamm, Urt. v. 20.5.2010 – I-4 U 225/09 – MMR 2010, 693, 694.
228 Vgl. *Stettner*, ZUM 2003, 425, 429.

funkrechts hält. Hier liegt es nahe, dass der Anbieter der App in die Verantwortung genommen wird.

Im Großen und Ganzen aber werden gewöhnliche Apps zum größten Teil in al- 195
ler Regel als **Telemedien** zu behandeln sein, mit der Folge, dass sie im Wesentlichen den Anforderungen des JMStV unterfallen sowie einigen speziellen Vorschriften des JuSchG, wie beispielsweise der Indizierungsmöglichkeit nach § 18 Abs. 1 S. 1 JuSchG.

III. Jugendschutzverstöße durch Apps

So zahlreich die Möglichkeiten der Gestaltung und des Einsatzes von Apps sind, so 196
zahlreich sind auch die potenziellen Konflikte mit dem Jugendschutzrecht. Wie eingangs erwähnt, sind bereits eine Reihe von Apps nicht in den Apple App Store aufgenommen worden, weil Apple davon ausging, diese beinhalteten unangemessenen Content. Dies betraf bislang vor allem Apps von Medienunternehmen, etwa die digitalen Pendants von **Magazinen** und **Zeitungen**, was die Sache mit Blick auf die Gewährleistung von Meinungs- und Pressefreiheit besonders heikel macht.[229]

Darüber hinaus liegt es auf der Hand, dass Konflikte mit Jugendschutzbestim- 197
mungen insbesondere auch bei **Spielen** in Betracht kommen, ist dies doch das Feld, in dem das Jugendschutzrecht derzeit wohl seinen praktisch größten Anwendungsbereich hat, wenn es um digitale Inhalte geht. Nachfolgend sollen einige der wohl relevantesten Konfliktzonen kurz umrissen werden.

1. Verbreitungsverbote nach dem JMStV

Der JMStV unterscheidet grundsätzlich zwischen sog. **„unzulässigen Angeboten"** 198
(§ 4 JMStV) und **„entwicklungsbeeinträchtigenden Angeboten"** (§ 5 JMStV). Innerhalb des § 4 JMStV ist weiterhin zu unterscheiden zwischen Absolutverboten und den Relativverboten.

a) Absolute Verbreitungsverbote

Unzulässige Angebote i.S.d. § 4 Abs. 1 JMStV unterliegen grundsätzlich einem **abso-** 199
luten Verbreitungsverbot und zwar sowohl im Rundfunk als auch im Bereich der Telemedien. Dabei kommt es auch – anders als im Fall von § 4 Abs. 2 JMStV nicht darauf an, ob diese Inhalte nur geschlossenen Benutzergruppen zugänglich ge-

229 Freilich ging es hier nicht um Verstöße gegen den gesetzlichen Jugendschutz, sondern um die entsprechenden Vertragsbedingungen des App Stores.

macht werden.[230] Dieses Verbreitungsverbot besteht *„unbeschadet strafrechtlicher Verantwortlichkeit"*, weshalb es grundsätzlich unbeachtlich ist, ob die subjektiven Tatbestandsvoraussetzungen des jeweiligen Strafgesetzes erfüllt sind.[231] Es reicht, wenn der jeweilige Inhalt den objektiven Tatbestand des jeweiligen Straftatbestands erfüllt. Dieses absolute Verbreitungsverbot betrifft insbesondere politisch extreme bzw. **volksverhetzende** (§ 4 Abs.1 S. 1 Nr. 1 bis 3 und Nr. 7 und 11 JMStV) und in besonderer Weise **gewaltverherrlichende** (§ 4 Abs. 1 S. 1 Nr. 5 und 8 JMStV) Inhalte sowie solche, die **verbotene** Formen von **Pornographie** enthalten (§ 4 Abs. 1 S. 1 Nr. 9 und 10 JMStV). Im Fall von § 4 Abs. 1 S. 1 Nr. 11 JMStV kommt es darauf an, ob die Inhalte wegen Verstoßes gegen Strafvorschriften nach dem JuSchG indiziert wurden.[232] Für eine detaillierte Darstellung der einzelnen Verbotstatbestände wird auf die einschlägigen Kommentierungen, beispielsweise bei *Liesching/Schuster*, verwiesen.[233]

b) Relative Verbreitungsverbote

200 Die nach § 4 Abs. 2 S. 1 JMStV unzulässigen Inhalte unterliegen demgegenüber zwar im Rundfunk ebenfalls einem absoluten Verbreitungsverbot. Im Bereich der **Telemedien** sind sie hingegen nach § 4 Abs. 2 S. 2 JMStV dann zulässig, *„wenn von Seiten des Anbieters sichergestellt ist, dass sie nur Erwachsenen zugänglich gemacht werden"*, also nur für **geschlossene Benutzergruppen** zugänglich sind. Betroffen hiervon sind Fälle einfacher Pornographie (§ 4 Abs. 2 S. 1 Nr. 1 JMStV), aber auch Inhalte, die nicht wegen Verstoßes gegen Bestimmungen des StGB, sondern wegen „schlichter" Jugendgefährdung nach § 18 JuSchG indiziert wurden[234] und andere Inhalte, wenn sie offensichtlich schwer jugendgefährdend sind. Im Folgenden wird kurz dargestellt, wann das der Fall ist.

aa) Pornographie

201 Der Pornographiebegriff des § 4 Abs. 2 S. 1 Nr. 1 JMStV entspricht der Definition des § 184 StGB und ist auch dort schon stark umstritten. Von der Rechtsprechung wird eine Darstellung dann als „pornographisch" angesehen, wenn sie unter Ausklammerung sonstiger menschlicher Bezüge sexuelle Vorgänge in **grob aufdringlicher Weise** in den Vordergrund rückt und in ihrer Gesamttendenz ausschließlich oder überwiegend auf **sexuelle Stimulation** angelegt ist sowie dabei die im Einklang mit

230 Dazu noch gleich näher unter Rn 205.
231 *Liesching/Schuster*, § 4 JMStV Rn 13 m.w.N.
232 Dazu noch gleich unter Rn 218 ff.
233 *Liesching/Schuster*, § 4 JMStV, passim.
234 Dazu noch näher unter Rn 218 f.

allgemeinen **gesellschaftlichen Wertvorstellungen** gezogenen Grenzen eindeutig überschreitet.[235] Dass diese Definition kaum als trennscharfes Kriterium taugt, liegt auf der Hand, weshalb richtigerweise eine verfassungskonform einschränkende Handhabung geboten sein dürfte. Unstreitig ist jedenfalls, dass die reine Darstellung von Geschlechtsverkehr noch nicht ohne Weiteres unter den Pornographiebegriff zu subsumieren ist.[236] Im Einzelnen ist allerdings noch vieles umstritten.

Beispiel
Die einfache Darstellung des Geschlechtsakts zur Illustration eines **Aufklärungsbuchs** für Jugendliche erfüllt den Pornographiebegriff nicht. Eine solche Darstellung wäre demnach auch in einer App zulässig und zwar auch dann, wenn diese für jedermann abrufbar wäre. Die Darstellung von Geschlechtsverkehr ohne einen sachlich-aufklärenden Kontext zu **reinen Stimulationszwecken** wäre hingegen im Zweifelsfall als Pornographie einzustufen und dürfte über eine App nur dann verbreitet werden, wenn sichergestellt ist, dass diese nur Erwachsenen zugänglich ist.

---

bb) Offensichtlich schwer jugendgefährdende Angebote

Nach § 4 Abs. 2 S. 1 Nr. 3 JMStV gilt auch für Angebote, die weder unter den Porno- 202
graphiebegriff fallen, noch wegen Jugendgefährdung indiziert wurden, ein Verbreitungsverbot außerhalb geschlossener Benutzergruppen, sofern sie **offensichtlich schwer jugendgefährdend** sind. Auch hinsichtlich dieses Verbots liegt es auf der Hand, dass es kaum eine trennscharfe Abgrenzung zwischen verbotenen und zulässigen Inhalten ermöglicht. Dieses Problem ist umso gravierender, als ein Verstoß gegen die Vorschrift nach § 23 JMStV zugleich eine Straftat darstellt – während Verstöße gegen die Absolutverbote des § 4 Abs. 1 JMStV lediglich als Ordnungswidrigkeiten geahndet werden.[237]

Schwer jugendgefährdend ist ein Angebot, wenn es geeignet ist, eine gravieren- 203
de **sozialethische Desorientierung** herbeizuführen, was in einem den **Grundwerten der Verfassung** krass zuwiderlaufenden Charakter des betreffenden Mediums seinen Niederschlag finden muss.[238] Die schwere Jugendgefährdung ist dann offensichtlich, wenn sie sich auch ohne nähere Einzelfallprüfung aufdrängt, wobei es auf die Perspektive eines unbefangenen Betrachters ankommt.[239]

Nach den Grundsätzen der Freiwilligen Selbstkontrolle Multimedia-Dienste- 204
anbieter (FSM) sollen – neben anderen – beispielsweise Darstellungen von extre-

---

235 Schönke/Schröder/*Perron/Eisele*, § 184 Rn 4 m.w.N.
236 Schönke/Schröder/*Perron/Eisele*, § 184 Rn 5 m.w.N.
237 Kritisch auch *Liesching/Schuster*, § 23 JMStV Rn 2.
238 *Liesching/Schuster*, § 4 JMStV Rn 55.
239 Vgl. *Liesching/Schuster*, § 4 JMStV Rn 55.

mem **Sexismus** oder auch die Aufforderungen zu **Suizid**, **Selbstverletzung** oder **Selbstgefährdung** von der Vorschrift umfasst sein.[240] So hat der FSM-Beschwerdeausschuss bereits Internet-Foren zum Thema **Anorexie** für offensichtlich schwer jugendgefährdend gehalten, oder auch ein Portal für die **Bewertung von Bordellen** und den Erfahrungsaustausch über die Dienstleistungen von Prostituierten.[241]

cc) Geschlossene Benutzergruppen

205 Inhalte, die den relativen Verbreitungsverboten des § 4 Abs. 2 S. 1 JMStV unterfallen, dürfen im Rundfunk generell nicht gezeigt werden. Das wird für Apps dann von Bedeutung sein, wenn eine App etwa das Live-Streaming derartiger Sendungen ermöglicht. In der Regel wird eine App allerdings lediglich als Telemedium anzusehen sein. Dann dürfen solche an sich unzulässigen Inhalte gezeigt werden, sofern *„sichergestellt ist, dass sie* ***nur Erwachsenen zugänglich*** *gemacht werden"* (§ 4 Abs. 2 S. 2 JMStV).

206 Die Anforderungen, die von den Gerichten an die Zuverlässigkeit eines Altersverifikationssystems im Sinne dieser Vorschrift gestellt werden, sind sehr **streng**. Der BGH hat diese in seiner Grundsatzentscheidung vom 18.10.2007 näher konkretisiert. Danach sind zunächst einmal *„einfache, naheliegende und offensichtliche Umgehungsmöglichkeiten"* auszuschließen.[242] Dem genügen zunächst einmal diejenigen Verifikationssysteme, die auch für das Zugänglichmachen pornographischer Inhalte in anderen Medien gelten. So bezieht sich der BGH ausdrücklich auf die Judikatur, die etwa zum Pay-TV oder zum Versandhandel ergangen ist. Hier wurde stets gefordert, dass der Nutzer jedenfalls einmal **„Face-to-Face"**,[243] also beispielsweise durch einen Postzusteller oder in einer Postfiliale identifiziert worden ist. Aber auch Systeme ohne Medienbruch genügen diesen Anforderungen grundsätzlich, wenn sie auf Daten zurückgreifen, die vergleichbar zuverlässig das Alter des Nutzers zu verifizieren vermögen.[244] Zu denken ist hier vor allem an den – zum Zeitpunkt der BGH-Entscheidung noch nicht etablierten – **neuen Personalausweis** („nPA"), der auch eine elektronische und damit medienbruchfreie Altersverifikation des Nutzers erlaubt.

---

240 Näher *Liesching/Schuster*, § 4 JMStV Rn 57 m.w.N.

241 Für diese und weitere Beispiele aus der Spruchpraxis siehe die Website der FSM unter http://www.fsm.de/beschwerdestelle/praxisentscheidungen/entwicklungsgefaehrdung.

242 BGH, Urt. v. 18.7.2002 – I ZR 102/05 – NJW 2008, 1882, 1884.

243 *Liesching*, NJW 2002, 3281, 3284.

244 BGH, Urt. v. 18.7.2002 – I ZR 102/05 – NJW 2008, 1882, 1885.

Praxistipp
Empfehlenswert ist es im Bereich der Apps, eine **geschlossene Nutzergruppe** in der Weise auszugestalten, dass die Nutzung der App einen **Login** durch Benutzername und Passwort vorsieht. Dabei sollte die Zuteilung des Benutzernamens und des Passworts nur nach einer **Altersverifikation** durch anerkannte Altersverifikationssysteme erfolgen (beispielsweise den nPA, den Postident-Service oder vergleichbare Systeme). Dies dürfte den gesetzlichen Anforderungen des § 4 Abs. 2 JMStV in der Regel genügen. !

Ausdrücklich **verworfen** hat der BGH jedenfalls Systeme, die auf der Eingabe von **Personalausweisnummern**, Reisepassnummern oder **Kontobewegungen** basieren, da diese allzu leicht auch von Minderjährigen umgangen werden können.[245] 207

Nicht ausreichend sind zumindest die im Bereich von Apps aufgrund der Vorgaben des jeweiligen App Store-Betreibers häufig anzutreffenden **Dialoge**, durch die der Nutzer aufgefordert wird, zu bestätigen, dass er ein bestimmtes Alter habe. Diese Dialoge mögen im US-amerikanischen Recht zur Altersverifikation ausreichen, nach deutschem Recht genügen sie jedenfalls nicht. Der Anbieter einer App wird von seiner Verantwortung nach § 4 Abs. 2 S. 1 JMStV jedenfalls in solchen Fällen nicht dadurch frei, dass er sich auf die Altersverifikation durch den App Store-Betreiber verlässt. Zu berücksichtigen ist darüber hinaus, dass die etwa von Apple vorgesehenen Altersstufen sich nicht mit den vom deutschen Jugendschutzrecht vorgesehenen decken. 208

Praxistipp
Verlassen Sie sich nicht darauf, dass der Betreiber des App Stores für die Einhaltung der jugendschutzrechtlichen Vorschriften Sorge trägt. Die Store-Betreiber richten sich häufig lediglich nach ihrem Heimatrecht, zumeist also dem US-amerikanischen. Dieses genügt in der Regel nicht den deutschen Anforderungen. !

245 BGH, Urt. v. 18.7.2002 – I ZR 102/05 – NJW 2008, 1882, 1884.

Altersverifikation im Apple App Store
Apples Altersverifikationssystem genügt den Anforderungen des deutschen Jugendschutzrechts nicht.

c) Entwicklungsbeeinträchtigende Angebote

209 Etwas anders stellen sich die Anforderungen dar, wenn es nicht um „unzulässige“ Angebote i.S.v. § 4 JMStV geht, sondern um **„entwicklungsbeeinträchtigende“** nach § 5 JMStV.

Mit diesem Begriff meint das Gesetz nach der sich aus § 5 Abs. 1 JMStV ergebenden Legaldefinition solche Angebote, *„die geeignet sind, die Entwicklung von Kindern oder Jugendlichen zu einer eigenverantwortlichen und gemeinschaftsfähigen Persönlichkeit zu beeinträchtigen."* Diese Generalklausel setzt dabei einen **geringeren Schweregrad** voraus, als er Voraussetzung für eine Indizierung nach dem JuSchG ist.[246] Im Einzelnen ist hinsichtlich der Frage, wann ein Angebot entwicklungsbeeinträchtigend ist, noch vieles umstritten, auch sind die Kriterien zahlreich und ständig im Wandel begriffen. 210

Einfacher ist die Einordnung eines Angebots als „entwicklungsbeeinträchtigend" bei solchen Angeboten, die nach dem Jugendschutzgesetz nicht für die jeweilige **Altersstufe** freigegeben sind (§ 5 Abs. 2 JMStV). Da der insofern maßgebliche § 14 JuSchG lediglich auf Trägermedien Anwendung findet, kommt es für § 5 Abs. 2 JMStV darauf an, dass der jeweilige auf dem Trägermedium i.S.v. § 14 JuSchG enthaltene Inhalt über Rundfunk oder Telemedien verbreitet wird. 211

Beispiel
Ein **Computerspiel**, das im Ladenverkauf eine Freigabe ab 16 Jahren hat (§ 14 Abs. 2 Nr. 4 JuSchG), darf als **App** ebenfalls Jugendlichen unter 16 Jahren nicht zugänglich gemacht werden.

Folge der Einstufung eines Angebots als „entwicklungsbeeinträchtigend" ist es, dass der Anbieter Sorge dafür zu tragen hat, dass das jeweilige Angebot von Kindern oder Jugendlichen der jeweiligen Altersstufe **üblicherweise nicht wahrgenommen** werden kann (§ 5 Abs. 1 JMStV). Ein völliges Unzugänglichmachen fordert das Gesetz dabei allerdings, anders als im oben geschilderten Bereich der geschlossenen Nutzergruppen,[247] nicht.[248] Erforderlich sind technische Hindernisse, durch die der Abruf des Angebots den betroffenen Kindern bzw. Jugendlichen unmöglich gemacht oder **wesentlich erschwert** wird (§ 5 Abs. 3 Nr. 1 JMStV) oder aber zeitliche Begrenzungen, letztlich also **Sendezeiten** (§ 5 Abs. 3 Nr. 2 JMStV). 212

Der ersten Option (wesentliche Erschwerung) kann der Anbieter dadurch genügen, dass er sein Angebot für ein anerkanntes **Jugendschutzprogramm** nach § 11 Abs. 1 JMStV programmiert. Bislang gibt es nur wenige zugelassene Jugendschutzprogramme, die überdies für den Bereich der Apps nicht sinnvoll anwendbar sein dürften, da sie typischerweise auf das Internetsurfen mittels Browser am PC ausgerichtet sind.[249] Die zweite Option wird dadurch erfüllt, dass die von § 5 Abs. 4 JMStV 213

---

246 *Liesching/Schuster*, § 5 JMStV Rn 3; dazu noch später Rn 218 f.

247 Siehe hierzu eingehend Rn 205 ff.

248 Spindler/Schuster/*Erdemir*, § 5 JMStV Rn 13.

249 Die einzelnen zugelassenen Programme werden bei Spindler/Schuster/*Erdemir*, § 11 JMStV Rn 15, kurz vorgestellt.

vorgeschriebenen **Sendezeiten** eingehalten werden. Dass diese Option gerade im Bereich des Internets wenig praktikabel sein dürfte, ist allgemein anerkannt.[250]

214 Auch im Bereich der Apps wird die Einhaltung der Anforderungen des § 5 JMStV häufig **Schwierigkeiten** bereiten. Der Anbieter einer App wird typischerweise nicht in der Lage sein, der Nutzung seiner App ein **anbieterseitiges Jugendschutzprogramm** vorzuschalten. Die Hersteller der Smartphone-Betriebssysteme achten in der Regel streng darauf, dass eine App keine allzu tiefen Eingriffe in das Betriebssystem des Geräts vornimmt und insbesondere auch keinen oder nur einen eingeschränkten Zugriff auf andere Apps erhält. Beides ist aber Voraussetzung für die Entwicklung eines wirklich wirksamen Jugendschutzprogramms. Anbieterseitig wird ein Jugendschutzprogramm sich kaum einrichten lassen.

215 Auch im Bereich **nutzerseitiger Jugendschutzprogramme** ist die Lage nicht eindeutig. Zwar existiert bereits eine Reihe von Apps, die sich als „Jugendschutzprogramm" bezeichnen oder so bezeichnet werden. Dabei handelt es sich aber nicht um Jugendschutzprogramme im gesetzlichen Sinn. Teilweise handelt es sich lediglich um Filter, die den Browser des Geräts am Aufruf bestimmter Websites hindern oder die Funktionsfähigkeit des Endgeräts selbst beispielsweise auf bestimmte Zeiten einschränken. Sie sind aber nicht imstande, wie von § 11 Abs. 1 JMStV gefordert, die Alterskennzeichnung anderer Apps zu erkennen und ihre Nutzung entsprechend einzuschränken.

216 **Apple** bietet allerdings in seinem Betriebssystem „iOS" für mobile Endgeräte ein recht praktikables Jugendschutzsystem dergestalt an, dass die Nutzbarkeit bestimmter Apps und anderer Inhalte eingeschränkt werden kann, auch anhand der vom App-Anbieter vorgesehenen Alterskennzeichnung. Dieses System ist zwar nicht von der hierzu berufenen KJM als geeignet i.S.d. § 11 Abs. 2 JMStV anerkannt. Da die **Anerkennung** indes nur **fakultativen Charakter** hat,[251] erscheint es auf den ersten Blick nicht grundsätzlich ausgeschlossen, dass der Anbieter einer App seinen Pflichten aus dem JMStV auch dadurch genügt, dass er seine App in einer Weise kennzeichnet, die von dem iOS-Jugendschutz erkannt wird. Weil es sich bei dem iOS-Jugendschutz allerdings nicht um ein Jugendschutzprogramm nach § 11 JMStV handelt, bleibt es bei dem Grundsatz aus § 5 Abs. 3 Nr. 1 JMStV: Der Anbieter muss die Wahrnehmung seiner App durch Jugendliche der betroffenen Altersgruppen zumindest wesentlich erschweren. Hierfür trägt alleine er die Verantwortung.[252] Ob er sich dabei darauf verlassen darf, dass bei der Smartphone-Nutzung durch Jugendliche stets das iOS-Jugendschutzprogramm eingeschaltet und zutreffend konfiguriert ist, erscheint zweifelhaft. Jedenfalls solange nicht „üblicherweise" (§ 5 Abs. 1 JMStV) davon ausgegangen werden kann, dass Jugendliche ihr iPhone nur mit ein-

250 Spindler/Schuster/*Erdemir*, § 5 JMStV Rn 17.
251 Vgl. Spindler/Schuster/*Erdemir*, § 11 JMStV Rn 5.
252 Spindler/Schuster/*Erdemir*, § 11 JMStV Rn 5.

geschaltetem Jugendschutzsystem verwenden, wird man dies verneinen müssen. Letztlich ist daher tendenziell davon auszugehen, dass das von Apple zur Verfügung gestellte System den Anforderungen des § 5 Abs. 3 Nr. 1 JMStV nicht genügt. Gleiches gilt für vergleichbare Systeme anderer Smartphone-Hersteller, auf die daher nicht noch einmal gesondert detailliert eingegangen wird.

Jugendschutz-Einstellungen bei iOS 6
Auf das Apple-eigene Jugendschutzsystem sollte der App-Anbieter sich nicht verlassen.

217 Auch wird er keine wirksamen „Sendezeiten“ einrichten können. Selbst wenn er es könnte, ergäbe dies wenig Sinn. Das typische an einer App ist – anders als bei anderen Telemedien –, dass die App stets an ein bestimmtes Endgerät gebunden ist und dem Nutzer des Endgeräts im Wesentlichen uneingeschränkt zur Verfügung steht. Sein Smartphone kann ein Jugendlicher ohne Weiteres zu jeder Tages- oder Nachtzeit verwenden, im Zweifel unter der Bettdecke. Andererseits bleibt festzustellen, dass nach dem gesetzlichen Wortlaut der Anbieter seine Pflichten nach § 5 Abs. 4 JMStV in jedem Fall erfüllte, wenn er seine App so einstellen würde, dass sie nur zu bestimmten Zeiten funktioniert. Denn die Rechtmäßigkeitsvermutung in § 5 Abs. 4 JMStV ist eine unwiderlegliche.[253] Ob allerdings eine mit **Sendezeiten** versehene App beim angesprochenen Publikum auf große Gegenliebe stieße, darf bezweifelt werden. Im Regelfall dürften Sendezeiten also im Bereich von Apps schon aus rein praktischen Gründen nicht in Betracht kommen, zumal sie, wie ausgeführt, auch **völlig sinnlos** wären. Es zeigt sich hier einmal mehr, dass das Recht mit der technischen Entwicklung nicht Schritt hält.

Praxistipp
Letztlich kann dem Anbieter einer App mit jugendgefährdenden Inhalten nur angeraten werden, die App als **geschlossene Benutzergruppe** i.S.d. § 4 Abs. 2 JMStV auszugestalten.[254] Dabei handelt es sich dann zwar nicht um ein Jugendschutzprogramm, aber gleichwohl um ein technisches Mittel i.S.d. § 5 Abs. 3 Nr. 1 JMStV, das den Zugang von Kindern und Jugendlichen generell ausschließt.[255] Damit dürfte der App-Anbieter jedenfalls auf der sicheren Seite sein.

2. Indizierung nach dem JuSchG

218 Wie bereits angedeutet wurde, enthält auch das JuSchG des Bundes Vorschriften über den Umgang mit jugendgefährdenden Telemedien, sodass sich die Anwendungsbereiche von JMStV und JuSchG teilweise decken können. Es wurde auch bereits oben ausgeführt, dass der JMStV teilweise für die Frage, welche telemedialen Inhalte einem Verbreitungsverbot unterliegen, darauf abstellt, ob ein Telemedium nach dem JuSchG **indiziert** worden ist. Das JuSchG regelt hingegen die Folgen, die sich aus der Indizierung eines Telemediums ergeben, nicht selbst, sondern überlässt dies ausdrücklich (§ 16 JuSchG) der Gesetzgebungskompetenz der Länder, die hiervon mit § 4 JMStV Gebrauch gemacht haben.

219 In der Tat trifft das JuSchG in seinem § 18 auch Regelungen darüber, dass Telemedien in die Liste der jugendgefährdenden Medien aufgenommen, also umgangssprachlich: „indiziert“ werden können. Nach der **Generalklausel** des § 18 Abs. 1

253 Spindler/Schuster/*Erdemir*, § 5 JMStV Rn 17.
254 Siehe dazu oben Rn 205 ff.
255 Spindler/Schuster/*Erdemir*, § 11 JMStV Rn 8.

betrifft dies Telemedien, *„die geeignet sind, die Entwicklung von Kindern oder Jugendlichen oder ihre Erziehung zu einer eigenverantwortlichen und gemeinschaftsfähigen Persönlichkeit zu gefährden"*. Diese wiederum sehr schwammige Norm ist nach der Rechtsprechung des BVerfG trotz ihrer Unschärfe mit dem grundgesetzlichen Bestimmtheitsgebot vereinbar.[256] Bei ihrer Auslegung soll nach der Rechtsprechung vor allem auf die Grundwerte der Verfassung zurückzugreifen sein.[257]

Näher konkretisiert wird die Generalklausel durch § 18 Abs. 1 S. 2 JuSchG, wo- 220
nach besonders **unsittliche**, **verrohend** wirkende, zu **Gewalttätigkeit**, **Verbrechen** oder **Rassenhass** anreizende Medien unzulässig seien bzw. solche, die Gewalthandlungen selbstzweckhaft und detailliert darstellen oder die **Selbstjustiz** verherrlichen. Auch diese beispielhaften Aufzählungen bereiten im Einzelfall Schwierigkeiten bei der Abgrenzung, was etwa daran deutlich wird, dass mit „Unsittlichkeit" Inhalte unterhalb der Pornographieschwelle gemeint sein müssen, es dann aber wiederum an handhabbaren Kriterien fehlt. Im Rahmen der hiesigen Ausführungen müssen die Details und die umfangreiche Kasuistik jedoch unbehandelt bleiben.

Die **Liste jugendgefährdender Medien** wird vom Gesetz sodann in vier Teile un- 221
terteilt. Die Teile A und B sind öffentliche Listen, die für die Aufnahme von Trägermedien gedacht sind. Demgegenüber handelt es sich bei den Teilen C und D um nichtöffentliche Listen. Telemedien werden lediglich in die nichtöffentlichen Teile der Liste aufgenommen. Dies dient dazu, die Liste nicht zum ungewollten Wegweiser für indizierte Telemedien zu machen.[258] Hat ein Telemedium strafbaren Inhalt, so ist es in Teil D der Liste aufzunehmen mit der Folge, dass es dann dem absoluten Verbreitungsverbot des § 4 Abs. 1 S. 1 Nr. 11 JMStV unterliegt. Ist es „nur" aus sonstigen Gründen jugendgefährdend, so landet es in Teil C, was zur Folge hat, dass es einem relativen Verbreitungsverbot nach § 4 Abs. 2 Nr. 2 JMStV unterliegt und immerhin noch innerhalb geschlossener Benutzergruppen zur Verfügung gestellt werden darf.[259]

Soweit auch **Apps** als Telemedien anzusehen sind, was in der Regel der Fall 222
sein wird,[260] können auch sie auf dem Index landen und einem Verbreitungsverbot unterfallen.

IV. Adressat des Jugendschutzrechts

Was im Bereich des „normalen" Internets hochumstritten ist, bedarf auch im Be- 223
reich der Apps einer Klärung, nämlich die Frage, wer zutreffenderweise als Adressat

256 BVerfG, Beschl. v. 11.1.1994 – 1 BvR 434/87 – NJW 1994, 1781, 1783.
257 Vgl. die Kasuistik bei *Liesching/Schuster*, § 18 JuSchG Rn 6.
258 *Liesching*, NJW 2002, 3281, 3285.
259 Zu den Voraussetzungen an geschlossene Benutzergruppen s. Rn 205 ff.
260 Siehe oben Rn 195.

der jugendschutzrechtlichen Bestimmungen anzusehen ist. Für den Bereich der klassischen Telemedien, also von gewöhnlichen Websites, gibt es hier bereits eine Reihe von gerichtlichen Entscheidungen.

224 Ausgangspunkt der Überlegungen ist freilich der Wortlaut der gesetzlichen Vorschriften, die – jedenfalls im Fall des JMStV – allerdings bei der Rechtsfindung nur bedingt hilfreich sind. So definiert § 3 Abs. 2 Nr. 2 JMStV in einem idealtypischen Zirkelschluss den Begriff des Anbieters dahingehend, dass **„Anbieter"** jeder „Anbieter von Telemedien" ist. Dies legt zunächst nahe, für den Begriff des Anbieters nach dem JMStV auf die Definition des TMG zurückzugreifen. Nach dessen § 2 S. 1 Nr. 1 ist *„Diensteanbieter jede natürliche oder juristische Person, die eigene oder fremde Telemedien zur Nutzung bereithält oder den Zugang zur Nutzung vermittelt"*.

225 Diese Definition kann allerdings nicht uneingeschränkt für die Anwendung des JMStV herangezogen werden. Nach der Rechtsprechung insbesondere des VG Hamburg kommt es für den insofern autonom zu bestimmenden Begriff des Anbieters im Sinne des JMStV darauf an, wer den bestimmenden **„Einfluss auf den Inhalt"** tatsächlich innehat, wobei das Gericht auch auf die Sicht des Nutzers abstellt.[261]

Beispiel
Für herkömmliche Websites hat das VG Hamburg die Anbietereigenschaft des **„Admin-C"** verneint, weil dieser jedenfalls nicht ohne Weiteres Einfluss auf die Inhalte hat, die unter der Domain angeboten werden.

226 Im Bereich der Apps gibt es, wie zu Beginn des dritten Kapitels ausgeführt wurde, eine Reihe von Beteiligten, die insofern als Adressaten der jugendschutzrechtlichen Bestimmungen in Betracht zu ziehen sind, nämlich den Entwickler der App, den App-Anbieter und den Betreiber des App Stores.

227 Nach den oben dargestellten Grundsätzen wird in der Regel **primär** der **Anbieter der App** im Sinne der zu Beginn des dritten Kapitels vorgestellten Terminologie als der jugendschutzrechtlich Verantwortliche anzusehen sein. Denn der Entwickler einer App ist zwar zweifelsohne derjenige, der dafür sorgt, dass die jeweiligen Inhalte in der App dargestellt werden. Er übt allerdings lediglich eine technische Hilfstätigkeit für den Anbieter der App aus, der letztlich die Weisung darüber erteilt, aus welchen Bestandteilen sich die App zusammensetzt und welche Inhalte sie darstellen soll.[262] Der Entwickler ist es auch regelmäßig nicht, der die Veröffentlichung der

261 VG Hamburg, Urt. v. 29.2.2012 – 9 K 138/09 – Rn 33f.; VG Hamburg, Urt. v. 4.1. 2011 – 4 K 262/11 – ZUM-RD 2013, 92 Rn 53; Hahn/Vesting/*Held/Schulz*, § 3 JMStV Rn 28. Anders ausdrücklich *Liesching/Schuster*, § 3 JMStV Rn 8 mit der bedenklichen Folge, dass beispielsweise auch Access-Provider unter den Anbieterbegriff fallen können.

262 Dass bloße Erfüllungsgehilfen nicht „Anbieter" sind, dürfte der einhelligen Auffassung entsprechen, vgl. *Liesching/Schuster*, § 3 JMStV Rn 9.

App initiiert oder verantwortet. Dies ist vielmehr der Anbieter der App, der sie ja auch mit seinem Namen nach außen verantwortet. Auch die Sicht des Nutzers, die nach der Rechtsprechung eine maßgebliche Rolle für die Klärung der Anbietereigenschaft spielt, spricht also dafür, den Anbieter der App als den jugendschutzrechtlich Verantwortlichen anzusehen.

Praxistipp
Wer als **Anbieter** einer App auftritt, muss für die Einhaltung des Jugendschutzrechts sorgen, da ihn anderenfalls die Verantwortung für Jugendschutzverstöße trifft. Der **Entwickler** einer App sollte, sofern er nicht gleichzeitig Anbieter der App ist, darauf achten, dass er nach außen nicht in Erscheinung tritt, da er anderenfalls auch als Verantwortlicher betrachtet werden könnte.

Daneben kann aber auch eine Verantwortlichkeit des **App Store-Betreibers** nicht 228
ausgeschlossen werden. Der Betreiber des App Stores hat zwar in der Regel keinen, jedenfalls keinen unmittelbaren Einfluss darauf, wie die App inhaltlich gestaltet ist. Gleichwohl ist es zumindest bei den großen Stores der Store-Betreiber, der jede App daraufhin prüft, ob sie den Anforderungen genügt, die er seinen Geschäftsbedingungen gemäß an Apps stellt und sie erst nach eigener Approbation zur Veröffentlichung im Store freigibt. Er ist es auch, der darüber entscheiden kann, ob eine App weiter angeboten oder aus dem Angebot des Stores entfernt wird. Es spricht also der dem Polizeirecht entlehnte Gedanke der **Effektivität,**[263] der auch für das Jugendschutzrecht als besonderes Gefahrenabwehrrecht gelten muss, dafür, jedenfalls als **sekundär Verantwortlichen** auch den Betreiber des App Stores heranzuziehen, um die Beseitigung von Jugendschutzverstößen durch Entfernung einer App aus dem Angebot des Stores durchzusetzen. Letztlich muss es darauf ankommen, wer einen Jugendschutzverstoß wirksam beenden kann.

Beispiel
Ist der Anbieter der App für die zuständige Behörde nicht erreichbar, so kann sie aufsichtsrechtliche Maßnahmen auch gegen den Store-Betreiber richten.

V. Weitere Rechtsfolgen

An die Verbreitung von jugendschutzrechtlich unzulässigen Inhalten knüpfen die 229
einschlägigen Rechtsnormen verschiedene Folgen, die sowohl ordnungs- wie auch strafrechtlicher Natur sein können.

263 *Pieroth/Schlink/Kniesel*, § 9 Rn 88.

1. Ordnungsrechtliche Maßnahmen

230 Es wurde bereits dargestellt, dass nach dem geltenden Jugendschutzrecht bestimmte Inhalte – auch in Apps – nicht verbreitet werden dürfen. Geschieht dies gleichwohl, so stehen der zuständigen Behörde[264] zunächst einmal die von § 20 Abs. 4 JMStV vorgesehenen Mittel zur Verfügung, um gegen den Anbieter vorzugehen.

231 Durch den Verweis auf § 59 RStV stellt die Norm klar, dass damit zunächst einmal die Möglichkeit gemeint ist, gegen den Anbieter eine **Untersagung** auszusprechen (§ 59 Abs. 3 S. 2 RStV). Kommt der Anbieter dem nicht nach, so kann auch gegenüber dem App Store-Betreiber nach § 59 Abs. 4 RStV eine **Sperrungsverfügung** ergehen, mit der diesem aufgegeben wird, die App für den weiteren Zugang zu sperren.

232 Daneben kommen als weitere – mildere – Aufsichtsmittel auch **Beanstandungen** und **Hinweise** der zuständigen Behörde in Betracht. Zudem kann dem Anbieter auch aufgegeben werden, **technische bzw. organisatorische Vorkehrungen** zur Beseitigung der Jugendschutzverstöße zu schaffen. Diese milderen Aufsichtsmittel finden ihre Grundlage in der Generalklausel[265] des § 20 Abs. 1 JMStV, der es der Behörde gestattet, gegenüber dem Anbieter die „erforderlichen Maßnahmen" zu treffen. Auf das darüber hinaus nach § 21 JMStV bestehende Recht der KJM, **Auskunft** vom Anbieter eines Telemediums über Angebote und zum Zweck des Jugendschutzes getroffene Maßnahmen zu verlangen, sei nur der Vollständigkeit halber hingewiesen.

233 All diese Mittel unterliegen freilich den allgemeinen rechtsstaatlichen Erfordernissen, insbesondere dem Verhältnismäßigkeitsgrundsatz.[266]

2. Strafrecht und Ordnungswidrigkeiten

234 Daneben sehen sowohl das JuSchG als auch der JMStV Straf- und Ordnungswidrigkeitentatbestände im Falle von Verstößen vor.

235 So wurde bereits oben angesprochen, dass Verstöße gegen das sich aus § 4 Abs. 2 S. 1 Nr. 3 JMStV ergebende Verbot, **offensichtlich schwer entwicklungsgefährdende** Angebote zu verbreiten, nach § 23 JMStV sogar eine **Straftat** darstellen. Alle weiteren Verstöße gegen die oben geschilderten Verbote des JMStV werden demgegenüber nach § 24 JMStV als **Ordnungswidrigkeiten** geahndet. Auch dies sollte allerdings angesichts der Möglichkeit, pro Verstoß eine Geldbuße von bis zu 500.000 € zu verhängen (§ 24 Abs. 3 JMStV), nicht auf die leichte Schulter genommen werden.

---

264 Dazu noch unten Rn 241ff.

265 *Liesching/Schuster*, § 20 JMStV Rn 4.

266 *Liesching/Schuster*, § 20 JMStV Rn 7.

3. Jugendschutzbeauftragter

Hinzuweisen ist darüber hinaus auch auf § 7 JMStV. Hiernach hat, wer geschäftsmäßig **allgemein zugängliche Telemedien** anbietet, die **entwicklungsbeeinträchtigende** oder **jugendgefährdende Inhalte** enthalten, einen Jugendschutzbeauftragten zu bestellen. Das kann freilich auch App-Anbieter treffen. 236

Der hier verwendete Begriff **„geschäftsmäßig"** ist ebenso auszulegen, wie der gleiche Begriff in § 5 Abs. 1 RStV. Gegenüber dem Begriff der Gewerblichkeit ist der Begriff der Geschäftsmäßigkeit weiter, denn letzterer erfordert keine Gewinnerzielungsabsicht.[267] Geschäftsmäßigkeit liegt demnach vor, wenn der Anbieter *„Telemedien aufgrund einer **nachhaltigen Tätigkeit** mit oder ohne Gewinnerzielungsabsicht erbringt"*, wobei eine Tätigkeit dann als nachhaltig anzusehen ist, *„wenn sie auf einen längeren Zeitraum ausgerichtet ist und sich nicht auf einen Einzelfall beschränkt"*.[268] 237

Bei Apps wird das Kriterium „geschäftsmäßig" mindestens dann anzunehmen sein, wenn die **App gegen Geld** angeboten wird, aber wohl auch in der Regel bei kostenlosen Apps, weil auch diese in der Regel **dauerhaft** im jeweiligen App Store angeboten werden. 238

Allgemein zugänglich ist ein Angebot, wenn es einem **unbestimmten Personenkreis** offensteht. Das ist bei Apps stets der Fall, weil diese jedenfalls allen Nutzern des App Stores offenstehen und es sich dabei unproblematisch um einen unbestimmten Personenkreis handelt. Das folgt mindestens daraus, dass sich in den gängigen App Stores jedermann ohne weitere Hürden anmelden kann. Eine Reduktion dieses Merkmals ist allerdings dort angezeigt, wo die Voraussetzungen einer **geschlossenen Benutzergruppe** nach § 4 Abs. 2 JMStV gegeben sind.[269] Ist eine App (ausschließlich) als geschlossene Benutzergruppe anzusehen, braucht es demnach auch keinen Jugendschutzbeauftragten.[270] 239

Unter bestimmten Voraussetzungen können sich **kleinere Anbieter** von Telemedien (und somit auch von Apps) von der **Verpflichtung befreien**, einen Jugendschutzbeauftragten zu bestellen. Das ist der Fall, wenn der Anbieter weniger als 50 Mitarbeiter oder nachweislich weniger als zehn Mio. Zugriffe im Monatsdurchschnitt eines Jahres hat und sich einer Einrichtung der Freiwilligen Selbstkontrolle anschließt und diese mit der Aufgabe des Jugendschutzbeauftragten betraut. Für die Frage, wann die zehn Mio. Zugriffe im Monatsdurchschnitt eines Jahres erreicht sind, kommt es im Bereich der gewöhnlichen Websites auf die **Visits** an. Auf den Bereich der Apps übertragen bedeutet dies, dass es wohl auf die Nutzungsvorgänge ankommt. Ob und wie der App-Anbieter diese allerdings (beweisfest) ermitteln 240

---

267 *Liesching/Schuster*, § 7 JMStV Rn 5; Spindler/Schuster/*Erdemir*, § 7 JMStV Rn 7.
268 Spindler/Schuster/*Micklitz/Schirmbacher*, § 5 TMG Rn 8.
269 Siehe dazu oben Rn 205 ff.
270 Vgl. für Telemedien allgemein Spindler/Schuster/*Erdemir*, § 7 JMStV Rn 8.

kann, muss hier offenbleiben. Für die damit verbundenen rechtlichen Aspekte sei auf die Ausführungen zum Datenschutz (Kap. 5) verwiesen.

! **Checkliste: Brauche ich einen Jugendschutzbeauftragten?**
- Biete ich meine App geschäftsmäßig, d.h. nachhaltig an?
- Steht die App jedermann zur Nutzung offen?
- Biete ich entwicklungsbeeinträchtigende oder jugendgefährdende Inhalte an?
- Habe ich 50 oder mehr Mitarbeiter oder mehr als 10 Mio. Nutzungsvorgänge im Monatsdurchschnitt?

VI. Zuständige Behörde

241 Die Aufsicht über länderübergreifende[271] Telemedien, zu denen Apps im Regelfall gehören werden, liegt nach dem insofern einschlägigen § 20 Abs. 4 JMStV grundsätzlich in den Händen der jeweiligen **Landesmedienanstalt**, die *„durch die KJM"*, also die Kommission für Jugendmedienschutz, handelt. Gleiches gilt auch im Bereich der Ordnungswidrigkeiten nach § 24 Abs. 4 JMStV.

242 Zuständige Landesmedienanstalt ist nach § 20 Abs. 6 JMStV die Landesmedienanstalt des Landes, in dem der Anbieter von Telemedien seinen Sitz, Wohnsitz oder seinen ständigen Aufenthalt hat oder – sofern sich hieraus keine Zuständigkeit ergibt – diejenige Landesmedienanstalt, *„in deren Bezirk der Anlass für die Amtshandlung hervortritt"*. Mit letzterem Kriterium ist der Ort gemeint, an dem eine Aufsichtsmaßnahme umzusetzen ist, beispielsweise der Serverstandort.[272]

243 **Unterstützende Aufgaben** hat im Bereich von Telemedien gem. § 18 JMStV überdies die Einrichtung **„jugendschutz.net"**, wobei es sich um die gemeinsame Stelle Jugendschutz aller Länder handelt. Diese unterstützt einerseits die KJM und die obersten Landesjugendbehörden, überprüft daneben aber auch die Angebote von Telemedien und hat die Aufgabe, diese zu beraten und zu schulen. Sie soll Anbieter bei Jugendschutzverstößen auf diese hinweisen.

244 Im Rahmen der sog. **regulierten Selbstregulierung** kann sich ein Telemedienanbieter aber auch einer Einrichtung der Freiwilligen Selbstkontrolle (§ 19 JMStV) anschließen, die dann im Fall von behaupteten Jugendschutzverstößen (außer solchen gegen § 4 Abs. 1 JMStV[273]) zunächst mit der Sache zu befassen ist (§ 20 Abs. 5 JMStV). In diesem Fall darf die KJM nur noch dann Maßnahmen gegen den Anbieter ergreifen, wenn die jeweilige Einrichtung der freiwilligen Selbstkontrolle bei ihrer Entscheidung bzw. Unterlassung einer Entscheidung *„die rechtlichen Grenzen des*

271 Gemeint sind hier die Bundesländer der Bundesrepublik Deutschland.
272 *Liesching/Schuster,* § 20 JMStV Rn 50 m.w.N.
273 Siehe hierzu oben Rn 199 ff.

Beurteilungsspielraums überschreitet" (§ 20 Abs. 5 S. 2 JMStV). Selbstkontrolleinrichtung für den Bereich der Telemedien ist die „Freiwillige Selbstkontrolle Multimedia-Diensteanbieter e.V." (**FSM**).

VII. Wettbewerbsrechtliche Relevanz

Zwar ist die statistische Wahrscheinlichkeit, von einer Behörde wegen Jugendschutzverstößen angegriffen zu werden, wohl als eher gering einzuschätzen. Zu beachten ist allerdings, dass auch die Möglichkeit privater Durchsetzung von Jugendschutzbestimmungen besteht. Denn bei Jugendschutzvorschriften handelt es sich nach herrschender Meinung in Rechtsprechung und Literatur um **Marktverhaltensregelungen** i.S.d. § 4 Nr. 11 UWG.[274] Deshalb können Verstöße gegen das Jugendschutzrecht auch von Mitbewerbern und Verbänden rechtlich angegriffen werden. 245

Praxistipp !
Verstöße gegen Jugendschutzvorschriften können wettbewerbsrechtlich abgemahnt werden. Ein Grund mehr, den Jugendschutz nicht auf die leichte Schulter zu nehmen.

274 Vgl. nur BGH, Urt. v. 12.7.2007 – I ZR 18/04 – WRP 2007, 1173 Rn 35; LG München I, Urt. v. 25.2.2008 – 11 HK O 21494/07 – n.v., Rn 44; *Köhler/Bornkamm*, § 4 Rn 11, 180 m.w.N.

[redacted]

[redacted]

Kapitel 5
Datenschutz bei der Verwendung von Apps

A. Praxisfälle unzulässiger Datenverarbeitung durch Apps

Smartphones und **Tablets** erfreuen sich großer Beliebtheit. Allein im Jahr 2011 1
haben Smartphone-Nutzer 962 Millionen Apps auf ihre Geräte heruntergeladen.[1] Die Möglichkeit, diese Endgeräte über das Telefonieren und den Internetzugang hinaus auch als Rechner für eine außerordentlich große Zahl von Software-Anwendungen zu nutzen, machen die kleinen Alleskönner zu beliebten Begleitern in der Freizeit wie im Beruf. Die mobilen Geräte sind dank der Apps vielfältig einsetzbar. Sie dienen als Unterhaltungs- und Informationsmedium ebenso wie als Werkzeug zur Bewältigung beruflicher Aufgaben. Angefangen von der Verwaltung von Terminen und Kontakten reicht das Potenzial der **mobilen Kleinrechner** bis zu der Nutzung komplexer Datenbank-, Kalkulations- oder CRM-Software. Es wundert daher nicht, wenn Mitarbeiter von Unternehmen gern ihre privat genutzten Geräte zugleich auch für berufliche Zwecke einsetzen und nicht für geschäftliche Telefonate, Recherchen oder Office-Anwendungen das Gerät wechseln und auf dienstliche Geräte umsteigen wollen. Diese Tendenz, die mit dem Schlagwort „Bring Your Own Device" (**BYOD**) beschrieben wird, hat zu einer intensiven Debatte über die Vorteile und die Risiken der privat und geschäftlich genutzten Endgeräte geführt. Gleichwohl: Es stehen heute neben den auf Smartphones und Tablets vorinstallierten Softwareprodukten in großer Zahl **Apps** zum kostenlosen oder preiswerten Download zur **Funktionserweiterung** der leistungsstarken Geräte zur Verfügung.

Die Begeisterung für die kleinen Helfer wird aber getrübt, wenn Meldungen 2
über die heimlichen **Datenerhebungen** und -übermittlungen mithilfe dieser heruntergeladenen Softwareprodukte den Fokus auf datenschutzrechtliche Implikationen setzen. Berichte und einschlägige Testergebnisse weisen darauf hin, dass der **Datenschutz** nicht eingehalten wird, Daten unzulässig erhoben und diese an App Shop-Betreiber, an die App-Anbieter und an Dritte **ohne gesetzliche Erlaubnis** oder eine **Einwilligung** der Betroffenen übermittelt werden. In der Regel geschieht dies sogar, ohne dass die Nutzer und Betroffenen von den Datenerhebungs- und -übermittlungsvorgängen Kenntnis haben. Auch eine Kleine Anfrage an die Bundesregierung zu den Sicherheitsrisiken für Smartphone-Nutzer erhellt die Bedrohungslage:

---

1 Berechnung des Branchenverbandes BITKOM, siehe http://www.welt.de/themen/apps.

„Manipulierte Apps stellen noch immer und in zunehmendem Maße ein großes Sicherheitsrisiko dar. Jedes fünfte der rund 48 000, für das von Google entwickelte Betriebssystem Android, angebotenen Apps ist mit Viren oder Trojanern versehen (Quelle: Studie SMobile Systems). Installiert ein Nutzer unwissend solch eine manipulierte App auf seinem Telefon, verschafft sich diese sogleich Zugriff auf das gesamte Betriebssystem und somit auch auf alle persönlichen Ressourcen. Zugleich erhielten die deutschen Mobilfunkanbieter ein vernichtendes Urteil. [...] Die bisher bekanntesten Smartphone-Viren ZitMo, DroidDream und Droidsheep hatten die Fähigkeit, Smartphones so zu steuern, dass es möglich war, Passwörter und für das Onlinebanking notwendige TANs auszuspähen, Bewegungsprofile zu erstellen, sich ohne Kenntnis der Betroffenen in soziale Netzwerke einzuklinken, ja sogar Telefongespräche abzuhören, SMS einzusehen und zu versenden."[2]

3 Die Bundesregierung hat diese Bedrohung in ihrer Antwort im Grunde bestätigt und auf erste zaghafte Gegenmaßnahmen hingewiesen:

„[Es] besteht eine Bedrohung durch Apps, die der Nutzer selbst herunterlädt und die Missbrauch mit seinen persönlichen Daten treiben. Eine andere Bedrohung sind trojanisierte (bzw. manipulierte) Apps, die der Nutzer aus nicht vom Anbieter voreingestellten Quellen (wie z.B. dem AppStore oder Google-Play) herunterlädt und die Schadcodes enthalten. Schadprogramme, die auf Smartphones beobachtet werden, sind vor allem sogenannte Premium-Dialer (die SMS an teure Rufnummern versenden) oder die als Nebenkomponente eines Banking-Trojaners auf dem PC dienen (und beispielsweise Bestätigungs-SMS des mTAN-Verfahrens abgreifen)."[3]

4 Die Beispiele zeigen, dass Dritte über auf dem Mobiltelefon oder dem internetfähigen Tablet gespeicherte Apps unbefugt auf Daten zugreifen, die auf dem Gerät gespeichert sind. Es sind Fälle bekannt geworden, bei denen **Kontodaten** beim Online-Banking ausgespäht wurden.[4]

5 Die **Stiftung Warentest** hatte einige Apps darauf hin untersucht, ob sie **Datenschutz- und Sicherheitslücken** aufweisen. Bei der Analyse von 63 verbreiteten Apps wurden neun als „sehr kritisch" und 28 als „kritisch" eingestuft. Lediglich 26 von 63 der untersuchten Apps wurden als unkritisch bewertet, sammelten also keine personenbezogenen Daten ohne Kenntnis des Nutzers.

---

2 Kleine Anfrage an die Bundesregierung (BT-Drucks. 17/11276).

3 Apps sind ein Sicherheitsrisiko für Smartphones, Antwort der Bundesregierung vom 20.11.2012 auf eine Kleine Anfrage (BT-Drucks. 17/11539).

4 Nach einer Meldung in den Tagesthemen, http://www.tagesschau.de/inland/apps102.html. Siehe auch Artikel „Sträfliche Arroganz", WirtschaftsWoche 2013/3, S. 60, 63.

Bei dem Test fiel etwa die bei der Suche nach günstigen Tankstellen helfende App „Clever Tanken“ auf, weil sie die **Benutzernamen** und **Passwörter** unverschlüsselt an einen Server übertragen. Damit können diese Daten bei Nutzung eines ungesicherten WLAN von Dritten mitgelesen und gespeichert werden. Nutzer, die aus nachvollziehbaren Gründen diese Zugangsdaten allgemein standardmäßig für jeden Zugang zu PW-gesicherten Servern verwenden, müssen damit rechnen, dass Unbefugte mit diesen Zugangsdaten auch erfolgreich versuchen, an die Konten von Nutzern heranzukommen und dort Verfügungen vornehmen oder immerhin die erfolgten Transaktionen auslesen und die Auszüge analysieren. 6

Zahlreiche Anbieter von Apps programmieren ihre Software so, dass sie bei der Anwendung die Telefonbücher oder **Adressverzeichnisse** der Nutzer auslesen und die Inhalte ohne Kenntnis des Nutzers und dementsprechend ohne dessen Zustimmung übermitteln. Als in dieser Weise programmierte Apps identifizierte die Stiftung Warentest die Programme „Foodspotting“, „Gowalla“, „WhatsApp“ und „Yelp“. Dass es gerade bei **WhatsApp** immer wieder **Sicherheitslücken** gibt, die es fremden Nutzern möglich macht, Nachrichten unter einem fremden Account abzusenden, wurde im September 2012 deutlich. Auch das neue, aktuelle und zum Schließen von Sicherheitslücken herausgekommene Update für Endgeräte mit dem Betriebssystem Android ermöglicht eine Nutzung unter fremden Zugangsdaten und offenbarte damit gravierende **Sicherheitsmängel**.[5] 7

Im Oktober 2012 machte das Unternehmen Telefónica O2 Schlagzeilen, als es ankündigte, **Bewegungsdaten** von O2-Kunden aus Deutschland analysieren und die Profildaten der Nutzer vermarkten zu wollen.[6] O2 hatte in Großbritannien mit dem Tochterunternehmen Telefónica Dynamic Insights eine „Global Big Data Business Unit“ platziert, die Bewegungs- und Bestandsdaten von Kunden aufbereitet und diese an Zielgruppen verkauft. Mit dem Programm „Smart Steps“ sollten verwertbare Informationen aus einer großen unstrukturierten Menge an Daten gewonnen werden. Diese Informationsgewinnungsmethoden vornehmlich für Zwecke des Marketings machen derzeit unter dem Stichwort **„Big Data“** als bedeutendes IT-Thema Furore. Die Pläne, auch in Deutschland **Kundendaten** entsprechend aufzubereiten, scheiterten.[7] Allerdings sind Apps bekannt geworden, die genau dies 8

5 Siehe dazu http://www.heise.de/security/meldung/Erneut-Account-Klau-bei-WhatsApp-moeglich-1756224.html und www.spiegel.de/netzwelt/apps/whatsapp-experten-warnen-vor-sicherheitsluecke-a-856180.html.

6 So die Berichte in verschiedenen Medien: *Biermann*, in: Zeit Online v. 30.10.2012 abrufbar unter: http://www.zeit.de/digital/datenschutz/2012-10/telefonica-smart-steps-vorratsdaten; *Dugge*, in: Taggesschau.de v. 19.12.2012, abrufbar unter: http://www.tagesschau.de/wirtschaft/telefonica106.html.

7 Datenschutzbedenken hatte O2 allerdings keine, siehe dazu http://www.spiegel.de/netzwelt/gadgets/telefonica-keine-auswertung-von-bewegungsdaten-in-deutschland-a-864772.html;

tun: Daten über Mobilfunkanbieter und deren Gerätepositionen (**Standortdaten, geobasierte Daten**) zu erheben und diese Daten zu verkaufen. Die Stiftung Warentest nennt als Beispiel ein virtuelles Metronom, das beim Musizieren den Takt angibt und dabei zugleich die Smartphone-Daten an ein Unternehmen in den USA sendet.

9 Selbst seriöse Einrichtungen wie die **öffentlich-rechtlichen Rundfunkanstalten** fielen auf, weil ihre Radio-Apps die Unique Device Identifier (UDID), die eindeutige, individuell für jedes iOS-Gerät vergebene Gerätenummer auslesen. Wenn App-Entwickler und -Anbieter die Daten ihrer Nutzer über die UDID zusammenführen, ließe sich ein Nutzerprofil erstellen. Verlage wie der ZEIT-Verlag nutzten das Auslesen etwa, um sicherzustellen, dass kostenlose, zeitlich begrenzte Probe-Abonnements nicht mehrfach von einem Gerät über ein App bestellt werden können. Immerhin lässt Apple bei iTunes keine Apps mehr zu, mit denen die UDID ausgelesen wird, und hat das Auslesen der UDID auch in den Nutzerbedingungen untersagt. Mit dem iOS 5 soll ein Auslesen der UDID auch nicht mehr möglich sein.[8]

10 Das Wall Street Journal berichtete nach entsprechenden Analysen von über **Facebook** angebotenen Apps, dass die **Skype-App** etwa nach den Fotos und den Geburtsdaten der Kontakte bei Facebook sucht. Die App von **Yahoo** ist danach an den politischen und religiösen Neigungen der Facebook-Nutzer interessiert.[9]

11 Die Verbraucherzentrale Bundesverband (vzbv) hat die alarmierenden Meldungen über **Datenschutzverstöße** zum Anlass genommen, Rechtsverletzer abzumahnen. So erhielt Apple eine **Abmahnung**, weil personenbezogene Daten von Kunden des App Stores erfasst und weiterverarbeitet wurden, ohne dass die Nutzer den für die Abwicklung des Vertragsverhältnisses der nicht erforderlichen Verarbeitungen zugestimmt hätten.[10] Facebook wurde abgemahnt, weil Daten ohne Einwilligung übermittelt wurden.[11]

12 Aufsichtsbehörden für den Datenschutz und Verbraucherzentralen warnen vor Apps, die sich als **„Spione in der Hosentasche“** erweisen.[12] Die gleiche Wortwahl findet sich auch in einem Beschluss des Düsseldorfer Kreis, der Diskussionsrunde der Aufsichtsbehörden für den Datenschutz der Länder und des Bundes für den nicht-öffentlichen Bereich, der in einem Beschluss vom 4./5.5.2011 wegen der von Apps ausgehenden Gefahren mehr Transparenz über die Preisgabe personenbezo-

---

http://www.heise.de/mobil/meldung/Telefonica-Keine-Analyse-von-Bewegungsdaten-in-Deutschland-1741717.html.

8 Vgl. dazu auch die Beispiele bei *Lober/Patzak* in: Taeger, IT und Internet – mit Recht gestalten, 2012, S. 545 f.

9 *Angwin/Singer-Vine*, in: Die Welt Online v. 10.4.2012, abrufbar unter: http://www.welt.de/wall-street-journal/article106168780/Verraten-und-verkauft-auf-Facebook.html.

10 Siehe http://www.vzbv.de/10100.htm.

11 Siehe http://www.vzbv.de/10146.htm.

12 Siehe http://www.mjv.rlp.de/smartphones.

gener Daten, bessere Steuerungsmöglichkeiten für Nutzer und Einfluss auf die Löschung von Spuren über die Nutzung und die anonyme Nutzung forderte.[13] Die **Aufsichtsbehörden** plädieren in ihrem Beschluss vor allen Dingen für **„Privacy by Design"**, also eine datenschutzgerechte Voreinstellung von Hard- und Software für den Selbstdatenschutz durch die aufgeklärten Nutzer.

Mitunter finden sich allerdings auch reißerisch aufgemachte Zeitschriftenarti- 13
kel, bei denen die journalistische Sorgfalt wohl hinter Vertriebszielen zurückstand. So berichtete die WirtschaftsWoche in einer Titelgeschichte „Falsche Freunde" über *„die fiesen Tricks der populären Helferlein"*[14] unter der Titelseiten-abbildung auch der DB-App über Datenschutzverstöße zahlreicher Apps. Die Smartphone-App **„DB Navigator"** wurde im Artikel hinsichtlich einer möglichen Übertragung von persönlichen Daten als *„kritisch"* eingestuft. Die Aussage, dass Nutzerdaten von der App „DB Navigator" übertragen werden, erwies sich als schlicht falsch. Bei einem Test der Stiftung Warentest wurde der „DB Navigator" hinsichtlich des Umgangs mit Nutzerdaten deshalb als unkritisch eingestuft. MediaTest digital[15] zeichnete die Apps „DB Navigator" und „DB Tickets" mit dem **Gütesiegel „Trusted App"** aus und bescheinigte damit der Deutschen Bahn bezüglich beider Applikationen den vertrauensvollen Umgang mit sensiblen Nutzerdaten. In Bezug auf die App „radio.de", die als *„sehr kritisch"*, *„Schnüffel-App"*, *„böse"* und *„gefährlich"* eingestuft wurde, musste die WirtschaftsWoche eine Richtigstellung veröffentlichen und mitteilen, dass Kontaktdaten, Kalendereinträge, E-Mails, Standortdaten etc. nicht ausgelesen und nicht übermittelt werden. Derart falsche Berichterstattung schadet den Unternehmen, die zeigen, dass es auch beliebte und zugleich datenschutzfreundliche Apps gibt.

Ausgehend von einigen bekannt gewordenen Szenarien der Datenerhebung 14
über Apps wird im folgenden Beitrag eine **datenschutzrechtliche Bewertung** vorgenommen. Er soll erhellen, welche personenbezogenen Daten von wem und zu welchem Zweck in zulässiger Weise mittels einer App erhoben, übermittelt und in sonstiger Weise verarbeitet werden dürfen. Die **Rechte der Nutzer** von Apps, den **Betroffenen** i.S.v. § 3 Abs. 1 BDSG,[16] gegenüber den verantwortlichen Stellen und die **Sanktionen** bei Datenschutzverstößen werden dargestellt.

Mit der Erhebung und Verwendung von personenbezogenen Nutzerdaten, die 15
beim Download einer App oder bei der Nutzung einer internetunterstützten App bei

---

13 Siehe http://www.bfdi.bund.de/SharedDocs/Publikationen/Entschliessungssammlung/DuesseldorferKreis/0050052011SmartphoneNutzung.html.

14 WirtschaftsWoche 3/2013 v. 14.1.2013, S. 60 ff.

15 Siehe http://www.mediatest-digital.com/seals.

16 Betroffene i.S.d. § 3 Abs. 1 BDSG können neben dem Nutzer selbst auch Dritte sein, wenn die App personenbezogene Daten wie auf dem Endgerät des Nutzers gespeicherte Adressdaten und Profile dieses Dritten ausliest und überträgt.

Internet Service Providern[17] und **Mobilfunkanbietern**[18] anfallen, befasst sich dieser Beitrag nicht, soweit diese nicht selbst die Anbieter einer App sind und damit als solche betrachtet werden.

B. Erhebung personenbezogener Daten bei der Nutzung von Apps

16 Im Zusammenhang mit der Nutzung von Apps können **personenbezogene Daten** des App-Nutzers und von Dritten, deren Daten auf einem Endgerät des App installierenden Nutzers gespeichert sind, auf verschiedene Weise und von verschiedenen Stellen erhoben und übermittelt werden. Ob und welche Daten beim Download einer App, nach ihrer Installation selbsttätig oder bei ihrer bewussten Nutzung übermittelt werden, kann schon wegen der Fülle der angebotenen Apps nicht pauschal beantwortet werden. Bei 700.000 Applikationen im App Store von Apple,[19] aus dem im Dezember 2012 mehr als 2 Mrd. Apps heruntergeladen wurden,[20] mehr als 670.000 im Google Play Store[21] und sicher mehreren 100.000 Apps im Amazon Appstore wird es für Nutzer schwer zu erkennen sein, von welcher App welche seiner Daten oder gar von auf seinem Gerät gespeicherten Dritten an wen gesendet werden.

17 Wird eine App direkt bei einem Anbieter einer App heruntergeladen, wird der Nutzer bei einer registrierungspflichtigen Nutzung dieser App davon ausgehen können, dass sein Name, die E-Mail-Adresse und bei kostenpflichtiger Nutzung auch eine Bankverbindung oder andere Daten über einen Zahlvorgang übermittelt werden, weil diese Daten während des **Registrierungsvorgangs** abgefragt werden. Wird die App über einen App Store kostenpflichtig heruntergeladen, werden **personenbezogene Nutzerdaten** an den Store-Betreiber übermittelt, wenn nicht in Ausnahmefällen anonyme Micropayment-Verfahren genutzt werden.

18 Das Herunterladen der Kindle-App setzt ein Nutzerkonto bei Amazon voraus, sodass die Daten des den Download veranlassenden und sich identifizierenden Nutzers schon dadurch bekannt sind. Bei diesen Daten handelt es sich zweifelsfrei um **Einzelangaben über persönliche oder sachliche Verhältnisse** einer bestimmten natürlichen Person und damit um personenbezogene Daten i.S.d. § 3 Abs. 1 BDSG.

---

17 Hier fallen Serverlogfiles (Protokolldaten) an: die UDID bei iOS bzw. entsprechende Kennungen bei anderen Betriebssystemen, URL der aufgerufenen Website, Datum und Uhrzeit des Abrufs, Browsertyp, IP-Adresse.

18 Nutzungs- und Verkehrsdaten.

19 Siehe http://www.mobiflip.de/apple-zahlen-ipad-mini.

20 Siehe http://www.golem.de/news/apple-40-milliarden-downloads-im-app-store-1301-96729.html.

21 Siehe http://de.statista.com/statistik/daten/studie/74368/umfrage/anzahl-der-verfuegbaren-apps-im-google-play-store.

Damit ist der Anwendungsbereich des Bundesdatenschutzgesetzes gem. § 1 Abs. 2 BDSG eröffnet, dessen Zweckbestimmung darin liegt, den Einzelnen vor einer **Beeinträchtigung seiner Persönlichkeitsrechte** zu schützen.[22]

Fraglich ist, ob das BDSG auch zur Anwendung kommt, wenn ein Nutzer beim 19
Herunterladen einer App und bei der Nutzung der App keine personenbezogenen Daten wie seinen Namen oder die E-Mail-Adresse aktiv anzugeben braucht. Würden keinerlei Daten über den Nutzer oder das von ihm verwendete Gerät übermittelt, auf dem die App installiert wird, dann würden auch keine personenbezogenen Daten erhoben werden und das **BDSG nicht zur Anwendung** kommen. Allerdings wird regelmäßig beim Herunterladen einer App die Kennziffer des Endgeräts, der **UDID**, übermittelt. Nach der im Datenschutzrecht verbreiteten objektiven Theorie soll es sich hierbei deshalb um ein personenbezogenes Datum handeln, weil die Information über die **Geräte-ID** eine Einzelangabe über die sächlichen Verhältnisse einer bestimmbaren Person sei. Die Bestimmbarkeit ergebe sich nach dieser Meinung daraus, dass es der erhebenden oder einer beliebigen dritten Stelle möglich sei festzustellen, wer der Nutzer des mobilen Endgeräts mit dieser UDID sei.[23]

Nach der wohl vorherrschenden relativen Theorie darf es dagegen nicht nur ei- 20
ne abstrakte Möglichkeit der Zuordnung der UDID zu einer konkreten, bestimmbaren natürlichen Person geben, um einen **Personenbezug des Datums** anzunehmen; vielmehr muss es der erhebenden Stelle im konkreten Einzelfall in realistischer Weise möglich sein, durch ihr tatsächlich zugängliche Zusatzinformationen einen Bezug zu einer natürlichen Person herzustellen.[24] Es wird danach im konkreten Einzelfall zu prüfen sein, ob die Stelle, von der die App heruntergeladen wird, über weitere Informationen verfügt, die eine Zuordnung der Gerätenummer des benutzten Geräts zu dem Nutzer dieses Geräts möglich macht. In diesem Fall würde es sich schon bei der UDID um ein personenbezogenes Datum handeln und der **Anwendungsbereich des BDSG** wäre eröffnet.

In den in den Eingangsszenarien beschriebenen Fällen, in denen vom Anbieter 21
der App zugleich **Kontaktdaten** vom Endgerät des Nutzers heruntergeladen werden, besteht auch dann, wenn **Registrierungsangaben** nicht erforderlich sind, die widerlegbare Vermutung, dass die **UDID ein personenbezogenes Datum** ist, weil der Anbieter hier durch Verknüpfung von Nutzerdaten in der Lage sein dürfte, die Zuordnung des App-Nutzers zu einer bestimmten natürlichen Person vorzunehmen.

22 Näher dazu Taeger/Gabel/*Schmidt*, § 1 BDSG Rn 21 f.

23 Siehe Taeger/Gabel/*Buchner*, § 3 BDSG Rn 11.

24 Vgl. auch den Erwägungsgrund 26 der EG-DSRl, die Entscheidung des EuGH vom 6.11.2003 in Sachen Lindqvist – Rs. C-101/01 – sowie Taeger/Gabel/*Buchner*, § 3 BDSG Rn 11 ff., Plath/*Plath/Schreiber*, § 3 Rn 15 m.w.N.

C. Anzuwendendes Recht

I. Vorrangiges Kollisionsrecht in § 1 Abs. 5 BDSG

22 Die Frage, ob deutsches Datenschutzrecht bei Datenerhebungs- und -verarbeitungsprozessen über eine App überhaupt zur Anwendung kommt, kann im Einzelfall außerordentlich schwierig zu beantworten sein. Diese bei **grenzüberschreitenden Sachverhalten** auftretende kollisionsrechtliche Frage wird von § 1 Abs. 5 BDSG beantwortet, der die allgemeinen **Kollisionsnormen** der Art. 4–46a EGBGB als lex specialis verdrängt. Auch die Rom-II-Verordnung findet keine Anwendung, weil sie nicht bei außervertraglichen Schuldverhältnissen gilt, die auf die Verletzung von Persönlichkeitsrechten zurückzuführen sind.[25]

23 Nach der Regelung des **§ 1 Abs. 5 BDSG** lässt sich zusammenfassend feststellen, dass das BDSG unter den drei folgenden Bedingungen nicht zur Anwendung kommt:[26]

1. Die Erhebung und Verwendung personenbezogener Daten beim Download einer App und danach durch eine App erfolgt durch eine verantwortliche Stelle in der EU oder dem EWR und nicht durch deren Niederlassung in Deutschland.
2. Erhebung und Verwendung erfolgen durch eine verantwortliche Stelle in einem Drittland und nicht durch ein in Deutschland „belegenes Mittel".
3. Die Erhebung erfolgt nicht in Deutschland.

II. Zu klärende Vorfrage nach der verantwortlichen Stelle

24 Es ist dementsprechend danach im Einzelfall nach § 1 Abs. 5 BDSG zu prüfen, ob das BDSG zur Anwendung kommt. Zunächst ist aber festzustellen, ob es sich bei dem die App direkt anbietenden App-Ersteller oder dem App Store als Vertreiber um eine i.S.d. **§ 3 Abs. 7 BDSG** verantwortliche Stelle handelt. **Verantwortliche Stelle** im Sinne dieser Vorschrift ist derjenige, der über die Datenerhebung und Datenverwendung eigenverantwortlich entscheidet.[27] Wenn der App-Anbieter oder der Vertreiber einer App selbst darüber entscheiden, welche Daten sie oder ein **Auftragsdatenverarbeiter** für sie erheben und für welchen Zweck diese Daten verarbeitet oder genutzt werden, dann sind sie insoweit bezüglich der von ihnen erhobenen Daten als verantwortliche Stelle einzuordnen. Bietet der **Entwickler der App** die App selbst als **Anbieter** zum Download an, ist auch ein Entwickler genauso verantwortliche Stelle wie der Anbieter hinsichtlich der Daten, die im Zusammenhang mit

25 Taeger/Gabel/*Gabel*, § 1 BDSG Rn 50.

26 Siehe zur Systematisierung auch Plath/*Plath*, § 1 Rn 51.

27 Vgl. auch *Lober/Patzak* in: Taeger, IT und Internet – mit Recht gestalten, 2012, S. 545, 553.

dem Download durch den Nutzer (freiwillig oder unbewusst) übertragen werden und auch hinsichtlich derjenigen Daten, die vom Endgerät des Nutzers durch die installierte App an ihn oder an Dritte übertragen werden. Verantwortlich Stelle ist ein Entwickler dann nicht, wenn er für einen Dritten, den Anbieter, lediglich die App programmiert.

Ein **Anbieter** einer App und ein **App Store**, der mehrere Apps im eigenen Namen oder für Dritte anbietet, sind gleichfalls verantwortliche Stelle hinsichtlich der Daten, die im Zusammenhang mit dem entgeltlichen oder unentgeltlichen Download durch den Nutzer (freiwillig oder unbewusst) übertragen werden. Der App Store ist dagegen nicht verantwortliche Stelle hinsichtlich derjenigen Daten, die vom Endgerät des Nutzers bei dessen Nutzung durch die installierte App an den Anbieter oder an Dritte übertragen werden, wenn er die App dieses Anbieters lediglich vertreibt. 25

Verantwortliche Stelle ist schließlich auch derjenige **Dritte**, der personenbezogene Daten an sich selbst durch die App übertragen lässt, selbst dann, wenn er nicht Entwickler oder Anbieter der App ist, weil er Daten für sich selbst erhebt oder erheben lässt. 26

Es zeigt sich, dass es im Hinblick auf eine konkrete App **mehrere verantwortliche Stellen** zugleich geben kann: denjenigen, der die App vertreibt (Anbieter selbst oder App Store) und die personenbezogenen Daten aus dem Download- und ggf. Zahlvorgang erhebt und verwendet. Der Anbieter kann zudem verantwortliche Stelle hinsichtlich der Daten sein, die an ihn nach der Installation bei der Nutzung der App oder bei vom Nutzer nicht bemerkten Aktivitäten der App während der Nutzung des Endgeräts übertragen werden. Und schließlich kann ein Dritter verantwortliche Stelle sein, wenn an diesen von der nicht von ihm angebotenen oder vertriebenen App Daten übermittelt werden, z.B. Anschriftendaten. 27

III. Anzuwendendes Recht auf das Handeln der jeweils verantwortlichen Stelle

Hat die jeweils verantwortliche öffentliche oder nicht-öffentliche Stelle ihren **Sitz im Inland** oder hier eine **Niederlassung**, über die die Erhebung personenbezogener Daten im Inland erfolgt, dann ist nach dem **Territorialprinzip** das BDSG anzuwenden, was das BDSG in der Kollisionsnorm wegen des fehlenden Auslandsbezugs als Selbstverständlichkeit gar nicht ausdrücklich regelt. 28

Bei einer eine App anbietenden öffentlichen Stelle[28] ist dies neben den allgemeinen Vorschriften des Ersten Abschnitts insbesondere der Zweite Abschnitt, 29

28 Öffentliche Stellen des Bundes und der Länder sowie landesunmittelbare Stellen wie Landkreise und Gemeinden bieten inzwischen in erheblichem Umfang eigene Apps an. Eine Übersicht über einige wenige kostenpflichtige Angebote des Bundes und die ansonsten kostenfreien Angebote findet sich unter http://www.govapps.de.

wenn es sich um eine **öffentliche Stelle des Bundes** handelt. Bei landesunmittelbaren öffentlichen Stellen kämen die Landesdatenschutzgesetze zur Anwendung. Sollte die App allerdings von einem öffentlichen **Wettbewerbsunternehmen** angeboten werden, dann findet auf die verantwortliche öffentliche Stelle maßgeblich der Dritte Abschnitt des BDSG Anwendung, der sich an die nicht-öffentlichen Stellen und die öffentlich-rechtlichen Wettbewerbsunternehmen wendet. Überwiegend werden Apps von nicht-öffentlichen Stellen angeboten, auf die neben den allgemeinen Vorschriften des BDSG die Vorschriften des Dritten Abschnitts anzuwenden sind.

30 Nach der innergemeinschaftsrechtlichen **Kollisionsregel** des § 1 Abs. 5 S. 1 BDSG findet das BDSG dann keine Anwendung, wenn die verantwortliche nicht-öffentliche Stelle (§ 2 Abs. 4 S. 1 BDSG) in einem anderen **EU-Mitgliedstaat** oder in einem Vertragsstaat des Abkommens über den **EWR** belegen ist, sich also der Sitz der verantwortlichen Stelle oder eine selbstständige Niederlassung[29] außerhalb Deutschlands, aber im EWR befindet. In diesen Fällen kommt das **Sitzlandprinzip** zur Anwendung mit der Folge, dass das Datenschutzrecht des anderen EU-/EWR-Sitz-Staates zur Anwendung kommt.[30]

31 Hat diese verantwortliche Stelle mit dem Sitz im EU-/EWR-Ausland allerdings eine **Niederlassung in Deutschland** i.S.d. § 42 GewO – nicht etwa nur einen unselbstständigen Betriebsteil –, von der der App angeboten und von der personenbezogene Daten in Deutschland erhoben werden, dann kommt es doch wegen der im Hs. 2 enthaltenen Ausnahme vom Sitzlandprinzip ausnahmsweise doch zu einer Anwendung des BDSG (**abgeschwächtes, eingeschränktes** oder **modifiziertes Sitzlandprinzip**).[31]

32 Hat die **verantwortliche Stelle außerhalb des EWR** ihren Sitz, dann findet gem. § 1 Abs. 5 BDSG deutsches Datenschutzrecht Anwendung, wenn einer der Beteiligten in Deutschland Daten von einem Nutzer über dessen in Deutschland befindliches mobiles Gerät erhebt, unabhängig davon, ob sie ihren Sitz innerhalb oder außerhalb der EU bzw. des EWR haben.[32] Eine **Erhebung im Inland** findet nach der gebotenen[33] europarechtskonformen Auslegung gem. Art. 4 Abs. 1 lit. c)

29 Diese Niederlassung müsste die Datenerhebung und -verwendung *„effektiv und tatsächlich"* vornehmen und die reale Herrschaft über die Daten haben (Erwägungsgrund 19 der EG-DSRl). So dürfte etwa die Facebook Ireland Ltd. als Niederlassung der Facebook Inc. in Meno Park (CA) diese Anforderungen mit der Folge nicht erfüllen, dass nicht irisches, sondern deutsches Datenschutzrecht auf die Verarbeitung von Nutzerdaten aus Deutschland anzuwenden ist; siehe dazu näher *Kremer*, CR 2012, 438, 440.

30 Siehe Taeger/Gabel/*Gabel*, § 1 BDSG Rn 54 ff.

31 Dazu Taeger/Gabel/*Gabel*, § 1 BDSG Rn 55; Simitis/*Dammann*, § 1 Rn 199.

32 *Kremer*, CR 2012, 438, 439; *Jotzo*, MMR 2009, 232, 235; *Gola/Schomerus*, § 1 Rn 28.

33 Vgl. Simitis/*Dammann*, § 1 Rn 218.

EG-DSRl[34] dann statt, wenn die im Drittland befindliche Stelle *„Mittel zur Erhebung personenbezogener Daten“*[35] in Deutschland bereitstellt. Demnach wäre deutsches Datenschutzrecht auf die bei der Anmeldung und Bezahlung vor dem Download einer App nicht anzuwenden, wenn eine App auf einem im Drittland gehosteten Server angeboten wird und das Angebot sich erkennbar nicht an Nutzer in Deutschland wendet.[36] Wird die App auch in deutscher Sprache beworben oder angeboten, findet deutsches Datenschutzrecht dagegen zumindest für den Vorgang der Erhebung der Daten über die Website des Anbieters bzw. App-Shops im Zuge des Erwerbs der App und durch die App selbst Anwendung.

Wird die App heruntergeladen und werden sodann Daten des Nutzers mittels 33
der App in das Drittland übertragen, dann findet sehr wohl das deutsche Datenschutzrecht Anwendung, weil dann die App in Verbindung mit dem Endgerät des Nutzers **das in Deutschland belegene Mittel** ist, mit dem die dann als nach deutschem Datenschutzrecht anzusehende verantwortliche Stelle personenbezogene Daten erhebt und nutzt.[37] Dann ist nicht mehr allein der Nutzer als Betroffener für den Umgang mit seinen Daten verantwortlich, wie er es bei dem Ausfüllen eines Webformulars auf der Website des Drittland-Anbieters ist, sondern der App-Anbieter, zumal dieser den Download von einem in Deutschland aktiven Nutzer technisch durch Ausschluss des Downloads auf Rechner mit einer IP/UDID des in Deutschland verwendeten Nutzergeräts verhindern könnte.

D. Abgrenzung der Anwendungsbereiche des BDSG, des TMG und des TKG beim Datenschutz

I. Datenerhebung von App Stores und Apps als Telemedien

1. Einordnung von App Stores und Apps als Telemediendienste

Der Download von Apps, die durch iTunes, Google Play Store und den Amazon 34
Store bereitgestellt werden, kann erst nach dem Download der jeweiligen Store-App erfolgen. Zunächst muss die Software des Stores auf das mobile Gerät installiert

34 RL 95/46/EG des Europäischen Parlaments und des Rates vom 24.10.1995 zum Schutz natürlicher Personen bei der Verarbeitung personenbezogener Daten und zum freien Datenverkehr, ABl. L 281 vom 23.11.1995, S. 31.

35 Dazu näher Simitis/*Dammann*, § 1 Rn 220ff.

36 Anders und auch in diesem Fall unter Verkennung des Gebots der europarechtskonformen Auslegung deutsches Recht anwendend OLG Hamburg, Urt. v. 2.8.2011 – 7 U 134/10 – K&R 2011, 669 = ZD 2011, 138, 139 m. Anm. *Arning* = CR 2012, 188 m. zust. Anm. *Moritz* = jurisPR-ITR 24/2011 Anm. 5. Kritisch dagegen *Alich/Nolte*, CR 2011, 741.

37 Ebenso *Kremer*, CR 2012, 438, 439; *Alich*, in: Taeger, IT und Internet – mit Recht gestalten, 2012, S. 561, 571f.; *Lober/Patzak* in: Taeger, IT und Internet – mit Recht gestalten, 2012, S. 545, 549.

werden, auf dem es dann als App erscheint. Diese App eröffnet den Weg zu den online (entgeltlich oder unentgeltlich) vertriebenen Apps. Die App des Stores muss dabei zwingend eine Kommunikation mit dem Internet unterhalten, um dem Nutzer die online bereitstehenden Apps anzeigen und zum Download bereit halten zu können. Diese dauerhafte Online-Verbindung und nicht zuletzt die Qualifizierung dieser App als Online-Shop führen dazu, dass diese App als **Telemediendienst** i.S.d. **§ 1 Abs. 1 TMG** einzuordnen ist,[38] von dem Inhalte, hier: Software, abgerufen werden.[39]

35 Ein dem Telemediengesetz unterfallender Telemediendienst liegt immer dann vor, wenn es sich um einen elektronischen Informations- oder Kommunikationsdienst handelt und gerade nicht um einen solchen, der ausschließlich Daten überträgt und damit **Telekommunikationsanbieter** ist.[40] Unter derartige Telemediendienste nach dem TMG fallen insbesondere alle Online-Anbieter, die Waren oder Dienstleistungen mit sofortiger Bestellmöglichkeit zur Verfügung stellen. Dementsprechend erweist sich sowohl der Internetauftritt des App Stores, von dem die Store-App heruntergeladen wird, als auch die auf dem Endgerät des Nutzers installierte Store-App, mit der sich der Nutzer als registrierter Anwender identifiziert, als ein Telemediendienst.

36 Bei der Registrierung gibt der Nutzer neben seiner E-Mail-Adresse auch ein Passwort ein und erhält in der Regel eine eigene Nutzer-ID (Kundennummer),[41] mit der er als registrierter Nutzer erkannt wird. Diese Daten werden vom Store-Betreiber für die Begründung und Abwicklung aller zwischen dem Nutzer, der in § 11 Abs. 2 TMG im datenschutzrechtlichen Zusammenhang als natürliche Person, die einen Telemediendienst nutzt, definiert wird, und dem Store-Anbieter bestehenden und künftigen Verträge verwendet. Der Store-Anbieter hat als Teledienstanbieter die bereichsspezifischen Datenschutzvorschriften der §§ 11ff. TMG zu beachten, die insoweit als speziellere Regelung dem BDSG vorgehen (**Subsidiarität** des BDSG). Schon die faktische Inanspruchnahme des Dienstes führt im Hinblick auf die dabei anfallenden personenbezogenen Daten zur Anwendung der §§ 11ff. TMG.[42] Kommt es

---

38 Ebenso *Feldmann* in: Taeger, Die Welt im Netz, 2011, S. 47, 60; *Moser* in: Taeger, Die Welt im Netz, 2011, S. 595, 597.

39 Weil keine Signale oder Daten durch den Shop-Betreiber technisch ausgetauscht werden, ist das Bereitstellen von Inhalten auch kein Telekommunikationsdienst, sondern nach dem Schichtenmodell die zweite Schicht (Inhalte bereitstellender Dienst); als TK-Dienst wird hier der von Telekommunikationsprovidern genutzt, die die telekommunikationstechnische Infrastruktur für den Abruf der Inhalte bereitstellen (unterste/erste Schicht nach dem Schichtenmodell).

40 Taeger/Gabel/*Moos*, TMG, Einführung Rn 4 f.

41 Apple vergibt eine Appel-ID, welche sich aus der vom Nutzer hinterlegten E-Mail-Adresse ergibt; Kindle vergibt eine Amazon-ID, welche aus der Nummer des Geräts und dem Namen des Nutzers besteht.

42 Taeger/Gabel/*Moos*, § 11 TMG Rn 25.

durch die Registrierung als Nutzer zu einem Vertragsschluss, fallen auch diese Daten als **Bestandsdaten** i.S.d. § 14 TMG in den Anwendungsbereich des TMG.

Diese Einordnung als Telemediendienst trifft nicht nur auf den App Store im Internet und die App dieses Stores auf dem mobilen Endgerät des Nutzers zu, sondern auf jeden Informations- und Kommunikationsdienst im Internet, der eine App zum Download anbietet, wie auch auf jede auf dem Endgerät installierte App, mit der elektronisch angebotene Inhalte und **Dienstleistungen bereitgestellt** und über Telekommunikationseinrichtungen Dritter übermittelt werden.[43] Auch Apps, die von Nutzern breitgestellte Inhalte in soziale Netze senden, müssen als Telemediendienste qualifiziert werden, weil hier die Inhaltsbereitstellung im sozialen Netzwerk durch die **Social Media App** im Vordergrund steht und nicht die Signalübermittlung. 37

Eine heruntergeladene App, die ausschließlich zum Zwecke der Verwendung auf dem mobilen Gerät des Nutzers installiert wird, deren Nutzung keine Internetverbindung erfordert und die auch nicht unbemerkt über das Internet kommuniziert **(kommunikationslose App)**, stellt dagegen keinen Telemediendienst dar. 38

2. Anbieterkennzeichnungspflicht des Telemedienanbieters

Ein Teledienstanbieter hat die **Anbieterkennzeichnungspflicht** des **§ 5 TMG** zu beachten, wenn der Telemediendienst **geschäftsmäßig** erbracht wird. Wird eine App angeboten, bestehen hinsichtlich der Einordnung des Angebots wie der App selbst als geschäftsmäßiger Telemediendienst, also als nicht nur reinen privaten Zwecken dienend, keine Zweifel. Nach einer Entscheidung des OLG Hamm[44] gilt die **Anbieterkennzeichnungspflicht** auch für Apps auf Smartphones. 39

Aus datenschutzrechtlicher Perspektive ist diese Pflicht schon deshalb von Bedeutung, weil bei einer Datenschutzrechtsverletzung gegen den Verletzer nur dann vorgegangen werden kann, wenn sich dieser entsprechend der sog. **Impressumspflicht** identifiziert hat. Der Anbieter hat u.a. zu informieren über: 40
- den **Namen** und die **Anschrift**, unter der er niedergelassen ist, bei juristischen Personen zusätzlich die Rechtsform,
- Angaben, die eine schnelle elektronische Kontaktaufnahme und unmittelbare Kommunikation mit ihm ermöglicht, einschließlich der Adresse der **elektronischen Post**,

---

43 Vgl. dazu Taeger/Gabel/*Moos*, § 11 TMG Rn 4f.; Spindler/Schuster/*Holznagel/Ricke*, § 1 TMG Rn 4; *Feldmann* in: Taeger, Die Welt im Netz, 2011, S. 47, 60, der allerdings auch Messaging Apps den Telemediendiensten und nicht den Telekommunikationsdiensten zuordnet.

44 OLG Hamm, Urt. v. 20.5.2010 – I-4 U 225/09 – MMR 2010, 693 = CR 2010, 609 = K&R 2010, 591 m. zust. Anm. *Dittrich*.

- das **Handelsregister**, Vereinsregister, Partnerschaftsregister oder Genossenschaftsregister, in das er eingetragen ist, und die entsprechende Registernummer,
- in Fällen, in denen er eine **Umsatzsteueridentifikationsnummer** nach § 27a UStG oder eine **Wirtschafts-Identifikationsnummer** nach § 139c AO besitzt, die Angabe dieser Nummer.

41 Andere Informationspflichten, insbesondere nach den Fernabsatzvorschriften, dem Verbraucherkreditrecht, dem **Preisangabenrecht** oder den handelsrechtlichen Bestimmungen bleiben nach § 5 Abs. 2 TMG unberührt.

42 Das Fehlen beispielsweise der Angabe zum Handelsregister mit der Handelsregisternummer und schon das Fehlen der Umsatzsteueridentifikationsnummer im Impressum einer Website verstößt gegen § 312c BGB i.V.m. § 5 Abs. 1 Nr. 4, Nr. 6 TMG. Bei der Anbieterkennzeichnungspflicht nach § 5 TMG handelt es sich um eine **Marktverhaltensregelung** i.S.v. § 4 Nr. 11 UWG.[45]

43 Jeder Anbieter einer App muss deshalb dafür Sorge tragen, dass die Pflichtangaben i.S.d. § 5 TMG ***„leicht erkennbar, unmittelbar erreichbar und ständig verfügbar“*** gehalten werden. Bei **Shopping-Apps**, wie sie beispielsweise von Amazon und eBay zur Verfügung gestellt werden, können sind auch die einzelnen Shop-Betreiber innerhalb des Dienstes von Amazon oder eBay zur Anbieterkennzeichnung verpflichten, sodass bei Aufruf eines Angebots eines Händlers unter einem Shopping-Portal über die Shopping-App er die Pflichtangaben zugänglich zu machen hat. In der Regel leisten die Anbieter sog. Shopping-Apps den Händlern ihres Portals technische Unterstützung, ohne selbst für eine rechtskonforme Information durch ihre Händler einstehen zu müssen. Eine vergleichbare App ist die von Twitter, bei dessen Telemediendienst sowohl die Twitter-App als auch die einzelnen twitternden User Telemediendienstanbieter sind und die Anbieterkennzeichnung zu beachten haben.[46] Dabei leistet nun auch Twitter insoweit Unterstützung, als Angaben in einem „Profile Summary“ gemacht werden können. Hier kann ein Link zum Impressum der Website angegeben werden, sodass mit den von der Rechtsprechung geforderten zwei Klicks die Angaben unmittelbar erreichbar sind. Nur wenige Twit-

45 OLG Hamm, Urt. v. 2.4.2009 – 4 U 213/08 – K&R 2009, 504 = MMR 2009, 552; OLG Düsseldorf, Urt. v. 4.11.2008 – I-20 U 125/08 – K&R 2009, 125 = MMR 2009, 266. Mit Beschl. v. 21.9.2012 – 5 W 204/12 – JurPC Web-Dok. 193/2012 = K&R 2012, 829 entschied das KG Berlin allerdings, dass in der fehlenden Angabe eines Vertretungsberechtigten im Impressum einer Kapitalgesellschaft kein Wettbewerbsverstoß liege, da § 5 Abs. 1 Nr. 1 TMG deshalb keine Marktverhaltensregelungen i.S.v. § 4 Nr. 11 UWG darstellen würden, weil es jedenfalls insoweit an einer hinreichenden Grundlage im Unionsrecht fehle.

46 Einschränkend *Krieg*, juris AnwaltZertifikatOnline 10/2009, Anm. 3.

terer bieten zudem auf dem Hintergrundbild ihres Auftritts einen allerdings nicht aktiven Link zu einem Impressum an.[47]

Werden über eine App redaktionell aufbereitete Inhalte angeboten, liegt ein journalistisch-**redaktioneller Telemediendienst** vor, bei dem gem. **§ 55 Abs. 1 RStV** außerdem Angaben über die für die Inhalte verantwortlichen Personen gemacht werden müssen. Das betrifft primär die Apps von Verlagen, Rundfunkanbietern und Bloggern. 44

3. Unterrichtungspflicht über Erhebung und Verwendung von personenbezogenen Daten

Nach **§ 13 Abs. 1 TMG** hat jeder Telemediendienstanbieter die Nutzer zu Beginn des Nutzungsvorgangs über Art, Umfang und Zwecke der Erhebung und Verwendung personenbezogener Daten sowie über die Verarbeitung seiner Daten in Staaten außerhalb des Anwendungsbereichs der EG-DSRl **in allgemein verständlicher Form zu unterrichten.**[48] Der Inhalt dieser Unterrichtung muss nach S. 3 jederzeit abrufbar sein.[49] 45

Anders als die Anbieterkennzeichnungspflicht wird die Unterrichtungspflicht nach § 13 TMG nicht als Marktverhaltensregelung i.S.d. § 4 Nr. 11 UWG, sondern als eine wertneutrale **Ordnungsvorschrift** angesehen.[50] 46

4. Vom Anbieter des Telemediendienstes zu beachtende Grundsätze der Datenverarbeitung

Allgemeine Grundsätze für die Datenverarbeitung von Telemediendiensteanbietern enthält **§ 12 TMG.** Vergleichbare Vorschriften enthält das BDSG mit dem Verbot der Datenverarbeitung mit **Erlaubnisvorbehalt** aus § 4 Abs. 1 BDSG, das mit Abs. 1 korrespondiert, und dem u.a. in § 28 Abs. 2 BDSG enthaltenen, hier in Abs. 2 normierten **Zweckbindungsgrundsatz.** Danach dürfen die bei der Bereitstellung und Nutzung der Dienste anfallenden personenbezogenen Daten nur erhoben und verwendet werden, wenn das TMG selbst oder eine andere, sich ausdrücklich auf Telemediendienste beziehende Rechtsvorschrift dies gestattet oder wenn der Nutzer 47

47 Siehe etwa den Twitterer *cewecolor.*

48 Siehe hierzu auch die Analysen der Datenschutzerklärungen in den AGB der App-Shops bei *Engelhardt* in Kap. 3 Rn 221 ff. und bei *Wiedemann* in Kap. 4 Rn 38 ff.

49 Ausführlich zu Inhalt, Form und Zeitpunkt der Unterrichtung Taeger/Gabel/*Moos,* § 13 TMG Rn 5 ff.

50 Vgl. KG Berlin, Beschl. v. 29.4.2011 – 5 W 88/11 – K&R 2011, 418 = MMR 2011, 464 = DuD 2011, 733 = CR 2011, 468 m. zust. Anm. zur Vorinstanz *Hullen,* MMR 2011, 387. Anders dagegen OLG Köln, Urt. v. 14.8.2009 – 6 U 70/09 – MMR 2009, 845 und OLG Stuttgart, Urt. v. 22.2.2007 – 2 U 132/06 – MMR 2007, 437 sowie *M. Schröder,* ZD 2012, 193.

wirksam eingewilligt hat. Im TMG enthalten sind Erlaubnisse für die Erhebung und Verwendung von Bestandsdaten gem. § 14 TMG und von Nutzungsdaten gem. § 15 TMG. Als **Bestandsdaten** werden diejenigen personenbezogenen Daten in § 14 TMG legaldefiniert, die für die Begründung, inhaltliche Ausgestaltung oder Änderung eines Vertragsverhältnisses zwischen dem Diensteanbieter und dem Nutzer über die Nutzung von Telemedien erforderlich sind.[51] Bei einem App Store wären das identifizierende Merkmale wie Name, E-Mail-Adresse, ID und Passwort. **Nutzungsdaten** sind diejenigen personenbezogenen Daten, die erforderlich sind, um die Inanspruchnahme des Dienstes zu ermöglichen und erforderlichenfalls bei kostenpflichtigen Angeboten abzurechnen. Daten über die Nutzung des Stores und die erfolgten Downloads von Apps wären entsprechend Nutzungsdaten.

48 Weil es bisweilen übersehen wird,[52] ist hier darauf hinzuweisen, dass die datenschutzrechtlichen Vorschriften des TMG sich lediglich auf diejenigen personenbezogenen Daten beziehen, deren Verwendung für die Nutzung und ggf. Abrechnung der Inanspruchnahme eines Telemediendienstes erforderlich ist (Bestands- und Nutzungsdaten).[53] Dagegen sind die sog. **Inhaltsdaten** vom Regelungsbereich des TMG ausgenommen. Daten, die in einer App abgelegt oder mittels einer App übermittelt oder der Öffentlichkeit zugänglich gemacht werden, fallen nicht in den Anwendungsbereich des TMG, sondern in den des BDSG.[54] Eine **Einwilligung** in Erhebung und Verwendung von Inhaltsdaten durch den App-Anbieter ist demnach unter den Voraussetzungen des § 4a BDSG möglich, worauf auch wegen des damit im Prinzip zu beachtenden **Schriftformerfordernisses** nach § 4a Abs. 1 S. 3 BDSG zurückzukommen ist.

II. Datenerhebung durch Anbieter von Telekommunikations-Apps

49 Das Telekommunikationsgesetz schützt mit **§ 88 TKG** (Fernmeldegeheimnis) und den §§ 91–107 TKG[55] (Datenschutz) die Persönlichkeitsrechte von Nutzern von Telekommunikationsdiensten bei der Inanspruchnahme dieser Dienste. Das **Fernmeldegeheimnis** wird als die einfachgesetzliche Ausprägung des Fernmeldegeheimnisses aus Art. 10 GG bezeichnet, das auch vor Eingriffen Privater in das Fern-

51 Zu den einzelnen Tatbestandsmerkmalen näher Taeger/Gabel/*Zscherpe*, § 14 TMG Rn 6 ff.

52 Siehe etwa Hoeren/Sieber/Holznagel/*Schmitz*, Kap. 16.2 Rn 114; *Imhof*, CR 2000, 110, 113 ff.

53 Vgl. auch *Grönemeyer*, S. 65.

54 Siehe auch Taeger/Gabel/*Moos*, § 12 TMG Rn 16 sowie § 13 TMG Rn 18; Taeger/Gabel/*Taeger*, § 4a BDSG Rn 10, 38 f.; *Plath/Frey*, CR 2009, 613, 614 f.; *Redeker*, ITRB 2009, 204, 205 f.; *Grönemeyer*, S. 65 m.w.N. in Fn 327.

55 Die Datenschutzvorschriften im TKG wurden zuletzt durch das Gesetz zur Änderung telekommunikationsrechtlicher Vorschriften vom 3.5.2012 geändert (TKGuaÄndG; BGBl. I S. 958). Siehe zu den Änderungen auch *Gabel/Asmussen/Wieczorek*, JurPC Web-Dok. 58/2012 und *Beine*, ZD 2013, 8.

meldegeheimnis schützt. Der telekommunikationsrechtliche **Datenschutz** aus **§§ 91ff. TKG** stellt ergänzend insbesondere auf die Gefahren ab, die durch die Digitalisierung der Fernmeldenetze entstanden sind.[56] Die Vorschriften des TKG sind auf Apps nur dann anzuwenden, wenn die App als **geschäftsmäßiger**[57] **Telekommunikationsdienst** einzustufen ist.

Als **Telekommunikation** definiert **§ 3 Nr. 22 TKG** den technischen Vorgang des Aussendens, Übermittelns und Empfangens von Signalen mittels Telekommunikationsanlagen. Damit fallen solche Apps in den Anwendungsbereich des TKG, die Daten menschlich veranlasst übertragen. Unter das TKG fallen insoweit demnach nur solche Apps, die vom Menschen entäußerte Inhalte in digitalisier Form als Sprache, Text, Bild oder Video an Empfänger übertragen. Die Tatsache der Inanspruchnahme, die Kommunikationspartner und die Kommunikationsinhalte fallen zum Schutz der Vertraulichkeit der Kommunikation unter das Fernmeldegeheimnis; der Umgang mit diesen Daten ist durch die §§ 91ff. TKG datenschutzrechtlich reguliert. Damit gelingt auch die **Abgrenzung** zu Apps, über die Inhalte als Daten nur abrufen und damit Telemediendienste sind. 50

Zu den als Telekommunikationsdienst zu zählenden Apps gehören etwa die mit einer Voice-over-IP-Funktion (**VoIP**).[58] Auch über Apps ermöglichte **Messaging-Dienste** wie Skype, WhatsApp,[59] TuMe, hike, Go SMS, imo, Snapchat, Facebook Messenger,[60] Line, KakaoTalk, Trillian Mobil, Touch, Voxer, Kik, (Google) Cloud to Device Messaging (C2DM), Google Cloud Messaging for Android (GCM) und vergleichbare Apps wird man als Telekommunikationsdienste einordnen müssen. Deren Anbieter haben die Vertraulichkeit der Kommunikation (das Fernmeldegeheimnis) und den Telekommunikationsdatenschutz bei einem Einsatz der App durch Nutzer in Deutschland zu beachten. 51

Solche Apps, die nach ihrer Implementierung selbsttätig Zustände etwa über an das Endgerät angeschlossene Sensoren messen und für eine Übertragung dieser Daten sorgen (**technische Kommunikation**), lassen sich dagegen nicht als (Teil 52

---

56 Dazu näher Taeger/Gabel/*Munz*, § 91 TKG Rn 1.

57 Geschäftsmäßig ist das Angebot nach § 3 Nr. 10 TKG bereits dann, wenn diese „nachhaltig“ erbracht werden; Gewinnerzielungsabsicht mit dem Dienst ist nicht erforderlich. Siehe dazu näher Taeger/Gabel/*Munz*, § 88 TKG Rn 13; *Kremer*, CR 2012, 338, 440f.

58 Dazu, dass VoIP kein Telemedien-, sondern ein Telekommunikationsdienst ist, näher Taeger/Gabel/*Moos*, Einführung TMG Rn 6 m.w.N.; *Kremer*, CR 2012, 338, 441. Anders *Lober/Patzak* in: Taeger, IT und Internet – mit Recht gestalten, 2012, S. 545, 550, die eine Anwendung des TKG auf Apps gänzlich ausschließen.

59 Nach einem Tweet von WhatsApp wurden im August 2012 im Schnitt täglich 10 Mrd. Nachrichten mit dem Dienst verschickt. Versendet werden können auch Sprachnachrichten, aber keine Gespräche als VoIP geführt werden.

60 Mit dem Update auf Version 2.1 erhielt der Facebook Messenger für iOS und Android auch eine Sprachfunktion, sodass VoIP-Gespräche über WLAN oder das Mobilfunknetz möglich sind.

einer) Telekommunikationsanlage einstufen, sodass die Tatsache der Übertragung und die Inhalte der Übertragung nicht unter das Fernmeldegeheimnis und die Datenschutzvorschriften des TKG fallen. Das bloße Aussenden technischer Signale ist nach einer Entscheidung des BVerfG kein *„menschlich veranlasster Informationsaustausch“*.[61] Erhebliche Zweifel bestehen auch dagegen, den Download einer App vom App Store als einen vom Betreiber des App Stores angebotenen telekommunikationsgestützten Dienst i.S.d. § 3 Nr. 25 TKG anzusehen.[62]

III. Anwendbarkeit des Bundesdatenschutzgesetzes

53 Soweit die Datenschutzvorschriften des TMG und des TKG als bereichsspezifische Vorschriften das BDSG nicht verdrängen, ist das allgemeine BDSG heranzuziehen, das in den §§ 28ff. BDSG Erlaubnistatbestände enthält und Anforderungen an eine wirksame Einwilligung in die nicht schon gesetzlich erlaubte Datenerhebung und -verwendung für nicht öffentliche Stellen enthält. Selbst dann, wenn ein App Store oder eine App als Telemediendienst oder eine App als Telekommunikationsdienst einzuordnen ist, kann das BDSG neben den Datenschutzvorschriften des TMG bzw. des TKG anwendbar sein. So stellt sich der Erwerb einer App in einem App Store als ein Vorgang dar, bei dem neben den Bestands- und Nutzungsdaten nach dem TMG auch personenbezogene Daten aus dem Vertragsverhältnis mit dem App Store über den Bezug einer App anfallen. Diese Daten wären dann keine Bestandsdaten im Sinne des BDSG. Die beim Herunterladen einer App anfallenden Daten lassen sich noch als Nutzungsdaten nach dem TMG einordnen, sie sind aber zugleich personenbezogene Daten aus dem **schuldrechtlichen Vertragsverhältnis des Nutzers mit dem App Store**, die aufgrund von **§ 28 Abs. 1 S. 1 Nr. 1 BDSG** erhoben werden dürfen. Hier tritt neben die Anwendung des TMG auf Bestands- und Nutzungsdaten bei der Nutzung eines Telemediendienstes bei dem davon getrennt zu betrachtenden Vorgang des (entgeltlichen oder unentgeltlichen) Erwerbs einer App, bei dem personenbezogene Daten anfallen, deren zulässige Erhebung und Verwendung nach dem BDSG zu beurteilen sind.

54 Auch dann, wenn sich Erlaubnisvorschriften gar nicht aus dem BDSG ergeben, bleibt das BDSG doch soweit anzuwenden, als im bereichsspezifischen Recht keine gegenüber dem allgemeinen BDSG abweichenden oder speziellen Regelungen enthalten sind. Dazu gehören etwa die Vorschriften über die Rechte der Betroffenen, über interne Eigenkontrolle durch (interne oder externe) betriebliche Datenschutzbe-

---

61 BVerfG, Beschl. v. 22.8.2006 – 2 BvR 1345/03 – MMR 2006, 805, 807. Zustimmend Arndt/Fetzer/Scherer/*Ellinghaus*, § 88 Rn 16.

62 So aber *Kremer*, CR 2012, 338, 440 unter Verweis auf Spindler/Schuster/*Holznagel/Ricke*, § 3 TKG Rn 36.

auftragte, über die externe Fremdkontrolle durch die Aufsichtsbehörden für den Datenschutz oder über Schadensersatzansprüche Betroffener bei Rechtsverletzungen.

IV. Konkurrenz der Erlaubnistatbestände

Es ist durchaus denkbar, dass der Anbieter einer App sowohl Anbieter eines Tele- 55
mediendienstes ist, über den etwa Informationen, Waren oder Dienste angeboten werden, und mit der App auch zugleich Telekommunikationsdienste zur Verfügung gestellt werden. Es ist jeweils zu prüfen, ob der Anbieter als verantwortliche Stelle personenbezogene Daten im Zusammenhang mit dem Telemediendiensteangebot zur Inanspruchnahme des Dienstes durch den Nutzer, im Zusammenhang mit der Nutzung des Telekommunikationsdienstes oder im Zusammenhang mit einem Vertragsverhältnis über den Bezug einer Ware oder Dienstleistung – die sich nicht auf die Nutzung des Telemediendienstes bezieht –, über den Telemediendienst erhebt und verarbeitet. Danach ergibt sich, ob die Vorschriften des TMG, des TKG oder des BDSG auf die jeweiligen Daten zur Anwendung kommen.[63]

E. Datenschutzrechtliche Erlaubnis nach dem BDSG

Soweit die datenschutzrechtlichen Vorschriften des TMG bzw. des TKG nicht als lex 56
specialis denen des BDSG vorgehen, sind die Vorschriften des BDSG bei Anwendbarkeit des deutschen Rechts auf die Erhebung und Verwendung personenbezogener Daten durch die App Stores und die App-Anbieter zu beachten.[64]

I. Datenschutzgrundsätze

Dabei ist zunächst von dem als „**Verbot mit Erlaubnisvorbehalt**" bezeichneten 57
Grundsatz auszugehen, dass nach § 4 Abs. 1 BDSG jede Erhebung, Verarbeitung oder Nutzung von personenbezogenen Daten verboten ist, wenn nicht ausnahmsweise eine Erlaubnis oder Anordnung durch Gesetz oder eine wirksame Einwilligung des Betroffenen vorliegt.[65]

63 Siehe *Kremer*, CR 2012, 338, 441.

64 Die Vorschriften des jeweiligen Landesdatenschutzgesetzes bei Apps hoheitlicher landesunmittelbarer Stellen oder des Zweiten Abschnitts des BDSG bei Apps öffentlicher Stellen des Bundes werden hier nicht thematisiert; hier wird von App Stores und Apps nicht-öffentlicher Stellen ausgegangen.

65 Siehe dazu Taeger/Gabel/*Taeger*, § 4 BDSG Rn 1 ff.

58 Auch andere Grundsätze aus dem Ersten Abschnitt des BDSG sind zu beachten: Nach **§ 3a S. 1 BDSG** besteht eine Verpflichtung zum sparsamen Umgang mit personenbezogenen Daten (Prinzip der **Datenvermeidung** und **Datensparsamkeit**); die Erhebung und Verwendung personenbezogener Daten sind an dem Ziel auszurichten, so wenig personenbezogene Daten zu erheben und zu verarbeiten.[66] Gleichzeitig wird dem App Store und den App-Anbietern nach **§ 3a S. 2 BDSG** auferlegt, Daten zu **anonymisieren** bzw. zu **pseudonymisieren**, soweit dies nach dem Verwendungszweck möglich ist und keinen im Verhältnis zu dem angestrebten Schutzzweck unverhältnismäßigen Aufwand erfordert. Danach dürfen – bei Vorliegen einer gesetzlichen Erlaubnis – beim Vertrieb nur diejenigen Daten eines Nutzers abgefragt werden, die zur Erbringung der Vertragsleistung erforderlich sind. Dieser Grundsatz findet sich auch im Telemediengesetz wieder. Soweit es um personenbezogene Daten geht, die als Bestands- und Nutzungsdaten von einem App Store als Telemediendiensteanbieter erhoben und verwendet werden, ist der Datenvermeidungsgrundsatz aus § 13 Abs. 6 TMG zu berücksichtigen.[67]

59 Des Weiteren ist der **Zweckbindungsgrundsatz** zu beachten. Danach dürfen die in zulässiger Weise erhobenen Daten auch nur zu dem Zweck verarbeitet und genutzt werden, zu dem sie erhoben wurden. Eine solche Zweckbindung folgt aus **§ 28 Abs. 2 BDSG**. Danach dürfen Daten, die aufgrund einer gesetzlichen Erlaubnis oder aufgrund einer Einwilligung erhoben und gespeichert wurden, nur unter den in Abs. 2 abschließend aufgeführten Voraussetzungen **übermittelt** oder **genutzt** werden.[68] Der Zweckbindungsgrundsatz findet sich auch in **§ 12 Abs. 2 TMG** und verpflichtet den App Store und diejenigen Anbieter von Apps, die als Telemediendienst zu qualifizieren sind, deutlich strenger als § 28 Abs. 2 BDSG nur diejenigen Daten zu erheben, die für die Bereitstellung des Telemediendienstes erforderlich sind (Bestands-, Nutzungs- und Abrechnungsdaten nach §§ 1, 15 TMG). Eine zweckändernde Übermittlung oder Nutzung aufgrund einer Interessenabwägung wie nach § 28 Abs. 2 BDSG ist für Telemediendienstanbieter nicht zulässig; der Katalog der Erlaubnisvorschriften, die eine Zweckänderung zulassen, ist in §§ 14, 15 TMG abschließend geregelt.[69] Ausschließlich im Hinblick auf Bestandsdaten ist eine Lockerung des in **§ 95 Abs. 1 TKG** enthaltenen Zweckbindungsgebots von Anbietern von Telekommunikations-Apps unter den in § 95 Abs. 2 TKG genannten Voraussetzungen vorgesehen.[70]

---

66 Ausführlich dazu Taeger/Gabel/*Buchner*, § 3a BDSG Rn 22 ff.
67 Dazu näher Taeger/Gabel/*Moos*, § 13 TMG Rn 48 ff.
68 Siehe dazu näher Taeger/Gabel/*Taeger*, § 28 BDSG Rn 113 ff.
69 Vgl. Taeger/Gabel/*Moos*, § 12 TMG Rn 25 f.
70 Dazu Taeger/Gabel/*Munz*, § 95 TKG Rn 5 f.

II. Gesetzliche Erlaubnistatbestände

Eine Erhebung, Verarbeitung und Nutzung personenbezogener Daten durch einen App Store oder einen App-Anbieter setzt – wie gezeigt – nach **§ 4 Abs. 1 BDSG** eine Erlaubnis durch eine gesetzliche Vorschrift oder aufgrund einer Einwilligung des Betroffenen voraus. 60

1. Erlaubnis aus dem TMG

Wenn ein App Store die Nutzung seines Angebots, insbesondere den Download von angebotenen Apps von einer Registrierung eines Nutzers abhängig macht, wird durch diese Registrierung (Anmeldung) ein Vertrag zwischen dem Nutzer und dem App Store über die Nutzung seines Telemediendienstes geschlossen, wobei auch die vertraglichen Rahmenbedingungen des unentgeltlichen oder entgeltlichen Downloads vereinbart werden.[71] Primär geht es hierbei aber um die Nutzung des App Stores als einen Telemediendienst. Dementsprechend findet sich die gesetzliche Erlaubnis für die Erhebung und Verwendung dieser Daten in dem vorrangigen Telemediengesetz, demgegenüber die Vorschriften der §§ 28 ff. BDSG **subsidiär** sind. Es dürfen die zur Abgrenzung von Datenschutzvorschriften des TMG/TKG von denen des BDSG hier nochmals wiederholt werden: Nach § 14 Abs. 1 TMG darf der App Store die personenbezogenen Daten eines Nutzers seines Angebots nur erheben und verwenden, soweit sie für die Begründung, inhaltliche Ausgestaltung oder Änderung eines Vertragsverhältnisses zwischen dem Diensteanbieter und dem Nutzer über die **Nutzung des App Stores** als einen Telemediendienst erforderlich sind. Kommt es zu keinem Vertragsverhältnis mit dem App Store oder dem Anbieter eines Telemediendienstes, von dem eine App heruntergeladen werden kann, dann werden auch keine **Bestandsdaten** nach **§ 14 Abs. 1 TMG** erhoben. Die datenschutzrechtlichen Vorschriften des TMG sind dann vom Anbieter nur insoweit zu beachten, **als § 13 Abs. 1 TMG** eine allgemeine **Unterrichtungspflicht** vorsieht, die eine erschöpfende Unterrichtung über die Art, den Umfang und die Zwecke einer etwaigen Erhebung und Verwendung personenbezogener Daten aus der Nutzung des Telemediendienstes unter Berücksichtigung der Diskussion[72] über die IP des Nutzerrechners und über das Setzen von Cookies verlangt. Soweit personenbezogene Daten bei der Nutzung anfallen, wäre auch § 15 TMG als mögliche Erlaubnisnorm zu berücksichtigen. 61

Zurück zunächst zur Erhebung von Bestandsdaten bei einem Vertrag mit dem Nutzer über die Inanspruchnahme des App Stores, wie er bei der Registrierung bzw. Anmeldung geschlossen wird: Erhoben und verwendet werden dürfen also die **Be-** 62

71 Dazu näher oben Rn 35.

72 Hierzu näher Taeger/Gabel/*Zscherpe*, § 15 TMG Rn 17 ff.

standsdaten[73] aus dem Vertrag mit dem registrierten Nutzer als dem Vertragspartner des Nutzers. Eine Nutzung für andere Zwecke, insbesondere zur Verknüpfung dieser Daten mit Daten aus der Nutzung anderer Dienste des App Store-Anbieters etwa zur **Kundenbindung** und zur **Analyse des Nutzerverhaltens** zum Anbieten individualisierter Werbung ist danach nicht zulässig. Die Ausnahmen des **Verwendungsverbots** für andere Zwecke aus § 13 Abs. 2 TMG sind abschließend; diese sehen im Übrigen Ausnahmen von der strengen Zweckbindung auch nur vor, soweit es im Sicherheitsinteresse hoheitlicher Stellen liegt.[74] Die verbreitete Praxis von App Stores, die Bestandsdaten auch für andere Zwecke zu nutzen und mit Daten aus der Nutzung anderer Dienste, etwa von Apple oder Google, wäre demnach unzulässig. Allerdings könnte die zweckerweiternde Verwendung doch erlaubt sein, wenn eine wirksame Einwilligung des Nutzers, die beim Vertragsschluss erteilt worden sein könnte, vorliegt. Diese Möglichkeit wird gesondert zu prüfen sein.

63 Bestandsdaten können auch bei einem Anbieter einer App anfallen, wenn die App als Telemediendienst eingestuft wurde[75] und die Nutzung der App auf dem Endgerät des Nutzers aufgrund einer entsprechenden vertraglichen Vereinbarung entgeltpflichtig ist. Die Vertragsdaten aus der Nutzung der als Telemediendienst eingestuften App wären Bestandsdaten und ihre Speicherung und Verwendung wäre nach § 14 TMG zu beurteilen.

2. Erlaubnis nach dem TKG

64 Wie gezeigt,[76] kann ein App-Anbieter auch ein Telekommunikationsanbieter sein. In diesem Fall dürfen **Bestandsdaten** aus dem Vertragsverhältnis zwischen dem Nutzer und dem App-Anbieter als TK-Unternehmen nach **§ 95 TKG** erhoben und verwendet werden, soweit dies für die Begründung, inhaltliche Ausgestaltung, Änderung und Beendigung eines Telekommunikationsdienstes erforderlich ist.[77] Auch der TK-Anbieter hat die Nutzer von TK-Apps über die Erhebung von Daten zu informieren. Nach **§ 93 Abs. 1 und 2 TKG** bei Vertragsschluss über Art, Ort und Zweck der Erhebung und Verwendung personenbezogener Daten zu unterrichten. Die Teilnehmer sind nach § 93 Abs. 1 S. 2 TKG darüber in allgemein verständlicher Form in Kenntnis zu setzen. Eine Analyse der Informationspolitik von TK-Apps offenbart insbesondere bei der **Informationspflicht** erhebliche, gravierende Defizite. Hier ergibt sich für die Kontrolle des **Bundesbeauftragten für den Datenschutz** und die Informationsfreiheit (BfDI) und die **Bundesnetzagentur** (BNetzA), die beide nach

73 Zur Definition der Bestandsdaten Taeger/Gabel/*Zscherpe*, § 14 TMG Rn 12ff.
74 Taeger/Gabel/*Zscherpe*, § 14 TMG Rn 20ff.
75 Siehe dazu oben Rn 34.
76 Siehe oben Rn 35.
77 Taeger/Gabel/*Munz*, § 95 TKG Rn 5ff.

§ 115 Abs. 4 TKG aufgrund eines komplexen, eher unklaren Zuständigkeitsverweises für die Kontrolle (BfDI) und Beanstandung (BNetzA) auf dem Gebiet des Datenschutzes bei der Telekommunikation verantwortlich sind.

Neben der Erlaubnis zur Erhebung und Verwendung von Bestandsdaten sieht das Telemediengesetz mit **§ 15 Abs. 1 bis 5 und 8 TMG** eine Erlaubnis zur Erhebung und Verwendung von **Nutzungsdaten** vor. Solche können bereits bei der Nutzung des Telemediendienstes anfallen, ohne dass es einer Registrierung bedarf. Sollte die Nutzung entgeltpflichtig sein, zählen auch die Daten über die entgeltpflichtige Nutzung (**Abrechnungsdaten**) zu diesen Nutzungsdaten. 65

Bei einem TK-Anbieter fallen bei der Nutzung des TK-Dienstes weitere Daten an, insbesondere die **Verkehrsdaten**, deren zulässige Erhebung und Verwendung sich aus **§ 96 TKG** ergibt.[78] Den Umgang mit Standortdaten, insbesondere die gerade bei Apps vorkommende Überlassung dieser Daten an Dritte, regelt **§ 98 TKG**. Hier wird die personenbezogene Weiterverarbeitung von **Standortdaten**, zu der auch deren Übermittlung gehört, abweichend von § 94 TKG von der ausdrücklichen, gesonderten und schriftlichen Einwilligung abhängig gemacht. 66

3. Erlaubnis nach § 28 Abs. 1 S. 1 Nr. 1 BDSG (rechtsgeschäftliche Schuldverhältnisse)

Bei dem **Erwerb** einer gekauften oder schenkweise überlassenen App fallen personenbezogene Daten des die App herunterladenden und anwendenden Nutzers aus dem **Schuldverhältnis** mit dem Store bzw. dem die App direkt von seiner eigenen Website zum Download bereithaltenden Anbieters an. Diese Daten dürfen gem. **§ 28 Abs. 1 S. 1 Nr. 1 BDSG** zulässigerweise erhoben und gespeichert werden, wenn sie **zur Erfüllung des eigenen Geschäftszwecks** für die Begründung, Durchführung und Beendigung eines rechtsgeschäftlichen Schuldverhältnisses mit dem Betroffenen erforderlich sind. Die Installation der App kann es erforderlich machen, dass technische Daten des Endgeräts des Nutzers erhoben und verwendet werden, um eine erfolgreiche Installation der App vornehmen zu können. Wird die App nur gegen Entgelt überlassen, dürfen auch Daten erhoben und verwendet werden, soweit dies erforderlich ist, um die Gegenleistung zum Download, die Zahlung des Kaufpreises, abwickeln und prüfen zu können.[79] Eine Abwägung der Interessen der verantwortlichen Stelle (App Store; App-Anbieter) mit den schutzwürdigen Interessen des Betroffenen braucht nicht vorgenommen zu werden. Der Geschäftszweck in 67

---

78 Siehe den Leitfaden des BfDI und der BNetzA für eine datenschutzgerechte Speicherung von Verkehrsdaten vom 13.9.2012, http://www.bundesnetzagentur.de/SharedDocs/Downloads/DE/Sachgebiete/Telekommunikation/Unternehmen_Institutionen/Anbieterpflichten/Datenschutz/LeitfadenVerkehrsdatenspeicherung.pdf?_blob=publicationFile&v=2.

79 Vgl. dazu ausführlich Taeger/Gabel/*Taeger*, § 28 BDSG Rn 30 ff.

Verbindung mit dem entstandenen Schuldverhältnis allein rechtfertigt die Datenerhebung und -verwendung, soweit sie für die Erfüllung des konkreten Geschäftszwecks erforderlich ist.

4. Auftragsdatenverarbeitung für den Nutzer (§ 11 BDSG)

68 Werden, wie in den Eingangsbeispielen gezeigt, **personenbezogene Daten Dritter** (Kontakte des Nutzers im Adressverzeichnis beispielsweise) bei oder nach der Installation der App vom Endgerät des Nutzers erhoben und an die verantwortliche Stelle oder einen Dritten übermittelt, gibt es dafür keine Erlaubnis aus dem Gesetz. In der Praxis erweist sich aber gerade diese **Portabilität** der Kontaktdaten von einer Anwendung in eine andere, von einem Kommunikationsdienst in einen anderen oder in ein soziales Netzwerk als besonders interessant und attraktiv für die Nutzer. Bei Facebook ist etwa die Funktionalität „Einladung von Freunden" eine derartige Anwendung. Nur diejenigen App-Anbieter, die eine derartige Portabilität der auf dem Nutzergerät gespeicherten personenbezogenen Daten anbieten, sind wettbewerbsfähig.[80]

5. Erlaubnis nach § 28 Abs. 1 S. 1 Nr. 2 BDSG (Wahrung berechtigter Interessen)

69 Wenn die Funktionalität der App eine solche technische Datenübertragung vorsieht oder als Option dem Nutzer anbietet und damit diese Übertragung vom Nutzer gewünscht wird, müssen die **Persönlichkeitsrechte der Dritten** gewahrt bleiben. Würde man hier datenschutzrechtlich eine Übermittlung dieser Daten vom Nutzer an den App-Anbieter oder Dritte annehmen, könnte sie nicht auf § 28 Abs. 1 S. 1 Nr. 1 BDSG gestützt werden, weil mit den betroffenen Kontaktpersonen keine schuldrechtliche Beziehung besteht. Es müsste daher von jedem der betroffenen Dritten eine Einwilligung eingeholt werden, was kaum praktikabel ist. Denkbar wäre allein der folgende Lösungsansatz: Der Nutzer hat eine App heruntergeladen, mit der die Daten seiner Kontakte mithilfe der App verwaltet werden sollen. Dieser **gemischte Vertrag** sähe nicht nur den Erwerb der App, sondern auch die Verwaltung der Daten der Kontaktpersonen des Nutzers vor.[81] In der Datenschutzrichtlinie von Facebook wird dieser Vorgang so beschrieben:

> *„Wenn du uns bittest, einen Freund oder eine Freundin zu Facebook einzuladen, senden wir ihm/ihr eine Nachricht in deinem Auftrag und unter Verwendung deines Namens."*[82]

---

80 Siehe dazu *Moser* in: Taeger, Die Welt im Netz, 2011, S. 595, 596.
81 *Moser* in: Taeger, Die Welt im Netz, 2011, S. 595, 596.
82 Facebook-Datenschutzrichtlinie, Ziff. 6, Abs. 3.

Die Verantwortung für diesen Vorgang legt Facebook in der App dem Nutzer auf, wenn diese aufgefordert werden, sicherzustellen, dass dessen Freunde mit der Nutzung ihrer Daten durch den Nutzer einverstanden sind. 70

Es ist also verbreitet, dass besondere Features einer App die Übertragung von Kontaktdaten des Nutzers an den Anbieter der App und darüber hinaus in eine **Cloud** eines weiteren Anbieters vorsehen. Dann ist nicht die Beziehung des App-Anbieters zum Nutzer datenschutzrechtlich zu betrachten, sondern die **datenschutzrechtliche Beziehung des Nutzers zu den Dritten**, die hier als Betroffene ein schutzwürdiges Interesse am Schutz ihrer Daten haben. Das schließt ein, dass der **Nutzer der App** die **verantwortliche Stelle** im Verhältnis zu den in seinem Endgerät gespeicherten Kontaktpersonen ist. Nun schließt aber das Gesetz in § 1 Abs. 2 Nr. 3 BDSG die Anwendung des BDSG in toto aus,[83] wenn Daten über Dritte ausschließlich für persönliche oder familiäre Zwecke erhoben oder verwendet werden (sog. **household exemption**). Diese Privilegierung verliert jedoch derjenige, der diese Kontaktdaten nicht selbst von dem von ihm beherrschten Endgerät verarbeitet und nutzt, sondern diese Daten durch Dritte verarbeiten lässt bzw. bei der Verarbeitung mittels einer App diese Daten an den App-Anbieter, womöglich in einen EWR-Drittstaat, übermittelt. Stützen kann sich diese Auslegung auf die **Lindqvist-Entscheidung des EuGH**,[84] nach der eine Berufung auf die „household exemption" nicht möglich ist, wenn personenbezogene Daten einer unbeschränkten und unübersehbaren Anzahl an Personen zur Verfügung gestellt würden. 71

Es liegt auf der Hand, dass dann, wenn die Datenverarbeitung nicht mehr auf den persönlichen, vom Anwender beherrschten Bereich beschränkt bleibt, sondern diese digitalen Daten über Kontaktpersonen mit anderen Stellen geteilt werden, auf die der Nutzer keinen kontrollierenden Einfluss hat, der Schutz des Datenschutzrechts greifen muss und die Anwendung des BDSG nicht mehr ausgeschlossen sein kann.[85] Deswegen wäre zu prüfen, ob der Nutzer als verantwortliche Stelle im Verhältnis zu seinen Kontaktpersonen Auftraggeber einer **Auftragsdatenverarbeitung** nach **§ 11 BDSG** sein kann bzw. bei einer Übermittlung der Daten an einen in einem EWR-Drittland agierenden App-Anbieter als einem dann nicht mehr nach § 11 BDSG privilegierten Dritten (§ 3 Abs. 8 S. 2 BDSG) vom Nutzer die entsprechenden Anforderungen aus § 4b Abs. 2 und 3 BDSG beachtet worden sind. Sollte es sich um eine Auftragsdatenverarbeitung nach § 11 BDSG oder um eine Übermittlung in einen EWR-Drittstaat handeln, bei der die **EU-Standardvertragsklauseln** i.V.m. § 11 BDSG herangezogen werden könnten, dann wäre der Nutzer der App die datenschutzrechtlich verantwortliche Stelle. Der App-Anbieter dürfte die Daten nur nach den Weisungen des Nutzers auf der Grundlage eines schriftlich abgeschlossenen 72

83 Das deckt sich mit dem 12. Erwägungsgrund zur EG-Datenschutzrichtlinie 95/46/EG.

84 EuGH, Urt. v. 6.11.2003 – C-101/01 (Lindqvist) – Slg. 2003, I-12971-13030.

85 Ebenso schon *Moser* in: Taeger, Die Welt im Netz, 2011, S. 595, 598.

Vertrags, der auch die Kontrollrechte des Nutzers konkretisiert, verwenden. Ausgeschlossen wären damit eine Verwendung der Daten zu eigenen Zwecken des App-Anbieters und eine Übermittlung dieser Daten durch den App-Anbieter an Dritte, soweit nicht von jedem der betroffenen Personen einschließlich aller Kontakte jeweils eine ausdrückliche Einwilligung vorläge.

73 Es ist evident, dass es kaum einen Nutzer einer entsprechenden App gibt, dem diese rechtliche Situation bewusst ist; würde er sie kennen, würde er kaum mit Erfolg einem der großen Player wie Google oder Apple einen Entwurf für einen **schriftlich abzuschließenden Vertrag nach §11 BDSG** vorlegen können. Selbst die großen App Stores dürften mit einem derartigen Vertragsmanagement überfordert sein.[86]

74 Gleichwohl: Datenschutzrechtlich ist der Nutzer hier verantwortliche Stelle einer Auftragsdatenverarbeitung. Auch wenn diese Einschätzung angesichts der Verhaltensweisen insbesondere der App-Anbieter aus Drittstaaten, die sich nicht um europäisches Datenschutzrecht scheren, als „theoretisch" und „weltfremd" bewertet werden mag, so entspricht sie doch geltendem Recht. App-Anbieter, die angesichts der Defizite des Datenschutzrechts ein Höchstmaß an **Datenschutzkonformität** gewährleisten wollen, sollten die Nutzer über ihre Verantwortung als verantwortliche Stelle aufklären. *Moser*, die sich wohl zuerst mit diesem Thema befasste, gibt folgende Empfehlung:

> *„Wenn der Nutzer selber verantwortliche Stelle im Sinne des BDSG ist, sollte er vom Auftragnehmer ergänzend zu den vorgenannten Maßnahmen bei der Erfüllung der inhaltlichen Anforderungen nach § 11 BDSG durch folgende praktische Umsetzungen unterstützt werden:"*[87]

Praktische Umsetzung	Anforderungen aus § 11 BDSG
Die Nutzer in Datenschutzhinweisen und -richtlinien auf ihre Verantwortung hinweisen.	§ 11 Abs. 1, 2 S. 1 § 11 Abs. 3
Die Daten ausschließlich auf ausdrückliche Initiative des Nutzers verwenden.	§ 11 Abs. 2 Nr. 1 § 11 Abs. 2 Nr. 2
Den Nutzern die technisch mögliche Kontrolle über diese Daten geben.	§ 11 Abs. 2 Nr. 4 § 11 Abs. 2 Nr. 5 § 11 Abs. 2 Nr. 7 § 11 Abs. 2 Nr. 9 § 11 Abs. 2 Nr. 10
Die Nutzer über den Datenschutz und die Datensicherheit informieren.	§ 11 Abs. 2 Nr. 3 § 11 Abs. 2 Nr. 6 § 11 Abs. 2 Nr. 8

86 Siehe auch schon *Moser* in: Taeger, Die Welt im Netz, 2011, S. 595, 599.
87 Vgl. *Moser* in: Taeger, Die Welt im Netz, 2011, S. 595, 602.

Die Schwierigkeit, das nationale Datenschutzrecht bei allen App Stores und App-Anbietern mit derartigen Übermittlungsfunktionen zur Anwendung zu bringen, teilt die **Rechtsdurchsetzungsprobleme**, die die Aufsichtsbehörden bei der Durchsetzung deutschen Datenschutzrechts mit Facebook und Google haben. In der Tat wird auch hier das geltende Datenschutzrecht den Anforderungen der digitalen Welt nicht mehr gerecht.[88] 75

6. Zulässigkeit zur Wahrung berechtigter Interessen

Werden die Daten des Nutzers rechtmäßig aufgrund einer gesetzlichen Erlaubnis etwa aus § 28 Abs. 1 S. 1 Nr. 1 BDSG gespeichert, dann dürften der App Store oder ein direkt vermarktender App-Anbieter diese nach § 28 Abs. 1 S. 1 Nr. 1 BDSG verwendeten Daten auch für andere **eigene Geschäftszwecke** verarbeiten und nutzen, wenn es **zur Wahrung ihrer berechtigten Interessen** erforderlich ist und außerdem kein Grund zu der Annahme besteht, dass das **schutzwürdige Interesse des Betroffenen an dem Ausschluss der Verarbeitung** oder Nutzung überwiegt (nach **§ 28 Abs. 1 S. 1 Nr. 2 BDSG**).[89] 76

Hier wird im **Einzelfall** eine **Abwägung** vorzunehmen sein, wobei das Merkmal des berechtigten Interesses streng zu prüfen ist.[90] Berechtigt ist auch ein wirtschaftliches Interesse; es muss aber auf einen konkreten Verarbeitungszweck gerichtet sein, der auch vor der Verarbeitung festzulegen ist. Nur dann ist es möglich, eine Abwägung mit entgegenstehenden schutzwürdigen Interessen des Betroffenen vorzunehmen, die aber erst dann vorzunehmen ist, wenn die Datenverwendung zur Wahrung tatsächlich erforderlich ist. Ergibt die Abwägung, dass ein schutzwürdiges Interesse des Betroffenen gegenüber den berechtigten Interessen der verantwortlichen Stellen überwiegt, ist von der beabsichtigten Datenverwendung Abstand zu nehmen. Angesichts der Risiken, die mit der Verwendung digitaler Daten aus dem Vertragsverhältnis mit einem App Store oder einem direkt vermarktenden App-Anbieter stets verbunden sind, wird eine Abwägung ergeben, dass nur in wenigen Fällen eine Erlaubnis aus § 28 Abs. 1 S. 1 Nr. 2 BDSG zulässig sein kann, bei denen die Persönlichkeitsrechte der Betroffenen nicht oder wenig gefährdet erscheinen, so etwa bei einigen Anwendungen des CRM, bei denen auch die Datenschutzvorschriften über die Verwendung von Daten für Marketingmaßnahmen zu beachten sind, oder einer Due Diligence. 77

---

88 Vgl. auch *Weichert*, https://www.datenschutzzentrum.de/vortraege/20090210-weichert-datenschutzrecht-digitale-welt.html.

89 Ausführlich zu den Tatbestandsvoraussetzungen dieser Erlaubnisnorm Taeger/Gabel/*Taeger*, § 28 BDSG Rn 54 ff.

90 Taeger/Gabel/*Taeger*, § 28 BDSG Rn 54.

78 Zu erinnern ist in diesem Kontext daran, dass personenbezogenen Daten, die von einem Telemediendienst oder Telekommunikationsdienst zur Erbringung im Zusammenhang mit der Erbringung ihrer Dienste erhoben und verwendet werden, für eine **Zweckänderung** der vorhandenen Daten nicht auf § 28 Abs. 1 S. 1 Nr. 2 BDSG wechseln können; soweit eine zweckändernde Verwendung dieser Daten, deren Erhebung und Verwendung nach dem **TMG** bzw. **TKG** zulässig war, erfolgen soll, kann sie sich ausschließlich aus entsprechenden Vorschriften des TMG/TKG ergeben.

F. Datenerhebung und -verwendung aufgrund einer Einwilligung

79 Liegt eine gesetzliche Erlaubnis für die Erhebung und Verwendung personenbezogener Nutzerdaten durch einen App Store oder einen App-Anbieter aus dem BDSG, dem TMG bzw. dem TKG nicht vor, ist diese Datenverarbeitung unzulässig, wenn sie nicht doch aufgrund einer **Einwilligung des Betroffenen** erlaubt ist. Das aus dem allgemeinen Persönlichkeitsrecht abgeleitete informationelle Selbstbestimmungsrecht (Art. 2 Abs. 1 i.V.m. Art. 1 Abs. 1 GG) gewährleistet dem Einzelnen ein umfassendes **Selbstbestimmungsrecht** darüber, wer welche Daten für welchen Zweck erhält. In Privatrechtsbeziehungen gewährleistet § 4 BDSG jedem Nutzer eines App Stores oder einer App das Recht, durch eine Einwilligung eine Erlaubnis für die Datenerhebung und -verwendung zu schaffen. Eine **pauschale Einwilligung** in eine nicht bereits durch Gesetz erlaubte weitere Verwendung der Daten wäre allerdings unzulässig, weil der App-Nutzer vor Abgabe seiner Einwilligung über den Zweck der Erhebung, Verarbeitung und Nutzung zu informieren ist (**Transparenzgebot/informierte Einwilligung**). Je nachdem, welches Datenschutzrecht auf die in Rede stehenden Daten, die zu einem anderen Zweck verwendet werden sollen, anzuwenden ist, ergeben sich die Anforderungen an eine wirksame Einwilligung.

80 Nach **§ 4a Abs. 1 S. 1 BDSG** ist die Einwilligung des App-Nutzers in weitergehende Verwendungen oder die Erhebung und Verwendung weiterer Daten über ihn nur dann wirksam, wenn sie auf seiner **freien Entscheidung** beruht und er auf den vorgesehenen Zweck der Erhebung, Verarbeitung und Nutzung vorab hingewiesen wurde. Er muss auch darüber informiert werden, welche Folge die Versagung seiner Einwilligung hat. Schließlich muss nach S. 3 die Einwilligung schriftlich erfolgen, soweit nicht wegen der besonderen Umstände eine andere Form angemessen ist.

81 Im Zusammenhang mit Apps ergeben sich bei der Einwilligung diskussionswürdige Besonderheiten schon daraus, dass bei dem Herunterladen und Installieren einer App auf einem Smartphone selbst bei den großen Displays neuerer Modelle wenig Platz für ausreichende Informationen über den Zweck und die Folgen der angestrebten, durch die Einwilligung zu erlaubenden Datenverarbeitungen. Von einer **hinreichenden Informiertheit** kann dabei häufig nicht die Rede sein. Für

App Stores und App-Anbieter besteht eine Herausforderung darin, die Information in einer dem Medium angemessenen kurzen, aber dennoch hinreichend aussagekräftigen Form vorzuhalten, um dem Nutzer eine Grundlage für seine Entscheidung zu geben. Sind die Informationen zu umfangreich oder nicht deutlich genug hervorgehoben, dann besteht die Gefahr, dass der Nutzer sie nicht zur Kenntnis nimmt.

In diesem Zusammenhang steht dann auch die Anforderung, dass die Einwilli- 82
gung ausdrücklich zu erklären ist. Die Annahme einer **konkludenten Einwilligung** ist – anders als die mutmaßliche Einwilligung – im Datenschutzrecht zwar nicht generell ausgeschlossen,[91] aber im Zusammenhang mit der Erhebung und Verwendung personenbezogener Daten durch Apps nicht akzeptabel. Der Nutzer muss **ausdrücklich** darauf hingewiesen werden, dass eine Datenerhebung und -verwendung erfolgen soll, die nicht schon durch Gesetz erlaubt ist. Denkbar ist, dass diese Einwilligung nicht erst beim Herunterladen und Installieren der Anwendung erfolgt, sondern bereits auf der Seite des Anbieters bzw. Stores auf die aufgrund einer Einwilligung erfolgende Datenerhebung und -verwendung hingewiesen und der Nutzer hier um seine ausdrückliche, zu protokollierende Einwilligung gebeten wird, ohne die der Downloadprozess entweder gar nicht oder nur hinsichtlich einer App, die keine zusätzlichen Daten erhebt oder für weitere Zwecke verwendet.

Der Nutzer elektronischer Medien muss durch eine eindeutige Handlung seine 83
Zustimmung auf der Grundlage hinreichender Informationen über ihre Folgen geben (Opt-In). Daher sind, anders als bei gedruckten Vertragsformularen auch **Opt-Out-Lösungen** nicht zulässig. Der Nutzer muss in geeigneter Weise seine Zustimmung – beispielsweise durch die Aktivierung einer Klick-Box – zum Ausdruck bringen. Dass die Praxis anders aussieht und die Information über die Datenerhebung und -verwendung dann, wenn sie überhaupt erfolgt, wenig bis gar nicht aussagekräftig ist, macht dieses Opt-Out-Verfahren nicht zulässig. Verbreiteter als Opt-Out-Verfahren ist bedauerlicherweise aber nur die Alternative, auf das Herunterladen der App zu verzichten, was uns zum Koppelungsverbot führt.

Angesprochen ist also das Problem, dass Nutzer bei einer Versagung ihrer Ein- 84
willigung in eine häufig sehr weitgehende Erlaubnis zur Datenverwendung eine App gar nicht herunterladen können („take it or leave it"). In einem solchen Fall wäre das gesetzliche **Koppelungsverbot** aus **§ 28 Abs. 3b BDSG** zu beachten, nach dem eine Einwilligung dann unwirksam ist, wenn der Vertrag mit dem App Store oder dem App-Anbieter eine Einwilligung voraussetzt und dem Nutzer bei der Verweigerung der Einwilligung nicht zu einer gleichwertigen alternativen Leistung ausweichen kann.[92] Ein entsprechendes Koppelungsverbot gibt es in **§ 95 Abs. 5 TKG.**[93] Für eine Einwilligung in die Verarbeitung von Daten, die bei der Nutzung

---

91 Dazu näher Taeger/Gabel/*Taeger*, § 4a BDSG Rn 41 ff.

92 Taeger/Gabel/*Taeger*, § 4a BDSG Rn 55 ff. und § 28 BDSG Rn 184 ff.

93 Taeger/Gabel/*Munz*, § 95 TKG Rn 17.

einer Telemediendienste-App erhoben wird, ist das Koppelungsverbot aus dem BDSG als der allgemeinen Datenschutzvorschrift heranzuziehen, nachdem das ursprünglich im TMG enthaltene Koppelungsverbot zugunsten der neu aufgenommenen Vorschrift in § 28 Abs. 3b BDSG gestrichen wurde.[94]

85 Die Anforderung an die **Schriftlichkeit** stellt in der Praxis bei der elektronischen Kommunikation kein Problem dar. **§ 4a S. 3 BDSG** sieht selbst vor, dass von dieser Anforderung abgewichen werden kann, wenn aufgrund der besonderen Umstände eine andere Form angemessen ist. Bedienen sich Nutzer und App Store bzw. Anbieter der elektronischen Kommunikation, dann besteht kein Bedürfnis, die Schriftform gem. **§ 126 BGB** zu verlangen. Handelt es sich um die Inanspruchnahme einer App eines Telemediendiensteanbieters, der eine Einwilligung erlangen möchte, so sieht **§ 13 Abs. 2 TMG** die **elektronische Einwilligung** als die übliche Form der Abgabe der Erklärung an. Dann werden aber zusätzliche formale Anforderungen gestellt:

- der Nutzer muss seine Einwilligung bewusst und eindeutig erteilt haben,
- die Einwilligung ist zu protokollieren,
- der Nutzer muss die Einwilligung jederzeit abrufen und
- jederzeit mit Wirkung für die Zukunft **widerrufen** können.

Diese Anforderungen sind auch dann entsprechend zu beachten, wenn das TMG keine Anwendung findet, aber wegen der besonderen Umstände auch eine Einwilligung nach § 4b BDSG elektronisch erklärt werden kann.

86 Nicht vereinbar mit diesen Anforderungen ist, dass die **Voreinstellungen** bei dem Download oder der Implementierung einer App von einer Einwilligung ausgehen. Entweder ist der Download dann ohne Einwilligung gar nicht möglich, was die Frage nach dem Koppelungsverbot aufwirft, oder einzelne Erlaubnisse müssen abgewählt werden (Opt-Out). Von den Anbietern ist zu verlangen, dass die Voreinstellung keine Einwilligung vorsieht, sondern die Einwilligung bewusst und aktiv durch ein Opt-In gegeben wird (**Privacy by Design**).[95] Das entspricht allerdings nicht den Interessen der App-Anbieter. Eigentlich sollten die Grundeinstellungen immer die datenschutzfreundlichsten sein (**Privacy by Default**). So sieht es auch der Entwurf einer **EU-Datenschutzgrundverordnung** mit Art. 23 Abs. 1 EU-DSGVO-E[96] vor, gegen das Facebook Position bezog, um der Pflicht zu restriktiven Grundeinstellungen entgegenzutreten:

---

94 Dazu Taeger/Gabel/*Taeger*, § 28 BDSG Rn 186.

95 Siehe neben anderen *Rost/Bock*, DuD 2011, 30.

96 Zu finden unter http://ec.europa.eu/justice/data-protection/document/review2012/com_2012_11_de.pdf: Art. 23 regelt die Pflichten, die dem für die Verarbeitung Verantwortlichen aus dem Grundsatz des Datenschutzes durch Technik und dem Gebot datenschutzfreundlicher Voreinstellungen erwachsen.

„Die meisten Menschen melden sich an, um Dinge zu teilen und sich zu vernetzen.“[97]

Im Ergebnis wird sich feststellen lassen, dass das Einholen von **Einwilligungen** über Apps oder über AGB der App Stores wegen fehlender **Transparenz**, Verstoßes gegen das **Koppelungsverbot** oder wegen des **Opt-Out-Verfahrens** nicht den gesetzlichen Anforderungen entspricht. Eine abschließende Bewertung wird in jedem Einzelfall anhand der gesetzlichen Anforderungen vorzunehmen sein. 87

G. Rechte des Betroffenen bei der Nutzung von Apps

I. Auskunftsanspruch

Jeder App-Nutzer – und auch diejenigen, deren Daten über Kontaktverzeichnisse 88
oder Spielepartner zum App-Betreiber gelangten – hat nach § 34 Abs. 1 BDSG gegenüber der verantwortlichen Stelle einen **Anspruch auf Auskunft** über die zu seiner Person gespeicherten Daten einschließlich einer Angabe über die Herkunft, über die Empfänger bzw. den Empfängerkreis seiner Daten und auch über den Zweck der Speicherung dieser Daten. Das TMG verweist mit § 13 Nr. 7 TMG auf den Auskunftsanspruch nach dem BDSG. Soweit der Nutzer ein **Pseudonym** nutzt, unter dem er über die App aktiv ist, hat der betroffene Nutzer vor Erteilung der Auskunft mitzuteilen, zu wem die unter dem Pseudonym abgelegten Daten gehören. Um in solchen Fällen einen Missbrauch unbefugter, eine Auskunft erbittender Personen zu verhindern, darf die **Auskunft** nur demjenigen erteilt werden, der sich mit Angabe eines **Passworts** als Berechtigter legitimiert. Schwierig wird es dann für die **auskunftspflichtige Stelle**, die die Erteilung der Auskunft dokumentieren muss, die Pseudonymität auch weiterhin zu gewährleisten, weil Angaben über die Beziehung zu einer leicht identifizierbaren Person bei pseudonymem Auftritt nicht mitgespeichert werden dürfen.

Die Auskunft kann bei der Verwendung von Pseudonymen nur erteilt werden, 89
wenn die hinterlegten, personenbezogenen Daten mit dem Pseudonym zusammengeführt werden und dieser Vorgang durch eine **Einwilligung**, welche dann das Verbot aus § 13 Abs. 4 Nr. 6 TMG quasi aufhebt, gedeckt ist.[98] Ob es sich hierbei dann um eine **ausdrückliche Einwilligung** oder auch um eine konkludente, namentlich aufgrund eines neuerlichen Auskunftsersuchens nach erfolgte Aufklärung handeln

97 Zitiert aus *Beuth*, in: Zeit Online v. 19.11.2012, http://www.zeit.de/digital/datenschutz/2012-11/facebook-lobby-datenschutzverordnung.
98 *Beuth*, in: Zeit Online v. 19.11.2012, http://www.zeit.de/digital/datenschutz/2012-11/facebook-lobby-datenschutzverordnung.

muss, ist abschließend nicht geklärt. Allerding spricht nicht nur eine verfassungskonforme Auslegung dafür, dass auch eine konkludente Einwilligung ausreichend ist,[99] sondern auch rein praktische Überlegungen. Denn der App-Nutzer, welcher zumeist als Verbraucher i.S.d. § 13 BGB zu qualifizieren ist, wird sich bezüglich der inhaltlichen Gestaltung seiner Einwilligungserklärung wenig Gedanken machen und ist daher, wie auch im Bereich der Ausübung und damit der inhaltlichen Gestaltung des Widerrufs von Willenserklärungen im Fernabsatzrecht schutzwürdig.

90 Kommt der Auskunftsgegner dem **Auskunftsersuchen** nicht nach, so kann sich der App-Nutzer gem. § 38 BDSG an die **Aufsichtsbehörde** wenden.

II. Sperrung, Berichtigung, Löschung und Schadensersatz

91 Der Nutzer einer App kann im Falle einer Einwilligung diese jederzeit **widerrufen**, was ex nunc zur **Löschung** der Daten, in deren Erhebung eingewilligt worden war, führen muss. Dürfen diese Daten aufgrund einer gesetzlichen Erlaubnis gespeichert werden, dann dürfen sie für die Geschäftszwecke nicht weiterverwendet werden, wenn die Einwilligung entfällt. Stellen, an die die Daten weitergegeben wurden, sind über den **Widerruf der Einwilligung** zu informieren.

92 Nach **§ 35 BDSG** hat der Nutzer gegen den App Store oder den App-Betreiber als jeweils verantwortliche Stelle Ansprüche auf **Sperrung**, **Berichtigung** und **Löschung** unter den im Gesetz genannten Voraussetzungen. Auch hier genügt es, der verantwortlichen Stelle formlos mitzuteilen, welche Daten gesperrt, berichtigt oder gelöscht werden sollen. Der Betroffene darf von der im Ausland sitzenden verantwortlichen Stelle nicht darauf verwiesen werden, in einer anderen als der deutschen Sprache seine Ansprüche nach deutschem Recht geltend machen zu müssen.

93 Auch wenn die datenschutzrechtliche Regelung mit § 35 BDSG abschließend ist, so bleibt dem App-Nutzer auch der zivilrechtliche **Beseitigungs- und Unterlassungsanspruch** aus § 823 Abs. 2 BGB i.V.m. § 1004 BGB analog. Entsteht dem Betroffenen aus der unzulässigen oder unrichtigen Datenerhebung oder -verwendung ein Schaden, besteht ein **Schadensersatzanspruch** aus **§ 7 BDSG**. Damit Nutzer von Datenschutzverstößen überhaupt Kenntnis bekommen, um ihre Rechte wahrnehmen zu können, enthalten die Datenschutzgesetze nun auch die Pflicht, die Betroffenen unverzüglich über unrechtmäßige Kenntniserlangung von Daten zu benachrichtigen (§ 42a BDSG, § 109a TKG, § 15a TMG).[100]

---

99 *Beuth*, in: Zeit Online v. 19.11.2012, http://www.zeit.de/digital/datenschutz/2012-11/facebook-lobby-datenschutzverordnung.

100 Siehe Taeger/Gabel/*Taeger*, § 28 BDSG Rn 186.

H. Bewertung des Datenschutzes bei der Nutzung von Apps

Eine Bestandsaufnahme des Datenschutzes kommt zu verheerenden Ergebnissen. In kaum einem Anwendungsbereich der Informations- und Kommunikationstechnik kommt es zu derart **eklatanten Verstößen** gegen die nationalen Datenschutzvorschriften. Die Gründe dafür sind vielfältig: Die Anbieter, die die Datenschutzvorschriften missachten, haben entweder **kriminelle Energie** und zielen mit ihren Apps entweder direkt darauf ab, durch das **versteckte Sammeln** personenbezogener Daten Straftaten zu begehen, oder sie haben ein überragendes wirtschaftliches Interesse daran, auch die erlangten Daten zu vermarkten, häufig für personalisierte Werbung oder für die **Erlangung eines umfassenden Profils des Nutzers** und seiner Kontakte. Die fehlende, zugegeben schwierige Verfolgung durch deutsche Aufsichtsbehörden aufgrund der grenzüberschreitenden Sachverhalte und die damit ausbleibende Sanktion des rechtswidrigen Verhaltens ist ein weiterer Grund für die **flächendeckenden Datenschutzverstöße** durch Apps. Und schließlich ist der Grund sicher auch bei der Sorglosigkeit der Nutzer zu suchen. Hier soll keine Schelte der Opfer angestimmt werden, nach der die Betroffenen auch noch selbst Schuld an der Opferrolle seien. Wären die Nutzer aber im Umfang mit den begehrten Must-have-Apps sensibler und würden nicht in den Chor, der auch an Universitäten bei dem akademischen Nachwuchs erschreckend verbreiteten „Ich habe nichts zu verbergen"-Stimmen einstimmen, dann würde auf manche App verzichtet oder ein Ausweg gesucht werden. Dann würde den Anbietern von problematischen Kommunikations-Apps die wirtschaftliche Basis entzogen und alternative und wegen der **End-to-End-Verschlüsselung** sichere Messenger-Apps hätten unter Nutzern eine größere Verbreitung. 94

Die von den Anbietern der Apps zu beachtenden Nutzungsbedingungen der App Stores helfen bedauerlicherweise wenig. Wenn die iOS Developer Program License Agreements (iDPLA) in englischer Sprache die Entwickler verpflichten, die Persönlichkeitsrechte der Nutzer zu wahren, die **Datenschutzvorschriften in den Verbreitungsländern** zu respektieren und vor einer Datenerhebung die **Zustimmung des Nutzers** auf der Grundlage hinreichender Transparenz einzuholen, die bei einem Widerruf auch zu einem Verwendungsstopp der Daten führen müsse, dann heißt das nicht, dass die Einhaltung dieser Klauseln auch von den Store-Anbietern überprüft wird. Die Vertragsbedingungen von Google für Entwickler der über den Google Play Store vertriebenen Apps im Developer Distribution Agreement (DDA) sind zwar in deutscher Sprache, beziehen sich allerdings nicht auf das deutsche Recht. Immerhin heißt es eindeutig, dass die Entwickler dann, wenn Nutzer Nutzernamen, Passwörter oder andere Anmeldeinformationen bereitstellen oder wenn die App auf diese Informationen zugreift und sie verwendet, der Nutzer darauf hinzuweisen ist. Außerdem ist der App-Anbieter nach den Google-Bedingungen verpflichtet, den Nutzern rechtlich einwandfreie **Datenschutzhinweise** zu geben und ihnen einen entsprechenden Schutz zu bieten. 95

Schließlich wird auf das **Zweckbindungsgebot** und auf Löschungspflichten hingewiesen.

96 Die Zukunft wird zeigen, ob die **staatenübergreifende Regulierung**, eine effizientere Kontrolle und Sanktionierung durch Aufsichtsbehörden, ein restriktiveres, datenschutzfreundliches Geschäftsmodell der Stores oder der Markt mit sensibleren Nutzern zu einer Verbesserung des Datenschutzes bei Apps führen wird. Leider besteht bei allen Ansätzen derzeit noch wenig Anlass zum Optimismus.

Kapitel 6
Urheberrecht und Apps

A. Grundlagen des Urheberrechts

I. Schutzfunktion des Urheberrechts

Das Urheberrecht schützt die ideellen und materiellen Interessen des Schöpfers ei- 1
nes Werks, des sog. Urhebers.[1] Geschützt ist nicht die bloße Idee, sondern das Werk in seiner konkreten Form. Erst durch die Art und Weise der Zusammenstellung, Strukturierung oder Präsentation der Idee wird ein urheberrechtlich geschütztes Werk geschaffen. Die dem Werk zugrundeliegende Idee selbst ist dabei zumindest im Sinne des Urheberrechtsgesetzes nicht schutzfähig.[2]

Unter den Schutz des Urhebergesetzes fallen gem. § 2 Abs. 2 UrhG nur persönli- 2
che geistige Schöpfungen. Es muss sich also grundsätzlich um einen vom Menschen geschaffenen Inhalt handeln. Die Verwendung technischer Hilfsmittel steht der Schutzfähigkeit jedoch dann nicht entgegen, wenn eine hinreichende **schöpferische Eigentümlichkeit und Individualität menschlicher Leistung** gegeben ist. Rein computergenerierte Ausdrucksformen reichen hingegen nicht aus.[3]

Der vom Gesetzgeber verlangte Ausdruck an Individualität ist die sog. **Schöp- 3
fungshöhe**. Sie kann je nach Werkart auf unterschiedliche Arten vorliegen – einerseits durch die eigenschöpferische Gedankenformung und Gedankenführung, also beispielsweise Wortwahl und Argumentationsweise bei einem Text, aber auch durch eine besonders geistvolle Form oder Art der Sammlung, sowie durch eine spezielle Einteilung oder Anordnung des Inhalts.[4] Handelt es sich bei dem Beitrag lediglich um Ideen, Anregungen oder um die Koordination und Produktion eines Werks, so kann nicht von einem schöpferischen Beitrag ausgegangen werden. Es muss die konkrete Gestaltung des Werks berührt werden.[5]

Fettnapf !

Grundsätzlich wird die urheberrechtliche Schutzfähigkeit eines Werks in § 2 UrhG geregelt. Die Schutzfähigkeit von Computerprogrammen, worunter auch die App fällt, wird jedoch in der Spezialvorschrift des § 69a Abs. 3 UrhG geregelt.

---

1 Ich danke meinen wissenschaftlichen Mitarbeiterinnen *Michelle Petruzzelli*, *Sibel Kocatepe*, LL.M., und *Annika Dam* für ihre wertvolle Unterstützung bei dem Verfassen dieses Beitrags.

2 Wandtke/Bullinger/*Bullinger*, § 2 Rn 33 ff.; Heidrich/Forgó/Feldmann/*Feldmann*, B.II.2.

3 Spindler/Schuster/*Wiebe*, § 2 UrhG Rn 4 ff.

4 Dreier/Schulze/*Schulze*, § 1 Rn 6; Heidrich/Forgó/Feldmann/*Feldmann*, B.II.3 und 4.

5 Dreier/Schulze/*Schulze*, § 7 Rn 4 und 6.

II. Urheber

1. Entstehung der Urhebereigenschaft

4 Es gilt das **Schöpferprinzip**. Urheber ist derjenige, der das Werk geschaffen hat, § 7 UrhG. Zwingende Voraussetzung ist dabei, dass es sich bei dem Werk um das Resultat einer persönlichen geistigen Leistung handelt.[6] Das Schaffen selbst ist ein Realakt. Es bedarf daher keiner Rechtsfähigkeit des Schaffenden, um Urheber zu sein, weswegen beispielsweise auch Minderjährige Urheber sein können. Zugleich bedeutet dies, dass nur eine natürliche Person Urheber sein kann, was die Urhebereigenschaft von juristischen Personen grundsätzlich ausschließt.[7]

Beispiel
Die **App** als Computerprogramm wird vom Softwareprogrammierer konzipiert und programmiert. Dementsprechend ist der Entwickler auch Urheber der App.

2. Allein- und Miturheberschaft

5 Solange nur ein Einzelner an der Schaffung des Werks beteiligt ist, ist er **Alleinurheber** und damit der alleinige Rechteinhaber, § 7 UrhG. Sind mehrere Personen an der Entwicklung eines Werks beteiligt, so sind sie als **Miturheber** zu qualifizieren, wenn der Schöpfung ein gemeinsamer Plan und ein gemeinsamer Wille zugrunde liegen, § 8 UrhG. Den Beteiligten muss es darauf ankommen, ein gemeinsames Werk zu entwickeln, wobei sich im Rahmen der Zusammenarbeit alle der Gesamtidee unterordnen müssen. Der Miturheberschaft steht nicht entgegen, dass die Miturheber nacheinander, d.h. an verschiedenen Entwicklungsstufen des Werks mitwirken (**vertikale Arbeitsteilung**). Möglich ist auch, dass jeder für sich parallel einen Teil schafft, der am Ende zusammen mit den anderen Teilen ein einheitliches Ganzes ergibt (**horizontale Arbeitsteilung**).[8] Der Anteil der eigenen Schöpfung am Gesamtergebnis spielt keine Rolle. Es wird lediglich verlangt, dass jeder Miturheber überhaupt schöpferisch tätig geworden ist.[9]

6 Die Fortsetzung oder Bearbeitung eines bereits fertiggestellten Werks stellt keine Schaffung eines Gemeinschaftswerks dar. An einem Gemeinschaftswerk fehlt es auch, wenn ein unfertiges Werk vollendet wird.[10]

7 Im Rahmen der Miturheberschaft gilt die Besonderheit, dass die Miturheber eine **Gesamthandsgemeinschaft** bilden. Diese Gesamthandsgemeinschaft ist eine Ge-

6 Wandtke/Bullinger/*Thum*, § 7 Rn 1.
7 Dreier/Schulze/*Schulze*, § 7 Rn 2ff.
8 Spindler/Schuster/*Wiebe*, § 8 UrhG Rn 3; Dreier/Schulze/*Schulze*, § 8 Rn 2ff.
9 BGH, Urt. v. 14.7.1993 – I ZR 47/91 – GRUR 1994, 39, 40.
10 Dreier/Schulze/*Schulze*, § 8 Rn 2.

meinschaft eigener Art, die durch die Grundsätze des Urheberrechts beherrscht wird und auf die ergänzend die Regelungen der BGB-Gesellschaft (§§ 705ff. BGB) angewandt werden dürfen, sofern dies mit den urheberrechtlichen Grundsätzen vereinbar ist. Die Verwertungsrechte unterliegen der gesamthänderischen Bindung. Folglich darf das Werk nur mit vorheriger Zustimmung aller Miturheber als Ganzes verwertet werden.[11]

3. Werkverbindung

Zu unterscheiden ist das Gemeinschaftswerk von der bloßen **Werkverbindung**, 8
§ 9 UrhG. Eine Werkverbindung liegt vor, wenn mindestens zwei eigenständige Werke aufgrund eines Vertrags zwischen den Urhebern miteinander verbunden werden. Die Werke mögen nach der Verknüpfung zwar eine Einheit bilden, sind aber – im Gegensatz zum Gemeinschaftswerk – auch jeweils getrennt voneinander verwertbar.[12]

4. Rechte des Urhebers

Mit Schaffung des Werks entstehen zugleich diverse Rechte des Urhebers, die so- 9
wohl seinen ideellen, als auch seinen materiellen Interessen dienen.

a) Urheberpersönlichkeitsrecht

Das Urheberpersönlichkeitsrecht (UPR) wird als rechtlich selbstständige Form des 10
in Art. 2 Abs. 1 i.V.m. Art. 1 Abs. 1 GG manifestierten allgemeinen Persönlichkeitsrechtes verstanden. Es setzt voraus, dass ein nach dem Urheberrechtsgesetz schutzfähiges Werk vorliegt.[13] Dem Urheber ist es nicht möglich, auf das UPR sowie die Ausübung der Rechte mit dinglicher Wirkung zu verzichten. Allerdings kann er sich dazu verpflichten, die Ausübung seiner Rechte zu unterlassen.[14]

In erster Linie werden durch das UPR die ideellen Interessen des Urhebers und 11
die enge Beziehung zwischen ihm und seinem Werk geschützt. Das UPR lässt sich dabei in zwei Gruppen einteilen: den Kernbereich, d.h. das UPR im engeren Sinne sowie das UPR im weiteren Sinne.

Zum **Kernbereich** zählen zum einen das Veröffentlichungsrecht gem. § 12 UrhG 12
sowie die Anerkennung der Urheberschaft aus § 13 UrhG und die Entstellung des Werks, § 14 UrhG.

---

11 Dreier/Schulze/*Schulze*, § 8 Rn 12ff.
12 Wandtke/Bullinger/*Thum*, § 9 Rn 2f.
13 Dreier/Schulze/*Schulze*, vor § 12 Rn 5.
14 Wandtke/Bullinger/*Bullinger*, vor §§ 12ff. Rn 5 und 7.

13 Das **UPR im weiteren Sinne** umfasst sämtliche Rechte mit einem persönlichkeitsrechtlichen Kern. Zu diesen zählen beispielsweise das Zugangsrecht nach § 25 UrhG, das Änderungsverbot in § 39 UrhG oder die Pflicht, Zitate mit Quellenangabe zu kennzeichnen gem. § 63 UrhG, sowie die Einschränkung der Zwangsvollstreckung gegenüber dem Urheber, §§ 113 ff. UrhG.[15]

b) Verwertungsrechte

14 Um das wirtschaftliche Interesse des Urhebers an der Nutzung seines Werks zu sichern, stehen ihm Rechte zur Verwertung zu. Die **Verwertungsrechte sind absolute Rechte**, d.h. sie wirken gegenüber jedermann und sind – mit engen Ausnahmen – aufgrund Ihres urheberpersönlichkeitsrechtlichen Kerns nicht vollständig abtretbar.[16]

15 Die Verwertung kann dabei in **körperlicher Form** sowie in **unkörperlicher Form** erfolgen. Die Verwertung in körperlicher Form meint dabei, dass das Werk mittelbar oder unmittelbar für die menschliche Wahrnehmung zugänglich gemacht wird. Die unkörperliche Form der Verwertung erfasst sodann jede **öffentliche Wiedergabe** des Werks.[17]

Beispiel
Typisches Beispiel für die Verwertung in körperlicher Form ist die Vervielfältigung, Verbreitung sowie Ausstellung des Werks.
Verwertung in unkörperlicher Form liegt beispielsweise bei Vorträgen oder Aufführungen vor.

---

aa) Vervielfältigung

16 Das Recht zur Vervielfältigung eines Werks ist in § 16 UrhG geregelt. Gemeint ist damit die körperliche Festlegung des Werks, um dieses mittelbar oder unmittelbar den menschlichen Sinnen zugänglich zu machen. Dabei ist irrelevant, ob es sich um ein manuell oder technisch erstelltes Vervielfältigungswerk handelt. Auch die Art und Weise der Vervielfältigung sowie die Anzahl der vervielfältigten Stücke spielen keine Rolle. Es bedarf nicht einmal einer dauerhaften Vervielfältigung. Eine lediglich vorübergehende Vervielfältigung, beispielsweise in Form eines Zwischenspeicherns, genügt bereits.[18]

---

15 Wandtke/Bullinger/*Bullinger*, vor §§ 12 ff. Rn 1 ff.
16 Dreier/Schulze/*Schulze*, § 15 Rn 1 f.
17 Wandtke/Bullinger/*Heerma*, § 15 Rn 8 f.
18 Spindler/Schuster/*Wiebe*, § 16 UrhG Rn 3.

Besonderheiten gelten auch hier für **Computerprogramme**. Für diese – und somit auch für **Apps** – findet nicht die Vorschrift des § 16 UrhG Anwendung, sondern § 69c Nr. 1 UrhG.[19] 17

Beispiel
Wichtigstes Beispiel für die rechtswidrige Vervielfältigung von Apps ist das Hochladen einer App in den sog. **Black Market**.[20] Dabei wird nicht nur eine rechtswidrige Vervielfältigung, sondern auch eine rechtswidrige öffentliche Zugänglichmachung i.S.d. § 19a UrhG bzw. § 69c Nr. 4 UrhG vorgenommen.

---

bb) Öffentliche Zugänglichmachung

Im Gegensatz zum Verbreitungsrecht aus § 17 UrhG bezieht sich das Recht aus 18
§ 19a UrhG auf unkörperliche Werk- oder Vervielfältigungsstücke, was insbesondere die Werke in elektronischen Medien, also dem Internet, betrifft. Die Zugänglichmachung kann dabei entweder durch **drahtgebundene** oder **drahtlose** Übermittlung erfolgen.

Beispiel
Bei einem **DSL**-Internetzugang findet eine drahtgebundene Übermittlung des Werks statt. Die Übermittlung per **WLAN** ist dagegen als drahtlos zu qualifizieren. In beiden Fällen ist das Recht auf öffentliche Zugänglichmachung aus § 19a UrhG betroffen.

Zudem bestimmt § 19a UrhG, dass das Werk der **Öffentlichkeit** zugänglich gemacht 19
werden muss. Das bedeutet, die Wiedergabe des Werks muss für eine Mehrzahl von Mitgliedern der Öffentlichkeit bestimmt sein. Aus der Definition des § 15 Abs. 3 UrhG lässt sich entnehmen, dass zur Öffentlichkeit jeder zählt, der nicht aufgrund einer persönlichen Beziehung (z.B. Freundschaft oder familiäre Beziehung) mit dem Urheber verbunden ist.[21]

Öffentliche **Zugänglichmachung** meint, dass das Werk zum interaktiven Abruf 20
bereitgestellt wird, sodass jedes Mitglied der Öffentlichkeit die Möglichkeit hat, zu einem von ihm gewählten Zeitpunkt von einem beliebigen Ort auf das Werk zuzugreifen.[22] Es kommt nicht darauf an, ob das Werk auch tatsächlich abgerufen wird. Es genügt das Bereitstellen als Verwertungshandlung.[23]

---

19 Vgl. hierzu ausführlich Rn 47 f.
20 Vgl. Rn 110 ff.
21 Wandtke/Bullinger/*Bullinger*, § 19a Rn 1 ff.
22 Dreier/Schulze/*Dreier*, § 19a Rn 8.
23 Wandtke/Bullinger/*Bullinger*, § 19a Rn 10.

Beispiel
Das **Hochladen** eines Werks im Internet ist öffentlich i.S.d. § 19a UrhG, selbst dann, wenn es sich um eine private Homepage handelt.
Nicht öffentlich hingegen ist die Übermittlung eines Werks oder dessen Vervielfältigungsstückes in einer individuellen **E-Mail**.
Das Hochladen eines Werks auf einem **Cloud-Server** ist erst dann öffentlich, wenn der Download Link, mit welchem das Werk abgerufen werden kann, öffentlich zugänglich gemacht wird.[24]

cc) Bearbeitung und Umgestaltung

21 Neben der Veröffentlichung des Originalwerks hat der Urheber auch ein Interesse daran, dass sein Werk nicht bearbeitet oder umgestaltet und anschließend verwertet wird. Dieses Verwertungsinteresse wird von § 23 UrhG geschützt. Bei Computerprogrammen – und somit auch bei Apps – findet die Spezialvorschrift des § 69c Nr. 2 UrhG Anwendung.[25]

22 Zwar ist das Recht zur Bearbeitung und Umgestaltung nicht im Katalog des § 15 UrhG aufgeführt, jedoch spricht der Zusammenhang für die Anerkennung des Rechtes als eigenständiges Verwertungsrecht.[26]

23 Bei der **Bearbeitung** wird das Ausgangswerk derart verändert, dass es beispielsweise in eine weitere Nutzungsart überführt wird. Dies stellt eine neue schöpferische Leistung dar, die ebenfalls urheberrechtlichen Schutz genießt.[27]

24 Bei der **Umgestaltung** hingegen wird das Werk zwar in abgeänderter Form genutzt, es fehlt jedoch an einer neuen Schöpfungsleistung. Dementsprechend ist die Umgestaltung selbst auch nicht urheberrechtlich geschützt.[28]

25 Auch wenn die Bearbeitung oder Umgestaltung durch Dritte grundsätzlich zulässig (mit Ausnahme der Normierungen in § 23 S. 2 UrhG) ist, darf die Veröffentlichung und Verwertung der Bearbeitung bzw. Umgestaltung ausdrücklich nur mit der **Einwilligung** des Urhebers des Ursprungswerks erfolgen.[29]

Beispiel
Typische Formen der Bearbeitung eines Computerprogrammes sind Updates, Upgrades oder Programmierungen zur Fehlerbehebung.[30]

---

24 OLG Hamburg, Urt. v. 14.3.2012 – 5 U 87/09 – MMR 2012, 393 – Rapidshare II (str.); a.A. LG Köln, Urt. v. 21.3.2007 – 28 O 19/07 – ZUM 2007, 568.
25 Vgl. hierzu Rn 49 ff.
26 Spindler/Schuster/*Wiebe*, § 23 UrhG Rn 2.
27 Wandtke/Bullinger/*Bullinger*, § 23 Rn 3.
28 Wandtke/Bullinger/*Bullinger*, § 23 Rn 4.
29 Spindler/Schuster/*Wiebe*, § 23 UrhG Rn 6 f.
30 Spindler/Schuster/*Wiebe*, § 69c UrhG Rn 10.

dd) Einräumung von Nutzungsrechten

Auch wenn der Urheber seine Verwertungsrechte nicht abtreten kann, so kann er jedoch anderen die Nutzung des Werks gestatten. Die **Nutzungsrechte** am Werk kann der Urheber Dritten vertraglich einräumen. Sie bilden daher den Schwerpunkt im **Urhebervertragsrecht**. Nutzungsrechte können auf eine konkrete wirtschaftlich-technisch selbstständige **Nutzungsart** beschränkt sein. So kann ein Komponist beispielsweise die Verbreitung seines Musikwerks auf CD gestatten, auf DVD jedoch nicht, obwohl die gleichen Nutzungsrechte (Vervielfältigung und Verbreitung) betroffen sind. Die Nutzungsrechte werden immer nur insoweit eingeräumt, wie sie im Vertrag ausdrücklich bezeichnet wurden. Nach der sog. **Zweckübertragungslehre** gem. § 31 Abs. 5 UrhG verbleiben die übrigen Rechte im Zweifel, soweit vertraglich nichts anderes vereinbart wurde, beim Urheber.[31] 26

Fettnapf !

Die App ist eine **eigene Nutzungsart**. Sollen Inhalte Dritter, z.B. Texte oder Musik,[32] in einer App genutzt werden, muss daher ausdrücklich eine entsprechende Lizenz zur Nutzung des Werks in einer App eingeräumt werden. Anders sieht es aus, wenn die App nur eine Website anzeigt, deren Inhalte nicht eigenständig aufbereitet wurden. In diesen Fällen benötigt man keine gesonderte Rechteeinräumung zur Nutzung des Werks in einer App – es genügt, wenn die entsprechenden Rechte zur Nutzung des Werks auf einer Website eingeräumt wurden.

Der Urheber wird durch die Nutzungsrechte gleich doppelt geschützt. Das **positive Nutzungsrecht** gewährt dem Urheber die Berechtigung, Dritten die Nutzung des Werks zu gestatten. Das **negative Verbotsrecht** des Urhebers erlaubt ihm, anderen die Nutzung zu untersagen. Dieses Verbot kann ausgesprochen werden, wenn das Werk gänzlich ohne Erlaubnis oder unter Überschreitung des eingeräumten Rahmens genutzt wird.[33] 27

Praxistipp !

Will der Verwender das Werk umfassend nutzen, so muss er alle dazu notwendigen Rechte vom Urheber erhalten. Anderenfalls kann dieser gegen den unbefugten Nutzer vorgehen. Wer rechtlich auf der sicheren Seite sein will, muss daher die erforderlichen Verträge mit den anderen an der Erstellung der App beteiligten Personen abschließen.

---

31 Spindler/Schuster/*Wiebe*, § 31 UrhG Rn 10 ff.

32 Vgl. hierzu Rn 69 ff.

33 Wandtke/Bullinger/*Wandtke/Grunert*, § 31 Rn 28 ff.

III. Dauer des Urheberrechts

28 Die Rechte des Urhebers entstehen mit der Schöpfung des Werks. Es bedarf keinerlei Formalia.[34] Auch ein Copyright-Vermerk ist für den Urheberrechtsschutz nicht erforderlich. Der Schutz erstreckt sich sodann über die gesamte Lebenszeit des Urhebers und besteht weitere **70 Jahre nach seinem Ableben** fort, § 64 UrhG. Bei der Miturheberschaft beginnt die 70-jährige Frist mit dem Tode des längst lebenden Miturhebers zu laufen, § 65 UrhG.

29 Zwar kann das Urheberrecht nicht übertragen werden, eine Vererbung ist jedoch möglich. Der Urheber hat auch die Möglichkeit, durch Testament oder Erbvertrag eine natürliche oder juristische Person, die nicht Erbe ist, als **Rechtsnachfolger** zu bestimmen.[35]

IV. Schranken des Urheberrechts

30 Auch wenn das Urheberrecht in erster Linie den Schöpfer eines Werks schützen soll, so hat der Gesetzgeber diverse Schranken des Urheberrechtsschutzes in den §§ 44a bis 63 UrhG sowie in den Spezialvorschriften §§ 69d, 69e und 87c UrhG normiert. Diese sollen einen gerechten Ausgleich zwischen den Interessen des Urhebers und den Interessen der Allgemeinheit sicherstellen. Greift eine Schrankennorm ein, hat dies zur Folge, dass der Urheber entweder die Herabstufung seiner Rechte auf einen Vergütungsanspruch, oder sogar eine unentgeltliche Nutzung des Werks durch Dritte hinnehmen muss.

V. Folgen einer Urheberrechtsverletzung

31 Das Urheberrecht ist ein subjektives Recht, d.h. es wirkt umfassend und absolut gegenüber jedermann.[36] Verwendet jemand ein Werk, ohne dass ihm eine entsprechende Lizenz vom Urheber eingeräumt wurde, so begeht er eine **Urheberrechtsverletzung**. Dies hat zur Folge, dass der Urheber Ansprüche gegen den sog. Verletzer geltend machen kann. Im Fall der Miturheberschaft kann nach § 8 Abs. 2 S. 3 UrhG jeder Miturheber allein und ohne Zustimmung der anderen gegen Urheberrechtsverletzungen Dritter vorgehen.

32 Der Urheber kann unmittelbar aufgrund der Ansprüche, die ihm das Urheberrechtsgesetz gewährt, gegen den unbefugten Nutzer seines Werks vorgehen. Er

---

34 Dreier/Schulze/*Schulze*, § 2 Rn 245, § 7 Rn 1.

35 Dreier/Schulze/*Schulze*, § 29 Rn 4.

36 Loewenheim/*Götting*, § 3 B. Rn 7.

kann sowohl einen Anspruch auf Beseitigung, Unterlassung oder Schadensersatz als auch auf Vernichtung oder Auskunft geltend machen, §§ 97ff. UrhG. Nicht nur der Urheber, sondern auch der Inhaber eines ausschließlichen Nutzungsrechts kann die Ansprüche nach den §§ 97ff. UrhG geltend machen.[37]

1. Unterlassungs- und Beseitigungsanspruch

Ist es bereits zu einer Rechtsverletzung gekommen und besteht die Gefahr, dass diese durch den Täter wiederholt wird, so steht dem Urheber ein Unterlassungsanspruch nach § 97 Abs. 1 S. 1 UrhG zu. Der Schutz wird sogar dahingehend erweitert, dass im Fall einer konkret drohenden Erstbegehungsgefahr dem Urheber ein sog. **vorbeugender Unterlassungsanspruch** gem. § 97 Abs. 1 S. 2 UrhG zusteht. 33

Soweit die Rechtsverletzung eine fortwährende Störung bewirkt, normiert § 97 Abs. 1 S. 1 UrhG zusätzlich einen **Beseitigungsanspruch**. Der Verletzer ist also nicht nur verpflichtet, die Rechtsverletzung in Zukunft zu unterlassen, er muss auch die bestehende Rechtsverletzung beseitigen. 34

2. Schadensersatzanspruch

Wenn dem Urheber aufgrund der unbefugten Verwertung seines Werks ein Schaden entstanden ist, kann er gegen den Verletzer einen Schadensersatzanspruch geltend machen. Im Gegensatz zum Unterlassungs- und Beseitigungsanspruch ist der in § 97 Abs. 2 UrhG normierte Schadensersatzanspruch allerdings **verschuldensabhängig**, d.h. der Verletzer muss vorsätzlich oder fahrlässig gehandelt haben. 35

Praxistipp !

Die **Berechnung** der Schadenshöhe kann auf drei Arten erfolgen:[38]

- Der Geschädigte wird so gestellt, wie er stehen würde, wenn die Rechtsgutverletzung nicht erfolgt wäre (**Naturalrestitution**).
- Die Schadenshöhe entspricht dem vom Verletzer **erzielten Gewinn**.
- Die Schadenshöhe entspricht der Höhe der angemessenen **Lizenzgebühr (sog. Lizenzanalogie)**.

Dem Urheber steht hinsichtlich der Berechnungsmethode ein **Wahlrecht** zu. In der Praxis wird regelmäßig auf die Variante zurückgegriffen, die Schadenshöhe anhand einer Lizenzanalogie zu bemessen. Dies liegt daran, dass die anderen beiden Varianten in der Regel eine schwierigere Beweislage mit sich bringen. 36

37 Dreier/Schulze/*Dreier*, § 97 Rn 19.
38 Vgl. zur Vertiefung Wandtke/Bullinger/v. *Wolff*, § 97 Rn 58ff.

3. Verfolgung von Urheberrechtsverletzung in der Praxis

37 Der Gesetzgeber hat in § 97a UrhG dem Verletzten eine Möglichkeit an die Hand gegeben, den Beseitigungs- und Unterlassungsanspruch im Wege einer **Abmahnung** zu verfolgen und die dadurch anfallenden Kosten erstattet zu verlangen. Die Abmahnung ist für den Urheber eine kostengünstige Möglichkeit, die Angelegenheit **außergerichtlich** zu klären.[39]

38 Im Rahmen der Abmahnung wird der Schädiger binnen einer bestimmten **Frist** aufgefordert eine **strafbewehrte Unterlassungserklärung** und ggf. weitere Erklärungen – wie beispielsweise die Anerkennung einer Schadensersatzpflicht – abzugeben.

39 Eine **Formvorschrift** bezüglich der Abmahnung existiert nicht. Sie kann schriftlich, mündlich oder per E-Mail erfolgen. In Anbetracht der Beweislast des Abmahnenden empfiehlt es sich jedoch, die Abmahnung in schriftlicher Form zu übermitteln.[40]

! **Checkliste**

Hinsichtlich des **Inhaltes** der Abmahnung sollten folgende Punkte aufgenommen werden:
- Angaben zur Aktivlegitimation (Rechteinhaberschaft)
- Person des Inanspruchgenommenen
- Konkreter Umstand, aus dem sich der Unterlassungsanspruch ergibt
- Aufforderung zur Unterlassung sowie ggf. zur Beseitigung der Urheberrechtsverletzung
- Fristsetzung
- Erstattung der Abmahnkosten
- Vorformulierte strafbewehrte Unterlassungserklärung als Anlage

---

B. Urheberrechtliche Beziehungen bei Erstellung einer App

40 Bis eine App von Smartphone-Anwendern genutzt werden kann, sind mehrere Akteure an dem Gesamtkomplex unmittelbar und mittelbar beteiligt: der Entwickler der App, Dritte, deren urheberrechtlich geschützte Werke in der App genutzt werden, der App-Anbieter, der Betreiber des App Stores und letztlich auch der Anwender der App. Im folgenden Abschnitt sollen urheberrechtlich relevante Aspekte in Bezug auf die Beziehungen der Akteure und ihren jeweiligen Beitrag an der App näher beleuchtet werden.

---

39 Wandtke/Bullinger/*Kefferpütz*, § 97a Rn 1 f.

40 Dreier/Schulze/*Dreier*, § 97a Rn 6

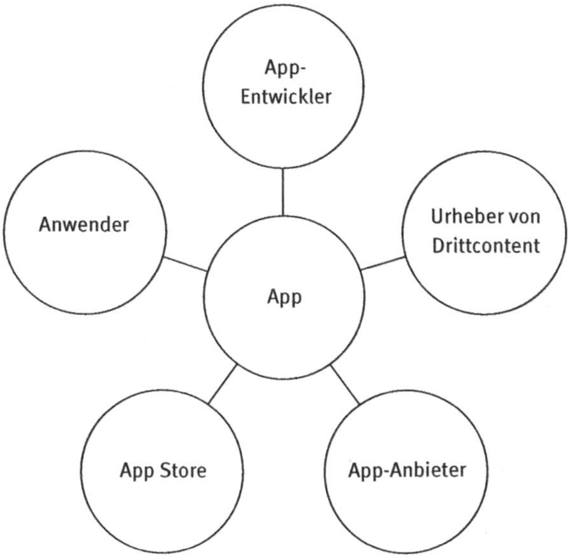

I. App-Entwickler

1. Entwickler als Urheber der App

a) Grundsatz

Nach § 69a UrhG können auch Computerprogramme wie Apps urheberrechtlich geschützt sein. Urheber einer App ist grundsätzlich derjenige, der die App als Entwickler programmiert hat. Voraussetzung des urheberrechtlichen Schutzes ist nach § 69a Abs. 3 UrhG, dass es sich bei der App um eine **eigene geistige Schöpfung** des Entwicklers handelt.[41] Die App muss also eine gewisse Schöpfungshöhe erreichen,[42] wobei jedoch auch einfache Programmierleistungen erfasst werden. Nur völlig banale Programme sind nicht geschützt.[43] Oftmals werden Apps nicht nur von einem Entwickler programmiert, sondern in Zusammenarbeit mit mehreren Entwicklern oder im Rahmen eines Arbeitsverhältnisses. 41

b) Beteiligung mehrerer Entwickler

Wenn mehrere Personen als Entwickler bei der Erstellung einer App zusammengewirkt haben, bestimmt das Gesetz in § 8 Abs. 1 UrhG, dass sie **Miturheber** sind.[44] Die App ist dann nur mit Zustimmung aller Miturheber verwertbar. 42

---

41 Vgl. ausführlich zur Schutzfähigkeit von Computerprogrammen Rn 70 ff.

42 Vgl. hierzu Rn 3.

43 Loewenheim/*Lehmann*, Kap. 1 § 9 Rn 50.

44 Vgl. hierzu Rn 5 ff.

Praxistipp
Nach § 8 Abs. 3 UrhG sind die **erzielten Erlöse** auf die einzelnen Miturheber nach dem Umfang der jeweiligen Mitwirkung zu verteilen, soweit nichts anderes vereinbart wurde. Da der Mitwirkungsanteil eines Miturhebers nur schwer zu beziffern ist, empfiehlt es sich, eine vertragliche Regelung zu treffen. So können Konflikte, die bei der Verteilung der Erlöse aus der Verwertung der App entstehen, vermieden werden.

c) Entwicklung von Apps im Arbeitsverhältnis

43 Anders ist die rechtliche Beurteilung dann, wenn der schöpferische Beitrag des App-Entwicklers im Rahmen einer Tätigkeit für seinen Arbeitgeber geleistet wurde.

44 Grundsätzlich bleibt auch dann der Entwickler Urheber der App. Der Gesetzgeber sichert dem **Arbeitgeber** durch § 69b Abs. 1 UrhG aber alle **wirtschaftlichen Rechte an der Software** und den **Entwurfsmaterialien**. Damit ist der Entwickler zwar weiterhin Urheber der App und demnach auch Inhaber der Urheberpersönlichkeitsrechte.[45] Der Arbeitgeber erhält jedoch sämtliche exklusiven Nutzungsrechte.[46] Etwas anderes gilt nur dann, wenn die Parteien ausdrücklich eine abweichende vertragliche Vereinbarung getroffen haben.

45 Diese gesetzliche Lizenz betrifft nur die Ausübung der Rechte an der Software und an Entwurfsmaterialien, die **im Rahmen des Arbeitsverhältnisses** entwickelt wurden. Demnach hat der Arbeitgeber keinerlei Rechte an Apps, die bereits vor Beginn oder nach Beendigung des Arbeitsverhältnisses entwickelt worden sind.[47] Eine über den Arbeitslohn hinausgehende **Vergütung** kommt grundsätzlich nicht in Betracht.[48] Eine anderweitige vertragliche Vereinbarung ist selbstverständlich möglich – denkbar ist beispielsweise eine Beteiligung an den Erlösen der App.

Praxistipp
Eine gesetzliche Rechteeinräumung zugunsten des Arbeitgebers findet jedoch nicht statt, wenn die Entwicklung der App im Rahmen eines **Softwareerstellungsvertrags** erfolgt. Wird also beispielsweise ein externer Dienstleister mit der Programmierung einer App beauftragt, muss die Rechteeinräumung vertraglich geregelt werden. Eine vertragliche Rechteeinräumung ist auch dann erforderlich, wenn die App von einem internen Freelancer erstellt wird, der dauerhaft in dem Unternehmen des App-Anbieters tätig ist.

45 Vgl. Rn 10 ff.
46 Wandtke/Bullinger/*Grützmacher*, § 69b Rn 18.
47 Wandtke/Bullinger/*Grützmacher*, § 69b Rn 6.
48 Dreier/Schulze/*Dreier*, § 69b Rn 9.

2. Rechteeinräumung an Dritte

a) Verwertungsrechte

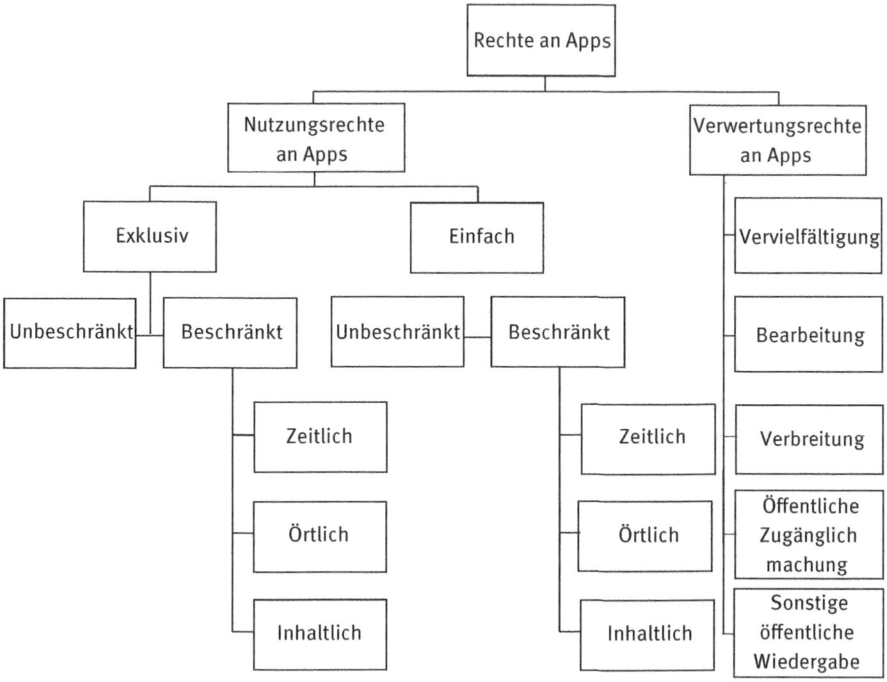

Das Verwertungsrecht spricht dem Urheber das **alleinige und ausschließliche Recht** zu, sein **Werk in beliebiger Art und Weise zu verwerten**. Während die Verwertungsrechte für urheberrechtlich geschützte Werke grundsätzlich in den §§ 15ff. UrhG normiert wurden,[49] gilt für die Verwertung von Computerprogrammen, also auch von Apps, die **Spezialvorschrift des § 69c UrhG**. Diese Regelung geht den allgemeinen Normierungen vor und umfasst sowohl das positive Benutzungsrecht als auch das negative Verbotsrecht des Rechteinhabers.[50] 46

aa) Vervielfältigungsrecht

§ 69c Nr. 1 UrhG sieht vor, dass die dauerhafte oder vorübergehende vollständige oder teilweise **Vervielfältigung** eines Computerprogramms mit jedem Mittel und in jeder Form der vorherigen Zustimmung des Rechteinhabers bedarf. Sofern für die Vervielfältigung des Computerprogramms das **Laden, Anzeigen, Ablaufen, Über-** 47

---

49 Vgl. Rn 14ff.

50 Spindler/Schuster/*Wiebe*, § 69c UrhG Rn 1.

tragen oder Speichern dessen notwendig ist, so ist auch dazu die Zustimmung des Rechteinhabers einzuholen, § 69c Nr. 1 S. 2 UrhG.

48 Das **Laden in den Arbeitsspeicher** stellt nach h.M. ebenfalls eine Vervielfältigung i.S.d. § 69c Nr. 1 UrhG dar.[51] Auch das **Ausdrucken des Programmcodes**[52] sowie der **Download aus dem Internet**[53] fallen unter das Zustimmungsbedürfnis.

! **Praxistipp**
Eine Vervielfältigung liegt auch dann vor, wenn urheberrechtlich geschützte Teile eines Computerprogrammes übernommen werden.[54] Werden bei der Erstellung einer App also **Teile des Programmcodes** einer früheren Programmierung genutzt, ist hierfür die Zustimmung des Rechteinhabers erforderlich.

---

bb) Bearbeitungsrecht

49 Das Recht zur Bearbeitung umfasst gem. § 69c Nr. 2 UrhG die **Übersetzung**, die **Bearbeitung**, das **Arrangement** und andere Umarbeitungen sowie die **Vervielfältigung der erzielten Ergebnisse**. Im Gegensatz zur Regelung in § 23 UrhG,[55] ist bei Software bereits die Herstellung der Umarbeitung, auch wenn sie nur dem Eigengebrauch dient, zustimmungspflichtig.[56]

50 Zwar wird der Begriff der Umarbeitung recht weit gefasst, jedoch stellt nicht jede Änderung eine Umarbeitung i.S.d. § 69c Nr. 2 UrhG dar. Liegt nur eine geringfügige Änderung der App vor, so ist noch von einer Vervielfältigung und nicht von einer Umarbeitung auszugehen. Nach Ansicht des BGH stellt eine Änderung von 5% des Quellcodes noch keine Bearbeitung dar.[57]

51 Unter die Variante der **Übersetzung** fällt die Umsetzung in andere Programmiersprachen sowie die Übertragung des Objektcodes in den Quellcode und andersherum.[58] Darüber hinaus kann auch eine Übersetzung der natürlichen Sprache des Entwurfsmaterials sowie der Kommentarzeilen im Quellcode als Übersetzung im urheberrechtlichen Sinne angesehen werden.[59]

52 Vor Einstellung der App in den App Store können an dieser aber auch noch **Bearbeitungen und andere Umarbeitungen** vorgenommen werden. Von Bearbeitungen ist bei jeglicher Umgestaltung des Quell- und Objektcodes auszugehen,

---

51 Wandtke/Bullinger/*Grützmacher*, § 69c Rn 5; Spindler/Schuster/*Wiebe*, § 69c UrhG Rn 3.
52 *Marly*, Rn 163ff.
53 Wandtke/Bullinger/*Grützmacher*, § 69c Rn 16.
54 Wandtke/Bullinger/*Grützmacher*, § 69c Rn 14.
55 Vgl. hierzu Rn 21ff.
56 Dreier/Schulze/*Dreier*, § 69c Rn 14; Spindler/Schuster/*Wiebe*, § 69c UrhG Rn 11.
57 BGH, Urt. v. 26.10.1989 – I ZR 216/87 – CR 1990, 188, 189 – Programmübernahme.
58 Dreier/Schulze/*Dreier*, § 69c Rn 15.
59 Wandtke/Bullinger/*Grützmacher*, § 69c Rn 18.

worunter insbesondere die Aufnahme einer zusätzlichen Funktion zu fassen ist, die vom Entwickler zuvor nicht vorgesehen war.[60] Eine Bearbeitung der App ist nach allgemeiner Ansicht auch bei neuen Programmständen wie Updates oder Upgrades gegeben.[61]

Das Neuarrangieren einzelner Programmmodule wird als **Arrangement** bezeichnet und bedarf aufgrund seiner stark verändernden Wirkung ebenfalls der Zustimmung.[62] Wer also eine bestehende App nach der Veränderung einzelner Programmmodule wieder auf den Markt bringen möchte, muss dies vorher mit dem Rechteinhaber abstimmen. 53

Die Zustimmung des Rechteinhabers zur Bearbeitung einer Software oder Veröffentlichung einer solchen Bearbeitung ist jedoch dann nicht erforderlich, wenn es sich um einen Fall der **freien Benutzung** i.S.d. § 24 UrhG handelt, d.h., wenn es sich um ein **selbstständiges Werk** handelt, welches in freier Benutzung des Originals geschaffen worden ist.[63] Von einem neuen Werk ist dann auszugehen, wenn es nach der sog. **Verblassungsformel** im Vergleich zum älteren Werk einen neuen Wesenskern und eigene Grundzüge aufweist, das ältere Werk also nur eine Inspiration darstellte.[64] Wer sich also nur von einer bestehenden App anregen lässt und auf dieser Grundlage eine neue eigenständige App entwickelt, muss sich nicht das Recht zur Bearbeitung der App einräumen lassen. 54

Praxistipp !
Es sollte genau bedacht werden, welche Veränderungen in Zukunft an der App erlaubt sein sollen. Möchte man Bearbeitungen, Umgestaltungen, Weiterentwicklungen etc. verhindern, so sollte auch dies klar vertraglich festgehalten werden. Das Bearbeitungsrecht spielt auch dort eine Rolle, wo es um die **Programmierung einer App für andere Betriebssysteme** geht. Ob dies zulässig sein soll, muss zwischen dem Entwickler und dem Anbieter vertraglich geregelt werden.

Sollte es dennoch zum Streitfall kommen, besteht in der Praxis das Problem der **Beweislast**: Wer der Ansicht ist, dass seine App in unrechtmäßiger Weise bearbeitet wurde, muss dies dem Gegner auch nachweisen. Dies gestaltet sich deshalb besonders schwierig, weil zur Beurteilung dessen ein Vergleich der Quellcodes beider Apps dienlich ist. An den Quellcode der Gegenseite zu gelangen, wird sich jedoch regelmäßig als sehr schwierig erweisen. 55

60 Möhring/Nicolini/*Hoeren*, § 69c Rn 8.
61 Wandtke/Bullinger/*Grützmacher*, § 69c Rn 20.
62 Wandtke/Bullinger/*Grützmacher*, § 69c Rn 19.
63 Dreier/Schulze/*Dreier*, § 69c Rn 13.
64 BGH, Urt. v. 11.3.1993 – I ZR 264/91 – GRUR 1994, 191, 193 – Asterix; BGH, Urt. v. 8.5.2002 – I ZR 98/00 – GRUR 2002, 799 (800) – Stadtbahnfahrzeug.

cc) Verbreitungsrecht

56 Das **Verbreitungsrecht** gewährt dem Rechteinhaber gem. § 69c Nr. 3 UrhG das ausschließliche Recht, über jegliche Form der körperlichen Verbreitung des Originals oder von Vervielfältigungsstücken zu bestimmen. Der Umfang dieses Rechts reicht von der Vermarktung und dem Marketing[65] über Einzelangebote an Dritte[66] bis hin zur Vermietung des Programms.[67] Das Verbreitungsrecht umfasst nach h.M. jedoch **nicht die Online-Übermittlung** von Computerprogrammen.[68]

Beispiel
Das Anbieten eines Computerspiels auf CD-ROM betrifft das Verbreitungsrecht. Dagegen fällt das Anbieten des Spiels zum Download nicht unter das Verbreitungsrecht, sondern unter das Recht der öffentlichen Zugänglichmachung nach § 19a UrhG bzw. § 69c Nr. 4 UrhG.

---

57 Eine Ausnahme der zustimmungsbedürftigen Verbreitung ist in § 69c Nr. 3 S. 2 UrhG vorgesehen: Wird ein körperliches Vervielfältigungsstück mit Zustimmung des Rechteinhabers im Gebiet der EU oder eines anderen Vertragsstaates des Abkommens über den Europäischen Wirtschaftsraum (EWR) im Wege der Veräußerung in Verkehr gebracht, so erschöpft sich das Verbreitungsrecht – mit Ausnahme des Vermietungsrechts – in Bezug auf dieses Vervielfältigungsstück, sog. **Erschöpfungsgrundsatz.**[69]

Beispiel
Wer das Computerspiel in o.g. Beispiel rechtmäßig erwirbt und danach innerhalb der EU bzw. des EWR an einen Dritten veräußern will, braucht hierfür nicht die Zustimmung des Rechteinhabers. Soll dagegen ein Verkauf in die USA erfolgen, ist dies mangels Erschöpfung des Verbreitungsrechtes zustimmungspflichtig.

---

58 Da Apps in aller Regel nicht in körperlicher Form, sondern in unkörperlicher Form über den App Store veräußert werden, hat das Verbreitungsrecht hier kaum eine Bedeutung.

dd) Recht der öffentlichen Wiedergabe und öffentlichen Zugänglichmachung

59 Wer ein Computerprogramm drahtgebunden oder drahtlos öffentlich wiedergeben will (öffentliche Wiedergabe), einschließlich der Zugänglichmachung, sodass es

---

65 Möhring/Nicolini/*Hoeren*, § 69c Rn 11.
66 BGH, Urt. v. 13.12.1990 – I ZR 21/89 – NJW 1991, 1234 – Einzelangebot.
67 Dreier/Schulze/*Dreier*, § 69c Rn 19, 21.
68 Spindler/Schuster/*Wiebe*, § 69c UrhG Rn 12; Wandtke/Bullinger/*Grützmacher*, § 69c Rn 28 f.
69 Dreier/Schulze/*Dreier* § 69c Rn 19 ff.

Mitgliedern der Öffentlichkeit von Orten und zu Zeiten ihrer eigenen Wahl zugänglich ist (öffentliche Zugänglichmachung), muss nach § 69c Nr. 4 UrhG vorher die Zustimmung des Rechteinhabers einholen.

Bei dem Recht der öffentlichen Zugänglichmachung handelt es sich um eine be- 60
sondere Ausprägung des Rechts der öffentlichen Wiedergabe. Dieses Recht wurde aufgrund der Entwicklung des Internets im Jahr 2003 als eigenständiges Verwertungsrecht eingeführt. Es kennzeichnet sich dadurch, dass die öffentliche Wiedergabe in der Weise erweitert wird, dass Zeitpunkt und Ort der Wiedergabe vom Nutzer selbst bestimmt werden können. Von § 69c Nr. 4 UrhG ist damit insbesondere das **Hochladen ins Internet** umfasst.

Praxistipp

Das **Anbieten einer App über den App Store** stellt eine öffentliche Zugänglichmachung nach § 69c Nr. 4 UrhG dar. Wer also eine nicht von ihm selbst entwickelte App in den App Store einstellen möchte, benötigt die Zustimmung des Rechteinhabers und sollte sich dieses Recht ausdrücklich vertraglich einräumen lassen.

b) Nutzungsrechte

Die Verwertungsrechte sind von den Nutzungsrechten zu unterscheiden. Da das 61
Urheberrecht in Deutschland nicht übertragbar ist und nur nach §§ 28, 29 UrhG vererbt werden kann, stellt die Einräumung von Nutzungsrechten die einzige Möglichkeit dar, Dritten vertraglich die Nutzung eines Werks zu gestatten.

aa) Allgemeines

Nutzungsrechte werden im allgemeinen Sprachgebrauch auch als Lizenzen be- 62
zeichnet. Diese Nutzungsrechte an urheberrechtlich geschützten Werken kann der **Rechteinhaber** (Lizenzgeber) gem. § 31 Abs. 1 UrhG durch einen **Lizenzvertrag** dem späteren **Werknutzer** (Lizenznehmer) einräumen und ihm so die wirtschaftliche Nutzung des Werks gestatten. Der Rechteinhaber einer App entscheidet also, wer die App wo, wie und in welchem Umfang nutzen darf.

Die Nutzungsrechte können auf bestimmte **Nutzungsarten** beschränkt sein. 63
Unter einer Nutzungsart versteht man eine konkrete wirtschaftlich-technische eigenständige Verwendungsform eines Werks.[70] Ein E-Book ist beispielsweise eine andere Nutzungsart als die Printversion eines Buches, auch wenn beiden dasselbe Werk, z.B. ein Roman, zugrunde liegt.

70 BGH, Urt. v. 4.7.1996 – I ZR 101/94 – GRUR 1997, 215, 217 – Klimbim; BGH, Urt. v. 5.6.1985 – I ZR 53/83 – GRUR 1986, 62, 65 – GEMA-Vermutung I.

Fettnapf
Auch die App ist als **eigenständige Nutzungsart** zu qualifizieren.[71] Wer also Inhalte Dritter in seiner App nutzen möchte, muss sich explizit die Rechte zur Nutzung des Werks in einer App einräumen lassen. Eine frühere Rechteeinräumung, z.B. zur Nutzung eines Fotos auf einer Website, ist grundsätzlich nicht ausreichend, um das Foto auch in einer App nutzen zu dürfen.

bb) Ausgestaltungsformen der Nutzungsrechte

64 Bei der Ausgestaltung der Nutzungsrechte gibt es verschiedene Möglichkeiten. Zunächst einmal entscheidet sich der Rechteinhaber, ob er das Nutzungsrecht ausschließlich (exklusiv) oder nur einfach einräumen möchte.

65 Bei der **ausschließlichen** Nutzungsrechtseinräumung hat der Lizenznehmer gem. § 31 Abs. 3 UrhG das Recht, das Werk auf die ihm erlaubte Art und Weise unter Ausschluss weiterer Personen zu nutzen, d.h. er hat die sogenannten Exklusivrechte. Eine weitere Rechteeinräumung durch den Lizenznehmer an Dritte ist gem. § 31 Abs. 3 i.V.m. § 35 Abs. 1 UrhG nur mit Zustimmung des Urhebers möglich. Der Urheber kann sich selbst aber die eigene Nutzung des Werks vorbehalten, § 31 Abs. 3 S. 2 UrhG.

Fettnapf
Räumt der App-Entwickler einem Dritten, z.B. dem App-Anbieter, die ausschließlichen Nutzungsrechte an der App ein, darf er den Programmcode oder Teile davon nicht mehr für zukünftige Projekte nutzen. Will der App-Entwickler sich selbst die Nutzung der App vorbehalten, so muss dies im Lizenzvertrag geregelt werden.

66 Beim **einfachen Nutzungsrecht** werden dem Lizenznehmer nach § 31 Abs. 2 UrhG Nutzungsrechte eingeräumt, ohne dabei eine Nutzung durch andere Personen auszuschließen.

67 Hat man sich für eine Alternative der Nutzungsrechtseinräumung entschieden, kann diese bei Bedarf nach § 31 Abs. 1 UrhG weiter eingeschränkt werden. Man unterscheidet dabei zwischen **inhaltlichen, räumlichen und zeitlichen Beschränkungen**. So kann beispielsweise der Entwickler einer App vertraglich festlegen, dass der Anbieter die App beispielsweise nur in Deutschland auf den Markt bringen darf und dies auch nur für die nächsten drei Jahre.

Praxistipp
Wer eine App weltweit nutzen will, muss auch an **weltweite Lizenzen** denken. Die vertragliche Gestaltung der Rechteübertragung sollte möglichst gezielt, präzise und eng erfolgen. Dazu sollte man sich im Voraus überlegen, welche Nutzungsrechte in welchem Umfang eingeräumt werden sollen. Kurz gesagt: Was darf mit der App gemacht werden?

71 Http://bildjournalisten.djv-online.de/?p=543.

Auch sollte bedacht werden, ob Nutzungsrechte über die Software der App hinaus auch an Vorstudien, Dokumentationen und sonstigen Begleitmaterialien zur App eingeräumt werden sollen.

Wenn der Umfang der Nutzungsrechtseinräumung nicht ausdrücklich vertraglich geregelt wurde, bestimmt sich die Reichweite der Rechteeinräumung nach dem von beiden Parteien zugrunde gelegten **Vertragszweck** (Zweckübertragungslehre nach § 31 Abs. 5 UrhG).[72] 68

Checkliste !
- In welchem Umfang sollen Nutzungsrechte eingeräumt werden? Einfach oder exklusiv?
- Soll die Rechteeinräumung beschränkt werden? Wenn ja, zeitlich, örtlich oder inhaltlich?
- Auf welche Nutzungsarten soll sich die Rechteeinräumung beziehen?
- Soll der ausschließlich Nutzungsberechtigte die Möglichkeit haben, seinerseits Dritten Nutzungsrechte einzuräumen?

II. Rechte Dritter

In vielen Fällen benötigt der Entwickler selbst Werke, an denen Dritte Urheber- oder Leistungsschutzrechte innehaben. Dabei kann es sich z.B. um Software, Bilder oder Musik handeln, die Teil der App werden sollen. Will der Entwickler einen solchen Inhalt (sog. **Dritt-Content**) in seiner App verwenden, muss er sich die erforderlichen Rechte daran einräumen lassen. 69

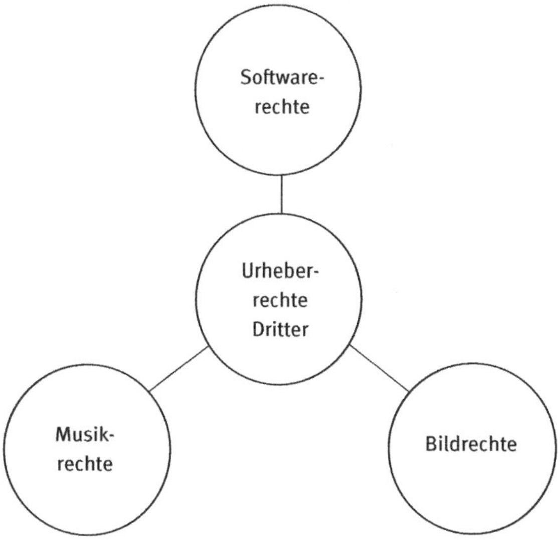

72 Vgl. Rn 26.

1. Softwarerechte

70 Computerprogramme sind nach Maßgabe der §§ 69aff. UrhG urheberrechtlich geschützt, wenn sie eine eigene geistige Schöpfung darstellen. Entgegen der früheren Rechtsprechung des BGH setzt dies nicht das Erreichen einer besonderen Gestaltungshöhe durch eine besonders individuelle oder kreative Programmierung voraus. Es genügt vielmehr eine **einfache individuelle Programmierleistung**, die nicht durch technische oder sachliche Zwänge vorgegeben ist.[73] Ob das Computerprogramm auf einem Datenträger gespeichert ist oder in Hardware integriert ist, ist irrelevant.[74] Im Laufe des Entwicklungsprozesses entstehendes Entwurfsmaterial wie Erstellungs- und Anwenderdokumentationen genießt nach § 69a Abs. 1 UrhG a.E. ebenfalls urheberrechtlichen Schutz.[75] Auch Programmteile können, soweit sie individuell und nicht von völlig untergeordneter Bedeutung sind, als Computerprogramme geschützt sein.[76] Dabei müssen die Programmteile nicht autonom funktionsfähig sein. Wer Teile einer fremden Software in seiner App verwenden möchte, muss sich daher die erforderlichen Nutzungsrechte einholen.

71 Nicht als Computerprogramme geschützt sind dagegen reine Daten wie z.B. betriebliche oder graphische Daten oder auch gespeicherte Spielstände.[77] Auch HTML-Codes sowie darauf basierende Websites sind nicht als Computerprogramme geschützt.[78] Websites, die Flash, Java-Applets, Java-Script oder PHP enthalten, können jedoch – zumindest in Teilen – Schutz als Computerprogramm erlangen.[79]

a) Proprietäre Software

72 Im Normalfall ist Software proprietär oder „unfrei". Das bedeutet, sie darf nicht ohne Erlaubnis des Rechteinhabers modifiziert oder weiterverbreitet werden. Aus diesem Grund wird der Quellcode unter Verschluss gehalten. Eine Weiterverbreitung oder Bearbeitung dieser Software ist ohne Lizenzeinräumung nicht gestattet. Möchte man als Entwickler eine solche Software nutzen, muss man sich daher die erforderlichen Nutzungsrechte einräumen lassen.

---

73 Spindler/Schuster/*Wiebe*, § 69a UrhG Rn 22.

74 Wandtke/Bullinger/*Grützmacher*, § 69a Rn 4.

75 Spindler/Schuster/*Wiebe*, § 69a UrhG Rn 6 ff.

76 Wandtke/Bullinger/*Grützmacher*, § 69a Rn 12.

77 Wandtke/Bullinger/*Grützmacher*, § 69a Rn 17.

78 OLG Rostock, Beschl. v. 27.6.2007 – 2 W 12/07 – MMR 2208, 116; OLG Frankfurt a.M., Urt. v. 22.3.2005 – 11 U 64/04 – MMR 2005, 705.

79 Wandtke/Bullinger/*Grützmacher*, § 69a Rn 18.

b) Open Source-Software

Anders sieht es bei Open Source-Software, wie beispielsweise Linux oder Apache, aus. Das Prinzip der Open Source-Software basiert darauf, dass diese zwar urheberrechtlich geschützt ist, jedoch nach dem Willen der Rechteinhaber von jedermann **frei und ohne die Entrichtung von Lizenzgebühren genutzt, bearbeitet und weiterentwickelt werden darf**. Der Quellcode ist bei Open Source-Software offengelegt. Der Nutzer muss sich jedoch damit einverstanden erklären, die Software nicht seinerseits zu monopolisieren. Die Nutzungserlaubnis wird also jedem so lange erteilt, wie er die Nutzungsbedingungen einhält. Verstößt er gegen die Nutzungsbedingungen, so entfällt die Nutzungserlaubnis automatisch. Wer Open Source-Software nutzen möchte, muss sich daher keine gesonderte Lizenz einholen; er erhält die Nutzungsrechte vielmehr automatisch in dem Moment, in dem er die urheberrechtlich relevante Nutzungshandlung vornimmt und dabei die Lizenzbedingungen einhält. 73

aa) Copyleft-Lizenzen

Eine spezielle Rolle spielen in diesem Zusammenhang sog. Copyleft-Klauseln. Hierbei sind unterschiedliche Ausgestaltungen denkbar, bei denen die Übergänge jedoch fließend sind. 74

Die Lizenzen, die eine strenge **Copyleft-Klausel** beinhalten, verpflichten den Lizenznehmer die geänderte Software nur unter den Bedingungen der ursprünglichen Open Source-Lizenz weiterzugeben und eine Kopie des Lizenztexts beizufügen. Liegt eine solche Lizenzverpflichtung vor, muss der Entwickler der App ebenfalls eine Copyleft-Klausel in seine Vertragsbedingungen einbauen, um einen Verstoß gegen Lizenzvereinbarungen und somit ein Erlöschen seiner Nutzungsrechte zu verhindern. Durch den Copyleft-Effekt wird eine Fortgeltung des Open Source-Charakters der Software sichergestellt. 75

Bei Lizenzen mit **beschränktem Copyleft** besteht dagegen nur unter bestimmten Voraussetzungen die Pflicht, Bearbeitungen nur unter derselben Open Source-Lizenz weiterzuverbreiten. So schreibt beispielsweise die Mozilla Public License (MPL) lediglich vor, dass Änderungen in bestehenden Dateien unter derselben Lizenz freigegeben werden müssen, während für neu hinzugefügte Dateien eine beliebige Lizenz gewählt werden kann. Open Source-Lizenzen mit beschränktem Copyleft haben also für Entwickler den Vorteil, dass Lizenzen an neu hinzugefügten Dateien unter einer anderen, z.B. einer proprietären Lizenz weitergeben werden dürfen. 76

bb) Non-Copyleft-Lizenzen

Unterliegt die Lizenz keiner Copyleft-Bedingung, so können Weiterentwicklungen der Software auch unter einer anderen Lizenz, etwa als proprietäre Software, weitergegeben werden. 77

78 Einen Überblick, welche Lizenzen welche Copyleft-Klauseln enthalten, findet sich auf der Seite des Instituts für Rechtsfragen der Freien und Open Source-Software (ifrOSS).[80]

cc) Folgen eines Lizenzverstoßes

79 Nach einer Studie des Unternehmens OpenLogic verstoßen mehr als 70 Prozent der iPhone- und Android-Apps, die Open Source-Software beinhalten, gegen die Lizenzbedingungen.[81] Vor Verwendung einer solchen Software in einer App ist daher zu prüfen, ob die Open Source-Lizenz mit der Lizenz, unter der die App letztlich vertrieben werden soll, **kompatibel** ist. Laut der Organisation Free Software Foundation (FSF) ist beispielsweise die GNU GPL Lizenz nicht mit der iTunes-Lizenz kompatibel.[82] Dies hat zur Folge, dass die Nutzungsrechte an der Open Source-Software erlöschen und eine Urheberrechtsverletzung vorliegt.[83] Der App Store kann sich aus diesem Grund dazu veranlasst sehen, die App aus dem Store zu entfernen.[84]

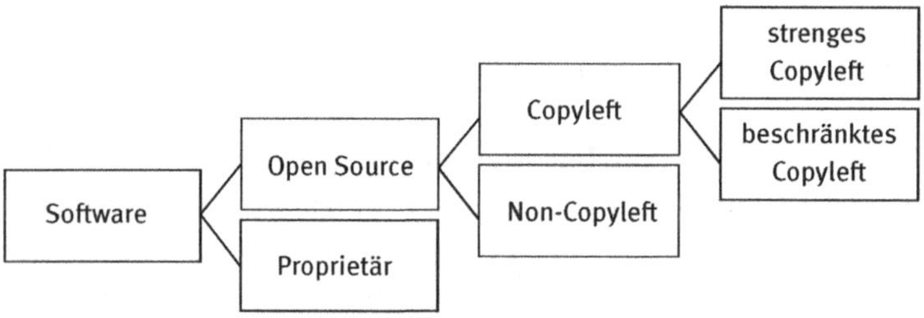

Checkliste Softwarerechte
- Handelt es sich bei der benötigten Software um proprietäre Software (Normalfall) oder um Open Source-Software?
- Bei proprietärer Software: Nutzungsrechte einräumen lassen.
- Bei Open Source-Software: Lizenzbedingungen prüfen, insbesondere auf Copyleft-Klauseln.
- Bei Lizenzen ohne Copyleft-Klausel: Weiterentwicklung kann unter anderer Lizenz erfolgen.
- Bei Lizenzen mit Copyleft-Klausel: Weiterentwicklungen dürfen nur unter derselben Open Source-Lizenz weiterverbreitet werden.

80 Http://www.ifross.org/ifross_html/lizenzcenter.html.

81 Http://www.openlogic.com/news/bid/154650/OpenLogic-Scan-Shows-Open-Source-License-Violations-for-iPhone-and-Android-More-Than-70-Of-Mobile-Applications-Containing-Open-Source-Fail-to-Comply.

82 Http://www.fsf.org/news/2010-05-app-store-compliance.

83 Vgl. Rn 31ff.

84 Http://www.fsf.org/news/2010-05-app-store-compliance.

2. Bildrechte

Regelmäßig werden Apps von den Entwicklern mit Fotos ausgestattet. Doch mit jedem Bild, das verwendet wird, sind auch Rechte verbunden, namentlich Urheber- und Leistungsschutzrechte sowie Persönlichkeitsrechte (Recht am eigenen Bild). Diese Rechte sollten schon bei der Entwicklung der App berücksichtigt werden. 80

a) Rechte des Fotografen

Das Urheberrechtsgesetz schützt den Fotografen gleich doppelt. Zum einen genießt ein **Lichtbildwerk** nach § 2 Abs. 1 Nr. 5 i.V.m. Abs. 2 UrhG urheberrechtlichen Schutz. Ein Lichtbildwerk liegt jedoch nur dann vor, wenn der Fotograf bei der Aufnahme des Fotos ein gewisses Maß an Individualität und Kreativität bewiesen hat.[85] Individuelle Gestaltungselemente stellen beispielsweise die Wahl des Bildausschnitts, das Format, die Perspektive,[86] das Motiv[87] oder die Nachbearbeitung[88] eines Fotos dar. 81

Liegt ein solches Maß an kreativer Gestaltung nicht vor, ist das Foto jedenfalls nach § 72 UrhG als **Lichtbild** geschützt. Dieser ergänzende Leistungsrechtsschutz besteht vor allem bei alltäglichen Fotos wie Urlaubs- und Familienfotos[89] sowie bei sonstigen „Knipsbildern", die ohne besonderes handwerkliches Können angefertigt wurden.[90] 82

Das Urheberrecht an einem Lichtbildwerk erlischt nach § 64 UrhG erst 70 Jahre nach dem Tod des Urhebers. Handelt es sich dagegen um ein Lichtbild i.S.d. § 72 Abs. 1 S. 1 UrhG, gilt grundsätzlich eine Schutzfrist von 50 Jahren ab Erscheinen des Lichtbilds. 83

Nicht immer ist der Fotograf derjenige, bei dem man sich die Rechte für die Nutzung des Fotos einholen muss. Oftmals hat der Fotograf die ausschließlichen Rechte an eine **Fotoagentur** übertragen. In diesem Fall müssen die Rechte bei der jeweiligen Agentur eingeholt werden. 84

b) Rechte der abgebildeten Personen

Sofern es sich um Bilder handelt, auf denen Personen abgebildet sind, sind nicht nur die Rechte des Fotografen zu berücksichtigen, sondern auch das **Recht am eigenen Bild**. Bildnisse dürfen gem. § 22 KunstUrhG grundsätzlich nur mit Einver- 85

---

85 Siehe Rn 2f.
86 Wandtke/Bullinger/*Bullinger*, § 2 Rn 117.
87 Wandtke/Bullinger/*Thum*, § 72 Rn 8.
88 Möhring/Nicolini/*Ahlberg*, § 2 Rn 60.
89 Dreier/Schulze/*Schulze*, § 72 Rn 3.
90 Wandtke/Bullinger/*Thum*, § 72 Rn 5.

ständnis der abgebildeten Person verbreitet und öffentlich zur Schau gestellt werden.

86 Dieser Grundsatz gilt gem. § 23 KunstUrhG unter anderem dann nicht, wenn es sich um eine absolute oder relative Person der Zeitgeschichte handelt.

87 **Absolute Personen der Zeitgeschichte** dürfen grundsätzlich auch ohne ihre Einwilligung abgebildet werden, so beispielsweise Politiker, Popstars, Sportler oder Mitglieder der Königsfamilien, da es sich um herausragende Persönlichkeiten handelt, die aufgrund ihres Berufes oder ihrer sozialen Stellung ständig in der Öffentlichkeit stehen. Die Veröffentlichungsbefugnis endet jedoch dort, wo das Persönlichkeitsrecht des Abgebildeten gegenüber dem Informationsinteresse der Allgemeinheit überwiegt.[91]

Beispiel
Wird in einer App das Foto eines Politikers verwendet, ist hierfür grundsätzlich nicht die Zustimmung des Abgebildeten erforderlich, wohl aber die des Fotografen.[92] Unzulässig wäre jedoch die Veröffentlichung eines Fotos, durch welches die Privatsphäre des Politikers verletzt werden würde, z.B. Fotos aus seiner Privatwohnung.

88 **Relative Personen der Zeitgeschichte** sind solche, die nur durch ein bestimmtes Ereignis das Interesse der Öffentlichkeit vorübergehend erwecken, z.B. Straftäter[93] oder Lottogewinner.[94] Diese dürfen nur dann ohne Einwilligung abgebildet werden, wenn die Abbildung in zeitlichem und sachlichem Zusammenhang mit dem jeweiligen Ereignis steht.

89 Eine Einwilligung des Abgebildeten ist auch dann nicht erforderlich, wenn es sich um Bildnisse handelt, auf denen die Personen nur als Beiwerk neben einer Landschaft oder sonstigen Örtlichkeit erscheinen sowie solche von Versammlungen, Aufzügen und ähnlichen Vorgängen, an denen die abgebildeten Personen teilgenommen haben, § 23 Abs. 1 Nr. 2 und 3 KunstUrhG.

c) Modalitäten einer Bildlizenz

90 Im eigenen Interesse sollte man die Modalitäten der Bildnutzung vertraglich genau regeln. Die Nutzung kann **entgeltlich oder unentgeltlich** sowie **zeitlich, örtlich und sachlich beschränkt oder unbeschränkt** erlaubt werden. Der Fotograf kann also beispielsweise bestimmen, dass das Bild für eine App verwendet werden darf, auf die ausschließlich Nutzer eines bestimmten Landes Zugriff haben. Soll die App

91 BVerfG, Urt. v. 15.12.1999 – 1 BvR 653/96 – NJW 2000, 1021.
92 Vgl. Rn 81 ff.
93 Dreier/Schulze/*Dreier*, § 23 KunstUrhG Rn 9.
94 Wandtke/Bullinger/*Fricke*, § 23 KunstUrhG Rn 17.

jedoch weltweit vertrieben werden, müssen auch die weltweiten Nutzungsrechte eingeräumt werden.

Trotz der Übertragung von Nutzungsrechten ist das Recht des Urhebers auf **Namensnennung** nach § 13 UrhG zu berücksichtigen. Dies gilt sowohl für Lichtbildwerke als auch für Lichtbilder. 91

Auch die **Stelle**, an welcher der Rechteinhaber genannt werden muss, kann vertraglich geregelt werden. Dann ist es möglich, den Rechtehinweis nicht direkt am Foto, sondern an anderer Stelle, etwa am Seitenende oder im Impressum unterzubringen. Dies ist insbesondere dann sinnvoll, wenn der Hinweis auf den Rechteinhaber nicht in direktem Zusammenhang mit dem Bild eingefügt werden kann. Fehlt es an einer ausdrücklichen Vereinbarung, ist der Name des Fotografen so einzufügen, dass ihm das Foto eindeutig zugeordnet werden kann.[95] 92

Im Hinblick auf die **Honorierung** der Bilder ist zu beachten, dass die Verwertung von urheberrechtlich geschützten Lichtbildwerken neben vertraglichen Vereinbarungen auch regelmäßig auf Basis der Honorare erfolgt, die die Mittelstandsgemeinschaft Foto-Marketing (MFM) ermittelt hat. Im April 2011 hat die MFM festgestellt, dass eine App eine eigene Nutzungsart darstelle und daher auch eine gesonderte Vergütung erfolgen müsse.[96] 93

Checkliste Bildrechte !

- Klären, wer der Rechteinhaber des Fotos ist.
- Ggf. Rechte der abgebildeten Personen berücksichtigen.
- Rechteinhaber kontaktieren und Nutzungsrechte einräumen lassen.

3. Musikrechte

Neben Bildrechten spielen auch Musikrechte bei der Erstellung von Apps eine wichtige Rolle. Wer eine App erstellen möchte, mit der man Musik herunterladen kann oder auch fremde Musik z.B. in Form von kurzen Einspielern oder Hintergrundmusik in seiner App verwenden möchte, muss sich auch hier die entsprechenden Rechte einräumen lassen. 94

a) Rechte der Komponisten und Textdichter

Musikwerke sind nach § 2 Abs. 1 Nr. 2 UrhG urheberrechtlich geschützt. Urheber der Musik sind der **Komponist und der Textdichter**. Beide Urheber werden in der Regel von der **GEMA** vertreten. In diesem Fall müssen die Lizenzen nicht bei dem Urheber, sondern direkt bei der GEMA eingeholt werden. Ob ein Titel im GEMA- 95

95 *Dreier*/Schulze/*Schulze*, § 72 Rn 27.
96 Http://bildjournalisten.djv-online.de/?p=543.

Repertoire ist, kann auf der Website der GEMA recherchiert werden.[97] Im Zweifel gilt jedoch die sog. **GEMA-Vermutung**. Das bedeutet, dass die GEMA das Recht hat, Gebühren für alle öffentlichen Wiedergaben und Aufführungen zu verlangen, außer wenn der Werknutzer nachweist, dass nur Musik von Urhebern verwendet wurde, die nicht von der Verwertungsgesellschaft vertreten werden.

b) Rechte der ausübenden Künstler

96 Die Personen, die ein Werk aufgeführt, gesungen, gespielt oder auf eine andere Weise dargeboten haben, werden durch das Leistungsschutzrecht nach den §§ 73ff. UrhG geschützt. Schutzgegenstand ist hier – im Gegensatz zum Urheberrecht – nicht das Werk, sondern die **Darbietung** durch den oder die Künstler, beispielsweise den Sänger, die Musiker oder Tänzer. Die Rechte der ausübenden Künstler sind daher keine Urheber-, sondern **Leistungsschutzrechte**.

c) Rechte der Tonträgerhersteller

97 Leistungsschutzberechtigt ist auch der Tonträgerhersteller, §§ 85f. UrhG. Tonträgerhersteller ist derjenige, der die **organisatorische Hoheit** über die Aufnahme innehat. Er schließt die Verträge mit den anderen Beteiligten (Künstlern, Komponisten, Textdichtern usw.) ab und trägt das wirtschaftliche Risiko der Produktion.[98] Der Tonträgerhersteller hat das ausschließliche Recht, den Tonträger zu vervielfältigen, zu verbreiten und öffentlich zugänglich zu machen. Inhaber dieses Rechts ist in der Regel die Plattenfirma.

d) Modalitäten der Lizenz

98 Sind die Rechteinhaber grundsätzlich bereit, den Entwicklern Rechte einzuräumen, sollte in jedem Fall vertraglich festgehalten werden, in welchem sachlichen, räumlichen und zeitlichen **Umfang** die Nutzung erfolgen soll. Ein wesentlicher Punkt ist dabei das **Entgelt für die Lizenzierung**.

! **Checkliste für Musikrechte**

- Klären, welche Personen Rechte an dem Musikwerk innehaben.
- Ist der Urheber Mitglied der GEMA? Wurden die Rechte an der Darbietung der Musik an eine Plattenfirma übertragen? Wenn ja, dann müssen Nutzungsrechte dort angefragt werden.
- Bei der Einräumung der Rechte ist eine mögliche zeitliche, örtliche oder inhaltliche Beschränkung zu bedenken.

---

97 Https://online.gema.de/werke.

98 Wandtke/Bullinger/*Schaefer*, § 85 Rn 8.

4. Rechtsschutz bei unbefugter Verwendung von Drittcontent

Urheberrechtlich geschützte Inhalte sind im Internet ohne Weiteres verfügbar. Es 99
besteht daher ein hohes Risiko, dass urheberrechtlich geschützte Werke unerlaubt in einer App verwertet werden. Dies ist dann der Fall, wenn die Entwickler der App sich keine Nutzungsrechte an den in der App verwendeten fremden Inhalten haben einräumen lassen und dadurch die **Rechte Dritter verletzt** haben. Dieses Risiko hat sich in der Vergangenheit bereits in zahlreichen Fällen, beispielsweise durch den unautorisierten Vertrieb von E-Books realisiert.

Beispiel
So rügte eine Reihe japanischer Verbände das Unternehmen Apple, da Werke namhafter Autoren auf rechtswidrige Art und Weise eingescannt und über den App Store als **E-Book unautorisiert vertrieben** worden seien.[99] Eine chinesische Autorengruppe ging noch einen Schritt weiter und verklagte aus dem gleichen Grund das Unternehmen Apple sogar auf 1,5 Mio. US-$ Schadensersatz. Das Ergebnis des Verfahrens steht noch aus.[100]

Wird ein urheberrechtlich geschützter Inhalt, z.B. ein Foto, ohne Erlaubnis des 100
Rechteinhabers in einer App genutzt, besteht das Risiko, dass die **Verwertung der gesamten App gestoppt** wird. Die Verwertung ist erst dann wieder zulässig, wenn die urheberrechtsverletzenden Inhalte aus der App entfernt oder die erforderlichen Rechte nachträglich eingeholt werden.

a) Inanspruchnahme des App-Anbieters

Zum einen können die Rechteinhaber gegen die **Anbieter der App**, die dem Betrei- 101
ber des App Stores unbefugt Rechte an den geschützten Werken eingeräumt haben, mit **Beseitigungs-, Unterlassungs- und Schadensersatzklagen** vorgehen.

b) Inanspruchnahme des Betreibers des App Stores

Zum anderen könnten die Rechteinhaber auch gegen den Betreiber des App Stores 102
vorgehen. Regelmäßig haben Rechteinhaber hieran ein höheres Interesse, da sie hierdurch direkt die Weiterverbreitung der rechtsverletzenden App und somit eine Vertiefung der Rechtsverletzung verhindern können.

Ob eine Inanspruchnahme des Betreibers des App Stores auch nach deutschem 103
Recht möglich ist, ist danach zu beurteilen, ob der App Store-Betreiber für die widerrechtliche Veröffentlichung rechtlich geschützter Inhalte unmittelbar verantwortlich ist.

---

99 Http://www.lesen.net/ebooks/japan-viel-piracy-im-ibookstore-4642.
100 Http://www.appleradar.de/apple/illegale-ibooks-chinesische-autoren-verklagen-apple.

104 Da es sich bei dem App Store um eine Internetplattform handelt, kommt eine Haftung nach **§ 7 TMG** in Betracht. Danach haftet ein Dienstanbieter grundsätzlich für **eigene Informationen** nach den allgemeinen Gesetzen. Der Dienstanbieter haftet jedoch nach § 7 TMG nicht nur für eigene Informationen, sondern auch, wenn er sich die Inhalte Dritter als eigene zurechnen lassen muss.[101] Von einem solchen **„Zu-eigen-machen"** ist dann auszugehen, wenn sich aus Sicht eines Dritten die Dienste des Dritten wie solche des Dienstanbieters darstellen und so der Eindruck entsteht, dass er dafür die Verantwortung trage. Ob dies der Fall ist, ist aus Sicht eines verständigen Durchschnittsnutzers zu beurteilen.

105 Die bisherige Rechtsprechung in Deutschland, die dahingehend ging, dass Plattformbetreiber erst **ab Kenntnis** und darauf folgender Unterlassung der Beseitigung haften,[102] gelte nicht, wenn sich die Plattform die Informationen zu eigen gemacht hat, da dann nicht mehr von fremden Inhalten gesprochen werden kann, die ein **Haftungsprivileg** begründen würden.

106 Ein solches „Zu-eigen-machen" der Inhalte der Apps durch den Betreiber des App Stores könnte sich bereits daraus ergeben, dass die Apps ein aufwändiges Genehmigungsverfahren des Betreibers durchlaufen müssen, bevor sie online gestellt werden. Das bedeutet, dass Apple die **Inhalte und Funktionalität überprüft** und nicht einfach ohne Weiteres gegen Zahlung einer Gebühr im App Store verfügbar macht. Dies suggeriert dem Durchschnittsnutzer, dass der Betreiber des Stores Verantwortung für den Inhalt der App übernehmen möchte. Schließlich begründen die Betreiberunternehmen diese Form der (Vor-)Zensur gerade mit dem Schutz der Anwender. Darüber hinaus sind die Betreiber der App Stores auch am **Erlös der App beteiligt**. Auch dies spricht bei wertender Betrachtung gegen eine bloße Zurverfügungstellung fremder Inhalte. Aufgrund der vorherigen Kontrolle der Apps und der Beteiligung an Umsatzerlösen kann daher von einem zu eigen gemachten Inhalt ausgegangen werden. Demnach trifft den Betreiber des App Stores als Dienstanbieter die Pflicht zur **Beseitigung oder Sperrung der Informationen.**[103]

107 Darüber hinaus kann der Betreiber des App Stores auch aus **§ 97 Abs. 1 UrhG i.V.m. § 99 UrhG** auf **Unterlassung** in Anspruch genommen werden. Für einen Schadensersatzanspruch nach **§ 97 Abs. 2 UrhG i.V.m. § 99 UrhG** käme es auf ein Verschulden in Form von **Vorsatz** oder **Fahrlässigkeit** an,[104] für dessen Vorhandensein im Streitfall der Verletzte die **Beweislast** trägt. Ein Verschulden wäre mindes-

---

101 H.M. Spindler/Schuster/*Hoffmann*, § 7 TMG Rn 15 ff.; OLG München, Urt. v. 3.2.2000 – 6 U 5475/99 – MMR 2000, 617; OLG Köln, Urt. v. 28.5.2002 – 15 U 221/01 – MMR 2002, 548.

102 BGH, Urt. v. 11.3.2004 – I ZR 304/01 – MMR 2004, 668; OLG München, Urt. v. 21.9.2006 – 29 U 2119/06 – MMR 2006, 739, 740; OLG Düsseldorf, Urt. v. 7.6.2006 – I-15 U 21/06 – MMR 2006, 618.

103 Lehnt man ein „Zu-eigen-machen" des fremden Inhalts ab, so tritt diese Verpflichtung nach den Grundsätzen der Störerhaftung spätestens bei Kenntnis der Rechtsverletzung ein.

104 Wandtke/Bullinger/*v. Wolff*, § 97 Rn 51.

tens in fahrlässiger Begehungsweise daran erkennbar, dass den Betreiber des App Stores die Pflicht trifft, bei der Überprüfung der Apps auch die Inhalte sorgfältig auf die Einhaltung von Urheberrechtsbestimmungen zu überprüfen. Pauschale Behauptungen der Anbieter, Inhaber der erforderlichen Nutzungsrechte zu sein, dürften zur Exkulpation des App Store-Betreibers nicht ausreichen. Vielmehr muss sich das Betreiberunternehmen Apple vor Bereitstellung der App im App Store nachweisen lassen, dass der Anbieter auch über die **erforderlichen Lizenzen** verfügt.

III. App-Anbieter

1. Verhältnis zum App-Entwickler

Der Anbieter und der Entwickler der App können entweder personenidentisch sein **108** oder unabhängig voneinander agieren. Wenn der Anbieter der App diese selbst entwickelt und dann dem App Store-Betreiber zur Veröffentlichung einreicht, sind **Anbieter und Entwickler der App personenidentisch**. In diesen Fällen ist der Anbieter der App auch dessen Urheber i.S.d. § 7 UrhG und genießt alle mit der Urheberschaft einhergehenden Rechte.

In einer Vielzahl von Fällen sind jedoch App-Entwickler und App-Anbieter **personenverschieden**, **109** z.B. dann, wenn die App für den Anbieter innerhalb seines Unternehmens im Rahmen eines **Arbeitsverhältnisses** von Entwicklern erstellt wird[105] oder der Anbieter der App deren Erstellung im Rahmen eines **Softwareerstellungsvertrags**[106] bei einem externen Entwickler in Auftrag gibt. Der Entwickler der App bleibt dann zwar Urheber i.S.d. § 7 UrhG, jedoch erfolgt die **Rechteübertragung** an seinem Werk an den Anbieter im Rahmen des Arbeitsverhältnisses nach § 69b Abs. 1 UrhG **kraft Gesetzes**. Im Rahmen der Softwareerstellung durch externe Entwickler kann und sollte die Rechteeinräumung **vertraglich** vereinbart werden.

2. Sonderproblem: Verletzung der Rechte des App-Anbieters durch den „Black Market"

Im Zusammenhang mit den Urheberrechten der App-Anbieter führt eine Erschei- **110** nungsform zu besonders gravierenden Rechtsverstößen: der App-Schwarzmarkt, auch **„Black Market"** genannt. Durch den sog. **Jailbreak** bei Apple-Geräten bzw. das „Rooten" von Android-Smartphones können Anwender sowohl Apps nutzen, die zuvor nicht kontrolliert und genehmigt wurden, als auch solche, die eigentlich kostenpflichtig sind, über den Schwarzmarkt aber kostenfrei heruntergeladen werden können (sog. **Black Market-Apps**). Nach dem ursprünglich vorgesehenen Sys-

105 Vgl. hierzu Rn 43ff.
106 Siehe Rn 45.

tem ist eine einmal erworbene App an die Identifikationsnummer gebunden, mit der sie erworben wurde. Diese darf also nicht an Dritte weitergegeben werden. Gerade dieser **Kopierschutz** wird jedoch durch den „Black Market" ausgehebelt.

a) Hintergrund

111 Hintergrund der „Black Market"-Apps und Grund für deren Erfolg ist u.a. auch das Ziel der Anwender, sich dem **Monopol der App Stores** zu widersetzen. Die dort vorgenommene „Zensur" wird von vielen Anwendern als Bevormundung empfunden. Die Betreiber rechtfertigen die strikten Vorabprüfungen der Apps mit dem Schutz der Anwender vor Schadprogrammen (sog. **Malware**) und unausgereifter Software.

112 Wer diesen Schutz durch eine Manipulation des Betriebssystems aushebelt, schadet nicht nur sich selbst, da bei der Installation dieser nicht genehmigten Apps oftmals für die Funktionalität der App nicht erforderliche Zugriffsrechte wie das Auslesen persönlicher Informationen eingeräumt werden, sondern verletzt auch Rechte der Urheber und des App-Anbieters als Rechteinhaber.

b) Zivilrechtliche Aspekte der Black Market-Apps

aa) Verletzung der Rechte des App-Anbieters

113 Der App-Anbieter kann entweder als Inhaber der ausschließlichen Nutzungsrechte[107] oder, falls er selbst Entwickler der App ist, als Inhaber der Verwertungsrechte des § 69c UrhG gegen die Bereitstellung seiner App im „Black Market" vorgehen.

114 Durch das Einstellen der App in den „Black Market" werden verschiedene Verwertungsrechte des App-Anbieters tangiert.

115 Zum einen ist das **Vervielfältigungsrecht gem. § 69c Nr. 1 UrhG** betroffen, da zum Einstellen der App in den „Black Market" ein Laden, Anzeigen, Ablaufen, Übertragen oder Speichern[108] des Quellcodes der App erforderlich ist und dies der Zustimmung des Rechteinhabers bedarf, die der App-Anbieter aber gerade nicht erteilt hat.

116 Darüber hinaus ist auch das **Recht der öffentlichen Zugänglichmachung** nach **§ 69c Nr. 4 UrhG** betroffen. Durch das Bereithalten der App auf dem „Black Market"-Server kann diese – ohne Genehmigung des App-Anbieters – der Öffentlichkeit unabhängig von Orten und zu Zeiten ihrer eigenen Wahl zugänglich gemacht werden. Denn dann kann jeder Anwender, der sich Zugang zum Black Market verschafft hat, die illegal hochgeladene App auf seinem Smartphone installieren. Nach Angaben der Analysten von „24/7 Wall Street" soll der Gesamtwert der illegal

---

107 Vgl. Rn 65.
108 Vgl. Möhring/Nicolini/*Hoeren*, § 69c Rn 3 ff.; Wandtke/Bullinger/ *Grützmacher*, § 69c Rn 63.

angebotenen Apps im Jahr 2010 bei 450 Mio. US $ gelegen haben, wovon Apple als App Store-Betreiber gut ein Drittel als Verlust verzeichnen muss.[109]

bb) Rechtsschutzmöglichkeiten

Gegenüber diesen Rechtsverletzungen ist der App-Anbieter jedoch nicht schutzlos: 117
§ 69f UrhG normiert, mit welchen Mitteln Verletzte gegen die Schädiger vorgehen können. Danach sichert § 69f Abs. 1 S. 1 UrhG, dass alle rechtswidrig hergestellten, verbreiteten oder zur rechtswidrigen Verbreitung bestimmten Vervielfältigungsstücke des Computerprogramms vom Rechteinhaber aus dem Verkehr gezogen werden können, da nur auf diese Art und Weise eine künftige **rechtswidrige Nutzung unterbunden** und der **Missbrauch mit den rechtswidrig erzeugten Vervielfältigungen verhindert** werden kann. Der Rechteinhaber hat damit einen Vernichtungsanspruch gegen den Eigentümer und Besitzer rechtswidrig hergestellter, verbreiteter oder zur rechtswidrigen Verbreitung bestimmter Vervielfältigungsstücke, der **verschuldensunabhängig** besteht.[110]

Da die App unter Verletzung der in § 69c Nr. 1–3 UrhG normierten Ausschließ- 118
lichkeitsrechte des Rechteinhabers im Internet hochgeladen worden ist,[111] kann der App-Anbieter die Löschung der in den Black Market eingestellten Apps verlangen. Zwar sieht § 69f Abs. 1 S. 2 i.V.m. § 98 Abs. 4 UrhG vor, dass der Vernichtungsanspruch **verhältnismäßig** sein muss, jedoch ist dies bei Computersoftware regelmäßig zu vernachlässigen, da hier die Löschung der Software das einzig geeignete Mittel zu Beseitigung des Schadens ist.[112]

Da der in § 69f UrhG normierte Anspruch auf Vernichtung nach § 69a Abs. 4 119
UrhG neben die sonstigen zivilrechtlichen Rechtsfolgen tritt,[113] stehen dem App-Anbieter zudem die Ansprüche aus §§ 97 ff. UrhG zu. Danach kann dieser gem. § 97 Abs. 1 UrhG auf **Beseitigung** und bei Wiederholungsgefahr auf **Unterlassung** klagen sowie gem. § 97 Abs. 2 UrhG **Schadensersatz** verlangen. Diese Ansprüche sind allerdings in der Regel schwer durchzusetzen, da die Betreiber der „Black Market"-Portale kaum zu ermitteln sind.

---

109 Http://247wallst.com/2010/01/13/apple-app-store-has-lost-450-million-to-piracy.
110 Dreier/Schulze/*Dreier*, § 69 f Rn 1.
111 Vgl. Rn 47 ff.
112 Wandtke/Bullinger/*Grützmacher*, § 69 f Rn 8.
113 Dreier/Schulze/*Dreier*, § 69 f Rn 2.

c) Strafrechtliche Aspekte der „Black Market"-Apps

120 Neben den zivilrechtlichen Folgen sind im Zusammenhang mit den Black Market-Apps aber auch strafrechtliche Aspekte zu berücksichtigen. Der unbefugte Upload einer App auf einem „Black Market"-Portal stellt eine **Straftat i.S.d. § 106 UrhG** dar. Danach macht sich strafbar, wer in anderen als den gesetzlich geregelten Fällen ohne Einwilligung des Berechtigten ein Werk oder eine Bearbeitung oder Umgestaltung eines Werks vervielfältigt, verbreitet oder öffentlich wiedergibt. Diese Regelung soll den zivilrechtlichen Schutz der Verwertungsrechte ergänzen.[114]

121 Da das Einstellen der App als urheberrechtlich geschütztes Werk auf den „Black Market"-Server die Tatbestandsvarianten der Vervielfältigung und öffentlichen Wiedergabe in Form der öffentlichen Zugänglichmachung erfüllt,[115] ist bei **vorsätzlicher Begehungsweise** der Tatbestand des § 106 UrhG erfüllt.

122 Von diesem Tatbestand sind aber nicht nur diejenigen betroffen, die Apps unbefugt im „Black Market" hochladen. Auch der **Download** einer App aus dem „Black Market" verletzt Urheberrechte, da eine illegale Vervielfältigung der App vorgenommen wird. Praktisch sind die Downloader aber nur schwer zu verfolgen, da die IP-Adressen der Täter – wenn überhaupt – nur auf dem „Black Market"-Server gespeichert sind. An diesen Server kommen die Ermittlungsbehörden in der Regel nur schwer heran. Abmahnungen oder Strafverfolgungen wegen solcher illegalen App-Downloads sind daher noch nicht bekannt.

IV. App Store-Betreiber

1. Marken- und patentrechtlicher Schutz

123 Mit den Apple-Produkten begann eine neue Generation der Smartphones: **Begriffe wie App oder App Store** gehören seitdem zum täglich gebrauchten Wortschatz und sind Bezeichnungen, die eng in Verbindung mit dem Unternehmen Apple stehen. Die Frage nach dem rechtlichen Schutz solcher Bezeichnungen ist daher insbesondere für die Konkurrenzbetreiber von Bedeutung.

a) Schutzfähigkeit des Begriffs App

124 Auch wenn der Begriff **App** erst seit der Popularität der Apple-Produkte, speziell des iPhones, zum allgemeinen Sprachgebrauch gehört, so ist die Schutzfähigkeit des Begriffs nicht ganz eindeutig. Die Bezeichnung „App" ist die Kurzform von „Application Software", zu Deutsch „Anwendungssoftware". Damit bezeichnet man eine

---

114 Spindler/Schuster/*Gercke*, § 106 UrhG Rn 1.
115 Vgl. Rn 59 ff.

schmale Computer- oder Mobilsoftware, die über ein betreiberspezifisches Online-Portal (den App Store) bezogen und dann auf dem eigenen Rechner oder Smartphone installiert wird.

Da Apple den Begriff App allgemein gebräuchlich gemacht hat, läge ein mar- 125
kenrechtlicher Schutz dieses Begriffs nahe. Doch dies ist nicht ohne Weiteres möglich. So ist Voraussetzung eines markenrechtlichen Schutzes, dass keine Schutzhindernisse vorliegen. Dazu zählt unter anderem das **Freihaltungsbedürfnis** der Allgemeinheit, welches im deutschen Recht in § 8 Abs. 2 MarkenG geregelt ist. Darunter fällt nach § 8 Abs. 2 Nr. 2 MarkenG auch das Bedürfnis der Allgemeinheit, insbesondere der Wettbewerber, merkmalsbeschreibende Angaben zur Bezeichnung ihrer Waren und Dienstleistungen benutzen zu dürfen.[116] Dieses **Schutzhindernis** ist hier einschlägig. Da es sich bei dem Begriff App um einen allgemeinen Begriff aus dem Softwarebereich handelt, haben die Allgemeinheit und speziell Mitbewerber ein Interesse an der Nutzung dieses Begriffs, was ihnen bei Anerkennung eines Markenschutzes verwehrt bliebe. Daher hat auch das Unternehmen Apple nicht das Recht, diesen Begriff als Marke einzutragen und exklusiv zu nutzen.

b) Schutzfähigkeit des Begriffs App Store

Bei einem **App Store** handelt es sich um eine Online-Plattform, über die für Geräte 126
wie Smartphones oder Tablet-PCs Software in Form von Apps heruntergeladen werden kann. Aufgrund des engen sachlichen Zusammenhangs zwischen Apps und dem App Store, wurde auch der Begriff App Store mit der Popularität des Unternehmens Apple allgemein gebräuchlich.

Apple beantragte im Jahre 2008 die **Eintragung** des Begriffs **App Store als** 127
Marke, um sich so die exklusive Verwendung zu sichern.[117] Gegen diesen Antrag wurde von dem Konkurrenten Microsoft Widerspruch eingelegt, der damit begründet wurde, dass der Begriff App Store allgemein für die Möglichkeit stehe, Apps aus dem Internet zu laden. Daher müsse der Begriff in **neutraler Hand** bleiben, womit auf das Freihaltungsbedürfnis als Hindernis eines Schutzes hingewiesen wird. Die Entscheidung des US-Patent- und Markenamtes bleibt abzuwarten.

Gescheitert ist Apple im Juli 2011 in den USA mit einem Eilverfahren gegen 128
Amazon, mit welchem Amazon die Verwendung des Begriffs App Store untersagt werden sollte.[118] Es konnte nicht nachgewiesen werden, dass eine Verwechselungs-

---

116 *Fezer*, § 8 Rn 299 ff.; *Ingerl/Rohnke*, § 8 Rn 198 ff.

117 Http://www.pressetext.com/news/20110112014.

118 Http://www.zdnet.de/88125206/app-store-klage-amazon-weist-apples-vorwurf-der-irrefuhren den-werbung-zuruck.

gefahr zwischen den Marken beider Unternehmen bestehe. Die Hauptverhandlung ist für August 2013 angesetzt.

2. Urheberrecht am Betriebssystem

129 Die Nutzungsmöglichkeiten des Smartphone-Anwenders sind nicht unbegrenzt. Speziell das Betriebssystem ist für die Anwender nur beschränkt veränderbar, denn die Smartphone-Hersteller geben vor, was auf den Geräten installiert werden darf und was nicht. Kernfunktionen des Betriebssystems können vom Anwender nicht verändert werden. Dies zeigt sich insbesondere an Einschränkungen wie „Simlock", „Netlock" und die Beschränkung des Zugriffs auf Apps über die von den Betreibern kontrollierten App Stores.

3. Manipulationen des Betriebssystems

130 Doch an diese Vorgaben halten sich nicht alle Anwender. Die **Aufhebung des „Simlocks" und „Netlocks"** ermöglicht die Nutzung aller Anbieter und aller Netze, das **„Rooten"** eines Android-Smartphones oder der **„Jailbreak"** bei einem Apple-Gerät verschafft dem Anwender volle Zugriffsrechte auf das Betriebssystem, wodurch Dateien installiert, entfernt, verändert oder auch ausgetauscht werden können. So besteht die Möglichkeit, das Aussehen und die Funktionalität des Smartphones zu verändern, vom Betreiber nicht genehmigte Apps zu installieren sowie den kostenpflichtigen Download zu umgehen.

131 Technisch ist dazu zunächst ein **Zugriff auf alle Einstellungen des Smartphones** notwendig. Dazu muss das Smartphone „gerootet" und das iPhone „gejailbreakt" werden. Dafür wird zunächst der Bootloader entsperrt und über spezielle Software-Anwendungen wie Cydia, Rock und Icy können dann bisher gesperrte Quellen erreicht werden und Änderungen am Betriebssystem vorgenommen werden.

a) Rechtliche Wertung nach US-Amerikanischem Recht

132 Der Betreiber Apple sieht in dem „Jailbreak" eine Urheberrechtsverletzung, weil die für den „Jailbreak" benutzten Techniken den „Bootloader" und das Betriebssystem modifizieren, die aber ihrerseits urheberrechtlich geschützt seien. Die Änderungen seien daher eine Verletzung ihres geistigen Eigentums. Zwar qualifiziert Apple jeden Eingriff in sein Betriebssystem gemäß seiner AGB als unrechtmäßig, jedoch gehen die nationalen Regelungen des Urheberrechts den vertraglichen Bestimmungen von Apple vor.

133 Die **US-amerikanische Library of Congress (LOC)** beurteilte den Sachverhalt im Jahre 2010 anders als das Unternehmen Apple und entschied, dass der **„Jailbreak"** legal sei, wenn dieser allein das Erreichen von Apps bezwecke, die von

Apple ferngehalten werden. Von einer Rechtmäßigkeit ist somit dann nicht auszugehen, wenn die Manipulationen dem Zwecke der Erreichung von illegalen Apps dienen. Außerdem verändere ein „Jailbreak" die Integrität des Apple-Betriebssystems nur zu einem geringen Bruchteil von 1/160.000.[119]

Auch die Aufhebung des **„Netlock"** sei ebenso rechtmäßig wie das Entfernen 134
des **„Simlock"**. Dies begründeten die Richter damit, dass Manipulationen, die der Aufhebung von Sicherheitsmechanismen dienen, keinen Verstoß gegen den **Digital Millennium Copyright Act** (DMCA) darstellen. Der DMCA wurde vom US-Kongress beschlossen und verbietet die Umgehung technischer Maßnahmen zur Kontrolle urheberrechtlich geschützter Inhalte.[120] Mittlerweile wurde in den USA eine **Sammelklage gegen Apple** wegen des „Netlocks" eingereicht.[121]

b) Rechtliche Wertung nach deutschem Recht

In Deutschland handelt es sich bei der Bewertung solcher Manipulationen hingegen 135
noch immer um eine Grauzone. Eine gesicherte Rechtsprechung in diesem Bereich gibt es noch nicht. Wie diese Manipulationen rechtlich zu werten sind, kann daher unterschiedlich bewertet werden.

Zu einen könnte die Entfernung des „Simlocks" oder des „Netlocks" sowie das 136
„Rooten" bzw. der „Jailbreak" die **Umgehung einer wirksamen technischen Maßnahme** zum Schutz eines urheberrechtlich geschützten Werks ohne die Zustimmung des Rechteinhabers darstellen. Dies wäre gem. **§ 95a Abs. 1 UrhG** unzulässig ist. Dazu müsste Ziel des Ganzen aber die urheberrechtliche Nutzung des Werks sein,[122] was hier aber gerade fraglich ist. Denn die Aufhebung des „Simlocks" oder „Netlocks" sowie das „Rooten" bzw. der „Jailbreak" an sich bezwecken nicht die Nutzung der auf dem Smartphone enthaltenen Software, was § 95a Abs. 1 UrhG aber gerade umfasst, sondern allein die Aufhebung der **Marktbeschränkung**. Dieses Vorgehen wird von § 95a Abs. 1 UrhG aber gerade nicht erfasst.[123] Damit stellen diese Manipulationen zumindest keinen Verstoß gegen § 95a Abs. 1 UrhG dar.

Sieht man hingegen § 95a Abs. 1 UrhG als erfüllt an, kämen strafrechtliche Kon- 137
sequenzen in Betracht. Denn gem. **§ 108b UrhG** ist die Umgehung technischer Maßnahmen strafbar, wenn die **Manipulationen nicht ausschließlich zum privaten Gebrauch** erfolgen. Entscheidendes Kriterium ist somit der Umfang des Ein-

119 Http://www.macwelt.de/news/Ausnahme-fuer-iPhone-Jailbreak-ist-legal-3205693.html.
120 Https://www.eff.org/press/archives/2010/07/26.
121 Http://www.apfelnews.eu/2012/10/23/amerikanische-verbraucher-verklagen-apple-wegen-iphone-netlock.
122 *Wandtke*/Bullinger/*Ohst*, § 95a Rn 4.
123 *Wandtke*/Bullinger/*Ohst*, § 95a Rn 5.

griffs, der jedenfalls dann ein strafbares Maß annimmt, wenn ein kommerzieller Gebrauch vorliegt.[124] Bei Erfüllung des Straftatbestandes ist dann mit einer Geldstrafe oder bis zu einem Jahr Freiheitsstrafe zu rechnen.

138 Doch die Entfernung des „Simlocks" oder „Netlocks" auf Softwarebasis oder die Verwendung des „Jailbreaks" könnten auch einen Verstoß gegen **§ 69c UrhG** darstellen. Danach unterliegen auch Computerprogramme urheberrechtlichem Schutz und dürfen von Dritten gem. § 69c Nr. 2 UrhG nur mit Zustimmung des Rechteinhabers verändert werden. Der „Jailbreak" oder die Aufhebung von „Simlock" und „Netlock" stellen Veränderungen dar und sind damit zustimmungspflichtig. Anwender, die dies nicht beachten, könnten nach den §§ 97 ff. UrhG mit **Beseitigungs-, Unterlassungs- und Schadensersatzansprüchen** vonseiten der Rechteinhaber konfrontiert werden. Daneben kann die Entfernung des „Simlocks" auch strafrechtlich relevant sein.[125]

c) Vertragliche Konsequenzen

139 Auch wenn die Manipulationen in vielen Fällen keine direkten rechtlichen Konsequenzen für die Anwender haben, so kann der Hersteller der geöffneten Geräte im Schadensfall die Garantie verweigern. Dies ist ihnen aufgrund der Garantiebedingungen auch gestattet. Streitig bleibt jedoch, ob das Unternehmen die Garantie auch dann verweigern kann, wenn der Schaden nicht auf dem „Rooten" bzw. dem „Jailbreak" beruht – hier zeigen sich die meisten Hersteller aber kulant.

V. Anwender

1. Einräumung von Nutzungsrechten durch den Anwender

140 Die Urheberrechte der Anwender spielen immer dann eine Rolle, wenn diese urheberrechtlich geschützte Werke über die von ihnen verwendeten Apps hochladen oder weiterverbreiten. Besondere Relevanz haben hier Bildrechte, die von den Anwendern über eine **Foto-App** – wie z.B. die beliebte **Instagram-App** – aufgenommen und dann in eine Online-Galerie hochgeladen werden oder über Social Network Apps wie die Facebook-App geteilt werden.

141 Viele Millionen Anwender haben die **Foto-App Instagram** auf ihrem Smartphone installiert. Die App selbst funktioniert ganz einfach: Über das Programm können Fotos gemacht und bearbeitet werden, um diese später über eine Online-Galerie mit anderen zu teilen. Doch die wenigsten Anwender machen sich Gedanken darüber,

---

124 Spindler/Schuster/*Gercke*, § 108b UrhG Rn 41.

125 AG Nürtingen, Urt. v. 20.9.2010 – 13 Ls 171 Js 13423/08 – MMR 2011, 121; AG Göttingen, Urt. v. 4.5.2011 – 62 Ds 51 Js 9946/10 –.

was eigentlich mit ihren Fotos passiert. Ein Blick in die AGB[126] zeigt es: Durch die Anzeige oder Veröffentlichung jeglicher Inhalte auf oder über den Instagram Service, wird Instagram eine nicht-exklusive, voll bezahlte und gebührenfreie, weltweite, beschränkte Lizenz zur Nutzung, Bearbeitung und Löschung in jedem Format und Medium erteilt. Das würde bedeuten, dass die Anwender Nutzungsrechte übertragen und letztlich damit rechnen müssen, dass ihre Fotos ohne erneute Absprache für Zwecke jeder Art verwendet werden könnten.

Es stellt sich jedoch die Frage, ob eine so weitgehende Rechteeinräumung gegenüber deutschen Verbrauchern überhaupt wirksam ist. Das LG Berlin beurteilte eine ähnlich weitgehende Rechteeinräumungsklausel in den Facebook-AGB wegen unangemessener Benachteiligung des Nutzers als **unwirksam.**[127] 142

Praxistipp !
Regelungen zur Rechteübertragung finden sich regelmäßig in den **AGB der App.** Anwender, die solche Rechteeinräumungen verhindern möchten, sollten vor der Verwendung der App einen Blick in die AGB der App oder der dahinterstehenden Plattform (z.B. Facebook) werfen.

2. Verletzung der Urheberrechte Dritter durch den Anwender

Werden Apps dazu genutzt, urheberrechtlich geschützte Werke unbefugt zu vervielfältigen und zu verbreiten, stellt dies eine Urheberrechtsverletzung durch den Anwender dar. Besondere Relevanz erlangt in diesem Zusammenhang die auf Millionen von Smartphones installierte **Facebook-App.** Anwender von solchen und anderen Social Network Apps teilen gerne Bilder mit ihren Freunden. Besonders gut gelungene und amüsante Bilder werden gerne über den „Teilen"- oder „Gefällt mir"-Button mit Freunden geteilt und verbreiten sich so in kürzester Zeit über die ganze Welt. Ein Hinweis darauf, wer Urheber des Bildes ist, erfolgt nicht – höchstens ein Hinweis dazu, über wessen Profil das Bild geteilt wurde. Zwar sind sich die Anwender regelmäßig nicht über die rechtliche Erheblichkeit ihres Handelns bewusst, dennoch stellt das unerlaubte Vervielfältigen und öffentliche Zugänglichmachen eines urheberrechtlich geschützten Bildes eine Urheberrechtsverletzung dar. 143

Diese Urheberrechtsverletzung setzt sich durch die Weitergabe durch andere Anwender fort: War bereits der erste Upload des urheberrechtlich geschützten Bildes ohne Zustimmung des Rechteinhabers rechtswidrig, so stellen die folgenden Weiterverbreitungen ebenfalls Urheberrechtsverletzungen dar. Dies gilt auch dann, wenn die späteren Anwender gar keine Kenntnis von der ersten unbefugten Verwertung hatten, da jeder Anwender selbst die Pflicht hat, sich vor Nutzung von fremden Inhalten entsprechende Nutzungsrechte einräumen zu lassen. 144

126 Http://instagram.com/about/legal/terms.
127 LG Berlin, Urt. v. 6.3.2012 – 16 O 551/10 – ZD 2012, 276 m. Anm. *Solmecke/Baursch.*

Fettnapf

Wer selbst urheberrechtlich geschützte Inhalte auf seine eigene Facebook-Seite oder die Seite eines Dritten hochlädt, muss mit einer Abmahnung durch den Rechteinhaber rechnen. Bei Facebook ist z.B. das Hochladen von Star-Fotos, Bildern der letzten Party oder auch Zitaten von Schriftstellern typisch. Die Rechteinhaber können den Anwender dann abmahnen, zur Abgabe einer **strafbewehrten Unterlassungserklärung** und zur Zahlung von **Schadensersatz** und **Rechtsanwaltsgebühren** auffordern.

Aber auch die Anwender, auf deren Facebook-Seite unbefugt geschütztes Material von Dritten hochgeladen wird, müssen unter Umständen mit einer Zurechnung dieser Urheberrechtsverletzung rechnen. Wer sich davor schützen möchte, kann seine Pinnwand für Fremdeinträge sperren oder muss zumindest dafür sorgen, dass urheberrechtsverletzende Inhalte nach einem entsprechenden Hinweis des Rechteinhabers gelöscht werden.

Kapitel 7
Wettbewerbsrechtliche Fragen

A. Einführung in das Lauterkeitsrecht

Das **Wettbewerbsrecht** stellt eine juristische Spezialmaterie dar. Diese hat teils 1
große Auswirkungen auf den geschäftlichen Alltag und damit auch auf die Entwicklung sowie den Vertrieb und Betrieb von Smartphone- und Tablet-PC-Apps. Der Sinn und Zweck des auch als **Lauterkeitsrecht** bezeichneten Wettbewerbsrechts wird in § 1 des Gesetzes gegen den unlauteren Wettbewerb (**UWG**) dahingehend definiert, dass es dem Schutz der **Mitbewerber**, der Verbraucherinnen und **Verbraucher** sowie der sonstigen Marktteilnehmer vor unlauteren **geschäftlichen Handlungen** dienen soll. Zugleich sollen jedoch auch die Interessen der Allgemeinheit an einem unverfälschten Wettbewerb gewahrt werden. Das Wettbewerbsrecht bestimmt also die Spielregeln, nach denen am Markt gewirtschaftet und nach eigenen Vorteilen gestrebt werden soll. Wird gegen diese Regeln verstoßen, ist es in erster Linie den hierdurch beeinträchtigten Mitbewerbern überlassen, dies mit **Abmahnungen**, im Wege des **einstweiligen Rechtsschutzes** oder auf dem **Klageweg** zu rügen und zu verfolgen.

Jedoch hat wohl längst nicht jede Beanstandung eines **Wettbewerbsverstoßes** 2
allein die Lauterkeit des Wettbewerbs vor Augen. Vielmehr dient die Verfolgung diesbezüglicher Ansprüche häufig zumindest auch unternehmenstaktischen Interessen. So haben insbesondere wohl die leichte Aufspürbarkeit von Verstößen im Internet und die im Zusammenhang mit dem Angebot von Waren und Dienstleistungen im **Fernabsatz** einzuhaltenden **Informationspflichten** in den letzten Jahren dazu geführt, dass wettbewerbsrechtliche Abmahnungen inzwischen zum Geschäftsalltag gehören. Viele gute Geschäftsideen in rechtlichen Dingen häufig unerfahrener Start-Ups mögen so bereits im Keim vom jeweiligen „Platzhirsch“ erstickt worden sein. Gleichwohl bestehen selbst für den Fall, dass eine **Abmahnung** rechtmäßig erfolgt, verschiedene rechtliche **Reaktionsmöglichkeiten.**

Im Folgenden wird zunächst ein Überblick über die **Systematik** und die **allge-** 3
meinen Grundlagen des Wettbewerbsrechts gegeben. Auch wenn die geringe Menge an gerichtlichen Entscheidungen noch nicht ganz die Bedeutung widerspiegelt, die Apps im Alltag und Geschäftsleben inzwischen einnehmen, sollen hieran anschließend einige typische wettbewerbsrechtliche Problemkreise in der App-Praxis beleuchtet werden, um sodann auf die Rechtsfolgen von Verstößen sowie die Durchsetzung von, bzw. Verteidigung gegen **wettbewerbsrechtliche Ansprüche** einzugehen.

I. Grundlagen

4 In der Folge soll zum Verständnis des lauterkeitsrechtlichen Systems zunächst eine Übersicht über die **Grundlagen** dieses Rechtsgebiets gegeben werden, das als Spezialmaterie auch vielen Juristen eher unbekannt ist.

1. Rechtssubjekte

5 Das Wettbewerbsrecht ist in seiner Anwendbarkeit auf einen engen Kreis von **Rechtssubjekten** beschränkt. Zwar dienen die Vorschriften des Wettbewerbsrechts nicht nur als „Spielregeln" der am Markt selbst agierenden Unternehmen und Personen, sondern sind darüber hinaus insbesondere auch dazu bestimmt, die Interessen der Allgemeinheit an einem fairen und gesunden Wettbewerb zu wahren. Gleichwohl sind Privatpersonen weder **aktiv-**, noch **passivlegitimiert**, können also weder wettbewerbsrechtliche Ansprüche geltend machen noch solchen ausgesetzt sein.

a) Mitbewerber und Wettbewerbsverhältnis

6 Laut der Legaldefinition in § 2 Abs. 1 Nr. 3 UWG ist **Mitbewerber** *„jeder Unternehmer, der mit einem oder mehreren Unternehmern als Anbieter oder Nachfrager von Waren oder Dienstleistungen in einem konkreten Wettbewerbsverhältnis steht"*. Es kommt daher entscheidend auf das Vorliegen eines **„konkreten Wettbewerbsverhältnisses"** an. Ein solches ist nach der Rechtsprechung gegeben, wenn zwei Unternehmen versuchen, *„gleichartige Waren oder Dienstleistungen innerhalb desselben Abnehmerkreises abzusetzen mit der Folge, dass das konkret beanstandete Wettbewerbsverhalten des einen Wettbewerbers den anderen beeinträchtigen, das heißt im Absatz behindern oder stören kann"* (**Substitutionswettbewerb**).[1] Die angebotenen Waren müssen aus Sicht der angesprochenen Verkehrskreise austauschbar sein, etwa wenn sich Konkurrenzangebote gegenüberstehen und für den Werbeadressaten Kaufalternativen darstellen. Verneint wurde ein konkretes Wettbewerbsverhältnis daher zwischen einem Anbieter von Damen- und Kinderbekleidung und einem Anbieter von Herrenunterwäsche und Herrenbademode.[2] Darüber hinaus besteht ein konkretes Wettbewerbsverhältnis auch, wenn ein Unternehmer einen anderen mit einer konkreten geschäftlichen Handlung im Absatz behindert,

---

1 Ständige Rechtsprechung, vgl. BGH, Urt. v. 3.5.2007 – I ZR 19/05 – GRUR 2007, 978 – Rechtsberatung durch Haftpflichtversicherer; BGH, Urt. v. 13.7.2006 – I ZR 241/03 – GRUR 2006, 1042 – Kontaktanzeigen; BGH, Urt. v. 6.12.2001 – I ZR 214/99 – NJW 2002, 2880 – WISO; BGH, Urt. v. 21.2.2002 – I ZR 281/99 – NJW 2002, 2642 – Vanity-Nummer.

2 OLG Braunschweig, Urt. v. 27.1.2010 – 2 U 225/09 – MMR 2010, 252.

ohne dabei auf demselben relevanten Markt tätig zu sein (**Behinderungswettbewerb**).[3]

Das Vorliegen eines konkreten Wettbewerbsverhältnisses zwischen zwei Unter- 7
nehmen kann grundsätzlich nicht abstrakt beurteilt werden. Vielmehr ist auf die jeweilige konkrete geschäftliche Handlung abzustellen.[4] Dabei sind im Interesse eines wirksamen **lauterkeitsrechtlichen Individualschutzes** an das Bestehen eines konkreten Wettbewerbsverhältnisses keine hohen Anforderungen zu stellen.[5] Insbesondere ist **keine Branchengleichheit** der beteiligten Unternehmen erforderlich, es genügt, wenn die Parteien nur durch die beanstandete Handlung in Wettbewerb getreten sind. So tritt z.B. ein Kaffeehersteller, der damit wirbt, seinen Kaffee könne man „getrost statt Blumen verschenken“ in Wettbewerb mit Blumenhändlern.[6] Weitere Beispiele: Zwischen einem werbefinanzierten TV-Sender und einem Unternehmen, das Werbeblocker produziert und vertreibt, besteht ein konkretes Wettbewerbsverhältnis, da eine geringere Zahl an Werbezuschauern die Attraktivität der Werbesendeplätze mindert und daher deren Absatz behindern kann.[7] Ebenso sind ein Fernsehsender und ein Anbieter eines Internet-Videorecorders zur Aufzeichnung von Fernsehsendungen Mitbewerber.[8]

Die beteiligten Unternehmen können auch auf **unterschiedlichen Wirt- 8
schaftsstufen** tätig sein (Hersteller, Großhändler oder Handwerker). Maßgeblich ist, dass sie sich zumindest mittelbar an den **gleichen Abnehmerkreis** wenden.[9] Auch **potenzielle Mitbewerber**, die ihren Geschäftsbetrieb noch nicht aufgenommen haben, sind von der Definition umfasst. Es muss allerdings die konkrete Wahrscheinlichkeit eines Marktzutritts bestehen,[10] etwa wenn bereits konkrete Vorbereitungen getroffen wurden.[11] Ein konkretes Wettbewerbsverhältnis kann schließlich auch im **Nachfragewettbewerb** bestehen, wenn z.B. zwei Unternehmen bei denselben Anbietern Interesse an gleichartigen Waren oder Dienstleistungen haben, wie z.B. Domainnamen.[12]

---

3 Köhler/Bornkamm/*Köhler*, § 2 Rn 102.
4 OLG Düsseldorf, Urt. v. 8.2.2011 – I-20 U 116/10 – GRUR-RR 2011, 474 – wissenschaftlicher Ghostwriter.
5 BGH, Urt. v. 29.11.1984 – I ZR 158/82 – BGHZ 93, 96 – DIMPLE.
6 BGH, Urt. v. 12.1.1972 – I ZR 60/70 – GRUR 1972, 553 – Statt Blumen Onko-Kaffee.
7 BGH, Urt. v. 24.6.2004 – I ZR 26/02 – NJW 2004, 3032 – Werbeblocker.
8 BGH, Urt. v. 22.4.2009 – I ZR 216/06 – NJW 2009, 3511 – Internet-Videorecorder.
9 KG Berlin, Urt. v. 30.3.2009 – 24 U 145/08 – GRUR-RR 2010, 22.
10 OLG Braunschweig, Urt. v. 27.1.2010 – 2 U 225/09 – MMR 2010, 252.
11 KG Berlin, Urt. v. 30.6.2006 – 5 U 127/05 – GRUR 2007, 254.
12 BGH, Urt. v. 19.2.2009 – I ZR 135/06 – GRUR 2009, 685.

b) Verbraucher

aa) Verbraucherbegriff

9 Verbraucher gehören zu den **Schutzsubjekten** des Lauterkeitsrechts und werden dabei als schutzbedürftiger als sonstige Marktteilnehmer betrachtet.[13] Geschützt ist insbesondere ihre **Entscheidungsfreiheit** vor unangemessener, unlauterer Beeinflussung durch Unternehmer.[14] Der **Verbraucherbegriff** wird in § 13 BGB definiert, auf den auch § 2 Abs. 2 UWG verweist. Demnach ist Verbraucher *„jede natürliche Person, die ein Rechtsgeschäft zu einem Zwecke abschließt, der weder ihrer gewerblichen noch ihrer selbstständigen beruflichen Tätigkeit zugerechnet werden kann."* Da es im Wettbewerbsrecht aber häufig nicht um bereits abgeschlossene Rechtsgeschäfte, sondern vielmehr um deren Anbahnung und Durchführung geht, ist der Verbraucherbegriff entsprechend dem Schutzzweck des Lauterkeitsrechts auszudehnen. Demnach ist Verbraucher jede natürliche Person, die zu privaten Zwecken handelt.[15]

10 Nur **natürliche Personen** können Verbraucher sein, nicht juristische Personen. Es kommt jedoch nicht auf die sonstige Tätigkeit der Person an, sondern rein auf den Zweck des Handelns im konkreten Fall. So ist auch ein Unternehmer Verbraucher, wenn er Geschäfte zur privaten Bedarfsdeckung tätigt.

bb) Verbraucherleitbild

11 Von wesentlicher Bedeutung für das Wettbewerbsrecht ist das für die Schutzhöhe des Verbraucherschutzes maßgebliche **Verbraucherleitbild.** Dieses beschreibt, als wie schutzbedürftig Verbraucher grundsätzlich anzusehen sind. Anhand dieser Maßstäbe kann beurteilt werden, welchen Eindruck eine **verbraucherbezogene Handlung** beim Empfängerkreis macht.

12 Das durch die Rechtsprechung geprägte Verbraucherleitbild hat sich in der Vergangenheit stark verändert. Der BGH ging im Wettbewerbsrecht lange Zeit von einem **„flüchtigen"** und **„unkritischen" Verbraucher** aus, der leicht in die Irre zu führen war.[16] Der EuGH stellte seit den 1990er-Jahren dagegen auf das Leitbild eines „durchschnittlich informierten, aufmerksamen und verständigen **Durchschnittsverbrauchers**" ab.[17] Daran knüpfte der BGH im Folgenden an und vertritt nunmehr

---

13 Köhler/Bornkamm/*Köhler*, § 2 Rn 133.

14 *Piper/Ohly/Sosnitza*, § 2 Rn 93.

15 *Piper/Ohly/Sosnitza*, § 2 Rn 85 f.

16 Vgl. BGH, Urt. v. 23.1.1959 – I ZR 14/58 – GRUR 1959, 365 – Englisch-Lavendel; BGH, Urt. v. 29.4.1982 – I ZR 111/80 – GRUR 1982, 564 – Elsässer Nudeln.

17 EUGH, Urt. v. 16.7.1998 – C-210/96 – NJW 1998, 3183 – Gut Springenheide; EuGH, Urt. v. 25.10.2001 – C-112/99 – NJW 2002, 425; EuGH, Urt. v. 8.4.2003 – C-44/01 – GRUR 2003, 533.

das Leitbild eines „situationsadäquat durchschnittlich aufmerksamen, informierten und verständigen" Verbrauchers.[18]

Dies bedeutet aber auch, dass der **Grad an Aufmerksamkeit**, von dem ausgegangen wird, situationsabhängig ist. Je nachdem, um welche Art Produkt es in der Werbung geht, ist der Mensch unterschiedlich aufmerksam. Bei hochwertigen Waren wird der Verbraucher den Werbeaussagen bei Interesse mehr Aufmerksamkeit schenken und sie vor einer **Kaufentscheidung** sorgfältiger prüfen als bei geringwertigen Gütern des täglichen Bedarfs.[19] Entsprechend sind dort höhere Anforderungen für eine **Irreführung** anzunehmen als bei letzteren. 13

Ebenfalls ist danach zu unterscheiden, welche **Zielgruppe** mit der Wettbewerbsmaßnahme erreicht werden soll. Bei Werbung, die sich an ein Fachpublikum richtet, ist auf einen anderen Durchschnittsverbraucher abzustellen, als wenn die breite Öffentlichkeit adressiert ist.[20] Besonders hohe Anforderungen gelten bei **Kindern und Jugendlichen**, sofern sich die Werbung gezielt an diese richtet.[21] Die oben genannten Grundsätze gelten indessen nicht nur für den klassischen Verbraucher, sondern auch, wenn sich die Wettbewerbsmaßnahme an einen Unternehmer richtet. Auch hier ist auf einen durchschnittlichen Adressaten abzustellen.[22] Der EuGH spricht insofern von einer „durchschnittlich informierten, aufmerksamen und verständigen Person".[23] 14

c) Sonstige Marktteilnehmer

Nach der Definition in § 2 Abs. 1 Nr. 2 UWG sind **Marktteilnehmer** *„neben Mitbewerbern und Verbrauchern alle Personen, die als Anbieter oder Nachfrager von Waren oder Dienstleistungen tätig sind"*. Dazu gehören vor allem **Unternehmer**, die im konkreten Fall nicht Mitbewerber sind, aber z.B. auch juristische Personen, Verbände und Arbeitnehmer. Auch diese sollen vor unlauteren Wettbewerbshandlungen geschützt werden. 15

d) Wettbewerbsverbände

Eine Sonderstellung nehmen sog. **qualifizierte Einrichtungen** (§ 8 Abs. 3 Nr. 3 UWG) sowie **Wettbewerbsverbände** (§ 8 Abs. 3 Nr. 2 UWG) ein, zu deren bekann- 16

---

18 BGH, Urt. v. 24.10.2002 – I ZR 100/00 – GRUR 2003, 361 – Sparvorwahl; BGH, Urt. v. 18.10.2001 – I ZR 193/99 – NJW 2002, 1718 – Elternbriefe.

19 Vgl. BGH, Urt. v. 17.3.2011 – I ZR 170/08 – GRUR 2011, 1050 – Ford-Vertragspartner; BGH, Urt. v. 20.10.1999 – I ZR 167/97 – GRUR 2000, 619 – Orient-Teppichmuster.

20 Vgl. auch § 3 Abs. 2 S. 2 UWG.

21 BGH, Urt. v. 6.4.2006 – I ZR 125/03 – NJW 2006, 2479 – Werbung für Klingeltöne.

22 Köhler/Bornkamm/*Köhler*, § 5 Rn 1.59a.

23 EuGH, Urt. v. 25.10.2001 – C-112/99 – GRUR 2002, 354, bei einer Werbung, die sich an einen Fachhändler richtete.

testen Vertreterin die Zentrale zur Bekämpfung unlauteren Wettbewerbs e.V. gehört. Diese sind per Gesetz **verbandsklagebefugt**, d.h., sie können im eigenen Namen Wettbewerbsverstöße verfolgen. Dies geschieht vor dem Hintergrund, dass es nicht nur den Marktteilnehmern selbst überlassen bleiben soll, die Interessen der Allgemeinheit an einem lauteren Wettbewerb wahrzunehmen und zu schützen.

! **Praxistipp**

Bei Zweifeln an der erforderlichen **Aktivlegitimierung** einer Einrichtung oder auch eines Verbandes empfiehlt sich eine Einsichtnahme in die gem. § 4 UKlaG zu führende **Liste qualifizierter Einrichtungen** i.S.d. UWG, in die jedoch auch zahlreiche Verbände eingetragen sind, unter http://www.bva2.bund.de.

---

2. Geschäftliche Handlung

17 Die **geschäftliche Handlung** ist der zentrale Begriff des Lauterkeitsrechts. In § 2 Abs. 1 Nr. UWG ist die geschäftliche Handlung wie folgt legaldefiniert:

> *„Im Sinne dieses Gesetzes bedeutet (...) ‚geschäftliche Handlung' jedes Verhalten einer Person zugunsten des eigenen oder eines fremden Unternehmens vor, bei oder nach einem Geschäftsabschluss, das mit der Förderung des Absatzes oder des Bezugs von Waren oder Dienstleistungen oder mit dem Abschluss oder der Durchführung eines Vertrags über Waren oder Dienstleistungen objektiv zusammenhängt; als Waren gelten auch Grundstücke, als Dienstleistungen auch Rechte und Verpflichtungen."*

18 Voraussetzung ist zunächst also das Verhalten einer Person. Darunter fällt **aktives Tun** ebenso wie ein **Unterlassen**. Letzteres ist aber nur umfasst, wenn eine Erfolgsabwendungspflicht besteht, die sich aus Gesetz, Vertrag oder vorangegangenem gefährdenden Verhalten ergeben kann.[24] Die handelnde Person kann sowohl eine natürliche als auch eine juristische Person sein. Auch Personengesellschaften und die öffentliche Hand sind umfasst.

19 Die Handlung muss des Weiteren zugunsten des eigenen oder eines fremden Unternehmens erfolgen, also einen **Unternehmensbezug** haben. Ein Unternehmen wird definiert als eine auf eine gewisse Dauer angelegte, selbstständige wirtschaftliche Betätigung, die darauf gerichtet ist, Waren oder Dienstleistungen gegen Entgelt zu vertreiben.[25] Auf die Rechtsform des Handelnden kommt es dabei nicht an. Auch

---

24 BGH, Urt. v. 6.4.2000 – I ZR 67/98 – GRUR 2001, 82 – Neu in Bielefeld I; Köhler/Bornkamm/*Köhler*, § 2 Rn 12.

25 Köhler/Bornkamm/*Köhler*, § 2 Rn 21; Palandt/*Ellenberger*, § 14 Rn 2; BGH, Urt. v. 29.3.2006 – VIII ZR 173/05 – NJW 2006, 2250.

genügt bereits eine unternehmerische Tätigkeit in sehr geringem Umfang. Der Geschäftsbetrieb muss noch nicht aufgenommen worden sein, auch **konkrete Vorbereitungshandlungen** sind erfasst. Wird jedoch zu rein privaten Zwecken gehandelt, so scheidet eine geschäftliche Handlung generell aus, selbst wenn der Handelnde eigentlich Unternehmer ist, aber im konkreten Fall als Privatmann agiert.

Als weitere Voraussetzung muss die Handlung mit der Förderung des Absatzes 20
oder Bezugs von (nicht nur körperlichen) Waren oder Dienstleistungen objektiv zusammenhängen. Insofern wird ein **Marktbezug** verlangt, der vorliegt, wenn die Handlung ihrer Art nach geeignet ist, auf die Marktteilnehmer einzuwirken und damit das **Marktgeschehen** zu beeinflussen.[26] Ein objektiver Zusammenhang zwischen Handlung und Absatzförderung besteht nur, wenn gerade bezweckt ist, den Verbraucher in seiner Entscheidung hinsichtlich eines Produkts zu beeinflussen.[27] Bejaht wird er so etwa bei Imagewerbung und Sponsoring, nicht dagegen, wenn die Handlung vorrangig die Information der Öffentlichkeit bezwecken soll oder künstlerischen oder karitativen Zielen dient.[28] Bei der Beurteilung ist immer auf die gesamten Umstände des Einzelfalls abzustellen, um zu ermitteln, welches Motiv im Vordergrund steht. Bei Handlungen gegenüber Mitbewerbern ist ein unmittelbarer objektiver Zusammenhang vor allem gegeben, wenn diese gezielt behindert werden.[29]

Umfasst sind schließlich alle geschäftlichen Handlungen vor, während und 21
nach dem **Geschäftsabschluss**, also dem Abschluss eines Vertrags über Waren und Dienstleistungen. Somit wird auch das Verhalten gegenüber bereits bestehenden Vertragspartnern geregelt.

3. Erheblichkeitsschwelle

Unlautere geschäftliche Handlungen sind nur dann unzulässig, wenn sie auch dazu 22
geeignet sind, die Interessen von Mitbewerbern, Verbrauchern oder sonstigen Marktteilnehmern **spürbar** zu beeinträchtigen, vgl. § 3 Abs. 1 UWG. Durch diese **Bagatellklausel** sollen solche unlauteren Wettbewerbshandlungen ungeahndet bleiben, die ohnehin keine Auswirkungen auf die anderen Marktteilnehmer haben.[30] Dabei kommt es nicht darauf an, dass die Maßnahme den gesamten Markt spürbar beeinträchtigen kann, sondern nur, ob einzelne Marktteilnehmer davon betroffen

---

26 Köhler/Bornkamm/*Köhler*, § 2 Rn 35.
27 Köhler/Bornkamm/*Köhler*, § 2 Rn 45.
28 Vgl. Beispiele bei Köhler/Bornkamm/*Köhler*, § 2 Rn 50f.
29 Vgl. § 4 Nr. 10 UWG; BGH, Urt. v. 5.2.2009 – I ZR 119/06 – GRUR 2009, 876 – Änderung der Voreinstellung II.
30 Köhler/Bornkamm/*Köhler*, § 3 Rn 114.

sind.[31] Eine konkrete spürbare Beeinträchtigung ist nicht erforderlich, die bloße (nicht rein theoretische) Eignung reicht bereits aus. Hieran sind keine hohen Anforderungen zu stellen.

23 Geschützt sind primär die **wirtschaftlichen Interessen** von Mitbewerbern, Verbrauchern und sonstigen Marktteilnehmern. Bei Mitbewerbern handelt es sich dabei vor allem um deren eigene **Marktchancen**. Kann eine geschäftliche Handlung diese auch nur in geringem Ausmaß mindern, so ist sie spürbar.[32] Bei Verbrauchern können mittelbar auch andere Interessen geschützt sein, wie z.B. die Privatsphäre in § 7 UWG. Eine unlautere geschäftliche Handlung gegenüber Verbrauchern ist spürbar, wenn sie zumindest geeignet ist, diese z.B. durch falsche Informationen zu einer geschäftlichen Entscheidung zu bewegen, die sie sonst nicht getroffen hätten.[33]

24 Kriterien zur Beurteilung der **Spürbarkeit** sind z.B. die Intensität des Eingriffs,[34] die Anzahl der beeinträchtigten Marktteilnehmer (wobei ein Fall schon genügen kann, s.o.) oder die Größe des erzielten Wettbewerbsvorteils,[35] nicht dagegen eine Wiederholungs- oder Nachahmungsgefahr.[36]

II. Rechtsquellen

25 Das Wettbewerbsrecht besteht nicht aus einer einzigen, umfassenden Kodifikation, sondern speist sich aus vielen Gesetzen und Verordnungen. Zudem haben in den letzten Jahren europarechtliche Vorgaben stark an Bedeutung hinzugewonnen. So wird die primäre nationale Rechtsquelle des Wettbewerbsrechts, das Gesetz gegen den unlauteren Wettbewerb **(UWG)** „überlagert" von der EU-Richtlinie über unlautere Geschäftspraktiken **(UGP-RL)** und ist entsprechend richtlinienkonform auszulegen. Darüber hinaus sollen hier einige der wichtigsten **Nebengesetze** erwähnt werden.

1. UWG und UGP-RL

a) Entwicklung und Regelungsinhalt

26 Wichtigste nationale Rechtsquelle des Lauterkeitsrechts ist das Gesetz gegen den unlauteren Wettbewerb. Sein Ziel ist es, die Lauterkeit des Wettbewerbs vor unlau-

31 Köhler/Bornkamm/*Köhler*, § 3 Rn 113.
32 Köhler/Bornkamm/*Köhler*, § 3 Rn 119.
33 Vgl. § 3 Abs. 2 S. 1 UWG; BGH, Urt. v. 18.3.2010 – I ZR 16/08 – GRUR 2010, 1110 – Versandkosten bei Froogle II.
34 Vgl. KG Berlin, Urt. v. 22.2.2012 – 5 U 51/11 – GRUR-Prax 2012, 356.
35 *Piper/Ohly/Sosnitza*, § 3 Rn 54.
36 Köhler/Bornkamm/*Köhler*, § 3 Rn 123; *Piper/Ohly/Sosnitza*, § 3 Rn 55.

teren Wettbewerbsmethoden zu schützen.[37] Dabei dient es sowohl dem Schutz der Interessen von Mitbewerbern, Verbrauchern und sonstiger Marktteilnehmer als auch der Institution Wettbewerb an sich, vgl. § 1 UWG.

Das UWG war lange Zeit – mit geringfügigen Änderungen – in der Fassung von 27
1909 gültig.[38] Schon damals war in § 1 UWG a.F. eine Generalklausel enthalten, die solche Handlungen im geschäftlichen Verkehr sanktionierte, die gegen die **guten Sitten** verstießen. Die Auslegung und Konkretisierung dieser **Generalklausel**, die zur zentralen Vorschrift des Lauterkeitsrechts wurde, erfolgte nach und nach durch die Rechtsprechung. So wurden über die Jahre Fallgruppen entwickelt, nach denen ein Verhalten als lauter oder unlauter zu bewerten war. Nachdem das UWG zunächst nur zum Schutz von Mitbewerbern gedacht war, wurde der Schutzzweck im Laufe der 20er und 30er Jahre des letzten Jahrhunderts auch auf die Interessen der Verbraucher und der Allgemeinheit ausgedehnt.[39]

Während der folgenden Jahrzehnte wurden regelmäßig kleinere Änderungen 28
am UWG vorgenommen. Eine grundlegende Reform erfolgte jedoch erst im Jahr 2004. Ziel der Reform war eine **europarechtskonforme Modernisierung** und erhebliche Liberalisierung des Wettbewerbsrechts.[40] Das alte UWG stellte sich im internationalen Vergleich als zu strikt dar und sollte den Maßstäben anderer Länder angepasst werden. Unter anderem wurden die Einschränkungen für Sonderverkäufe (z.B. Sommer- und Winterschlussverkauf) gestrichen. Auch wurden die **Verbraucher** nun erstmals explizit in das Gesetz aufgenommen. Dabei wurde insbesondere in § 5 UWG 2004 das vom EuGH entwickelte[41] und vom BGH übernommene[42] geänderte **Verbraucherleitbild** zugrunde gelegt, das von einem durchschnittlich informierten und verständigen Verbraucher ausgeht.[43] Die Generalklausel des § 1 UWG 1909 wurde durch eine neue in § 3 UWG 2004 ersetzt. Nunmehr war nicht mehr von einem Verstoß gegen die guten Sitten die Rede, sondern von **„unlauteren Wettbewerbshandlungen“**. Inhaltlich ergab sich dadurch jedoch kein Unterschied. Die Generalklausel beschränkte sich allerdings auf Fälle, in denen eine nicht unerhebliche Beeinträchtigung vorlag und bezog sich somit nicht auf Bagatellverstöße. In den §§ 4–7 UWG 2004 wurden zur Konkretisierung der Generalklausel auf Basis der von der Rechtsprechung entwickelten Fallgruppen einige Beispielstatbestände kodifiziert.

---

37 Köhler/Bornkamm/*Köhler*, Einl. Rn 6.11.
38 Vgl. zur Entwicklung des Lauterkeitsrechts Köhler/Bornkamm/*Köhler*, Einl. Rn 2.1 ff.
39 Vgl. Reichsgericht, Urt. v. 24.1.1928 – II 272/27 – RGZ 120, 47, 49; Reichsgericht, Urt. v. 29.4.1930 – II 355/29 – RGZ 128, 330, 343.
40 Vgl. BT-Drucks. 15/1487, S. 12.
41 EuGH, Urt. v. 16.7.1998 – C-210/96 – NJW 1998, 3183 – Gut Springenheide.
42 BGH, Urt. v. 20.10.1999 – I ZR 167/97 – GRUR 2000, 619 – Orient-Teppichmuster; BGH, Urt. v. 17.5.2001 – I ZR 216/99 – NJW 2001, 3262 – Mitwohnzentrale.de.
43 Siehe oben Rn 11 ff.

29 Bereits wenig später, im Jahr 2008, war jedoch eine erneute Änderung des UWG erforderlich. Hintergrund war die Richtlinie 2005/29/EG über unlautere Geschäftspraktiken vom 11.5.2005 (**UGP-RL**), die es in nationales Recht umzusetzen galt. Diese sah in ihrem Anwendungsbereich eine vollständige Rechtsangleichung (**Vollharmonisierung**) aller Mitgliedsstaaten vor,[44] sodass der Bundesgesetzgeber gezwungen war, entsprechende Anpassungen vorzunehmen. Obwohl die Reform von 2004 bereits als eine Angleichung an den europäischen Standard gedacht war, führte die große Menge an Abweichungen in der Richtlinie erneut zu erheblichen Änderungen am UWG, die am 30.12.2008 in Kraft traten.

30 Zweck der Richtlinie ist es gem. Art. 1, durch Angleichung der Rechts- und Verwaltungsvorschriften der Mitgliedstaaten über unlautere Geschäftspraktiken, die die wirtschaftlichen Interessen der Verbraucher beeinträchtigen, zu einem reibungslosen **Funktionieren des Binnenmarkts** und zum Erreichen eines hohen **Verbraucherschutzniveaus** beizutragen. Sie regelt daher lediglich das Verhältnis zwischen Unternehmer und Verbraucher (B2C), nicht dagegen – wie das UWG – auch die Beziehung zwischen Unternehmer und Unternehmer (B2B). Geschützt sind jedoch nur wirtschaftliche, nicht sonstige Interessen des Verbrauchers.[45]

31 Die Generalklausel des § 3 UWG erfuhr auf Grundlage der Richtlinie erhebliche Änderungen. Anders als das UWG, das sich nur auf das Verhalten im Wettbewerb bezog, gilt die UGP-RL für unlautere Geschäftspraktiken zwischen Unternehmen und Verbrauchern vor, während und nach Abschluss eines auf ein Produkt bezogenen **Handelsgeschäfts.**[46] Insofern war eine Änderung des Kernbegriffs der **„Wettbewerbshandlung“** erforderlich, der durch das Merkmal der **„geschäftlichen Handlung“** ersetzt wurde. Auch die **Bagatellklausel** wurde modifiziert: Statt einer „nicht nur unerheblichen“ wird nun eine „spürbare“ Beeinträchtigung verlangt. § 3 Abs. 3 UWG verweist auf die aufgrund der UGP-RL im Anhang zum UWG neu eingefügte „schwarze Liste“ von geschäftlichen Handlungen, die weitere Verbotstatbestände enthält.[47]

32 Die Vorschriften des UWG sind stets **richtlinienkonform** auszulegen und anzuwenden.[48] Da die UGP-RL auf eine Vollharmonisierung hinausläuft, darf das nationale Recht nichts verbieten, was nach der Richtlinie erlaubt ist, und umgekehrt. Bei der Auslegung von UWG-Normen im Anwendungsbereich der Richtlinie sind daher immer deren Wortlaut und Ziele zu berücksichtigen und im Zweifel als Korrektiv der nationalen Vorschrift heranzuziehen.

---

44 Vgl. RL 2005/29/EG v. 11.5.2005, Art. 1.

45 Köhler/Bornkamm/*Köhler*, Einl. Rn 3.57; RL 2005/29/EG v. 11.5.2005, Erwägungsgrund 8.

46 Vgl. RL 2005/29/EG v. 11.5.2005, Art. 5.

47 Siehe dazu Rn 35 ff.

48 EuGH, Urt. v. 4.7.2006 – C-212/04 – NJW 2006, 2465 – Adeneler; BGH, Urt. v. 26.11.2008 – VIII ZR 200/05-1 – NJW 2009, 427.

b) Gliederung des UWG

Das UWG beginnt mit der Nennung des **Gesetzeszwecks** in § 1. Danach dient das 33
Gesetz dem Schutz der Mitbewerber, der Verbraucher und der sonstigen Marktteilnehmer vor unlauteren geschäftlichen Handlungen sowie dem Schutz des allgemeinen Interesses an einem unverfälschten Wettbewerb.

Im Anschluss daran folgen in § 2 die **Definitionen der wesentlichen Begriffe** 34
des Gesetzes.[49] § 3 enthält die **lauterkeitsrechtliche Generalklausel**, während in den §§ 4–7 **Beispielsfälle** sowie sonstige unlautere geschäftliche Handlungen genannt werden, wie irreführende geschäftliche Handlungen (§ 5) sowie vergleichende (§ 6) und belästigende Werbung (§ 7). Das 2. Kapitel mit den §§ 8–11 enthält die **Rechtsfolgen** und möglichen **Ansprüche** bei Vorliegen einer unzulässigen Handlung nach den §§ 3–7. Obwohl Verbraucher ausdrücklich vom Schutzzweck des Gesetzes erfasst sind, stehen ihnen bei Verstößen keinerlei Ansprüche nach dem UWG zu. Wer anspruchsberechtigt ist, bestimmt sich nach § 8 Abs. 3 UWG. Dies sind vor allem die Mitbewerber.

2. „Blacklist" (Anhang zu § 3 UWG)

Zur Umsetzung von Art. 5 Abs. 5 UGP-RL in Verbindung mit dem Anhang I der UGP- 35
RL wurde bei der UWG-Reform 2008 § 3 Abs. 3 neu eingefügt, der auf die im Anhang befindliche „**Schwarze Liste**" an geschäftlichen Handlungen verweist. Eine Handlung, die einen dieser Tatbestände erfüllt, ist stets unzulässig, ohne dass es auf eine Überschreitung der **Erheblichkeitsschwelle** des § 3 Abs. 1 ankommt. Allerdings gilt das nur für geschäftliche Handlungen, die sich unmittelbar an Verbraucher richten. Dies stellt eine Ausnahme von dem sonst geltenden Grundsatz der einheitlichen Anwendung des UWG auf Mitbewerber, Verbraucher und sonstige Marktteilnehmer dar, die sich dadurch rechtfertigt, dass die Regelung aus Gründen des Verbraucherschutzes besonders streng ausgefallen ist, der kaufmännische Verkehr aber mit derart starren Regeln nicht belastet werden soll.[50] Auch sind die Tatbestände der „Schwarzen Liste" so eng und kasuistisch gefasst, dass sie nicht als verallgemeinerungsfähige Beispielstatbestände anzusehen und keineswegs analog anwendbar auf vergleichbare Sachverhalte sind.[51]

Die in der „Schwarzen Liste" genannten Handlungen sind stets unzulässig, es 36
handelt sich somit um **per-se-Verbote**.[52] Ob die Handlung Auswirkungen auf die geschäftliche Entscheidung des Verbrauchers, also eine „geschäftliche Relevanz", hat, ist nicht zu prüfen. Bedeutsam wird die Vorschrift somit vor allem dann, wenn

---

49 Vgl. hierzu oben Rn 4 ff.
50 Begründung zum Regierungsentwurf zur UWG-Novelle 2008, BT-Drucks. 16/10145, S. 22 re. Sp.
51 OLG Köln, Urt. v. 23.2.2011 – I-6 U 159/10 – GRUR-RR 2011, 275 – „Testsieger"-Werbung.
52 Begründung zum Regierungsentwurf zur UWG-Novelle 2008, BT-Drucks. 16/10145, S. 30 re. Sp.

ein unlauteres Verhalten die **Erheblichkeitsschwelle** des § 3 Abs. 1 und 2 nicht überschreitet. Zwar muss im Einzelfall noch anhand der konkreten Umstände geprüft werden, ob einer der Tatbestände erfüllt ist. Wird dies jedoch bejaht, wird unwiderleglich vermutet, dass die Handlung geeignet ist, das Verbraucherverhalten zu beeinflussen.[53]

37 Die Tatbestände der „Schwarzen Liste" enthalten **irreführende und aggressive Geschäftspraktiken.** Irreführend ist z.B. gem. Nr. 7 die objektiv unwahre Aussage, eine Ware oder Dienstleistung sei allgemein oder zu bestimmten Bedingungen nur für einen **sehr begrenzten Zeitraum verfügbar**, um den Verbraucher zu einer sofortigen Kaufentscheidung zu verleiten, ohne dass dieser Zeit und Gelegenheit hat, sich aufgrund von Informationen zu entscheiden. Der Tatbestand von Nr. 13 ist erfüllt, wenn für eine Ware oder Dienstleistung geworben wird, die einer solchen eines Mitbewerbers ähnlich ist, und dies in der Absicht geschieht, über die **betriebliche Herkunft** der Ware oder Dienstleistung zu täuschen. Verboten sind beispielsweise ebenfalls **unwahre Gewinnversprechen** (Nr. 17) und das Angebot einer Ware als „gratis", wenn hierfür gleichwohl Kosten zu tragen sind (Nr. 21). Zu den aggressiven Geschäftspraktiken gehören u.a. gem. Nr. 28 die in eine Werbung einbezogene **unmittelbare Aufforderung an Kinder**, selbst die beworbene Ware zu erwerben oder die beworbene Dienstleistung in Anspruch zu nehmen oder ihre Eltern oder andere Erwachsene dazu zu veranlassen, sowie gem. Nr. 29 die Aufforderung zur Bezahlung nicht bestellter Waren oder Dienstleistungen.

3. Spezialgesetze und Verordnungen

38 Neben dem UWG als zentrale Rechtsquelle des Wettbewerbsrechts sind lauterkeitsrechtliche Regelungen in vielen weiteren **Verordnungen** und **Spezialgesetzen** zu finden. Oftmals handelt es sich hierbei um entlegene Spezialgebiete, sodass eine umfassende Darstellung an dieser Stelle ausbleiben muss. Lediglich exemplarisch sollen daher hier einige häufiger wiederkehrende Problemkreise benannt werden, die auch im Zusammenhang mit **Apps** vorstellbar sind:

39 So beinhaltet beispielsweise das Heilmittelwerbegesetz (**HWG**) eine Vielzahl von Regularien für das **Gesundheitswesen**, die auch das Bewerben von Arzt- oder sonstigen Gesundheitsdienstleistungen betreffen. So bestimmt beispielsweise § 4 Abs. 3 HWG, dass bei einer Bewerbung von Arzneimitteln außerhalb der Fachkreise der wohl allseits bekannte Text „Zu Risiken und Nebenwirkungen lesen Sie die Packungsbeilage und fragen Sie Ihren Arzt oder Apotheker" in deutlicher Abgrenzung von der Werbeaussage angebracht sein muss, was z.B. auch im Rahmen einer sich hiermit befassenden **„Arzneimittel-App"** zu berücksichtigen wäre.

53 Köhler/Bornkamm/*Köhler*, Anh. zu § 3 Abs. 3 Rn 0.4.

Ebenfalls großer Bedeutung kommt der **Preisangabenverordnung** zu (PAngV), die zumindest mittelbar auch dazu bestimmt ist, das **Marktverhalten** zu regulieren und damit über die Generalklausel des § 4 Nr. 11 UWG Einfluss in das allgemeine Wettbewerbsrecht findet und die dort aufgezeigten Rechtsfolgen auszulösen vermag. Die PAngV befasst sich insbesondere mit dem Inhalt und der Darstellung von **End- und Grundpreisen**. Dies spielt beispielsweise im Rahmen von **Preisvergleichs-Apps**, insbesondere aber auch bei sämtlichen **In-App-Sales** eine Rolle. 40

Letztlich beinhalten auch bereits das Bürgerliche Gesetzbuch (BGB) sowie das **Telemediengesetz** (TMG) eine Vielzahl von Informationspflichten, die es insbesondere im Handel mit Privatpersonen, also im Bereich „Business-to-Consumer" (**B2C**) zu beachten gilt und deren Verletzung oder Missachtung über das Wettbewerbsrecht geltend gemacht werden kann. 41

B. Wettbewerbsrecht und Apps

I. Entwicklung, Vertrieb und Betrieb von Apps als geschäftliche Handlung

Wie bereits dargestellt, ist der Begriff der „**geschäftlichen Handlung**" der zentrale Anknüpfungspunkt im Wettbewerbsrecht.[54] Nur geschäftliche Handlungen müssen sich an wettbewerbsrechtlichen Bestimmungen messen lassen und können daher unlauter sein. § 2 Abs. 1 Nr. 1 UWG bestimmt hierzu folgende **Tatbestandsvoraussetzungen**, die zur Bejahung einer relevanten geschäftlichen Handlung sämtlich gegeben sein müssen: 42
- Verhalten einer **natürlichen** oder **juristischen Person**,
- **Unternehmensbezug** (Handlung zugunsten des eigenen oder eines fremden Unternehmens),
- **Marktverhaltensbezug** (Handlung, die ihrer Art nach geeignet ist, auf die Marktteilnehmer einzuwirken und damit das Marktgeschehen zu beeinflussen),
- **Geschäftsbezug** (vor, während oder nach Geschäftsabschluss).

Im Zusammenhang mit **Apps** sind insbesondere die **Entwicklung**, der **Vertrieb** sowie der **Betrieb** als relevante Anknüpfungspunkte auszumachen, die sich selbstverständlich in weitere Unterformen aufgliedern lassen und auch nicht abschließend zu verstehen sind. Alle drei Handlungsformen werden in aller Regel gemäß der vorstehend aufgezeigten Kriterien unschwer als geschäftliche Handlung i.S.d. § 2 Abs. 1 Nr. 1 UWG anzusehen sein. 43

54 Vgl. Rn 17 ff.

44 Am ehesten sind Abgrenzungsschwierigkeiten noch bei der **Entwicklung oder Konzipierung** einer eigenen **App** vorstellbar, soweit diese noch keinen konkreten Geschäftsbezug aufweisen. Regelmäßig wird jedoch auch hier kein bloßes privates Handeln mehr anzunehmen sein, womit auch bereits die Entwicklung als Vorbereitungshandlung und damit als Handlung i.S.d. UWG anzusehen ist. Die **App-Entwicklung als Dienstleistung für Dritte** stellt ohnehin zweifellos eine originäre geschäftliche Handlung dar.

45 Unerheblich ist in diesem Zusammenhang das Vorliegen einer **Gewinnerzielungsabsicht.**[55] Auch der Vertrieb von Apps zum Abgabepreis von 0,00 € stellt letztlich zumindest ein gewerbsmäßiges Handeln dar, das zumindest nicht mehr dem bloß privaten Bereich zugerechnet werden kann.

46 Aktiv- und passivlegitimiert, d.h. Inhaber und Adressat von wettbewerbsrechtlichen Ansprüchen ist damit jeder, dem eine geschäftliche Handlung im vorstehenden Sinne zugerechnet werden kann.

II. Denkbare Problemfelder

47 Die Fälle, in denen es im Zusammenhang mit einer App zu einem Wettbewerbsverstoß kommen kann, sind naturgemäß vielfältig und können nicht abschließend aufgezeigt werden. Auch gibt es bisher nur wenige wettbewerbsrechtliche Gerichtsentscheidungen, die ausdrücklich eine App zum Gegenstand hatten. Insoweit wird man jedoch zumeist die im Zusammenhang mit Internetseiten ergangenen Entscheidungen **analog auch auf Apps** anwenden können. Die nachfolgende Aufstellung soll daher zuvorderst ein Bewusstsein dafür schaffen, welche wettbewerbsrechtlichen Probleme bei der Entwicklung, dem Vertrieb oder dem Betrieb von Apps entstehen können.

1. Vorsprung durch Rechtsbruch, § 4 Nr. 11 UWG

48 Nach § 4 Nr. 11 UWG handelt insbesondere unlauter, wer einer gesetzlichen Vorschrift zuwiderhandelt, die auch dazu bestimmt ist, **im Interesse der Marktteilnehmer das Marktverhalten zu regeln.** Die Vorschrift stellt damit quasi das **Einfallstor** für sämtliche Verstöße außerhalb des UWG dar, sofern die jeweilige Norm jedenfalls auch marktverhaltensregelnd ist.[56] Verletzungshandlungen werden auch als **Vorsprung durch Rechtsbruch** bezeichnet.

---

55 Vgl. BGH, Urt. v. 29.3.2006 – VIII ZR 173/05 – NJW 2006, 2250; OLG Frankfurt a.M., Beschl. v. 21.3.2007 – 6 W 27/07 – MMR 2007, 378.

56 Köhler/Bornkamm/*Köhler*, § 4 Rn 11.1ff.; siehe auch oben Rn 38ff.

Marktverhaltensregelnde Normen i.S.d. § 4 Nr. 11 UWG sind beispielsweise § 5 TMG (**Impressumsvorschrift**) oder auch die Vorschriften der Preisangabenverordnung (PAngV). Von großer Bedeutung für die Praxis sind auch Verstöße gegen **AGB-Klauselverbote** nach den §§ 307ff. BGB, die ebenfalls Marktverhaltensregeln nach dem UWG sind. Dies führt dazu, dass fehlerhafte **Nutzungsbedingungen im Rahmen einer App** nicht nur zur Unwirksamkeit der AGB und damit verbundenen Problemen gegenüber App-Nutzern führen, sondern darüber hinaus auch als Wettbewerbsverstoß von Konkurrenten oder Wettbewerbsverbänden abgemahnt werden können. 49

Auch die jüngst in der Presse bekannt gewordene **Tagesschau-App-Entscheidung** des Landgerichts Köln wurde rechtlich über § 4 Nr. 11 UWG entschieden, nachdem hier die marktverhaltensregelnde Norm des § 11d Abs. 2 Nr. 3 Rundfunkstaatsvertrag (RStV) als verletzt angesehen wurde.[57] 50

2. Unlautere Nachahmung, § 4 Nr. 9 UWG

Die meisten Internetseiten und auch Apps weisen ein hohes Maß an Individualität auf. Gleichwohl reicht dies meist nicht aus, um die für einen **urheberrechtlichen Schutz** notwendige **Schöpfungshöhe** gem. § 2 Abs. 2 UrhG zu erreichen. Ebenso wenig greifen hier sonstige gewerbliche Schutzrechte wie **Marken** oder **Geschmacksmuster** ein. Schon gar nicht ist die **bloße Idee** einer App geschützt. 51

Schutz kann hier jedoch über den sog. **ergänzenden Leistungsschutz** gem. § 4 Nr. 9 UWG erzielt werden. Hiernach ist der Vertrieb eines **nachgeahmten Produkts**, wie einer Internetseite oder App, wettbewerbswidrig, wenn dieses von **wettbewerblicher Eigenart** ist und besondere Umstände hinzutreten, die die Nachahmung unlauter erscheinen lassen.[58] Wettbewerbliche Eigenart liegt vor, wenn die konkrete Ausgestaltung oder bestimmte Merkmale des Erzeugnisses geeignet sind, die angesprochenen Verkehrskreise auf seine betriebliche Herkunft oder seine Besonderheiten hinzuweisen.[59] Als besondere Unlauterkeitsmerkmale kommen in Betracht die **vermeidbare Herkunftstäuschung** (§ 4 Nr. 9 lit. a) UWG), die **Rufausbeutung/Rufschädigung** (§ 4 Nr. 9 lit. b) UWG) sowie die **unredliche Erlangung** der für die Nachahmung erforderlichen Unterlagen (§ 4 Nr. 9 lit. c) UWG).[60] 52

---

57 LG Köln, Urt. v. 27.9.2012 – 31 O 360/11 – n.v.; siehe zudem Rn 72. Für eine detaillierte Übersicht über weitere marktverhaltensregelnde Normen siehe Köhler/Bornkamm/*Köhler*, § 4 Rn 11.59–11.180b.

58 Köhler/Bornkamm/*Köhler*, § 4 Rn 9.1ff.

59 BGH, Urt. v. 21.9.2006 – I ZR 270/03 – GRUR 2007, 339 – Stufenleitern; BGH, Urt. v. 11.1.2007 – I ZR 198/04 – GRUR 2007, 795 – Handtaschen; Köhler/Bornkamm/*Köhler*, § 4 Rn 9.24 m.w.N.

60 Köhler/Bornkamm/*Köhler*, § 4 Rn 9.40ff.

53 Für das **Kopieren von Internetseiten** wurde hierzu bereits wie folgt für Recht erkannt: Texte und Graphiken eines bestehenden Internetauftritts genießen aufgrund der wettbewerbsrechtlichen Eigenart Schutz, wenn die konkrete Ausgestaltung der Internetseiten geeignet ist, die angesprochenen Verkehrskreise auf die **betriebliche Herkunft** oder auf die Besonderheiten hinzuweisen, die nicht allgemein üblich sind oder von Mitbewerbern in gleicher oder ähnlicher Form oder Funktion verwendet werden. Ansprüche aus ergänzendem wettbewerbsrechtlichen Leistungsschutz gegen die Verwertung eines fremden Leistungsergebnisses bestehen, unabhängig vom Schutz aus dem Urheberrecht, wenn der **Grad der Übernahme der Leistung** besonders hoch ist und offensichtlich die Bekanntheit und die Verbreitung des Auftritts im Internet in der Form ausgenutzt wird, dass auf eigene Produkte aufmerksam gemacht wird.[61] Die Argumentation dürfte so **analog auch auf Apps** anzuwenden sein, sofern denn die konkrete Ausgestaltung der App dazu geeignet ist, eine wettbewerbliche Eigenart zu begründen.

3. Unwahre Angaben, § 5 UWG

54 Laut § 5 UWG ist eine geschäftliche Handlung irreführend, wenn sie **unwahre oder sonstige zur Täuschung geeignete Angaben** enthält. Dies kann insbesondere im Rahmen von Apps relevant werden, die sich mit der Aufstellung und/oder Verbreitung von Angaben über fremde Unternehmen befassen, wie beispielsweise **Bewertungsportale**. Hier ist dann streng zu unterscheiden zwischen unwahren Tatsachenbehauptungen, die den Tatbestand des § 5 UWG erfüllen und wahren Angaben oder bloßen **Meinungsäußerungen**. Letztere sind auch dann erlaubt, wenn sie nachteilig für das betroffene Unternehmen ausfallen.[62] Nicht mehr vom Recht auf freie Meinungsäußerung gedeckt sind hingegen **Beleidigungen** und **Schmähkritik** – beide können in wettbewerbsrechtlicher Hinsicht eine **unlautere Verunglimpfung** nach § 4 Nr. 7 UWG darstellen.

55 Bewertungs- oder Test-Apps bestehen häufig zu einem großen oder gar ausschließlichen Teil aus von Dritten eingestellten Inhalten (sog. **user-generated-content**). Hierbei kommt es geradezu zwangsläufig auch zu Überschreitungen der Meinungsfreiheit. Da die tatsächlichen Urheber dieser rechtsverletzenden Äußerungen häufig nicht ermittelbar sind, stellt sich die Frage, inwiefern der **Betreiber einer App** für die über seinen Dienst kundgetanen Rechtsverletzungen haftbar gemacht werden kann. Hierzu wurde in der Rechtsprechung die sog. **Forenhaftung** entwickelt.[63] Deren rechtlicher Ausgangspunkt ist die Vorschrift des § 10 TMG:

---

61 LG Rottweil, Beschl. v. 2.1.2009 – 4 O 89/08 – n.v.
62 BGH, Urt. v. 15.12.2009 – VI ZR 227/08 – GRUR 2010, 266.
63 BGH, Urt. v. 27.3.2007 – VI ZR 101/06 – GRUR 2007, 724.

„Diensteanbieter sind für fremde Informationen, die sie für einen Nutzer speichern, ***nicht verantwortlich****, sofern*

1. *sie* ***keine Kenntnis von der rechtswidrigen Handlung*** *oder der Information haben und ihnen im Falle von Schadensersatzansprüchen auch keine Tatsachen oder Umstände bekannt sind, aus denen die rechtswidrige Handlung oder die Information offensichtlich wird, oder*
2. *sie* ***unverzüglich tätig geworden*** *sind, um die Information zu entfernen oder den Zugang zu ihr zu sperren, sobald sie diese Kenntnis erlangt haben."*

[...]

Inzwischen ist höchstrichterlich geklärt, dass sich diese **Haftungsprivilegierung**, 56
wonach der Betreiber eines Forums bzw. einer App erst durch das eigene Unterlassen, einen als unzulässig erkannten Beitrag zu entfernen, in die Haftung gerät, auch auf den Unterlassungsanspruch erstreckt.[64] Er muss also nicht etwa die Kosten des ersten Hinweisschreibens, mit dem er auf die Rechtsverletzung hingewiesen und zur Löschung aufgefordert wird (sog. **Take-Down-Notice**), tragen und hat auch keine **Unterlassungserklärung** abzugeben. Erst nachdem er auf ein solches Schreiben hin nicht innerhalb einer angemessenen Frist (gemeinhin 24 Stunden) tätig geworden ist, kann er **kostenpflichtig abgemahnt** werden.

4. Informationspflichtenverstöße

Im Zusammenhang mit dem Vertrieb bzw. Betrieb von Apps, der sich zumindest 57
auch an Privatpersonen richtet, sind per Gesetz zahlreiche **Informationspflichten** einzuhalten. Insbesondere **In-App-Sales**, bei denen es im Rahmen der App selbst zu einem sog. **Fernabsatzvertrag (B2C)** kommt, führen zu einer Vielzahl von Vorgaben, die es unbedingt zu beachten gilt, da Zuwiderhandlungen hiergegen zugleich einen Wettbewerbsverstoß begründen. Im Zusammenhang mit Websites kommt es bezüglich dieser besonders einfach aufzuspürenden Verstöße immer wieder zu regelrechten **Abmahnwellen**, mit denen das Land überzogen wird.

Der **Betrieb einer App** stellt das **geschäftsmäßige Angebot eines Telemedi-** 58
ums i.S.d. Telemediengesetzes (TMG) dar.[65] Insofern sind die in § 5 TMG bzw. § 55 Abs. 1 RStV genannten Informationen im Rahmen eines sog. **Impressums** „leicht erkennbar, unmittelbar erreichbar und ständig verfügbar zu halten". Ein fehlendes oder unvollständiges Impressum stellt gem. § 5a Abs. 3 Nr. 2 UWG sowie §§ 3 Abs. 1, 4 Nr. 11 UWG i.V.m. § 5 TMG bzw. § 55 Abs. 1 RStV einen Wettbewerbsverstoß dar.

---

64 BGH, Urt. v. 27.3.2007 – VI ZR 101/06 – GRUR 2007, 724.

65 OLG Hamm, Urt. v. 20.5.2010 – 4 U 225/09 – MMR 2010, 693 – iPhone; LG Köln, Urt. v. 27.9.2012 – 31 O 360/11 – n.v.

59 Im Zusammenhang mit In-App-Sales, bei denen Privatpersonen als Käufer auftreten, sind insbesondere die (Informations-)**Vorschriften des Fernabsatzhandels** zu beachten. Laut §§ 312e, 355 BGB steht den Käufern hier ein gesetzliches Recht zum Widerruf bzw. zur Rückgabe zu, über das die Kunden entsprechend belehrt werden müssen. Fehler in den **Widerrufs- und/oder Rückgabebelehrungen** führen nicht nur dazu, dass für den Kunden keine diesbezüglichen Fristen zu laufen beginnen, sondern auch, dass Mitbewerber gem. § 5a Abs. 3 Nr. 5 UWG sowie §§ 3 Abs. 1, 4 Nr. 11 UWG i.V.m. §§ 312e, 355 BGB ein wettbewerbswidriges Verhalten abmahnen lassen können. Seit 1.8.2012 sind zudem die Vorschriften der sog. **Button-Lösung** zu beachten. Laut § 312g BGB ist danach bei der Beschriftung eines **Bestellbuttons** kenntlich zu machen, dass mit dessen Anklicken ein kostenpflichtiger Vertrag zustande kommt. Darüber hinaus sind in einer unmittelbar vor dem Bestellbutton vorzuhaltenden **Angebotszusammenfassung** die in § 312g Abs. 2 BGB aufgelisteten Informationen anzugeben. Diesbezügliche Fehler stellen ebenfalls Wettbewerbsverstöße gem. §§ 3, 4 Nr. 11 UWG dar.

60 Weitere Informationspflichten ergeben sich aus der **Preisangabenverordnung** (PAngV). So muss beispielsweise nach § 1 Abs. 2 S. 1 Nr. 1 PAngV bei den jeweiligen Preisen der in der App beworbenen Waren oder Dienstleistungen angegeben werden, dass die geforderten Preise die Umsatzsteuer und sonstige Preisbestandteile enthalten. Abkürzende Darstellungen wie „inkl. MwSt." genügen hierbei. Ebenso kann bei bestimmten Verkäufen die Angabe von **Grundpreisen** nach § 2 PAngV erforderlich werden. Bei der Preisangabenverordnung handelt es sich um eine marktverhaltensregelnde Norm.[66] Verstöße stellen damit ebenfalls wiederum Wettbewerbsverletzungen nach § 4 Nr. 11 UWG dar.

61 Die vorstehend dargestellten Informationspflichten sind lediglich die in der Praxis relevantesten. Im Einzelfall können sich aus der Art der jeweils über die App vertriebenen Waren und Dienstleistungen umfangreiche weitere Informationspflichten ergeben. In diesem Zusammenhang ist unbedingt zu beachten, dass es auf keinen Fall ausreicht, von der App auf eine Website zu verweisen, auf der dann die jeweiligen Pflichtangaben zum Impressum, der Widerrufsbelehrung oder Preisinformationen nach der Preisangabenverordnung vorgehalten werden.[67] Die Angaben müssen vielmehr in der App selbst gemacht werden.

5. Trennungsgebot, § 6 TMG

62 Weitere rechtliche Problemfelder im Zusammenhang mit Apps ergeben sich insbesondere aus der häufig nicht hinreichend klaren Trennung zwischen redaktionellen

---

66 BGH, Urt. v. 4.10.2007 – GRUR 2008, 84 – Versandkosten; Köhler/Bornkamm/*Köhler*, Vorb. zur PAngV Rn 5, m.w.N.

67 LG Köln, Urt. v. 6.8.2009 – 31 O 33/09 – n.v.

und kommerziellen Inhalten (sog. **Trennungsgebot**). Aus § 6 TMG ergibt sich die Verpflichtung, dass **kommerzielle Kommunikation** als solche erkennbar sein muss. Verstöße hiergegen können zum einen einen Vorsprung durch Rechtsbruch gem. § 4 Nr. 11 UWG begründen. Zum anderen kann hierin auch die unlautere **Verschleierung des Werbecharakters** eines Angebots gem. § 4 Nr. 3 UWG oder sogar ein „Blacklist-Verstoß" nach Nr. 11 Anhang zu § 3 UWG wegen einer als Information **getarnten Werbung** zu sehen sein. Dies gilt für sämtliche in einer App enthaltenen Werbung, insbesondere auch im Bereich des sog. **In-Game-Advertisings**.

Soweit sich eine Anzeige nicht schon ihrer konkreten Gestalt nach als solche erkennen lässt, bedarf es ihrer **ausdrücklichen Kennzeichnung**, beispielsweise durch die oberhalb einer Werbung angebrachte Bezeichnung „Anzeige" oder „Werbung". Bei Apps findet sich zudem häufig die Verwendung des **ⓘ-Zeichens** zur Trennung der Werbung vom sonstigen redaktionellen Teil. Ob dies ein verständiger Durchschnittsverbraucher, auf den hier abzustellen ist, allerdings entsprechend deuten wird und ob sich diese Art der Kennzeichnung als „gerichtsfest" erweist, wird sich erst noch zeigen müssen. 63

C. Rechtsfolgen von Verstößen

Infolge eines Wettbewerbsverstoßes können dem Verletzten **Unterlassungs-, Schadensersatz-, Aufwendungsersatz-, Auskunfts-** sowie **Beseitigungsansprüche** zustehen. 64

I. Unterlassungsanspruch gem. § 8 UWG

„§ 8 Beseitigung und Unterlassung
*(1) Wer eine nach § 3 oder § 7 unzulässige geschäftliche Handlung vornimmt, kann auf Beseitigung und bei Wiederholungsgefahr auf **Unterlassung** in Anspruch genommen werden. Der Anspruch auf Unterlassung besteht bereits dann, wenn eine derartige Zuwiderhandlung gegen § 3 oder § 7 droht.*
[...]"

Bei Vorliegen eines Wettbewerbsverstoßes kann der unlauter Handelnde nach § 8 Abs. 1 UWG auf Unterlassung in Anspruch genommen werden, d.h. es besteht ein Rechtsanspruch auf Unterlassung der unlauteren geschäftlichen Handlung. Der Unterlassungsanspruch ist mit Abstand der Anspruch mit der **größten praktischen Relevanz** im Wettbewerbsrecht. 65

Zu beachten ist, dass auch Verstöße nach § 4 Nr. 11 UWG („Vorsprung durch Rechtsbruch") zu einem Unterlassungsanspruch führen, selbst wenn die verletzte Vorschrift einen derartigen Anspruch gar nicht vorsieht. 66

67 Voraussetzung eines Unterlassungsanspruchs ist zum einen der objektiv rechtswidrige Verstoß gegen § 3 UWG. Die **Verletzungshandlung** kann in einem abgeschlossenen Tun oder Unterlassen liegen. Die **Rechtswidrigkeit** wird (zum Zeitpunkt der Beurteilung) vermutet (indiziert) und bedarf daher keiner besonderen Begründung. Der Unterlassungsanspruch besteht **verschuldensunabhängig**. Es kommt also nicht darauf an, ob ein Verstoß gewollt war oder anderweitig vom Verletzer zu verantworten ist. Die eigene Unkenntnis der Rechtslage vermag daher genauso wenig als Gegenargument zu dienen, wie der Verweis auf eine unklare oder umstrittene Rechtslage.

68 Der Unterlassungsanspruch ist in die Zukunft gerichtet. Wie auch § 8 Abs. 1 S. 1 UWG ausdrücklich klarstellt, ist daher das Vorliegen einer **Wiederholungsgefahr** weitere Tatbestandsvoraussetzung. Die Wiederholungsgefahr ist dabei *„die ernsthafte und greifbare Möglichkeit, dass die konkrete Verletzungshandlung künftig in gleicher oder im Kern gleichartiger Form erneut begangen wird“*.[68]

69 Aus dem Vorliegen eines objektiv rechtswidrigen Wettbewerbsverstoßes wird eine (widerlegbare) **Vermutung für das Vorliegen der Wiederholungsgefahr** abgeleitet.[69]

70 Die Wiederholungsgefahr kann grundsätzlich nur durch Abgabe einer **strafbewehrten Unterlassungserklärung** durch den Verletzer ausgeräumt werden. Irrigerweise wird der Geltendmachung des Unterlassungsanspruchs häufig lediglich dadurch begegnet, dass die **Verletzungshandlung eingestellt** wird, z.B. indem der Vertrieb einer App eingestellt wird oder der beanstandete Fehler behoben wird. Dies reicht jedoch zum **Ausräumen der Wiederholungsgefahr** nicht aus. In diesen Fällen droht ein meist kostspieliger gerichtlicher Fortgang der Auseinandersetzung.

71 Unter gewissen Umständen kann es zur Begründung eines Unterlassungsanspruchs auch schon ausreichen, dass der Anspruchsgegner sich erst in naher Zukunft in einer konkret zu bezeichnenden Weise wettbewerbswidrig verhalten wird. So genügt es gem. § 8 Abs. 1 S. 2 UWG, dass „eine Zuwiderhandlung droht“ (sog. **Erstbegehungsgefahr**). Denkbar wäre es z.B., eine in unlauterer Weise nachgeahmte App (§§ 3, 4 Nr. 9 UWG) bereits vor Einstellung in den App Store untersagen zu lassen, sofern Umstände vorgetragen (und zumindest auch glaubhaft gemacht) werden können, die den Schluss auf eine derartige Rechtsverletzung zulassen. Es muss also sinnvollerweise nicht abgewartet werden, bis der Verstoß tatsächlich verwirklicht wurde, was mitunter zu nur schwer wieder gutzumachenden Schäden führen kann.

72 Zu beachten ist, dass sich der Unterlassungsanspruch stets auf einen konkreten Verstoß zu beziehen hat. Dies ist jüngst im Rahmen des **Tagesschau-App-Urteils**

---

68 BGH, Urt. v. 16.1.1992 – I ZR 84/90 – GRUR 1992, 318 – Jubiläumsverkauf.

69 Vgl. BGH, Urt. v. 16.11.1995 – I ZR 229/93 – GRUR 1997, 379 – Wegfall der Wiederholungsgefahr II.

des Landgerichts Köln deutlich geworden.[70] Hier wurde zunächst seitens mehrerer gemeinschaftlich klagender Zeitungsverlage versucht, einen **umfassenden Unterlassungsanspruch** gegen das Angebot der Tagesschau-App durch die ARD durchzusetzen. In dem Angebot der App sahen die Zeitungsverlage einen Wettbewerbsverstoß, da es sich bei der App um ein „nichtsendungsbezogenes presseähnliches Angebot" handeln würde, dass gem. § 11d Abs. 2 Nr. 3 letzter Hs. Rundfunkstaatsvertrag (RStV) nicht durch die ARD als Anstalt des öffentlichen Rechts angeboten werden dürfe. Die Klägerinnen bezogen sich in ihrer Klage auf die Darstellung der App zum Stichtag 15.6.2011. Das Landgericht Köln bejahte hier zwar in der Folge einen Verstoß gegen den RStV und untersagte die Veröffentlichung der Tagesschau-App, beschränkte sich hierbei jedoch zum Leidwesen der Klägerinnen auf die Darstellung der Tagesschau-App am 15.6.2011. Was hier zunächst weltfremd anmutet, ist bei genauerer Betrachtung nur konsequent: Zu unterlassen ist die **konkret bezeichnete Verletzungshandlung**, nicht mehr und nicht weniger. Diejenigen, die das Urteil des LG Köln in der Folge aufgrund der Einschränkung als bedeutungslos abgetan haben, verkennen gleichwohl, dass das zu unterlassende Verhalten neben identischen natürlich auch **kerngleiche Verstöße** umfasst. Es ist mithin keineswegs selbstverständlich, dass durch die weitere Veröffentlichung der Tagesschau-App nicht doch gegen den Unterlassungstenor des Urteils verstoßen wird und die App letztlich dann nicht mehr in der bisherigen Form angeboten werden dürfte. Die Entscheidung des LG Köln ist noch nicht in Rechtskraft erwachsen, nachdem die ARD eigenen Angaben zufolge Berufung gegen die erstinstanzliche Entscheidung eingelegt hat.[71]

II. Schadensersatzanspruch gem. § 9 UWG

„§ 9 Schadensersatz
Wer vorsätzlich oder fahrlässig eine nach § 3 oder § 7 unzulässige geschäftliche Handlung vornimmt, ist den Mitbewerbern zum ***Ersatz des daraus entstehenden Schadens*** *verpflichtet. Gegen verantwortliche Personen von periodischen Druckschriften kann der Anspruch auf Schadensersatz nur bei einer vorsätzlichen Zuwiderhandlung geltend gemacht werden."*

In § 9 UWG ist für Wettbewerbsverstöße umfassend das **Schadensersatzrecht** normiert. Nach ganz herrschender Ansicht stellt die Vorschrift **kein Schutzgesetz** im Sinne des § 823 Abs. 2 BGB dar, sodass nicht etwa Verbraucher auf diesem Um- 73

70 LG Köln, Urt. v. 27.9.2012 – 31 O 360/11 – n.v.
71 Http://www.tagesschau.de/inland/tagesschauapp142.html.

weg Schadensersatz wegen der Verletzung von Wettbewerbsrecht verlangen können.[72]

74 **Gläubiger eines Schadensersatzanspruchs** nach § 9 UWG können demnach ausschließlich **Mitbewerber** i.S.d. § 8 Abs. 3 Nr. 1 UWG sein.[73] Schuldner des Anspruchs ist der Verursacher des Schadens. Mithin kommen nach den – soweit das UWG keine Sondervorschriften enthält – auch hier anzuwendenden allgemeinen Vorschriften des BGB sowohl der **Täter**, der **Teilnehmer** als auch der **Anstifter oder Gehilfe** als Verpflichtete in Betracht. Allein gegen den bloßen **Störer**, der – ohne Täter oder Teilnehmer zu sein – lediglich willentlich und adäquat kausal zur Verletzung beigetragen hat, bestehen keine Schadensersatzansprüche, sondern ausschließlich Unterlassungs- und Beseitigungsansprüche.[74]

75 Anders als etwa der Unterlassungsanspruch[75] setzt der Schadensersatzanspruch nach § 9 UWG stets ein **Verschulden** voraus. Es genügt mithin also nicht die bloße objektive Rechtsverletzung. In der Praxis wird jedoch die in jeglicher Form genügende **Fahrlässigkeit** fast immer ohne Weiteres zu bejahen sein. Der diesbezüglich anzuwendende Maßstab ist streng. So lassen z.B. die falsche Einschätzung der Rechtslage oder die fehlende Kenntnis des Gesetzes in aller Regel nicht die Annahme eines fahrlässigen Verhaltens entfallen.[76]

76 Der in wettbewerbsrechtlicher Hinsicht relevante Schaden besteht in jedem Nachteil, der nach allgemeiner Verkehrsanschauung dem Verletzten entstanden ist. Eine konkrete Bezifferung ist im Einzelfall jedoch mitunter recht schwierig. Dem Verletzten wird daher die Möglichkeit eingeräumt, den ihm entstandenen Schaden auf dreierlei Weise zu berechnen (sog. **dreifache Art der Schadensberechnung**):

1. Verletzergewinn

77 Eine Möglichkeit der Schadensberechnung besteht in der Geltendmachung dessen, was der Verletzer durch die Rechtsverletzung **in rechtswidriger Weise erlangt** hat. Der Nachweis einer Kausalität zwischen Verletzung, Schaden und Schadenshöhe wird hierbei nicht verlangt.

78 Gleichwohl gestaltet sich die Schadensliquidation auf der Grundlage des **Verletzergewinns** in der Praxis nach wie vor als schwierig: Zum einen sind hiervon ohnehin grundsätzlich nur Fälle betroffen, in denen es um die Verletzung von Immaterialgüterrechten (Patente, Gebrauchsmuster, Urheberrechte, Kennzeichen-

---

72 Begr. RegE UWG zu § 8, BT-Drucks. 15/1487 S. 22 li. Sp.; Köhler/Bornkamm/*Köhler*, § 9 Rn 1.10, m.w.N.

73 Vgl. Legaldefinition des Mitbewerbers in § 2 Abs. 1 Nr. 3 UWG.

74 BGH, Urt. v. 18.10.2001 – I ZR 22/99 – GRUR 2002, 618 – Meißner Dekor I.

75 Siehe oben Rn 65 ff.

76 BGH, Urt. v. 6.5.1999 – I ZR 199/96 – GRUR 1999, 923 – Tele-Info-CD.

rechte etc.) geht. Der BGH zählt hierzu allerdings auch Fälle des ergänzenden Leistungsschutzes (§ 4 Nr. 9 sowie §§ 17, 18 UWG).[77] Zum anderen kann der geltend zumachende Verletzergewinn immer nur aus dem Anteil am Gewinn bestehen, der gerade auf der streitgegenständlichen Verletzung beruht.[78]

Dem Verletzer ist es zudem möglich, seinen Gewinn „klein zu rechnen", indem 79
er seine **Aufwendungen in Abzug** bringt. Hierbei werden Abzüge jedoch nur noch insoweit zugelassen, wie es sich um Kosten handelt, die eindeutig dem Verletzungsgegenstand zugerechnet werden können.[79]

Für die Praxis ergibt sich somit eine ganze Reihe an Unwägbarkeiten, sowohl in 80
Bezug auf die Höhe des bei der Schadensberechnung anzusetzenden Gewinns als auch in Bezug auf das anteilige „Beruhen" des Schadens auf der Verletzungshandlung.

2. Lizenzanalogie

Eine weitere Möglichkeit der Schadensberechnung besteht nach der sog. **Lizenz-** 81
analogie. Dieser Berechnungsart liegt folgende Annahme zugrunde: Für die Nutzung fremder Leistungen ist regelmäßig eine Vergütung (Lizenz) zu entrichten. Es wird daher bei der Schadensberechnung ein **fiktiver Lizenzvertrag** zwischen Verletzer und Verletztem angenommen. Hierbei wird nun darauf abgestellt, was ein vernünftiger Lizenzgeber für die entsprechende Lizenzerteilung verlangt und ein vernünftiger Lizenznehmer gezahlt hätte.

Unerheblich bleibt hierbei, ob es bei einem korrekten Verhalten des Verletzers 82
im konkreten Fall zu einer Lizenzvergabe gekommen wäre.[80] Ebenso wenig wird bei der Schadensberechnung ein **„Strafzuschlag"** für die unzulässige Lizenznutzung in Ansatz gebracht.[81]

Sofern der Verletzte also ein eigenes Lizenzmodell unterhält, kann auf diese 83
Gebührensätze abgestellt werden. Anderenfalls sind **branchenübliche Vergütungssätze und Tarife** als Maßstab heranzuziehen, wobei es natürlich die jeweiligen Umstände des Einzelfalls zu berücksichtigen gilt. Bei Stücklizenzen liegt der Lizenzbetrag in der Praxis meist bei 1–5% des Nettoverkaufspreises des Verletzers. Möglich ist jedoch auch eine Einmalzahlung zur Abgeltung aller Verletzungshandlungen (Pauschallizenz), sofern dies branchenüblich ist.[82]

---

77 BGH, Urt. v. 17.6.1992 – I ZR 107/90 – GRUR 1993, 55 – Tchibo/Rolex II.

78 BGH, Urt. v. 6.10.2005 – I ZR 322/02 – GRUR 2006, 419 – Noblesse.

79 BGH, Urt. v. 2.11.2000 – I ZR 246/98 – GRUR 2001, 329 – Gemeinkostenanteil.

80 Köhler/Bornkamm/*Köhler*, § 9 Rn 1.42, m.w.N.

81 BGH, Urt. v. 6.3.1980 – X ZR 49/78 – GRUR 1980, 841 – Tolbutamid.

82 Köhler/Bornkamm/*Köhler*, § 9 Rn 1.43, m.w.N.

84 Aufgrund der vereinfachten Schadensberechnung ist die Lizenzanalogie in der Praxis am verbreitetsten.

3. Konkreter Schaden

85 Letztlich ist es dem Verletzten natürlich auch möglich, den ihm durch die Verletzungshandlung konkret entstandenen Schaden vom Verletzer ersetzt zu verlangen. Dieser wird regelmäßig in seinem **entgangenen Gewinn** bestehen. § 252 S. 2 BGB definiert den entgangenen Gewinn wie folgt:

„[...] Als entgangen gilt der Gewinn, welcher nach dem gewöhnlichen Lauf der Dinge oder nach den besonderen Umständen, insbesondere nach den getroffenen Anstalten und Vorkehrungen, mit Wahrscheinlichkeit erwartet werden konnte."

86 Aus dem Gesetzeswortlaut ergibt sich bereits das – weniger in rechtlicher, als in tatsächlicher Hinsicht – bestehende Problem dieser Art der Schadensberechnung: Der Verletzte muss konkret dartun und im Bestreitensfall auch beweisen, dass die Verletzungshandlung **kausal zu einem Rückgang** seines eigenen Gewinns in bestimmter Höhe geführt hat.

87 Dies gestaltet sich in der Praxis als äußerst schwierig und führt daher eher selten zu den gewünschten Ergebnissen. Eine mögliche Alternative stellt die Erhebung einer **Schadensersatzfeststellungsklage** dar, deren Anforderungen geringer sind und die den Verletzer nach grundsätzlicher Feststellung einer Schadensersatzpflicht ebenso zu einer Schadensersatzzahlung bewegen kann.

III. Ersatz von Abmahnkosten gem. § 12 UWG

88 Neben der Abgabe einer strafbewehrten Unterlassungserklärung zur Erfüllung des Unterlassungsanspruchs wird im Rahmen einer **außergerichtlichen Abmahnung** regelmäßig auch der Ersatz der sog. **Abmahnkosten** verlangt werden. Hierbei handelt es sich um die Kosten, die dem Verletzten durch Inanspruchnahme von Rechtsanwälten zur Durchsetzung seiner Ansprüche entstanden sind.

89 Seit 2004 enthält das UWG in § 12 eine eigene **Anspruchsgrundlage** für den Ersatz der für eine Abmahnung erforderlichen Aufwendungen:

„§ 12 Abs. 1 UWG

(1) Die zur Geltendmachung eines Unterlassungsanspruchs Berechtigten sollen den Schuldner vor der Einleitung eines gerichtlichen Verfahrens abmahnen und ihm Gelegenheit geben, den Streit durch Abgabe einer mit einer angemessenen Vertragsstrafe bewehrten Unterlassungsverpflichtung beizulegen. So-

weit die Abmahnung berechtigt ist, kann der Ersatz der ***erforderlichen Aufwendungen*** *verlangt werden.*
[...]"

Die Konstruktion über das Rechtsinstitut der **Geschäftsführung ohne Auftrag** (GoA), wie sie bis dahin üblich war und auch heute noch in anderen Rechtsbereichen beim Kostenersatz für Abmahnungen angewandt wird, ist damit nicht mehr notwendig. 90

Nach dem Gesetzeswortlaut ist Voraussetzung des Kostenerstattungsanspruchs demnach stets, dass die Abmahnung **berechtigt** war. Berechtigt ist jede Abmahnung, die nicht entbehrlich ist, will der Gläubiger Kostennachteile im Falle des sofortigen Anerkenntnisses vermeiden.[83] 91

Dies bedeutet, die Abmahnung muss inhaltlich begründet sein, die geltend gemachte Wettbewerbsverletzung muss also tatsächlich und rechtlich vorliegen. Darüber hinaus muss die Abmahnung jedoch auch im objektiv zu verstehenden **Interesse des Verletzers** liegen. Dies wird grundsätzlich angenommen, da es im Interesse des Verletzers ist, über sein rechtswidriges Verhalten aufgeklärt zu werden und die Möglichkeit zu bekommen, die Streitigkeit ohne die weitere Kosten auslösende Inanspruchnahme der Gerichte beizulegen. 92

Ein derartiges Interesse scheidet hingegen aus, sofern der Verletzer bereits von einem Dritten wegen des gleichen Verstoßes abgemahnt wurde. Dies gilt unabhängig davon, ob er sich zum Zeitpunkt der weiteren Abmahnung bereits dem Dritten unterworfen hat oder nicht. 93

Ebenso wenig vermögen **rechtsmissbräuchliche Abmahnungen** (§ 8 Abs. 4 UWG) oder Abmahnungen, die erst nach Erwirkung einer gerichtlichen einstweiligen Verfügung (sog. **Schubladenverfügung**) geltend gemacht werden, einen Kostenerstattungsanspruch nach § 12 Abs. 1 S. 2 UWG auszulösen.[84] 94

Wie sich ebenfalls aus dem Wortlaut von § 12 Abs. 1 UWG ergibt, werden ausschließlich **erforderliche Aufwendungen** ersetzt. Hierzu gehören die vom Verletzten für die Inanspruchnahme eines Rechtsanwaltes entstandenen Kosten in Höhe der gesetzlichen Gebühren nach dem RVG. Der verletzte Mitbewerber darf also grundsätzlich einen Rechtsanwalt mit der Abmahnung beauftragen. Von ihm können keine eigenen vertieften Kenntnisse der Spezialmaterie des Wettbewerbsrechts verlangt werden. Dies gilt selbst für den Fall, dass das abmahnende Unternehmen über eine eigene Rechtsabteilung verfügt, die aber mit anderen Bereichen als dem Wettbewerbsrecht befasst ist.[85] 95

---

83 Köhler/Bornkamm/*Köhler*, § 12 Rn 1.82.
84 Köhler/Bornkamm/*Köhler*, § 12 Rn 1.82a ff.
85 BGH, Urt. v. 8.5.2008 – I ZR 83/06 – GRUR 2008, 928 – Abmahnkostenersatz.

96 Sofern ein Unternehmen eine Abmahnung jedoch über die eigene Rechtsabteilung verfassen und versenden lässt, können hier lediglich die **konkreten Kosten**, z.B. für die Kommunikation, geltend gemacht werden. Anteilige Kosten für Personal oder gar eigener Arbeitsaufwand zu einem selbstbestimmten Stundensatz sind keine erforderlichen Aufwendungen i.S.d. § 12 UWG und können daher nicht ersetzt verlangt werden. Insoweit handelt es sich um die Verwirklichung des allgemeinen Geschäftsrisikos, die der Betrieb eines Unternehmens mit sich bringt. Erstattungsfähig erscheinen hingegen Kosten eines **Testkaufs** oder für die Einholung von Auskünften.

97 **Wettbewerbsverbände** i.S.d. § 8 Abs. 2 Nr. 2 und Nr. 3 UWG müssen grundsätzlich satzungsgemäß bereits dazu in der Lage sein, zumindest durchschnittliche Wettbewerbsverstöße ohne Inanspruchnahme externer Rechtsanwälte zu verfolgen. Anerkannt ist jedoch, dass diesen Verbänden eine **Kostenpauschale** zustehen soll. Diese beziffert sich vergleichsweise moderat zwischen 150,00 und 190,00 €.

98 Die zu ersetzenden **Rechtsanwaltsgebühren** berechnen sich nach dem Rechtsanwaltsvergütungsgesetz (RVG). Maßgeblich hierfür ist der der Streitigkeit zugrunde zu legende **Streitwert**. Dieser wird im Falle einer Abmahnung grundsätzlich aus dem Unterlassungsanspruch gebildet. Werden zudem Auskunfts- und/oder Schadensersatzansprüche geltend gemacht, ist der Streitwert entsprechend zu erhöhen.

99 Schon für **durchschnittliche Wettbewerbsstreitigkeiten** werden Streitwerte von 30.000,00 € regelmäßig als angemessen angesehen.[86] Bei Annahme einer 1,3-Gebühr nach §§ 13, 14 RVG, Nr. 2400 VV RVG zzgl. Kommunikationskostenpauschale nach Nr. 7002 VV RVG ergeben sich somit Abmahnkosten in Höhe von netto 1.005,40 €.

100 Zu beachten ist, dass der Aufwendungsersatz nach § 12 UWG nur insoweit vom Verletzer geschuldet wird, wie die Abmahnung auch berechtigt war. Wurde beispielsweise ein zu weitgehender Anspruch geltend gemacht, bemisst sich der Aufwendungsersatz nach dem entsprechend niedrigeren Streitwert und zwar anteilig nach dem Verhältnis des Streitwerts des berechtigten Teils der Abmahnung zum Streitwert der gesamten Abmahnung.[87] Es wird mithin keine volle Gebühr nach einem Streitwert geschuldet, der dem berechtigten Teil der Abmahnung entspricht.

IV. Auskunftsansprüche

101 Häufig ergibt sich für den Verletzten die Situation, dass zwar eine Wettbewerbsverletzung feststeht. Die genaueren Umstände zu Art, Umfang und Dauer der Verletzungshandlung sowie etwaige hierdurch vom Verletzer erzielte **Erlöse** sind ihm je-

86 OLG Hamm, Beschl. v. 28.3.2007 – 4 W 19/07 – MMR 2007, 663.
87 Vgl. BGH, Urt. v. 10.12.2009 – I ZR 149/07 – GRUR 2010, 744 – Sondernewsletter.

doch fast ebenso oft unbekannt. Vor diesem Hintergrund ergibt sich das klare Rechtsschutzbedürfnis, wonach es dem Verletzten möglich sein muss, den Verletzer – insbesondere zur Vorbereitung weitergehender Beseitigung-, Bereicherungs- und/oder Schadensersatzansprüche – zunächst auf Auskunft in Anspruch zu nehmen. Zwar erkennt das Gesetz einen derartigen **Auskunftsanspruch** nicht ausdrücklich an. Ein solcher wird jedoch gemeinhin aus dem durch den Wettbewerbsverstoß zwischen Verletzer und Verletztem begründeten **gesetzlichen Schuldverhältnis** in Verbindung mit dem Grundsatz von **Treu und Glauben** gem. § 242 BGB hergeleitet.

Gewohnheitsrechtlich gilt daher zusammenfassend mittlerweile folgender Satz: 102

*„Nach Treu und Glauben besteht eine **Auskunftspflicht**, wenn die zwischen den Parteien bestehenden Rechtsbeziehungen es mit sich bringen, dass der Berechtigte in entschuldbarer Weise über Bestehen und Umfang seines Rechts im Ungewissen ist, er sich die zur Vorbereitung und Durchsetzung seines Anspruchs notwendigen Auskünfte nicht auf zumutbare Weise selbst beschaffen kann und der Verpflichtete sie unschwerlich ohne unbillig belastet zu sein, zu geben vermag.“*[88]

Es wird unterschieden zwischen **selbstständigen** und **unselbstständigen** Aus- 103
kunftsansprüchen, ohne dass hiermit besondere praktische Auswirkungen verbunden wären: Der selbstständige Auskunftsanspruch, auch **Drittauskunft** genannt, zielt darauf ab, einen Anspruch gegen einen Dritten durchzusetzen. Regelmäßig sind Gegenstand der Drittauskunft die Benennung von Namen und Adressen von Dritten, gegen die ebenfalls Ansprüche durchgesetzt werden sollen. Praktische Relevanz entfaltet diese Art der Auskunft insbesondere in Fällen des ergänzenden Leistungsschutzes nach § 4 Nr. 9 UWG, der Rufausbeutung/-beeinträchtigung sowie in Fällen geschäftsschädigender Äußerungen, in denen der auf Auskunftserteilung in Anspruch genommene nicht selbst Urheber der streitigen Äußerungen ist.[89] Der selbstständige Auskunftsanspruch dient demnach also dazu, die Quelle der Rechtsverletzung zu beseitigen, bzw. zumindest eine Weiterverbreitung zu verhindern.

Der unselbstständige (**akzessorische**) Auskunftsanspruch dient demgegenüber 104
der Vorbereitung und/oder Durchsetzung von Ansprüchen gegen den auf Auskunft in Anspruch genommenen selbst. Voraussetzung für diese Art der Auskunft ist jedoch das Bestehen eines **Hauptanspruchs** – ist dieser (noch) nicht entstanden, besteht auch (noch) kein Anspruch auf Auskunft. Erforderlich ist also das Vorliegen einer Verletzungshandlung, die über die bloße Erstbegehungsgefahr und den hierdurch ausgelösten Unterlassungsanspruch hinausgeht.[90]

---

88 Köhler/Bornkamm/*Köhler*, § 9 Rn 4.5, m.w.N.
89 Köhler/Bornkamm/*Köhler*, § 9 Rn 4.2, m.w.N.
90 BGH, Urt. v. 6.3.2001 – KZR 32/98 – GRUR 2001, 849, 851 – Remailing-Angebot.

105 Auskunft wird stets nur über das geschuldet, was zur Vorbereitung und Durchsetzung des Hauptanspruchs erforderlich und geeignet ist.[91] So kann beispielsweise eine allgemeine unlautere Irreführung oder auch ein nicht gezielt gegen einen Dritten gerichteter Verstoß gegen eine Marktverhaltensregel i.S.d. § 4 Nr. 11 UWG lediglich zu einer Auskunft über Art und Umfang der Handlung, nicht aber über den vom Verletzer erzielten Gewinn führen. Der Auskunftsanspruch besteht erst ab Kenntnis von der konkreten Verletzungshandlung und darf sich nicht in einer **bloßen Ausforschung** erschöpfen. So reicht der Nachweis bestimmter Verletzungshandlungen grundsätzlich nicht schon aus, um einen Anspruch auf Auskunft auch über alle möglichen anderen Verletzungshandlungen zu begründen.[92]

V. Beseitigungsanspruch

106 Aus § 8 Abs. 1 S. 1 UWG ergibt sich neben dem zuvor dargestellten Unterlassungsanspruch auch unmittelbar ein Anspruch auf Beseitigung. Auch dieser ist auf die Zukunft gerichtet und soll die **Beendigung des rechtswidrigen Störungszustands** bewirken. Da der Verletzer jedoch bereits bei Geltendmachung des Unterlassungsanspruchs – will er seiner Unterlassungspflicht genügen – aus eigenem Interesse zu einem Tätigwerden verpflichtet ist, kommt dem Beseitigungsanspruch in der Praxis eher eine untergeordnete Rolle zu.

107 Eine eigenständige Bedeutung kann dem Anspruch z.B. bei der Geltendmachung eines Verzichts oder einer Löschung in Bezug auf eine Domainregistrierung zukommen, wenngleich in derartigen Fällen natürlich auch nicht aus dem Beseitigungsanspruch zugleich die Domainübertragung begehrt werden kann.[93]

D. Durchsetzung von Ansprüchen sowie Reaktionsmöglichkeiten hierauf in der Praxis

108 In der Praxis stehen dem Verletzten verschiedene Möglichkeiten der Geltendmachung seiner Ansprüche zur Verfügung. Insbesondere die in anderen Rechtsbereichen oftmals stiefmütterlich behandelten Instrumente des **einstweiligen Rechtsschutzes (einstweilige Verfügung)** sind hier äußerst effektive Mittel, um Rechtsverletzungen auf schnellem Wege zu begegnen. Demgegenüber steht natürlich auch der Anspruchsgegner nicht rechtlos dar, unabhängig davon, ob die gegen ihn erhobenen Vorwürfe berechtigt erfolgen oder nicht. In der Folge soll ein Über-

91 *Teplitzky*, Kap. 38, Rn 9ff.
92 BGH, Urt. v. 17.5.2001 – I ZR 291/98 – GRUR 2001, 841 – Entfernung der Herstellungsnummer II.
93 Vgl. BGH, Urt. v. 22.11.2001 – I ZR 138/99 – GRUR 2002, 622 – Shell.de.

blick über die beiden Seiten bereitstehenden Möglichkeiten gegeben werden, wobei die Wahl des konkreten Vorgehens stets einzelfallabhängig bleibt.

I. Abmahnung

Während in Rechtsgebieten wie dem Arbeits- oder dem Mietrecht eine sog. Abmahnung unter Umständen Voraussetzung für eine Kündigung ist, hat die **Abmahnung** im Wettbewerbsrecht die Funktion, Streitigkeiten auf direktem Wege kostengünstig und ohne Einschaltung eines Gerichts beizulegen. Mit der Abmahnung wird der Abmahnungsempfänger auf sein rechtswidriges Verhalten hingewiesen. Zugleich wird er aufgefordert, das beanstandete Verhalten nicht mehr zu wiederholen und diesbezüglich eine **Unterlassungserklärung** (auch: **„Unterlassungs- und Verpflichtungserklärung"**) abzugeben. Die Abmahnung ist also eine außergerichtliche Aufforderung an den Verletzer, ein bestimmtes, näher zu beschreibendes Verhalten zu unterlassen, verbunden mit einer Fristsetzung und der Androhung gerichtlicher Schritte für den Fall, dass die Abgabe einer Unterlassungserklärung verweigert wird. Die weitaus meisten wettbewerbsrechtlichen Streitigkeiten werden auf diesem Wege gelöst. Häufig werden neben der Geltendmachung des Unterlassungsanspruchs weitere Ansprüche in die Abmahnung mit einbezogen, insbesondere solche zum Ersatz der Abmahnkosten sowie auf Auskunftserteilung und die Anerkennung der Verpflichtung zum Schadensersatz. 109

Eine besondere gesetzliche Regelung zur Abmahnung existiert trotz ihrer hohen praktischen Bedeutung nicht. Lediglich in § 12 Abs. 1 S. 1 UWG wird ihre Existenz wie folgt erwähnt: 110

„§ 12 Abs. 1 S. 1 UWG
Die zur Geltendmachung eines Unterlassungsanspruchs Berechtigten sollen den Schuldner vor der Einleitung eines gerichtlichen Verfahrens abmahnen und ihm Gelegenheit geben, den Streit durch Abgabe einer mit einer angemessenen Vertragsstrafe bewehrten Unterlassungsverpflichtung beizulegen.
[...]"

Wie bereits der Gesetzeswortlaut („sollen") zeigt, stellt die Abmahnung keine zwangsweise Vorstufe zu einem Gerichtsverfahren und damit auch **keine echte Prozessvoraussetzung** dar. Vielmehr ist sowohl die **Erhebung einer Klage** als auch die **Beantragung einer einstweiligen Verfügung** jeweils ohne vorherige Abmahnung möglich. Allerdings läuft der Kläger bzw. Antragsteller in diesem Fall Gefahr, die Kosten des Verfahrens gem. § 93 ZPO auferlegt zu bekommen, sofern der von ihm verfolgte Anspruch vom Gegner anerkannt oder durch die Abgabe einer Unterlassungserklärung erledigt wird. 111

Praxistipp

Die Abmahnung sollte demnach folgende Elemente beinhalten:
- **Genaue Benennung** des Anspruchsinhabers sowie des Anspruchsgegners
- Schilderung des **Sachverhalts**
- Rechtliche Würdigung des Sachverhalts
- Klar formulierte **Unterlassungsaufforderung**
- **Fristsetzung** zur Abgabe einer Erklärung
- optional: Formulierung **weiterer Ansprüche** unter Fristsetzung (Aufwendungsersatz, Auskunft, etc.)
- **Androhung** gerichtlicher Schritte für den Fall der nicht fristgerechten Anspruchserfüllung

112 Für die Abmahnung existieren **keine besonderen Formerfordernisse**. Abgemahnt werden kann demnach grundsätzlich schriftlich, per E-Mail, Fax, telefonisch oder auch mündlich. Die Wahl der Form kann damit jeweils an die Besonderheiten des konkreten Einzelfalls angepasst werden und dürfte sich häufig nach der **Eilbedürftigkeit** richten. Üblicherweise wird man hier jedoch allein schon aus Beweisgründen zu einem schriftlichen Versand, im Idealfall per Einschreiben raten, dem eine Vorabversendung per E-Mail oder Fax vorausgehen kann.

113 In der Vergangenheit war es lange Zeit umstritten, ob der Abmahnung eine **Vollmacht** beigelegt werden muss. Grund für den Streit war die Anwendbarkeit der Vorschrift des § 174 S. 1 BGB auf Abmahnungen. Hiernach ist ein einseitiges Rechtsgeschäft unwirksam, sofern nicht das Original einer Vollmachtsurkunde vorgelegt und das Rechtsgeschäft aus diesem Grund unverzüglich zurückgewiesen wird. Abmahnungen ohne **Vollmachtsnachweis** wurden demnach häufig unter Verweis auf § 174 BGB als unwirksam zurückgewiesen. Der Streit hat sich nunmehr jedoch endgültig zugunsten der ohnehin schon herrschenden Meinung erledigt, nachdem der BGH hierzu ein klärendes Urteil getroffen hat:[94] Die Vorschrift des § 174 S. 1 BGB ist nach Auffassung des BGH nicht auf wettbewerbsrechtliche Abmahnungen anwendbar, wenn die Abmahnung mit einem **Angebot zum Abschluss eines Unterwerfungsvertrags** verbunden wurde. Ein derartiges Angebot kann in der Vorlage einer **vorformulierten Unterlassungserklärung**, die der Abmahnung angefügt wird, gesehen werden.

Praxistipp
- Der Abmahnung sollte eine **vorformulierte Unterlassungserklärung** beigefügt werden.
- Sofern die Abmahnung über einen Rechtsanwalt ausgesprochen wird, sollte dies zur Vermeidung der vorstehend beschriebenen Probleme unter **Vollmachtsnachweis** erfolgen.

94 BGH, Urt. v. 19.5.2010 – I ZR 140/08 – GRUR 2010, 1120 – Vollmachtsnachweis.

Fraglich ist im Rahmen der Abmahnung, wer beim **Bestreiten des Zugangs** einer Abmahnung die diesbezügliche Darlegungs- und Beweislast zu tragen hat. Nach allgemeinen Regeln bedarf es des Beweises durch denjenigen, der sich auf den Zugang beruft, mithin also des Abmahnenden. Zu beweisen wäre demnach also, dass das Abmahnschreiben dem Abgemahnten auch tatsächlich zugegangen ist, wozu beispielsweise ein **Fax-Sendebericht** grundsätzlich nicht ausreichen würde. Da der Abmahnende mit der ihm obliegenden Abmahnpflicht (vgl. § 12 Abs. 1 S. 1 UWG) jedoch ohnehin schon beschwert ist, wird sowohl in der Rechtsprechung als auch in der Literatur herrschend die Meinung vertreten, dass für den **Zugangsnachweis** der Abmahnung aufgrund einer vorzunehmenden Interessensabwägung ein anderer Maßstab zu gelten habe.[95] Diese Auffassung ist inzwischen auch vom BGH für den Bereich des § 93 ZPO ausdrücklich bestätigt worden: 114

> *„Den Beklagten, der im Wettbewerbsprozess auf die Klageerhebung hin eine strafbewehrte Unterlassungserklärung abgegeben hat und geltend macht, ihm sei die Abmahnung des Klägers nicht zugegangen, trifft grundsätzlich die* ***Darlegungs- und Beweislast*** *für die Voraussetzungen einer dem Kläger die Prozesskosten auferlegenden Entscheidung nach § 93 ZPO. Im Rahmen der sekundären Darlegungslast ist der Kläger leidglich gehalten, substantiiert darzulegen, dass das Abmahnschreiben abgesendet worden ist. Kann nicht festgestellt werden, ob das Abmahnschreiben dem Beklagten zugegangen ist oder nicht, ist für eine Kostenentscheidung nach § 93 ZPO kein Raum."*[96]

Demnach gilt es also für den Anspruchssteller, folgende Punkte darzulegen und entsprechend im Rahmen des Antrags auf Erlass einer einstweiligen Verfügung glaubhaft zu machen, bzw. bei einer Klage zu beweisen: 115

- Ordnungsgemäße, korrekte **Adressierung des Abmahnschreibens** – je nachdem wie die Abmahnung ausgesprochen wurde, ist also die Adresse, Fax-/Telefonnummer oder E-Mail-Adresse zu bezeichnen.
- Ordnungsgemäße **Absendung der Abmahnung**, z.B. durch den Fax-Sendebericht oder eidesstattliche Versicherung/Zeugenbeweis über den Postausgang.

II. Reaktionsmöglichkeiten auf eine Abmahnung

Im Falle einer Abmahnung stehen dem Abgemahnten verschiedene Reaktions- und **Verteidigungsmöglichkeiten** zur Auswahl. Grundsätzlich ist hierbei natürlich zunächst festzustellen, ob und inwieweit die Abmahnung berechtigt erfolgt, man also 116

95 Vgl. zum aktuellen Meinungsstand: Köhler/Bornkamm/*Köhler*, § 12 Rn 1.31 ff., m.w.N.
96 BGH, Beschl. v. 21.12.2006 – I ZB 17/06 – GRUR 2007, 629 – Zugang des Abmahnschreibens.

tatsächlich von einem Wettbewerbsverstoß ausgehen muss. So macht es natürlich wenig Sinn, im Falle einer unberechtigten Abmahnung eine – wenn auch nur **modifizierte** – **Unterlassungserklärung** abzugeben, während bei einer offensichtlich unlauteren Handlung dem Abgemahnten die Hinterlegung einer **Schutzschrift** im Ergebnis nicht weiterhelfen wird. Problematisch in diesem Zusammenhang ist natürlich, dass es sich mitunter aber eben gerade nicht so eindeutig feststellen lässt, inwiefern eine Abmahnung berechtigterweise erfolgt. Dem weiteren Vorgehen nach einer Abmahnung liegen insoweit dann vor allem auch taktische Überlegungen zugrunde.

1. Abgabe einer (modifizierten) Unterlassungserklärung

117 Stellt sich der mit der Abmahnung verfolgte Unterlassungsanspruch dem Grunde nach als berechtigt dar, ist es an dem Abgemahnten, sich zu entscheiden: Soll eine die **Wiederholungsgefahr ausräumende Unterlassungserklärung** abgegeben werden oder weist er die Abmahnung gleichwohl trotzdem zurück und stellt dem Abmahnenden dabei anheim, einen gerichtlichen Titel zu erwirken? Letzteres mag vor dem Hintergrund gerechtfertigt sein, im Falle eines weiteren (zumindest kerngleichen) Verstoßes lieber das hiernach festzusetzende **Ordnungsgeld** an die Staatskasse zu zahlen, anstatt im Falle einer Zuwiderhandlung gegen eine abgegebene Unterlassungserklärung die hiernach fällig werdende **Vertragsstrafe** an den Gläubiger/Gegner leisten zu müssen. Die oftmals mit einem derartigen Vorgehen verbundene Hoffnung, dass ein Ordnungsgeld im Zweifel geringer ausfällt als eine Vertragsstrafe, sowie dass die Überwachung des Unterlassungsversprechens durch den Unterlassungsgläubiger weniger akribisch ausfällt, da mit einem abermaligen Verstoß kein direkter eigener monetärer Vorteil verbunden ist, bestätigt sich in der Praxis in aller Regel nicht. So wird in den weitaus meisten Fällen einer berechtigten Abmahnung die Abgabe einer Unterlassungserklärung das zweckmäßigere und vor allem auch kostenschonendere Vorgehen darstellen.

118 Zu beachten ist jedoch, dass dem Abmahnenden bei einer berechtigten Abmahnung zwar ein Unterlassungsanspruch zusteht. Er hat jedoch keinen Anspruch darauf, die von ihm in der Regel **vorformulierte Unterlassungserklärung**[97] abgegeben zu bekommen. Vielmehr ist es am Abgemahnten selbst, eine entsprechende Erklärung zu formulieren bzw. die ihm zur Unterschrift vorgelegte Erklärung zu modifizieren, die dazu geeignet ist, die Wiederholungsgefahr für das konkret abgemahnte Verhalten auszuräumen (sog. **„modifizierte Unterlassungserklärung“**).

---

97 Siehe hierzu Rn 109.

Dem Abgemahnten ist es dabei selbst überlassen, das künftig von ihm zu unterlassende Verhalten möglichst eng zu fassen und die Folgen, die an einen Verstoß geknüpft sind (Vertragsstrafe) möglich gering zu halten. Ebenso liegt es in seinem originären Interesse, dass die Erklärung **kein automatisches Schuldanerkenntnis** darstellt. Dies ist insbesondere in Fällen von Relevanz, in denen die Rechtslage uneindeutig ist und der Abgemahnte lediglich zur Vermeidung einer kostspieligen gerichtlichen Auseinandersetzung eine Unterlassungserklärung abgeben will, zugleich aber die **Übernahme von Abmahnkosten ablehnt**. Der in der Regel den Streitwert einer Abmahnung ausmachende Unterlassungsanspruch wird auf diese Weise erfüllt. Streitig sind dann meist nur noch die Abmahnkosten, an deren isolierter gerichtlicher Durchsetzung der Abmahnende und dessen Rechtsanwalt häufig wenig Interesse haben. 119

In der Praxis hat sich die Formulierung nach sog. **„Neuem Hamburger Brauch"** 120
etabliert, deren Zulässigkeit so auch bereits vom BGH bestätigt wurde.[98] Hiernach verpflichtet sich der abgemahnte Unterlassungsschuldner, das als unlauter beanstandete Verhalten zukünftig bei Vermeidung einer für jeden Fall der Zuwiderhandlung fälligen und **vom Unterlassungsgläubiger zu bestimmenden Vertragsstrafe, deren Angemessenheit im Streitfalle vom zuständigen Gericht zu überprüfen** ist, zu unterlassen. Es wird also die Bezifferung einer konkreten Höhe der Vertragsstrafe vermieden und gleichwohl trotzdem die Wiederholungsgefahr ausgeräumt.

Praxistipp

Eine **modifizierte Unterlassungserklärung** kann demnach beispielsweise wie folgt formuliert werden:

„Herr Max Müller,
auch handelnd unter der Firma „Fa. ABC-Apps",
Hauptstraße 1, 50825 Köln,
– nachfolgend Unterlassungsschuldner –

verpflichtet sich ohne Anerkennung einer Rechtspflicht, gleichwohl rechtsverbindlich gegenüber

der XYZ GmbH,
vertreten durch den Geschäftsführer Moritz Meier,
Rheinweg 2, 40211 Düsseldorf,
– nachfolgend Unterlassungsgläubigerin –

es bei Vermeidung einer für jeden Fall der Zuwiderhandlung fälligen und von der Unterlassungsgläubigerin zu bestimmenden Vertragsstrafe, deren Angemessenheit im Streitfalle vom zuständigen Gericht zu überprüfen ist, zu unterlassen, im geschäftlichen Verkehr zu Zwecken des Wettbewerbs beim Angebot einer Smartphone-App eine Bildschirmoberfläche, wie aus den Anlagen A1 bis A3 ersichtlich, zu verwenden oder verwenden zu lassen.

---

98 BGH, Urt. v. 31.5.1990 – I ZR 285/88 – GRUR 1990, 1051 – Vertragsstrafe ohne Obergrenze.

Die Unterlassungserklärung wird, ohne damit ein Präjudiz über die Rechtmäßigkeit oder die Rechtswidrigkeit des zu unterlassenden Verhaltens abzugeben, unter der auflösenden Bedingung einer allgemein verbindlichen, d.h. auf Gesetz oder einer Entscheidung der höchstrichterlichen Rechtsprechung beruhenden, ausdrücklichen Klarstellung abgegeben, dass das zu unterlassende Verhalten keine Rechtsverletzung beinhaltet."

2. Schutzschrift

121 Werden die mit einer Abmahnung geltend gemachten Ansprüche vom Abgemahnten zurückgewiesen, besteht in der Regel die Gefahr, dass der Abmahnende bei Gericht einen **Antrag auf Erlass einer einstweiligen Verfügung** stellt. Eine solche ergeht meist **ohne vorherige mündliche Verhandlung**. Um dem Erlass der Verfügung vorzubeugen bzw. um zumindest zu verhindern, dass eine solche ohne vorherige mündliche Verhandlung ergeht, kann im Rahmen einer sog. **Schutzschrift** bereits im Vorfeld bei Gericht die eigene Sicht der Dinge dargelegt werden.

122 Da das Gericht die rechtliche Bewertung des mit dem Verfügungsantrag geltend gemachten Anspruchs ohnehin in eigener Verantwortung vornimmt, erscheint eine Schutzschrift insbesondere in den Fällen zweckmäßig, in denen die Abmahnung von **falschen oder unvollständigen Tatsachen** ausgeht bzw. wenn zu befürchten ist, dass der Abmahner den Sachverhalt nur unzureichend darstellt.

123 Damit die Schutzschrift von dem mit einem Verfügungsantrag befassten Gericht berücksichtigt wird, sollte sie eine **möglichst genaue Parteibezeichnung** beinhalten. Der **Antrag einer Schutzschrift** geht üblicherweise dahin, den (befürchteten) Verfügungsantrag zurückzuweisen, hilfsweise diesen nicht ohne mündliche Verhandlung zu erlassen. Zu hinterlegen ist die Schutzschrift bei dem Gericht, bei dem der Gegner den Antrag auf Erlass einer einstweiligen Verfügung vermutlich einreichen wird. Oftmals liegt hier bereits ein erhebliches Problem, sofern zwischen **verschiedenen Gerichtsständen** gewählt werden kann. Insbesondere bei Verstößen, die sich im Rahmen der App selbst und damit im Internet abspielen, greift der sog. **„fliegende Gerichtsstand"**. Danach ist in entsprechender Anwendung von § 32 ZPO neben dem allgemeinen Gerichtsstand auch das Gericht zuständig, in dessen Bezirk die (unerlaubte) Handlung begangen worden ist bzw. sich der Wettbewerbsverstoß bestimmungsgemäß auswirkt. Da das Internet und damit auch der Verstoß in sämtlichen Landesgerichtsbezirken Deutschland abrufbar ist, hat der Antragsteller einer einstweiligen Verfügung damit die freie Wahl hinsichtlich des von ihm bevorzugten Gerichtsstandes.

! **Praxistipp**

Um trotz Vorliegen des fliegenden Gerichtsstands die Chance zu wahren, mit einer Schutzschrift gehört zu werden, bietet es sich inzwischen an, die Schutzschrift (zusätzlich zur Einlegung beim mutmaßlich angerufenen Gericht) durch das sog. **Zentrale Schutzschriftenregister (ZSR)** in **elektro-**

nischer Form hinterlegen zu lassen.[99] Dies ist mit verhältnismäßig geringen Kosten in Höhe von derzeit 45,00 € (netto) verbunden sowie schnell und einfach online durchzuführen. Zu beachten gilt jedoch, dass es sich bei diesem Register um eine private Initiative und nicht etwa um eine staatliche Einrichtung handelt. Von den bundesweit 116 Landgerichten (Stand: Januar 2007) hat sich inzwischen eine signifikante Anzahl an Gerichten dazu bekannt, das ZSR vor Erlass einer Verfügung auf eine dort hinterlegte Schutzschrift hin zu überprüfen. Allerdings ergeben sich aus der vom ZSR veröffentlichten Liste teilnehmender Gerichte noch immer viele „weiße Flecken", sodass die elektronische Hinterlegung vorerst noch als **reine zusätzliche Maßnahme** begriffen werden muss.[100]

Im Ergebnis muss ein Gericht eine ihm – ob nun in elektronischer oder körperlicher 124
Form – vorliegende Schutzschrift bei seiner Entscheidung über den Erlass der begehrten Verfügung beachten, mehr allerdings auch nicht. Einer Begründung, warum trotz Vorliegen einer Schutzschrift einem Verfügungsantrag stattgegeben wird, bedarf es nicht. Insbesondere verhindert die Schutzschrift auch keine **Entscheidung im Beschlusswege**. Häufig verfahren Gerichte inzwischen so, dass sie die ihnen vorliegende Schutzschrift dem Antragsteller zur **Stellungnahme** zuleiten und hiernach dann entscheiden, ob die Verfügung ergeht, abgelehnt wird oder eine mündliche Verhandlung anzusetzen ist.[101]

III. Einstweiliger Rechtsschutz

Unter einer einstweiligen Verfügung ist die vorläufige Entscheidung des Gerichts im 125
Rahmen eines **Eilverfahrens** zu verstehen, die der Sicherung eines nicht auf Geld gerichteten Anspruchs bis zur endgültigen Entscheidung dient. Im Gegensatz zu anderen Rechtsgebieten spielt die einstweilige Verfügung im Wettbewerbsrecht eine zentrale Rolle und macht in vielen Fällen ein **Hauptsacheverfahren** (Klageverfahren) entbehrlich. Auf diesem Wege kann oftmals bereits wenige Tage nach Einreichen des Antrags bei Gericht eine Entscheidung erwirkt werden, ohne dass hierbei zwangsweise überhaupt die gegnerische Partei gehört oder eine mündliche Verhandlung vor Gericht durchgeführt werden müsste. Anders als im Klageverfahren genügt die bloße **Glaubhaftmachung der anspruchsbegründenden Tatsachen** (kein Strengbeweis), was insbesondere durch die Vorlage **eidesstattlicher Versicherungen** erfolgt. Nach Zustellung der einstweiligen Verfügung ist der Antragsgegner zunächst bei **Androhung eines Ordnungsgeldes** im Falle eines weiteren Verstoßes dazu verpflichtet, das beanstandete und zum Gegenstand der Verfügung gemachte Verhalten bis auf Weiteres einzustellen.

99 Im Internet zu finden unter https://www.schutzschriftenregister.de.
100 So auch Köhler/Bornkamm/*Köhler*, § 12 Rn 3.40.
101 Köhler/Bornkamm/*Köhler*, § 12 Rn 3.40.

126 Das einstweilige Verfügungsverfahren bestimmt sich nach den allgemeinen Vorschriften der §§ 916ff. ZPO. Grundvoraussetzung sind demnach ein **Verfügungsanspruch** sowie ein **Verfügungsgrund.**

127 **Beachte:** Die **vorherige Abmahnung** ist keine Voraussetzung für den Erlass einer einstweiligen Verfügung! Nach § 12 Abs. 1 S. 1 UWG soll (nicht muss) dem Schuldner vor der Einleitung gerichtlicher Schritte die Möglichkeit zur außergerichtlichen Streitbeilegung gegeben werden. Bei Beantragung der Verfügung ohne vorherige Abmahnung läuft der Antragsteller jedoch Gefahr, im Falle eines **Anerkenntnisses** mit den Verfahrenskosten belastet zu werden.[102]

128 Da die einstweilige Verfügung **keine abschließende Regelung** treffen darf, kommt als Verfügungsanspruch regelmäßig alleine der Unterlassungsanspruch in Betracht. Ansprüche auf Auskunft, Schadens- oder Aufwendungsersatz würden demgegenüber die Hauptsache vorwegnehmen und können daher nicht Gegenstand des Verfügungsverfahrens sein. Ein Verfügungsgrund besteht, wenn ohne die Verfügung die Durchsetzung des Anspruchs gefährdet wäre oder die Verfügung zur Erhaltung des Rechtsfriedens notwendig erscheint. Im Bereich des Wettbewerbsrechts wird hier von **Dringlichkeit** oder **Eilbedürftigkeit** gesprochen. Laut § 12 Abs. 2 UWG besteht für die Dringlichkeit eine (widerlegliche!) **gesetzliche Vermutung**. Entscheidend für die Bejahung der Dringlichkeit ist, dass der Anspruchssteller in zeitlicher Hinsicht alles getan hat, um die von ihm behaupteten Ansprüche durchzusetzen. Nach wohl noch herrschender Ansicht kommt es hierbei auf den Zeitpunkt der **positiven Kenntnis des Anspruchsstellers** von der Verletzungshandlung an.[103] Über die Dauer der nicht gesetzlich geregelten Dringlichkeitsfrist gibt es in den einzelnen Landgerichtsbezirken zuweilen sehr unterschiedliche Auffassungen. Etabliert haben dürfte sich aber wohl eine **Frist von vier Wochen** oder auch einem Monat, wobei viele Gerichte auf die Umstände des jeweiligen Einzelfalls abstellen, wonach eine Frist auch kürzer oder länger anzusetzen sein kann.[104]

! **Praxistipp**
Bereits im Rahmen der Abmahnung ist darauf zu achten, den **Kenntnisnahmezeitpunkt** – soweit dies denn möglich ist – zeitlich nach hinten zu verlagern und bei den zur Abgabe einer Unterlassungserklärung zu setzenden Fristen bereits den Ablauf der Dringlichkeitsfrist im Blick zu haben.

129 Wie bereits zuvor dargestellt, kann der Antragsteller bei der Auswahl des von ihm anzurufenden Gerichts je nach Art des Verstoßes den **fliegenden Gerichtsstand** für sich reklamieren.[105] Dies führt bisweilen dazu, dass ein Antragsteller einen von ihm

102 Siehe hierzu auch Rn 111.
103 Köhler/Bornkamm/*Köhler*, § 12 Rn 3.15a, m.w.N.
104 Köhler/Bornkamm/*Köhler*, § 12 Rn 3.15b, m.w.N.
105 Siehe hierzu Rn 124.

bei Gericht A eingereichten Antrag nach (oft telefonischem) richterlichem Hinweis auf ein Problem beim Verfügungsantrag oder -grund zurücknimmt, um ihn sodann bei Gericht B erneut einzureichen (sog. **Forum-Shopping**). Sollte Gericht B dann einer anderen Auffassung sein, ergeht die Verfügung, ohne dass das Gericht oder der Antragsgegner je Kenntnis davon erlangt hätten, dass der Antrag bei Gericht A gescheitert ist. Dem Antragsteller stünde es hiernach also frei, es solange bei verschiedenen Gerichten zu probieren, bis er das von ihm gewünschte Ergebnis erzielt hat. An diesem Prinzip des Forum-Shoppings wird bereits seit einiger Zeit deutliche Kritik geübt, wonach ein derartiges Vorgehen das **allgemeine Rechtsschutzbedürfnis** und damit den Verfügungsgrund entfallen lässt.[106]

Durch Einreichung des Verfügungsantrags bei Gericht wird nach allgemeiner 130
Meinung die **Rechtshängigkeit** begründet.[107] Hierfür ist also nicht wie sonst üblich die Zustellung an den Gegner erforderlich. Das Gericht wird regelmäßig einen Fall des § 937 Abs. 2 ZPO annehmen und über den Antrag durch **Beschluss ohne mündliche Verhandlung** entscheiden. Eine Anhörung des Antragsgegners kann jedoch auch ohne mündliche Verhandlung form- und fristlos erfolgen, sofern das Gericht dies für notwendig erachtet.[108] Sowohl der stattgebende als auch der ablehnende Beschluss wird ausschließlich dem Antragsteller zugestellt. Die Zustellung an den Antragsgegner hat sodann gem. §§ 922 Abs. 2, 936 ZPO innerhalb eines Monats im **Parteibetrieb** zu erfolgen, d.h. der Antragssteller beauftragt einen Gerichtsvollzieher mit der förmlichen Übermittlung der Verfügung. Ab dem Zeitpunkt der Zustellung ist die einstweilige Verfügung vom Antragsgegner zu beachten. Ordnet das Gericht hingegen eine mündliche Verhandlung über den Verfügungsantrag an, richtet sich das weitere Verfahren nach den allgemeinen Vorschriften der ZPO. Das Gericht entscheidet in diesem Fall durch Endurteil, das den Parteien entsprechend zugestellt wird. Das Urteil wird nach inzwischen wohl herrschender Meinung mit seiner Verkündung wirksam und ist bereits ab diesem Zeitpunkt vom Anspruchsgegner zu beachten (nicht erst ab Zustellung!).[109]

IV. Reaktionsmöglichkeiten auf eine einstweilige Verfügung

Im Regelfall wird der Gegner einer einstweiligen Verfügung von dieser erst nach der 131
an ihn bewirkten Zustellung Kenntnis erlangen. Unabhängig vom weiteren Vorgehen hat er den Verfügungsinhalt, also das dort beschriebene zu unterlassende Ver-

---

106 OLG Hamburg, Urt. v. 6.12.2006 – 5 U 67/06 – GRUR 2007, 614; OLG München, Beschl. v. 27.12. 2010 – 6 U 4816/10 – WRP 2011, 364, 365 f.; *Teplitzky*, Kap. 54, Rn 24b, m.w.N.

107 *Teplitzky*, Kap. 55, Rn 1, m.w.N.

108 Köhler/Bornkamm/*Köhler*, § 12 Rn 3.23, m.w.N.; *Teplitzky*, Kap. 55, Rn 3.

109 *Teplitzky*, Kap. 55, Rn 35, m.w.N.

halten, umgehend zu beachten. Danach hat er sich zwischen den nachstehend skizzierten **Rechtsbehelfen** bzw. Möglichkeiten einer kostenschonenden **Verfahrensbeendigung** zu entscheiden:

1. Widerspruch

132 Im Falle einer aus Sicht des Antragsgegners zu Unrecht ergangenen einstweiligen Verfügung stellt der **Widerspruch** den umfassendsten und sachdienlichsten Rechtsbehelf dar, um die Unterlassungsanordnung schnellstmöglich aus der Welt zu schaffen. Ziel des Widerspruchs ist die Durchführung der – bis dahin – unterbliebenen **mündlichen Verhandlung**, die die Aufhebung der Verfügung zum Ziel hat. Im Rahmen der Widerspruchsbegründung hat der Antragsgegner die umfassende Möglichkeit, seine Sicht der Dinge darzulegen und den bis dahin ggf. unvollständigen Sachvortrag des Antragstellers entscheidend zu ergänzen. Für die Einlegung des Widerspruchs besteht – wie stets vor dem Landgericht – ein **Anwaltszwang**. Nach durchgeführter mündlicher Verhandlung entscheidet das Gericht durch **Endurteil**, gegen das **Berufung** eingelegt werden kann.

133 **Beachte:** Die Einlegung des Widerspruchs **hemmt nicht die Wirksamkeit der ergangenen einstweiligen Verfügung**, die also bis zur endgültigen Entscheidung des Gerichts weiterhin zu beachten ist.

134 Die Einlegung des Widerspruchs ist grundsätzlich **nicht fristgebunden**. Allerdings wird ein **allgemeines Rechtsschutzbedürfnis** des Gläubigers dahingehend angenommen, dass er Klarheit darüber erlangt, ob die von ihm erwirkte vorläufige Regelung vom Gegner anerkannt wird oder ob es zur Sicherung seines Anspruchs noch der Durchführung eines Hauptsacheverfahrens bedarf. Der Schuldner einer einstweiligen Verfügung sollte sich daher unbedingt innerhalb einer **Frist von zwei Wochen**, die in Sonderfällen (z.B. umfangreiche Sachverhaltsermittlung) jedoch auch länger ausfallen kann, für oder wider einen Widerspruch entscheiden.

! **Praxistipp**
Um ein kostenpflichtiges **Abschlussschreiben** zu vermeiden, sollte – sofern man sich für dieses Vorgehen entscheidet – innerhalb von zwei Wochen Widerspruch bei Gericht eingelegt und der Gegner hiervon in Kenntnis gesetzt werden. Eine Begründung des Widerspruchs kann dann nachgereicht werden.

---

2. Antrag auf Durchführung des Hauptsacheverfahrens

135 Laut § 926 Abs. 1 ZPO hat der Schuldner einer einstweiligen Verfügung das Recht, den Antragsteller zur **Erhebung der Hauptsacheklage** zu zwingen. Wird die Klage dann nicht innerhalb einer vom Rechtspfleger zu setzenden Frist (meist vier bis sechs Wochen) erhoben, kann der Schuldner gem. § 926 Abs. 2 ZPO die Aufhebung

der Verfügung beantragen.[110] Dieser Rechtsbehelf kann geboten sein, sofern zu vermuten ist, dass der Gläubiger eine derartige Klageerhebung scheuen wird oder wenn die **Beweisführung** im Rahmen eines Klageverfahrens (z.B. durch Zeugen oder Sachverständigen) aussichtsreicher als im einstweiligen Verfügungsverfahren erscheint.

3. Abschlusserklärung

Wie zuvor dargestellt, bedarf es trotz Fehlens einer **Widerspruchsfrist** innerhalb einer angemessenen Frist, die in der Regel zwischen zwei und vier Wochen angenommen wird, einer Erklärung des Antragsgegners über den weiteren Fortgang des Verfahrens. Nach Ablauf dieser ebenfalls nicht gesetzlich fixierten Frist kann der Antragsteller eine solche Erklärung im Rahmen eines sog. **Abschlussschreibens** einfordern. Hierfür kann er wiederum **Anwaltskosten** geltend machen. 136

Sollte man sich als Schuldner einer einstweiligen Verfügung dazu entscheiden, keine rechtlichen Schritte hiergegen einzulegen, ist es zur Vermeidung der Kosten für ein Abschlussschreiben daher unbedingt erforderlich, unaufgefordert rechtzeitig eine sog. **Abschlusserklärung** abzugeben. Hierdurch soll der lediglich vorläufige Titel der einstweiligen Verfügung in den **Rang eines Hauptsachetitels** erhoben werden. Inhaltlich erklärt der Antragsgegner hierdurch, auf die ihm gesetzlich zustehenden Rechtsbehelfe zu verzichten und die in der Verfügung getroffene Regelung als endgültig anzuerkennen. 137

Praxistipp !

Folgende Formulierung kann für eine **Abschlusserklärung** verwendet werden:

> *„Die einstweilige Verfügung des LG ... vom ..., Az. ... wird unter Verzicht auf die Rechte aus den §§ 924, 926 und 927 ZPO als endgültige und zwischen den Parteien verbindliche Regelung anerkannt."*

V. (Hauptsache-)Klage und Reaktionsmöglichkeiten

Ist dem Gläubiger eines Unterlassungsanspruchs die Einleitung von Maßnahmen des einstweiligen Rechtsschutzes, z.B. wegen fehlender Dringlichkeit, verwehrt oder möchte er gleichzeitig mit dem **Unterlassungsanspruch** auch **Auskunfts-, Schadensersatz-** und/oder **Aufwendungsersatzansprüche** geltend machen, steht es ihm selbstverständlich frei, eine sog. **Hauptsacheklage** zu erheben. Diese richtet 138

110 Köhler/Bornkamm/*Köhler*, § 12 Rn 3.44 ff.

sich nach den allgemeinen Vorschriften der ZPO und weist insofern keine Besonderheiten auf.

139 Häufig wird es dem Kläger vor Erfüllung des Auskunftsanspruchs noch nicht möglich sein, den von ihm geltend zu machenden Schaden konkret zu beziffern. Insoweit bietet es sich an, neben dem Antrag auf Unterlassung und Auskunft einen solchen auf **Schadensfeststellung** zu stellen.[111]

Praxistipp
Folgende Formulierung kann für den **Antrag auf Schadensfeststellung** gewählt werden:
> *„Es wird festgestellt, dass die Beklagte zum Ersatz desjenigen Schadens verpflichtet ist, der der Klägerin durch Handlungen gem. Ziff. 1 (Unterlassungsantrag) entstanden sind.“*

---

140 Zu beachten gilt, dass im Wettbewerbsrecht sämtliche Ansprüche gem. § 11 Abs. 1 UWG bereits nach lediglich **sechs Monaten** verjähren. Die **Verjährungsfrist** beginnt nach § 11 Abs. 2 UWG, wenn der Anspruch entstanden ist und der Gläubiger von den den Anspruch begründenden Umständen und der Person des Schuldners Kenntnis erlangt oder ohne grobe Fahrlässigkeit erlangen müsste. Die Erhebung einer Hauptsacheklage ist auch bereits vor Abschluss eines einstweiligen Verfügungsverfahrens möglich.

141 Soll sich gegen die Klage verteidigt werden, ist dies im Rahmen der **Klageerwiderung** sowie der sich in der Folge anschließenden **mündlichen Verhandlung** möglich. Insoweit gelten gegenüber sonstigen zivilrechtlichen Klagen keine Besonderheiten. Im Falle einer Klage ohne vorangegangene Abmahnung ist es möglich, den Klageanspruch durch Abgabe eines **sofortigen Anerkenntnisses** anzuerkennen und so die gem. § 93 ZPO für den Beklagten günstige Kostenentscheidung herbeizuführen.

---

111 Vgl. *Teplitzky*, Kap. 44, Rn 2.

Kapitel 8
Umsatzsteuer und Apps

A. Allgemeines

Globalisierung und **Digitalisierung** bestimmen weitgehend die Märkte und unseren Umgang mit elektronischen Medien. Kaum ein Unternehmer ist in der virtuellen Welt des Internets nicht vertreten. Soziale Netzwerke, Foren und Plattformen im Internet gehören genauso zum Alltäglichen, wie Online-Shopping und Wissensbeschaffung/-vermittlung (eLearning, Datenbanken, Rechercheplattformen u.v.m.) via Internet. Insofern ist es kaum verwunderlich, dass ortsunabhängige und technisch hochkomplexe Smartphones, Laptops und Tablet-Computer auch Software-Anwendungen benötigen, über welche Wissen, Order, Informationen, Datenzugriff und vieles mehr vermittelt bzw. hergestellt werden kann. 1

Die mobile App (nachfolgend **App**) wird im deutschen Sprachraum als Kurzbezeichnung für **Applikation** bzw. **Application Software** und damit regelmäßig für Anwendungssoftware für Mobilgeräte (z.B. Smartphones, Tablet-Computer) verwendet. Native mobile Apps können schnell und unkompliziert durch speziell an die Zielplattform angepasste und häufig herstellerspezifische Online-Portale bezogen und als Anwenderprogramm installiert werden. Sie werden über die jeweilige Vertriebsplattform des mobilen Geräts bzw. Herstellers zentral angeboten und können von dort kostenlos oder kostenpflichtig heruntergeladen werden. Dies kann technisch sowohl **„over the air" (OTA)** oder über die **Internetverbindung** erfolgen. Daneben gibt es auch weitere über diverse Internetseiten angebotene Möglichkeiten des Bezugs einer App, welche allerdings nicht von jedem Hersteller zugelassen wird. Ihre Anwendungen reichen von Vertriebsplattformen für den Erwerb von Waren und Dienstleistungen („Online-Shopping") über das Internet, Bestell- und Auktionsplattformen, Nachrichtendienste bis hin zu Werkzeugen und Spaßanwendungen (beispielsweise Computerspiele). Des Weiteren gibt es Mobile Web Apps, welche über Webbrowser des Mobilfunkgeräts abgerufen werden und keiner Installation bedürfen. Von Apps dieser Art handelt dieses Kapitel. Die daneben möglichen Anwendungen in Unternehmen zur Informationssteuerung und als Schnittstelle in IT- und Datensysteme werden nicht behandelt. 2

Die Beurteilung des Bezugs einer App oder der Abwicklung einer **Dienstleistungs- oder Lieferbeziehung** über die Verwendung einer App ist umsatzsteuerlich noch wenig beleuchtet und mit einigen **Unsicherheiten** belastet. Dabei ist für die zutreffende umsatzsteuerliche Abwicklung auf die **allgemeinen Grundsätze der Umsatzsteuerbesteuerung** zurückzugreifen. Diese müssen jedoch mit den technischen Besonderheiten in Einklang gebracht werden. 3

B. Systematik des Umsatzsteuerrechts

4 Das **Mehrwertsteuerrecht** (oder auch **Umsatzsteuerrecht**) ist eine **Verbrauchsteuer,**[1] dessen Steuerdestinatar der Endverbraucher ist. Nach dem Willen des Gesetzgebers soll Träger der Umsatzsteuer nicht der Unternehmer, sondern der Endabnehmer sein, der Einkommen oder Vermögen für verbrauchbare Güter aufwendet.[2] Bei grundsätzlichen Überlegungen zur umsatzsteuerlichen Beurteilung des Einsatzes und des Bezugs von Apps ist daher zu beachten, dass die Umsatzsteuer als **Allphasen-Netto-Umsatzsteuer**[3] (mit Vorsteuerabzug) konzipiert ist und es das Ziel der Normen ist, dass es keinen unversteuerten Endverbrauch geben soll. Zugleich muss der unionsrechtliche **Grundsatz der Neutralität** der Mehrwert-/Umsatzsteuer[4] gewahrt werden. Dieser beinhaltet die Gleichbehandlung wirtschaftlich gleichwertiger Vorgänge im Umsatzsteuerrecht trotz ggf. verschiedenen Rechtskleides und die grundsätzliche Entlastung des Unternehmers (unionsrechtlich Steuerpflichtigen) von der Umsatzsteuer. Auch im Hinblick auf das harmonisierte (unionsweite) Mehrwertsteuersystem ist aufgrund des **unionsrechtlichen Missbrauchsbegriffs**[5] kein Raum für realitätsferne und der wirtschaftlichen Transaktion nicht entsprechende Gestaltungen.[6]

5 Da das Aufkommen der Umsatzsteuer dem Bund, den Ländern und den Gemeinden zusteht,[7] handelt es sich um eine **Gemeinschaftssteuer** gem. Art. 106 Abs. 3 i.V.m. § 1 Abs. 1 Finanzausgleichsgesetz. Aufgrund der Klarstellung in Art. 1 Abs. 2 MwStSystRL wird deutlich, dass die Mehrwertsteuer und somit auch die Umsatzsteuer eine **proportionale Verbrauchsteuer** ist. Der Streit, ob sie zugleich zu den Verkehrssteuern zählt, weil sie an Vorgänge des Rechtsverkehrs anknüpft, ist damit zumindest seitens des unionsrechtlichen Normengebers zugunsten der Einordnung als allgemeine Verbrauchsteuer entschieden.

6 Das Allphasen-Netto-Prinzip bedeutet die **Überwälzung** der Umsatzsteuer auf den Abnehmer bei grundsätzlicher Gewährung eines Vorsteuerabzugs für unternehmerische Abnehmer. Diese verwenden die bezogenen Eingangsleistungen für Umsätze, die nicht den Vorsteuerabzug ausschließen. Jeder Unternehmer, gleich, ob

---

1 Art. 1 Abs. 2 MwStSystRL, siehe auch *Jakob*, § 1 Rn 1.

2 Rau/Dürrwächter/*Stadie*, § 2 Rn 2.

3 Zur Allphasen-Netto-Umsatzsteuer siehe Rau/Dürrwächter/*Stadie*, Vorbem. Rn 8 f.; *Jakob*, § 2 Rn 23.

4 Zum Grundsatz der Neutralität der Mehrwertsteuer statt Vieler: EuGH, Urt. v. 21.3.2000 – Rs. C-110/98 bis C-147/98 Gabalfrisa u.a. – DStRE 2000, 425, Rn 52 und EuGH, Urt. v. 19.9.2000 – Rs. C-454/98 Schmeink & Cofreth und Strobel – BFH/NV 2001, 33, Rn 59.

5 Zum unionsrechtlichen Missbrauchsbegriff: EuGH, Urt. v. 21.2.2006 – Rs. C-255/02 Halifax – DB 2003, 541.

6 Vgl. *List*, DB 2007, 131; *Höink*, DB 2007, 52.

7 Siehe dazu *Jakob*, § 1 Rn 11.

Hersteller, Großhändler, Einzelhändler, etc., überwälzt die von ihm geschuldete Umsatzsteuer auf seine Abnehmer und setzt – sofern er mit der bezogenen Eingangsleistung den Vorsteuerabzug nicht ausschließende Umsätze getätigt hat unter den Voraussetzungen des § 15 UStG – die auf ihn überwälzte Umsatzsteuer als **Vorsteuer** ab. Der nichtunternehmerische **Endverbraucher** hat letztendlich keine Möglichkeit des Vorsteuerabzugs und wird damit Träger der Steuer. Somit wird lediglich der Mehrwert auf jeder Handels- oder Produktionsstufe der Besteuerung unterworfen (Allphasen-Netto-Prinzip). Hieraus ergibt sich auch der gemeinhin verwendete und in den unionsrechtlichen Vorgaben des Umsatzsteuerrechts verwendete Begriff der **Mehrwertsteuer**. Besondere Bedeutung erlangt daher die richtige Abrechnung bzw. Belastung des Endverbrauchers mit der Umsatzsteuer. Hat der Unternehmer die Umsatzsteuer nicht rechtsfehlerfrei gegenüber dem Endverbraucher abgerechnet, scheidet im Regelfall eine nachträgliche Belastung an seinen Leistungsempfänger aus.[8]

Ob eine Leistung im Anwendungsbereich des Umsatzsteuerrechts ist, ist im nationalen Recht in den §§ 1, 1a UStG geregelt. Gegenstand der Besteuerung ist der **steuerbare Umsatz** (§ 1 Abs. 1 UStG bzw. § 1a UStG). Ist ein Vorgang steuerbar, so unterliegt er der Umsatzsteuer, sofern er nicht aufgrund einer **Befreiungsnorm** (z.B. §§ 4–8 UStG) von der Besteuerung ausgenommen ist. 7

Praxistipp !

Die Umsatzsteuer zielt auf eine **Besteuerung des Endverbrauchs**. Insofern ist darauf zu achten, dass unternehmerische Tätigkeiten über den Vorsteuerabzug entlastet werden. Gestaltungen, in denen eine Besteuerung des Endverbrauchs nicht gewährleistet sind, werden regelmäßig durch das Institut der **unentgeltlichen Wertabgabe** (§ 3 Abs. 1b oder § 3 Abs. 9a UStG) einer Lieferung oder sonstigen Leistung für Zwecke der Besteuerung gleichgestellt oder aus übergeordneten Grundsätzen der „missbräuchlichen Gestaltung" zur Besteuerung herangezogen. Daher ist auf die zutreffende Besteuerung zu achten, denn nur so kann die Überwälzung der Umsatzsteuer auf den Endverbraucher erfolgen. Spätere Korrekturen gegenüber Endverbrauchern sind praktisch kaum möglich.

C. Rechtsgrundlagen

Das nationale Umsatzsteuerecht basiert auf den **unionsrechtlichen Vorgaben** 8
(MwStSystRL zuvor sog. 6. EG-RL). Abweichungen des nationalen Rechts sind regelmäßig im Wege der **richtlinienkonformen Auslegung**, d.h. Auslegung des nationalen Rechts im Lichte der unionsrechtlichen Vorgaben, des Anwendungsvorrangs der Richtlinie oder, sofern eine Umsetzung einer eindeutigen Regelung des

8 *Winter/Höink*, DB 2006, 968, 970.

Unionsrechts unterblieben ist, durch **unmittelbares Berufen** auf die unionsrechtlichen Normen zu lösen.[9]

9 Die Normpyramide des Umsatzsteuerrechts setzt sich wie folgt zusammen:
- Sekundärrecht der EU und Grundfreiheiten,
- Mehrwertsteuer-System-Richtlinie (RL 2006/112/EG) – zuvor die sog. 6. EG-RL (RL 77/388/EWG),
- MwSt-DVO Nr. 282/2011 (Definitionsverordnung zur MwStSystRL),
- Umsatzsteuergesetz,
- Umsatzsteuer-Durchführungsverordnung.

10 Des Weiteren werden in Verwaltungsanweisungen – insbesondere im Umsatzsteuer-Anwendungserlass – Hinweise über die Anwendung des Umsatzsteuerrechts aus Sicht der Finanzverwaltung gegeben.

! **Praxistipp**

Die Verwaltungsanweisungen enthalten häufig dienliche Hinweise zur Abwicklung. Eine kritische Prüfung ist gleichwohl regelmäßig notwendig.

D. Die Umsatzbesteuerung

I. Unternehmereigenschaft

11 Für die Umsatzsteuer ist der **Unternehmerbegriff** bzw. die **Unternehmereigenschaft** nach § 2 Abs. 1 UStG der Schlüsselbegriff. Nur Umsätze eines Unternehmers unterliegen nach § 1 der Umsatzsteuer. Zudem ist der Unternehmer im Regelfall der Steuerschuldner (§ 13a Abs. 1 Nr. 1 UStG) mit Ausnahme der Umsatzsteuer, welche aufgrund der Steuerschuldverlagerung auf den unternehmerischen Kunden/Empfänger nach § 13b UStG übergeht.

12 Unternehmer ist nach § 2 Abs. 1 UStG, wer eine gewerbliche oder berufliche Tätigkeit selbstständig ausübt. Gewerblich oder beruflich ist jede Tätigkeit zur Erzielung von Einnahmen, auch wenn die Absicht, Gewinn zu erzielen, fehlt (§ 2 Abs. 1 S. 3 UStG). Die MwStSystRL nennt den Unternehmer **„Steuerpflichtigen"**. Steuerpflichtiger ist, wer eine wirtschaftliche Tätigkeit unabhängig von ihrem Ort, Zweck und Ergebnis selbstständig ausübt. Als „wirtschaftliche Tätigkeit" gelten alle Tätigkeiten eines Erzeugers, Händlers oder Dienstleistenden einschließlich der Tätigkeiten der Urproduzenten, der Landwirte sowie der freien Berufe und der diesen gleichgestellten Berufe. Als wirtschaftliche Tätigkeit gilt insbesondere die Nutzung

9 Zu Details siehe *Jakob*, § 1 Rn 13.

von körperlichen oder nicht körperlichen Gegenständen zur nachhaltigen Erzielung von Einnahmen. Der Unternehmer ist berechtigt und bei steuerpflichtigen Umsätzen, welche an Unternehmer erbracht werden, auch **verpflichtet, Rechnungen** zu erstellen (§§ 14, 14a UStG).

Die **Hersteller/Vertreiber** einer App, die **Betreiber** einer App-Plattform sowie 13
Kunden und Abonnementen sind unter o.g. Voraussetzungen Unternehmer. Im Einzelfall kann die Regelung des § 19 UStG eingreifen und dienlich sein. § 19 Abs. 1 UStG regelt die **Kleinunternehmereigenschaft.** Sofern der (Gesamt-) Umsatz eines Unternehmers im vorangegangenen Kalenderjahr weniger als 17.500 € betrug und im laufenden Kalenderjahr 50.000 € voraussichtlich nicht überschreitet, wird die Umsatzsteuer nicht erhoben. Auf die Kleinunternehmereigenschaft kann mit Bindung für mindestens 5 Jahre verzichtet werden. Für **Programmierer,** welche keine oder nur geringe Umsätze mit der Entwicklung und/oder dem Vertrieb der Apps generieren, kann diese Regelung interessant sein.

Der Status als Unternehmer oder als Nichtunternehmer ist für die Beurteilung, 14
ob und wo eine Leistung der Umsatzsteuer unterliegt, und ob eine Steuerschuldverlagerung auf den Leistungsempfänger stattfindet, von erheblicher Bedeutung.

II. Steuerschuldverlagerung/Reverse Charge System

Grundsätzlich schuldet der leistende Unternehmer die Umsatzsteuer. Er rechnet 15
diese gesondert gegenüber seinen Kunden ab und führt die Steuer an die Finanzverwaltung ab. Insbesondere bei elektronischen Dienstleistungen ist der Ansässigkeitsort des Leistenden praktisch irrelevant. D.h. der Dienstleistende kann seinen Sitz irgendwo auf der Welt innehaben und weltweit über das Internet oder andere Netze seine Leistungen und Produkte vertreiben. Dies führt vielfach dazu, dass der leistende Unternehmer mit vielen Umsatzsteuer-/Verbrauchssteuerrechtsordnungen in Berührung kommt. In der EU ist geregelt, dass, sofern er nicht in dem jeweiligen Mitgliedstaat ansässig ist und sein Leistungsempfänger ein Unternehmer (oder eine juristische Person) ist, der Empfänger der Leistung für die zutreffende Besteuerung verantwortlich ist und sich die Steuerschuld auf ihn verlagert. Dies gilt es aber jeweils genau zu untersuchen, wie nachfolgend näher dargestellt wird.

Für bestimmte in § 13b Abs. 2 UStG aufgezählte Umsätze (Werklieferungen, Mo- 16
bilfunkgerätelieferungen, sonstige Leistungen von im Ausland ansässigen Dienstleistern) sowie die in § 13b Abs. 1 UStG genannten Umsätze der im Übrigen Gemeinschaftsgebiet ansässigen Unternehmer, deren Leistungsort sich im Inland gem. § 3 Abs. 2 UStG befindet, **verlagert sich die Steuerschuld** auf den unternehmerischen Leistungsempfänger, § 13b Abs. 5 UStG. Das bedeutet, dass in diesen Fällen nicht der Leistungserbringer, sondern der **Leistungsempfänger Schuldner** der Umsatzsteuer ist. Auch Kleinunternehmer gem. § 19 UStG und Unternehmer, die ausschließlich steuerfreie Umsätze tätigen, schulden die Steuer. Die Steuerschuldnerschaft

erstreckt sich sowohl auf die Umsätze für den **unternehmerischen** als auch auf die Umsätze für den **nichtunternehmerischen** Bereich des **Leistungsempfängers.** Dies hat eine erhebliche Brisanz, denn der Leistungsempfänger schuldet die Umsatzsteuer auf die bezogenen Leistungen unabhängig davon, ob er vom leistenden Unternehmer eine Rechnung mit oder ohne Umsatzsteuerausweis erhalten hat. Ebenfalls ist irrelevant, ob der Leistende die Umsatzsteuer an das Finanzamt deklariert und abführt oder nicht. Zudem schuldet er die Steuer, sofern ein inländischer Leistungsort vorliegt, auch dann, wenn er die App für den **privaten Bereich** herunterlädt bzw. nutzt, aber in anderen Bereichen unternehmerisch tätig ist.[10]

17 Die Umsatzsteuerschuld von im Ausland ansässigen Unternehmern ohne inländische Betriebsstätte, welche steuerpflichtige Dienstleistungen an im Inland ansässige Unternehmer erbringen, verlagert sich demnach auf den Leistungsempfänger, § 13b Abs. 1 bzw. Abs. 2 Nr. 1, Abs. 5 UStG. Insofern ist für Unternehmer der kostenpflichtige Bezug einer App grundsätzlich mit einer Steuerschuldverlagerung nach § 13b UStG verbunden, wenn der Anbieter im Ausland ansässig ist. In der Praxis wird dies von den Anbietern bzw. Plattformbetreibern regelmäßig nicht berücksichtigt. Teilweise wird offen oder verdeckt mit ausländischer Umsatzsteuer abgerechnet. Dies ist dann zutreffend, wenn der Leistungsort[11] nicht im Inland ist. Sofern aber mit ausländischer Umsatzsteuer trotz Vorliegens eines inländischen Leistungsortes abgerechnet wird, ist deren Erstattung im **Vorsteuer-Vergütungsverfahren** nach § 18 Abs. 9 UStG i.V.m. §§ 59 ff. UStDV grundsätzlich ausgeschlossen, da es sich nicht um eine gesetzlich geschuldete Umsatzsteuer handelt. Als Vorsteuer nach § 15 UStG abzugsfähig ist nur die gesetzlich geschuldete Umsatzsteuer. Der Leistungsempfänger sollte auf die zutreffende Abrechnung ohne Umsatzsteuer in einem derartigen Fall achten.

! **Praxistipp**

Unternehmer müssen beim **kostenpflichtigen Download** von Apps auch an die ggf. auf sie übergehende Steuerschuld nach § 13b UStG denken. § 13b UStG findet nur dann auf ihren Leistungsbezug Anwendung, wenn der leistende Unternehmer im **Ausland ansässig** ist und die Leistung auch **nicht** über eine **inländische Betriebsstätte** erbracht wird. Liegt ein Fall der Steuerschuldverlagerung nach § 13b UStG vor, so sollte der Leistungsempfänger auf die zutreffende Abrechnung ohne ausländische Umsatzsteuer achten. Er hat die Umsatzsteuer zu deklarieren und abzuführen.

18 **Beachte**: Eine Steuerschuldverlagerung für elektronische Dienstleistungen findet nicht statt, wenn der Dienstleister und der Leistungsempfänger im gleichen Mitgliedstaat der EU ansässig sind oder über Betriebsstätten im gleichen Land wie der Leistungsempfänger den Umsatz ausführen oder beziehen.

---

10 Abschn. 13b.1. Abs. 1 UStAE.

11 Siehe dazu auch unter „Leistungsort" Rn 32 ff.

III. Elektronische Dienstleistungen

Das Umsatzsteuergesetz knüpft an die auf **elektronischem Weg erbrachte sonstige Leistung** (§ 3 Abs. 9 UStG, Dienstleistung) für die Bestimmung des Leistungsortes in § 3a Abs. 4 Nr. 13 UStG an, ohne selbst zu definieren, was eine derartige Leistung ist. In Art. 7 MwSt-DVO[12] wird die auf elektronischem Wege erbrachte Dienstleistung als solche Dienstleistung definiert, „*die über das Internet oder ein ähnliches elektronisches Netz erbracht wird, deren Erbringung aufgrund ihrer Art im Wesentlichen automatisiert nur mit minimaler menschlicher Beteiligung erfolgt und ohne Informationstechnologie nicht möglich wäre*“. Nach Abs. 2 des Art. 7 der **EU-DVO** fallen darunter insbesondere die Überlassung digitaler Produkte **(Software, Upgrades, etc.)**, die **Präsenzdienste** in elektronischen Netzen, welche **Websites** oder **Webpages** vermitteln oder unterstützen, Dienstleistungen, die über das Internet oder ein vergleichbares elektronisches Netz auf der Grundlage spezifischer Dateninputs des Dienstleistungsempfängers **automatisch (computer-)generiert** werden, die Einräumung des Rechts, gegen Entgelt eine Leistung auf einer Website, die als Online-Marktplatz fungiert, zum Kauf anzubieten, wobei die potenziellen Käufer ihr Gebot im Wege eines automatisierten Verfahrens abgeben und die Beteiligten durch eine automatische, computergenerierte E-Mail über das Zustandekommen des Verkaufs unterrichtet werden sowie Internet-Service-Pakete, in denen die Telekommunikationskomponente ein ergänzender oder untergeordneter Bestandteil ist (d.h. Pakete, die mehr ermöglichen, als nur die Gewährung des Zugangs zum Internet und die weitere Elemente wie etwa Nachrichten, Wetterbericht, Reiseinformationen, Spielforen, Webhosting, Zugang zu Chatlines etc. umfassen). 19

Konkreter wird die nationale **Verwaltungsauffassung** in Abschn. 3a.12. UStAE, welche neben o.g. auf elektronischem Wege erbrachten sonstigen Leistungen auch Websites, Webhosting, Fernwartung, automatisierte Erbringung über das Internet und ähnlichen elektronischen Netzen in jeglicher Form, Bereitstellung von Bildern, Software, Musik, Spielen, Filmen und Texten (E-Books) auch die Gewährung des Zugangs hierzu bzw. das Herunterladen sowie die Bereitstellung von Datenbanken, Sendungen und Veranstaltungen aus den Bereichen Politik, Kultur, Kunst, Sport, Wissenschaft und Unterhaltung, den Web-Rundfunk, die Fernunterrichtsleistung und die Online-Versteigerung umfasst. 20

---

12 VO (EG) Nr. 282/2011 v. 15.3.2011, ABl. EU 2001 Nr. L 77, 20 zur Durchführung der MwStSystRL (RL 2006/112/EG), welche unverändert die Definition der VO (EG) Nr. 1777/2005, ABl. EU Nr. L 288, 1, übernimmt. Die Verordnung ist unmittelbar in den Mitgliedstaaten anwendbares Recht und dient der einheitlichen Definition u.a. der autonomen Begriffe der MwStsyStRL.

Praxistipp
Als auf elektronischem Wege erbrachte Dienstleistung gilt grundsätzlich die im Internet oder einem ähnlichen elektronischen Netz zur Verfügung gestellte und regelmäßig automatisiert (**ohne menschliches Zutun**) erbrachte Leistung. Einen umfangreichen Katalog enthält Abschn. 3a.12. UStAE oder die Anlage zu Art. 7 der EU-DVO. Nicht umfasst sind Dienstleistungen oder Lieferungen, auf welche lediglich über das Internet oder ein ähnliches elektronisches Netz aufmerksam gemacht wird sowie welche darüber vermittelt oder bestellt werden. Beispielsweise ist die Ausführung einer Online-Versteigerung eine auf elektronischem Wege erbrachte Dienstleistung; die Lieferung der ersteigerten Ware hingegen nicht. Die Ware ist unter den Voraussetzungen einer „normalen" Warenlieferung zu versteuern. Einen Negativkatalog enthält auch Abschn. 3a.12. Abs. 6 UStAE. Die Lieferung von CD-ROM, Disketten, USB-Sticks oder ähnlichen körperlichen Datenträgern, Druckerzeugnissen (Bücher, Zeitschriften), CD, DVD o.ä. sowie die Lieferung von Spielen auf derartigen Datenträgern werden somit nicht als auf elektronischem Wege erbrachte Dienstleistungen eingeordnet; Abschn. 3a.12. Abs. 5 UStAE. Auch liegt keine elektronische Dienstleistung vor, wenn Arbeitsergebnisse lediglich über ein elektronisches Netz/das Internet übertragen werden (z.B. das Gutachten eines Steuerberaters, welches per E-Mail übersandt wird).

IV. Umsatzsteuerliche Beurteilung der Applikation an sich

21 Bei Apps handelt es sich um **Zusatzsoftware**, die es ermöglicht, den Umfang der auf dem Smartphone verfügbaren Funktionen auszuweiten. Hier und im Folgenden wird **die App als Standardsoftware** klassifiziert.

22 Aus umsatzsteuerrechtlicher Sicht wird Standardsoftware serienmäßig hergestellt, ist von beliebigen Käufern erwerbbar bzw. von einer Vielzahl vorher nicht festgelegter Anwender nutzbar und schließt Dienstleistungen zur Weiterentwicklung mit ein.[13] Die Einordnung als Lieferung oder sonstige Leistung war lange Zeit stark umstritten und ist auch heute noch nicht im Gesetz geregelt.[14]

23 In der Literatur wird die Standardsoftware als sonstige Leistung angesehen.[15] Die Finanzverwaltung hingegen sieht in dem Vertrieb von Standardsoftware und Updates **grundsätzliche eine Lieferung.**[16] Der Vertrieb von Individualsoftware wird als sonstige Leistung/Dienstleistung beurteilt. Zwar gibt es keine Stellungnahme des BFH zur Einordnung der Standardsoftware als Lieferung oder sonstige Leistung, allerdings stellt der BFH in Bezug auf § 12 Abs. 2 Nr. 7 lit. c) UStG aus ur-

13 Vgl. Rau/Dürrwächter/*Nieskens*, § 3, Anm. 590, 3521; Hartmann/Metzenmacher/*Neubert*, § 3 Abs. 1, Anm. 66.

14 Vgl. Rau/Dürrwächter/*Nieskens*, § 3, Anm. 590; Hartmann/Metzenmacher/*Neubert*, § 3 Abs. 1, Anm. 74.

15 Vgl. Rau/Dürrwächter/*Nieskens*, § 3, Anm. 590 m.w.N.; Hartmann/Metzenmacher/*Neubert*, § 3 Abs. 1, Anm. 78.

16 Vgl. Rau/Dürrwächter/*Nieskens*, § 3, Anm. 590 m.w.N.; Hartmann/Metzenmacher/*Neubert*, § 3 Abs. 1, Anm. 77.

heberrechtlicher Sicht eine Vergleichbarkeit von Buchverkäufen mit dem Verkauf von auf Datenträgern gesicherter Standardsoftware fest.[17] Eine auf einem Smartphone heruntergeladene App wird zudem auf elektronischem Weg übermittelt und passt sich dem Gerät entsprechend an. Wie bereits dargestellt, existiert im Gesetzestext keine Definition von auf elektronischem Weg erbrachten sonstigen Leistungen. Nur Abschn. 3a.12. UStAE gibt in Anlehnung an Anhang II der MwStSystRL Definitionsmerkmale und Beispiele zur Identifizierung von auf elektronischem Weg erbrachten sonstigen Leistungen.[18] Demnach ist diese in Abhängigkeit von der Informationstechnologie durch eine Erbringung über das Internet oder ein anderes elektronisches Netz sowie durch eine weitestgehend automatisierte und mit minimaler menschlicher Beteiligung erfolgende Übermittlung gekennzeichnet.[19] Die in der MwStSystRL und im Anwendungserlass aufgezählten Beispiele bilden keine abschließende Liste, sondern sind durch Positivbeispiele zu erweitern.[20] Im Falle der **elektronischen Übermittlung wird die Standardsoftware wie Individualsoftware** behandelt und durch die Finanzverwaltung als **sonstige Leistung/Dienstleistung** anerkannt.[21] Des Weiteren erkennt der BFH in Computerprogrammen aufgrund der mit dem Programm in Verbindung und im Vordergrund stehenden geistigen Leistung ein immaterielles Wirtschaftsgut,[22] sodass die Annahme der Lieferung einer als immateriellem Wirtschaftsgut qualifizierten App entfällt. Damit ist die App an dieser Stelle nach Ansicht des Verfassers als auf **elektronischem Weg erbrachte Dienstleistung** gem. Art. 24 Abs. 1 MwStSystRL, in nationaler Diktion als sonstige Leistung gem. § 3 Abs. 9 UStG, zu beurteilen. Dem hat sich die Finanzverwaltung in Abschn. 3.5. Abs. 3 Nr. 8 S. 2 UStAE angeschlossen.

V. Vorliegen eines Leistungsaustausches

Für die **Steuerbarkeit** gem. § 1 Abs. 1 Nr. 1 i.V.m. § 3 Abs. 9 UStG ist ein Leistungs- 24
austausch erforderlich. Das bedeutet, dass von einem Unternehmer im Rahmen sei-

---

17 Vgl. Rau/Dürrwächter/*Nieskens*, § 3, Anm. 590; Hartmann/Metzenmacher/*Neubert*, § 3 Abs. 1, Anm. 76; BFH, Urt. v. 13.3.1997 – V R 13/96 – BStBl. II 1997, 372.

18 Vgl. auch Reiß/Kraeusel/Langer/*Fritsch*, § 3, Anm. 210.22 f.; Offerhaus/Söhn/Lange/*Kossack*, UStG, § 3, Anm. 111–113a; Vogel/Schwarz/*Kemper*, § 3a, Anm. 487 ff.; Sölch/Ringleb/*Wäger*, UStG, § 3a, Anm. 286 f.; Peter/Burhoff/Stöcker/*Hundt-Eßwein*, § 3a, Anm. 209 ff.; *Huschens*, NWB 2011, 2365 f.

19 Siehe Abschn. 3a.12. Abs.1 UStAE; vgl. Birkenfeld/Wäger/*Birkenfeld*, UStG, § 76, Anm. 171; Hartmann/Metzenmacher/*Radeisen*, § 3a, Anm. 842; Sölch/Ringleb/*Wäger*, § 3a, Anm. 287; Reiß/Kraeuesl/Langer/*Fritsch*, § 3, Anm. 210.21 ff.

20 Vgl. Blaufus/Freyer/*Trinks*, DStR 2011, 2271.

21 Vgl. Hartmann/Metzenmacher/*Neubert*, § 3 Abs. 1, Anm. 77.

22 Vgl. Rau/Dürrwächter/*Nieskens*, § 3, Anm. 590 m.w.N.

nes Unternehmens eine wirtschaftlich verbrauchbare Leistung im Austausch mit einer **Gegenleistung** erbracht wird.

25 Wenn durch den Kunden, der eine App auf sein mobiles Gerät herunterlädt, ein Entgelt bezahlt wird, ist ein **Leistungsaustausch (wirtschaftlich verknüpfte Leistung und Gegenleistung von mindestens zwei Beteiligten)** anzunehmen. Aber bereits in dieser einfachen Konstellation des entgeltlichen Downloads stellt sich die Frage, zwischen wem und in welcher Reihenfolge der Leistungsaustausch stattgefunden hat.

26 Im Fall des Herunterladens einer App von einer Vertriebsplattform wie dem App Store kann eine **Dienstleistungskommission** gem. §3 Abs. 11 UStG vorliegen. Im Falle der Dienstleistungsfiktion wird umsatzsteuerlich in die Erbringung bzw. in den Bezug einer Leistung eine Person zwischengeschaltet, welche im **eigenen Namen**, aber auf **fremde Rechnung** tätig wird. Dann wird im Fall der **Verkaufskommission**, wie sie beim App Store möglich ist, die gegenüber den Kunden durch den Download erbrachte Dienstleitung als an den App Store und von dem App Store bezogen fingiert. Im Sinne dieser Fiktion würde der Dienstleister in keiner direkten Beziehung zum Endkunden stehen (Abbildung 1), da die Vertriebsplattform die Rechnung im eigenen Namen und auf Rechnung des Dienstleisters erstellt. In diesem Fall wird der App Store vor Weiterleitung des Entgelts an den Dienstleister einen Teil des Entgelts für sich beanspruchen. Allerdings wird regelmäßig der Dienstleister, der eine App bereitstellt, sowohl in der App als auch auf der Rechnung in eigenem Namen auftreten, sodass der Tatbestand der Dienstleistungskommission nicht greift.[23]

Abbildung 1

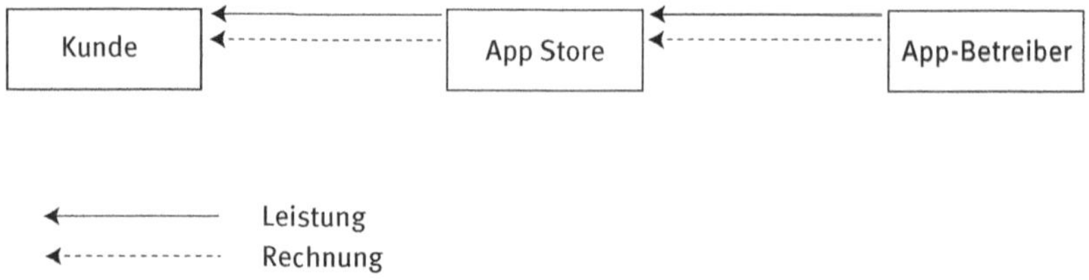

27 In der Branche der Telekommunikationsdienstleistungen hat man zur Lösung ähnlicher Sachverhalte die sogenannte **„Branchenlösung“** gem. § 45h TKG installiert. Demnach werden für Verbindungsnetzbetreiber oder Dienstanbieter, die ihre Leistungen dem Endkunden über die Schnittstelle des **Telekommunikationsnetzbetreibers** anbieten, die Rechtsfolgen der Dienstleistungskommission im Wege einer doppelten Fiktion bewirkt, sodass der Telekommunikationsnetzbetreiber die Leis-

23 Vgl. *Blaufus/Freyer/Trinks*, DStR 2011, 2273.

tung im eigenen Namen und auf Rechnung des Verbindungsnetzbetreibers oder Dienstanbieters verkauft. Der im TKG gewählte Anwendungsbereich lässt sich allerdings nicht ohne Weiteres auf den Verkauf von Apps ausweiten.[24] Daher besteht insoweit **Nachbesserungsbedarf** durch Gesetzgeber und Finanzverwaltung, als eine geeignete und angemessene Lösung vergleichbar der im TKG geregelten Branchenlösung für die umsatzsteuerliche Beurteilung der Bereitstellung von Apps im Wege komplexer Leistungsverkettungen bereitgestellt werden sollte.

Abbildung 2

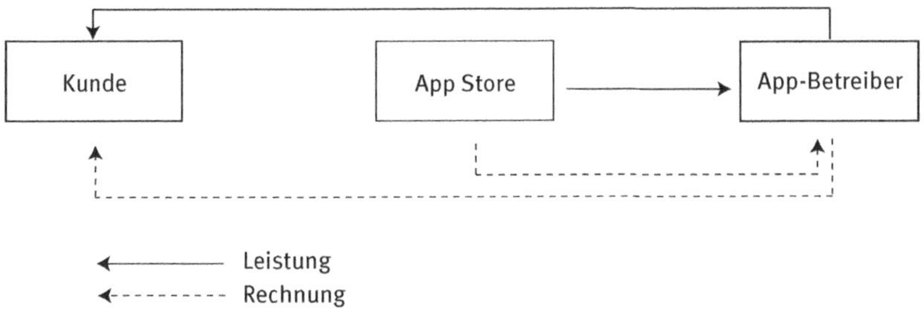

Rechnet der Dienstleister hingegen direkt mit dem Kunden ab (siehe Abbildung 2), **28**
bietet er dem Kunden eine einheitliche Leistung an. Der Leistungsaustausch findet direkt zwischen dem Kunden und dem Dienstleister statt. Die Zurverfügungstellung der **Vertriebsplattform wird zur Nebenleistung** der App und teilt das **Schicksal** der umsatzsteuerlichen Beurteilung der **Hauptleistung**. Zwischen dem App Store und dem Kunden kommt es in dieser Konstellation nicht zu einem Leistungsaustausch, da der Kunde kein zusätzliches Entgelt an den App Store zahlt. Die Leistung des App Stores an den Dienstleister ist allerdings eine steuerbare Leistung im Sinne des Umsatzsteuerrechts und wird als **Vermittlungsleistung** einzuordnen sein. Bemessungsgrundlage ist das Entgelt, das der Dienstleister dem App Store für die Bereitstellung der Vertriebsplattform zahlt. Zusätzlich sollte beachtet werden, dass in den obigen Darstellungen (Abbildung 1 und 2) von der Einbindung eines Zahlungsanbieters für die Abrechnung der Dienste abgesehen wurde. Häufig werden neben dem Diensteanbieter noch abweichende Unternehmer für die Abrechnung der Leistungen eingeschaltet, welches nachfolgende Abbildungen veranschaulichen.

---

24 Vgl. *Blaufus/Freyer/Trinks*, DStR 2011, 2273 f.

Abbildung 3

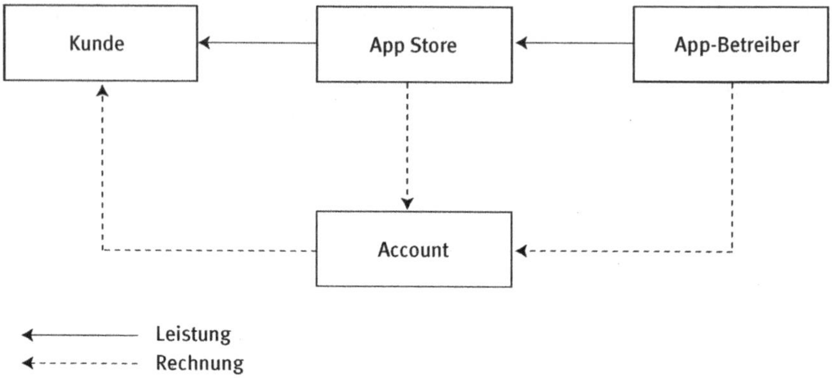

Abbildung 4

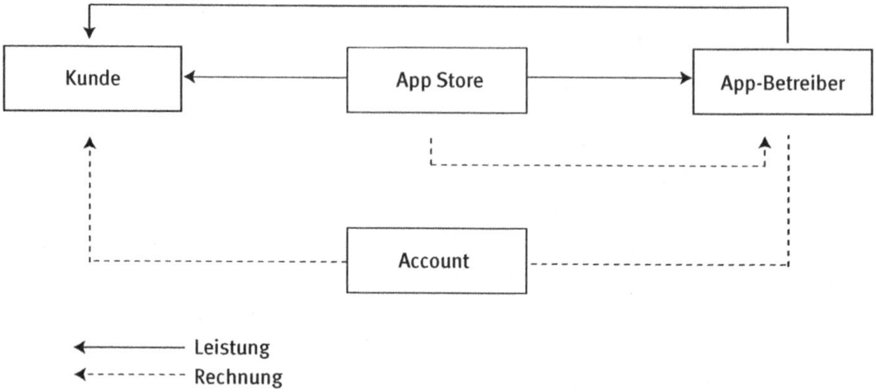

29 Zur Nutzung des App Stores muss der Kunde sich teilweise mit einem iTunes/ Google oder anderem **Account** identifizieren. Über diesen Account laufen alle Rechnungen und Zahlungen (**elektronisches Abrechnungssystem**). Die Einschaltung eines Anbieters für ein elektronisches Abrechnungssystem wird vom Verfasser als Nebenleistung qualifiziert. Die gesamte Leistungskette kann in einer Form, ähnlich der Branchenlösung gem. § 45h TKG, interpretiert (Abbildung 3) oder als einheitliche Leistung durch den Dienstleister erkannt werden (Abbildung 4).

! **Praxistipp**

Die Frage, über welche Leistungskette die App vertrieben wird bzw. wie und ob die Vertriebsplattform eingebunden ist, variiert von Anbieter zu Anbieter. Daher sind die **vertraglichen Vereinbarungen** und die **wirtschaftliche Leistungskette** genau zu untersuchen. Dies ist oft mühevoll und nur den **AGB** sind teilweise Hinweise zu entnehmen. Fehler in dieser Beurteilung können aber zu erheblichen umsatzsteuerlichen **Nachforderungen** führen, da Steuern fehlerhaft abgeführt und evtl. zu Unrecht in Rechnungsdokumenten gesondert ausgewiesen werden. Im letzteren Fall wird die ausgewiesene Umsatzsteuer allein aufgrund des Ausweises in der Rechnung nach § 14c UStG geschuldet. Regelmäßig wird bei später entdeckten Fehlern eine Nachbelastung der Umsatzsteuer oder eine Berichtigung nicht ohne definitiven wirtschaftlichen Aufwand möglich sein. Dies liegt u.a. auch an der sog. Vollverzinsung nach § 233a AO von nachzuerhebender Steuer oder zurückzuzahlender Vorsteuer. Ob eine Rechnungsberichtigung auf den Zeitpunkt der Rechnungsausstellung zurückwirkt, ist fraglich.[25]

Beachte:

Ein Unternehmer, der über seine Internetseite den Nutzern die Möglichkeit verschafft kostenpflichtige Bilder/Inhalte zu beziehen, ist nach Ansicht des BFH im Urteil v. 15.5.2012 – XI R 16/10[26] auch dann umsatzsteuerlich Leistender, wenn der Nutzer hierzu auf Internetseiten anderer Unternehmer weitergeleitet wird. Wer Leistender ist, wenn Betreiber einer Internetseite oder App den Nutzer auf Internetseiten oder Apps anderer Unternehmer weiterleiten, ohne, dass dies in eindeutiger Weise kenntlich gemacht ist, bestimmt sich nach diesem Urteil danach, wer aus Sicht des Nutzers sein Dienstleister ist. Dies bedeutet, dass ohne deutlichen Hinweis auf eine Weiterleitung für den Leistungsempfänger der Anbieter der im Erstzugriff verwendeten App im Sinne des Umsatzsteuerrechts sein Leistender ist und die Leistungen der Dienstleister, auf deren Internetpräsenz(en)/ App er weitergeleitet wurde, im Wege der zuvor beschriebenen Dienstleistungskommission an den Betreiber/Anbieter der App des ersten Zugriffs erbracht werden. Daher wird im Falle der Weiterleitung auf andere Apps/Internetseiten ein deutlicher Hinweis durch den Betreiber der aufgerufenen App/Internetpräsenz notwendig sein, um nicht weiterhin in der Leistungskette einbezogen zu sein.

VI. Unentgeltliche Bereitstellung von Apps

Bei der unentgeltlichen Bereitstellung von Apps ist darauf zu achten, dass es sich um 30 eine **unentgeltliche Wertabgabe** im Rahmen des Unternehmens handeln könnte. Derartige unentgeltliche Wertabgaben (grundsätzlich in § 3 Abs. 1b und Abs. 9a UStG geregelt) können zu einer Umsatzsteuerpflicht führen. Sofern allerdings die Abgabe aus **unternehmerischen Gründen** erfolgt, liegt teilweise keine steuerbare Abgabe vor. Demnach handelt es sich nicht um eine gem. § 3 Abs. 9a Nr. 2 UStG steuerbare unentgeltliche Wertabgabe, wenn der Unternehmenszweck gegeben ist. Des Weiteren ist zu untersuchen, ob neben dem Unternehmenszweck auch eine wirtschaftliche Tätigkeit vorliegt. Entbehrt die Bereitstellung der App der Wirtschaftlichkeit, handelt es sich um einen nicht steuerbaren Umsatz. Liegt hingegen ein wirtschaftliches Interesse vor, beispielsweise um den Kunden durch Bereitstellung einer **Testversion** zum Kauf zu veranlassen, entfällt die Steuerbarkeit der unentgeltlichen Bereitstellung der App aufgrund des fehlenden Leistungsaustausches. Selbiges gilt, wenn die App lediglich die Vertriebsplattform eines Produkts darstellt.

25 Bisher herrschende Ansicht in Rspr., Literatur und Verwaltung war, dass eine Rechnungsberichtigung nur mit ex nunc-Wirkung möglich ist. Angesichts des EuGH, Urt. v. 18.7.2010 – Rs. C-168/09 „Panon Gèp" – DStR 2010, 1475 und des BFH-Beschl. v. 20.7.2012 – V B 82/11 – DStR 2012, 1702 wird darüber viel diskutiert. Eine Entscheidung steht derzeit noch aus.

26 DStR 2012, 2274.

Praxistipp
Ohne Entgelt liegt grundsätzlich keine Leistung vor. Das Vorliegen einer Leistung ist aber Voraussetzung für die Anwendbarkeit des Umsatzsteuerrechts. Ausnahmen bilden die Tatbestände der unentgeltlichen Wertabgabe. Diesbezüglich ist auf die unternehmerisch oder unternehmensfremd bedingte Abgabe der App abzustellen und die jeweilige umsatzsteuerliche Folge zu ziehen. Wird die App zum Vertrieb von Waren und Dienstleistungen verwendet, ist **die unentgeltliche Zurverfügungstellung** nicht als unentgeltliche Wertabgabe der Umsatzsteuer unterliegend.

VII. Leistungsort

31 Um die Frage der Anwendbarkeit des jeweiligen nationalen Umsatzsteuerrechts im Bereich der elektronischen Dienstleistungen, welche naturgemäß nicht an **Ländergrenzen** halt machen, zu beantworten, ist die zutreffende Leistungsortsbestimmung wichtig. Seit 2010 wird der Leistungsort – abgesehen von einer Vielzahl von Ausnahmen – grundsätzlich anhand des Status des Kunden[27] festgelegt. Es können vier verschiedenen Regelungen zur Anwendung kommen:[28]

32 Nach § 3a Abs. 1 UStG – **Business-to-Consumer** – liegt der Leistungsort am Ort des leistenden Unternehmers, wenn das leistende Unternehmen den Sitz oder die leistende Betriebsstätte im Unionsgebiet hat und der Leistungsempfänger weder ein Unternehmer noch eine nicht unternehmerisch tätige juristische Person mit Umsatzsteuer-Identifikationsnummer ist.

33 Laut § 3a Abs. 2 UStG – **Business-to-Business** – ist der Leistungsort am Ansässigkeitsort des Leistungsempfängers, i.d.R. des empfangenden Unternehmers, sofern das leistende Unternehmen oder die leistende Betriebsstätte den Sitz im Unionsgebiet hat und der Leistungsempfänger ein Unternehmer mit Sitz oder empfangender Betriebsstätte im Unionsgebiet oder eine nicht unternehmerisch tätige juristische Person, der eine Umsatzsteuer-Identifikationsnummer erteilt wurde, mit Sitz im Gemeinschaftsgebiet ist.

34 Diese Konstellation stellt Vertriebsplattformen wie beispielsweise den App Store mit Sitz im EU-Ausland vor ein **Abrechnungsproblem**: Hat das beziehende Unternehmen seinen Sitz in einem anderen Mitgliedstaat als die Vertriebsplattform, ist die App eine grenzüberschreitend erbrachte sonstige Leistung mit einem Leistungsort am Ansässigkeitsort des Leistungsempfängers. Für das beziehende Unternehmen erfolgt eine Steuerschuldverlagerung, das sog. **Reverse Charge** im UStG nach § 13b Abs. 1 und Abs. 5 UStG. Daher ist die App, die über eine Vertriebsplattform

27 Unternehmer oder juristische Person, welche nichtunternehmerisch ist, aber über eine USt-IdNr. verfügt, oder sonstige Nichtunternehmer.

28 Vgl. Bunjes/*Korn*, UStG, § 3a, Anm. 128; Peter/Burhoff/Stöcker/*Hundt-Eßwein*, § 3a, Anm. 212; *Huschens*, NWB 2011, 2367.

eines im Ausland ansässigen Unternehmens vertrieben wird, für abnehmende Unternehmen mit einem Nettopreis anzubieten und abzurechnen. Ein **pauschaler Ausweis** der Umsatzsteuer wäre fehlerhaft und kann zu der Notwendigkeit einer Berichtigung der Rechnung gem. § 14c UStG führen. Danach wird die Umsatzsteuer im Fall des fehlerhaften Ausweises allein aufgrund des gesonderten Umsatzsteuerausweises in der Rechnung geschuldet. Leistende Unternehmen sollten daher auf die zutreffende Abrechnung achten. Bei Bezug der App bzw. elektronischen Dienstleistung sollten sie **den Status der Kunden abfragen** und entsprechend ihre Abrechnungssysteme einstellen.

Nach § 3a Abs. 4 Nr. 13 UStG liegt der Leistungsort am Ansässigkeitsort der empfangenden privaten, nicht unternehmerisch tätigen Person mit Wohnsitz im Drittlandsgebiet. Dies betrifft entsprechende elektronische Leistungen, welche an außerhalb der EU ansässige Privatpersonen erbracht werden. 35

§ 3a Abs. 5 UStG bestimmt hingegen den Ort der Leistung am Wohnsitz der privaten, nicht unternehmerisch tätigen Person mit Sitz im Unionsgebiet, wenn der leistende Unternehmer seinen Sitz im Drittland oder die leistende Betriebsstätte ihren Sitz im Drittland hat. Dienstleister, welche nicht in der EU ansässig sind und auch nicht über Betriebsstätten in der EU elektronische Dienstleistungen erbringen, sind nicht von der Umsatzbesteuerung ausgenommen. Ihre Dienstleistungen erhalten – unter dem Blickwinkel der Gleichbehandlung mit in der EU ansässigen Dienstleistern – über § 3a Abs. 5 UStG einen Dienstleistungsort am Ansässigkeitsort ihres Kunden. Für derartige Unternehmen wird grundsätzlich die Registrierung in der EU[29] nach § 18 Abs. 4c UStG notwendig sein. 36

In dem letztgenannten Fall des § 3a Abs. 5 i.V.m. Abs. 4 Nr. 13 UStG gilt das vereinfachte Verfahren zur **Einortsregistrierung** gem. § 18 Abs. 4c UStG, da das Reverse Charge-Verfahren gem. § 13b UStG keine Anwendung findet.[30] Im Fall einer Leistungserbringung mit Leistungsort nach § 3a Abs. 5 UStG wäre der leistende Unternehmer theoretisch verpflichtet, sich in jedem Mitgliedsstaat, in dem einer seiner nichtunternehmerischen Kunden ansässig ist, zu registrieren. Stattdessen greift der **One-Stop-Shop**-Mechanismus,[31] sodass der Unternehmer sich nur in einem Mitgliedsstaat der EU zwecks Erfüllung der Verpflichtungen, die aus dem Umsatzsteuerrecht entstehen, registrieren lassen kann, er aber weiterhin je Leistung die jeweiligen Umsatzsteuersätze der Mitgliedstaaten anwendet und abführt, § 18 Abs. 4c 37

29 Siehe unter „One-Stop-Shop" Rn 44.

30 Vgl. *Blaufus/Freyer/Trinks*, DStR 2011, 2270.

31 § 18 Abs. 4c UStG: Eine wirkliche One-Stop-Shop-Lösung existiert zum Redaktionsschluss nicht. In § 18 Abs. 4c UStG sind aber erhebliche Vereinfachungen aufgenommen, welche es nicht in der Gemeinschaft ansässigen Unternehmern erleichtert ihre Umsatzsteuerpflichten zu erfüllen. Voraussetzung ist hierfür jedoch, dass der im Drittland ansässige Unternehmer ausschließlich Umsätze tätigt, deren Leistungsort sich nach § 3a Abs. 5 UStG bestimmt.

UStG. Diese Regelung gilt nur für im Drittland ansässige leistende Unternehmen und nur dann, wenn dieser ausschließlich Umsätze in der Union erbringt, deren Leistungsort sich nach § 3a Abs. 5 UStG bestimmt.[32]

38 Für Leistungen eines Anbieters (App-Betreiber oder App Store), welcher im Unionsgebiet ansässig ist oder über eine im Unionsgebiet ansässige Betriebsstätte die Leistungen erbringt, gilt, dass für Leistungen an private Endabnehmer grundsätzlich mit der jeweiligen Umsatzsteuer des Mitgliedstaates der Ansässigkeit des Leistenden abzurechnen ist, § 3a Abs. 1 UStG.

39 Bei Leistungen an unternehmerische Kunden verlagert sich der Leistungsort an den Ansässigkeitsort des Leistungsempfängers, sodass in grenzüberschreitenden Fällen (unternehmerischer Kunde und Leistender sind in verschiedenen Mitgliedstaaten ansässig) eine Netto-Abrechnung zu erfolgen hat und die Steuerschuld für die bezogene Leistung auf den Leistungsempfänger übergeht.

40 Aufgrund verschiedener Sichtweisen und Regelungen innerhalb der EU kann es vor einer genaueren europarechtlichen Regelung dieser Tatbestände zu **Doppelbesteuerungsproblemen** bei grenzüberschreitenden Sachverhalten kommen.[33] Eine Doppelbesteuerungsgefahr tritt insbesondere dann auf, wenn es sowohl zwischen Dienstleister und Endkunden als auch der Vertriebsplattform zu einer Leistungsbeziehung kommt. In Schweden hat man auf die Problematik der Doppelbesteuerung mit einem **Nichtanwendungserlass** in bestimmten Fällen reagiert.[34]

! **Praxistipp**

Die Dienstleistungsorte sind in Abhängigkeit von o.g. Kriterien zu bestimmen. Sofern die Dienstleistung keinen inländischen[35] Leistungsort hat, bedeutet dies nicht, dass keine Umsatzsteuer anfällt. Je nachdem wo sich der Leistungsort befindet, ist die nationale Verbrauchssteuer/Mehrwertsteuer einschlägig.

---

41 Die Leistungsortsbestimmung lässt sich auf vier Grundaussagen zusammenfassen:

– Ist der Leistungsempfänger ein Unternehmer oder eine nichtunternehmerische juristische Person mit USt-IdNr., so ist der Leistungsort am Ansässigkeitsort seines Unternehmens **(Empfangsortprinzip).** Maßgeblich in der Praxis kann die

---

32 Vgl. zu weiteren Voraussetzungen *Blaufus/Freyer/Trinks*, DStR 2011, 2270; Rau/Dürrwächter/*Stadie*, § 18, Anm. 232–240; Hartmann/Metzenmacher/*Radeisen*, § 3a, Anm. 929; Bunjes/*Leonard*, § 15, Anm. 31–35; Sölch/Ringleb/*Treiber*, § 18, Anm. 65–69; Lippross/Janzen/*Lippross* § 18, Anm. 110–115.

33 Vgl. *Blaufus/Freyer/Trinks*, DStR 2011, 2274.

34 Vgl. *Wunderlich*, IStR 2011, 115; *Wunderlich*, IStR 2012, 41.

35 Inland ist das Gebiet der Bundesrepublik Deutschland mit Ausnahme des Gebiets von Büsingen, der Insel Helgoland, der Freihäfen, der Gewässer und Watten zwischen der Hoheitsgrenze und der jeweiligen Strandlinie sowie der deutschen Schiffe und der deutsche Luftfahrzeuge in Gebieten, die zu keinem Zollgebiet gehören.

Verwendung einer gültigen USt-IdNr. sein, da der Leistende dann auf die Unternehmereigenschaft und den Bezug der Leistung für das Unternehmen vertrauen darf.

- Ist der Leistungsempfänger ein privater Endverbraucher, ist der Leistungsort am Ansässigkeitsort des Anbieters/Dienstleisters **(Sitzortprinzip)**.
- Sofern auf elektronischem Wege erbrachte Leistungen an private Endverbraucher mit Sitz oder Wohnsitz außerhalb des Unionsgebiets (Drittland) erbracht werden, ist der Leistungsort an deren Sitz oder Wohnsitz.
- Umgekehrt ist der Leistungsort für derartige Leistungen an private Endverbraucher mit Sitz oder Wohnsitz im Gebiet der EU, welche von im Drittland ansässigen Dienstleistern oder über deren im Drittland befindlichen Betriebsstätten erbracht werden, am Sitz oder Wohnsitz des Endverbrauchers.

Aber auch die o.g. Regelungen werden aufgrund der unionsrechtlichen Vorgaben in der MwStSystRL ständig angepasst. So ist auf eine Veränderung der **Rechtslage ab dem 1.1.2015** hinzuweisen.[36] Nach Änderung der MwStSystRL werden alle auf elektronischem Weg erbrachten sonstigen Leistungen an Nichtunternehmer unabhängig von deren Ansässigkeit **am Ort des Leistungsempfängers** erbracht. Dies macht – nach derzeitiger nationaler Rechtslage – für die Anbieter die Notwendigkeit der Registrierung und Erfüllung der Deklarationspflichten in vielen Mitgliedstaaten notwendig. Die **Gesetzgebungsüberlegungen** gehen daher auch von der Notwendigkeit eines sog. kleinen One-Stop-Shops auf EU-Ebene aus.[37] 42

VIII. One-Stop-Shop des § 18 Abs. 4c UStG

Als One-Stop-Shop wird die **Vereinfachungsregelung** in § 18 Abs. 4c UStG bezeichnet, welche für im Drittstaat ansässige Unternehmer, die ausschließlich auf **elektronischem Wege erbrachte Leistungen** gem. § 3a Abs. 5 i.V.m. Abs. 4 Nr. 13 UStG an Nichtunternehmer in der EU erbringen, die Möglichkeit der Abwicklung der in diesem Zusammenhang bestehenden umsatzsteuerlichen Pflichten in einem Mitgliedstaat eröffnet. Gemeint ist damit, dass es sich hinsichtlich seiner **deklarationspflichtigen Umsätze** nur um auf elektronischem Weg erbrachte Dienstleistungen gem. § 3a Abs. 4 Nr. 13 UStG an private Endverbraucher handelt. In einem derartigen Fall besteht **das Wahlrecht zur Einortregistrierung** in einem Mitgliedstaat und die allgemeinen Deklarationspflichten werden durch eine Steuererklärung auf amtlich vorgeschriebenem Vordruck bis zum 20. Tag nach Ablauf eines jeden 43

36 Vgl. Hartmann/Metzenmacher/*Radeisen*, § 3a, Anm. 866, 904; Bunjes/*Korn*, § 3a, Anm. 124; *Blaufus*/*Freyer*/*Trinks*, DStR 2011, 2270.

37 Siehe auch Meeting Minutes, VAT Expert Group, VEG No. 014, taxud.c1(205771), n.v.

Besteuerungszeitraums, in welchem für jeden Mitgliedstaat die Gesamtumsätze an Nichtunternehmern, der jeweilige Steuersatz des Mitgliedstaates und der daraus resultierende Steuerbetrag aufgenommen werden, ersetzt. Der Vorsteuerabzug kann nicht in der Steuererklärung, sondern ausschließlich im **Vorsteuer-Vergütungsverfahren** gem. § 18 Abs. 9 UStG i.V.m. §§ 59ff. UStDV geltend gemacht werden.

Praxistipp
Besonders zu beachten ist, dass die Regelung des § 18 Abs. 4c UStG ein Wahlrecht ist, welches **vor der Ausführung** dieser Umsätze **ausgeübt** werden muss. Adressat des Antrags und zuständig für die spätere Bearbeitung der Erklärungen etc. ist das **Bundeszentralamt für Steuern.**[38]

E. Umsätze über eine App

44 Viele Apps sind reine **Vertriebskanäle**. D.h. sie bieten die Möglichkeit, über die App als Plattform weitere Dienstleistungen oder Lieferungen des Anbieters einzukaufen. Dies kann beispielsweise bei einem Abonnement-Kauf, d.h. der Bezug einer bestimmten Dienstleistung über eine bestimmte Laufzeit, der Fall sein.

45 Am Beispiel des Herunterladens einer kostenlosen App für den Bezug einer überregionalen Tageszeitung und anschließendem Kauf eines Wochenabonnements wird dies besonders deutlich.

46 Zunächst liegt beim reinen Herunterladen der App durch den Empfänger noch kein Leistungsaustausch zwischen dem Anbieter und dem Leistungsempfänger vor, da die **App kostenlos** zur Verfügung gestellt wird. Daher findet **kein Leistungsaustausch** statt. Die Bereitstellung der App ist für den Anbieter keine unentgeltliche Wertabgabe, da sie dem Vertrieb dient und aus unternehmerischen Gründen ohne Entgelt zum Download angeboten wird.

47 Schließt der Leistungsempfänger anschließend ein Wochenabonnement zum Preis von beispielsweise 8,99 € ab, handelt es sich um einen **entgeltlichen Leistungsaustausch**. Teilweise erfolgt die Abrechnung hierüber wiederum über die Schnittstelle des Accounts. Die Tageszeitung kann dann einmal als Printprodukt geliefert werden und den Liefergrundsätzen unterliegen oder als elektronische Dienstleistung (Nachrichtendienst) den sonstigen Leistungen zugehörig sein.

48 Die App dient lediglich als Plattform für den Vertrieb der Tageszeitung. Die Leistung ist der Bezug der Tageszeitung als Abonnement. Diese Leistung ist umsatzsteuerlich zu würdigen. Grundsätzlich werden derartige Leistungen in Teilleistungen – je nach Abrechnungszeitraum monatlich/vierteljährlich – erbracht, § 13 Abs. 1 Nr. 1 lit. a) S. 2 UStG.

---

38 Http://www.bzst.de.

Da der Kunde regelmäßig bei Apps, welche Vertriebsplattformen darstellen, keine Gegenleistung an den App Store erbringt, entsteht zwischen dem Kunden und dem App Store kein Leistungsaustausch und somit keine steuerbare Leistung. Zwischen dem Verlagshaus und dem App Store hingegen besteht im Regelfall der Leistungsaustausch in Form der entgeltlichen Zurverfügungstellung der Plattform. 49

Bei kostenpflichtigen Apps wird bereits im Herunterladen eine entgeltliche Dienstleistung zu sehen sein. Eine weitere Dienstleistung wäre die Möglichkeit, über die App entsprechende Möglichkeiten entgeltlich wahrzunehmen z.B. spielen, Nachrichtenbeschaffung, Recherche etc. Bei Letzteren kann sich bei entgeltlichen Nachrichtendiensten, Spielen etc. eine Dauerleistung anschließen, welche regelmäßig in Teilleistungszeiträumen, je nach Abrechnungszeitraum beispielsweise monatlich oder vierteljährlich, erbracht wird. Diese Leistungen unterliegen nach den vorgenannten Kriterien der Umsatzbesteuerung, sind aber separat zu beurteilen. 50

Der Leistungsort beim Bezug einer auf elektronischem Weg erbrachten sonstigen Leistung über heruntergeladene Apps richtet sich, wie zuvor beschrieben, nach der Ansässigkeit der Teilnehmer des Leistungsaustausches und dem Status des Abnehmers. 51

Als Leistungserbringer ist häufig nicht die Vertriebsplattform zu betrachten, die als Schnittstelle dient, sondern der Dienstleister/Lieferant mit dem über die Vertriebsplattform der Leistungsbezug vereinbart wurde.[39] Gleichwohl kann auch der Dienstleister und der Plattformbetreiber ein Unternehmer sein. Zwar wird die **Vertriebsplattform als Schnittstelle** zum Transport und zur Wartung der Software genutzt, da der Leistungsempfänger aber keinen Aufpreis für die Nutzung der Plattform zahlt, ist kein Leistungsaustausch zwischen Vertriebsplattform und diesem Leistungsempfänger gegeben.[40] Die Leistung der Vertriebsplattform steht im Austausch mit dem Dienstleister/Lieferanten der auf elektronischem Weg seine sonstigen Leistungen oder Lieferungen über die App vertreibt bzw. anbietet. Entgelt ist die Vergütung, die die Vertriebsplattform für ihre Leistung gegenüber dem Dienstleistungsanbieter/Lieferanten für die Darstellung und Vertriebsmöglichkeit fordert. 52

Leistungserbringer ist im o.g. Beispielsfall des Zeitungsabonnements über eine App grundsätzlich das Verlagshaus der Tageszeitung, nicht der App Store, da beim Bezug des Abonnements häufig gemäß der AGBs des App Stores ein Vertrag mit Dritten, hier mit dem Verlagshaus, geschlossen wird. 53

39 Vgl. beispielsweise Apple-Nutzungsbedingungen, C. Nutzungsbedingungen des Mac App Stores, des App Stores und des iBookstores, Nutzung der Produkte in den Stores.
40 Vgl. oben Abbildungen 2 und 4 Rn 27 und 29.

Praxistipp
Beim Vertrieb von Waren und Dienstleistungen über die App wird die App als reine Vertriebsplattform, vergleichbar der Internet-Plattformen, verwendet. Regelmäßig ist der Download der App in diesen Fällen unentgeltlich und führt, da die App zum Vertrieb der Waren- oder Dienstleistungen bereitgestellt wird, auch nicht zu einer Umsatzbesteuerung. Im Fall der entgeltlichen Bereitstellung der App hingegen wird man diesen Umsatz entsprechend steuerlich würdigen müssen. Sofern diejenigen, welche über eine App ihre Produkte/Dienste vertreiben an den Betreiber der Vertriebsplattform/App ein Entgelt entrichten, ist zwischen diesen ein Leistungsaustausch anzunehmen. Besondere Bedeutung hat die höchstrichterliche Rechtsprechung nach der es **einwandfrei und leicht erkennbar sein muss** mit wem man über das Internet das Rechtsgeschäft abschließt.[41] Es muss beim Weiterleiten/Abschluss des Geschäftes für den Durchschnittsverbraucher eindeutig erkennbar sein, wer sein Vertragspartner wird, ansonsten gilt umsatzsteuerlich der ihm gegenüber auftretende bzw. erkennbare App-Betreiber/Plattformbetreiber, als die ihm bekannte Vertragspartei, als Leistender.

54 Der Vertrieb der Waren- und/oder Dienstleistungen hingegen ist separat zu beurteilen. Diesbezüglich geltend die **allgemeinen umsatzsteuerlichen Regelungen**. Ist die App lediglich der „Verkaufsraum“, sind die Lieferungen oder sonstige Leistungen je nach Art und Empfänger der Umsatzbesteuerung zu unterwerfen. Diese separate Betrachtung ist für die praktische Abwicklung wesentlich.

F. Steuersatz

55 Eine immer wieder diskutierte Frage ist die nach dem zutreffenden Steuersatz. Das nationale Steuerrecht kennt den **Regelsteuersatz** von derzeit 19% gem. § 12 Abs. 1 UStG und einen ermäßigten Steuersatz von 7% gem. § 12 Abs. 2 UStG. Häufig wird darüber gestritten, ob elektronische Dienstleistungen aufgrund einer Vergleichbarkeit zu anderweitigen Dienstleistungen, welche dem ermäßigten Steuersatz unterliegen, ebenfalls mit einem Steuersatz von 7% besteuert werden müssten.

56 Hier ist zunächst § 12 Abs. 2 Nr. 7 lit. c) UStG in Bezug auf sich aus dem **Urheberrecht** ergebende eingeräumte, übertragene und wahrgenommene Rechte als eine Tarifermäßigungsvorschrift zu erwähnen. Da der Kauf einer App nicht zur urheberrechtlich geschützten Verbreitung des Programms befugt, wird diese Begünstigung für Standardsoftware vom BFH und von der Verwaltung jedoch abgelehnt.[42] Sofern man die weiteren Tarifermäßigungsvorschriften des § 12 Abs. 2 UStG betrachtet, so fällt auf, dass die auf elektronischem Weg erbrachte Standardsoftware nicht unter eine Steuerermäßigung fällt. Dementsprechend wird sie nicht in der Anlage 2 des

41 BFH, Urt. v. 15.5.2012 – XI R 16/10 – DStR 2012, 2274.

42 Vgl. Rau/Dürrwächter/*Nieskens*, § 3, Anm. 590 m.w.N.; Vogel/Schwarz/*Rondorf*, § 12 Abs. 2 Nr. 1, Anm. 680, und § 12 Abs. 2 Nr. 7c, Anm. 28; BFH, Urt. v. 13.3.1997 – V R 13/96 – BStBl. II 1997, 372; BFH, Urt. v. 4.9.1997 – V R 23/97 – BFH/NV 1998, 230.

UStG oder in der entsprechenden Verwaltungsanweisung erwähnt.[43] Daher ist bis auf Weiteres von der Anwendung des regulären Steuersatzes in Höhe von 19% auszugehen.

Weiterhin sind in Bezug auf die Diskussion über den Steuersatz für auf elektronischem Wege erbrachte sonstige Leistungen – und somit auch für Apps – die Diskussionen über den **Steuersatz von E-Books** zu beachten.[44] E-Books sind nach der aktuellen, nationalen Rechtslage mit 19% Umsatzsteuer zu belasten, wohingegen gedruckte Bücher gem. § 12 i.V.m. Anlage 2 Nr. 49 UStG unter den ermäßigten Steuersatz fallen. Frankreich und Luxemburg haben diesen ermäßigten Steuersatz auch für E-Books genehmigt. Eine EU-weite Gleichbehandlung wäre angezeigt. Die Kommission ist hingegen der Ansicht, dass E-Books als auf elektronischem Weg erbrachte sonstige Leistung nicht unter die in Anhang III der MwStSystRL genannte „Lieferung von Büchern" fällt und somit nicht mit dem ermäßigten Steuersatz zu belasten sind.[45] Daher hat die EU Kommission ein Vertragsverletzungsverfahren aufgrund eventueller Wettbewerbsbeschränkungen gegen Frankreich und Luxemburg eröffnet.[46] 57

Mithin hat auch die EU-Kommission Überlegungen zur Angleichung des Steuersatzes zwischen E-Books und gedruckten Büchern angestellt,[47] das abschließende Ergebnis kann sowohl für die Produkte, welche über Apps elektronisch vertrieben werden als auch für den Vertrieb der App an sich zu Veränderungen in der Beurteilung des zutreffenden Steuersatzes führen. Da zu einer Änderung der europäischen Rechtslage zunächst eine Änderung der MwStSystRL erforderlich ist, wird in dieser Hinsicht keine Neuerung vor Ende 2013 zu erwarten sein. Für die Diskussion um den zutreffenden Steuersatz für die Dienstleistung des Bezugs einer App und für über eine App bezogene E-Nachrichten oder E-Books ist daher die aktuelle Entwicklung zu beobachten. 58

Praxistipp !
Der Steuersatz für Apps ist der Regelsteuersatz von 19%. Welcher Steuersatz auf die über die App vertriebenen Lieferungen oder Dienstleistungen anzuwenden ist oder ob diese ggf. steuerbefreit sind, ist unabhängig von dem Vertriebsweg über die App und allein nach Maßgabe der für die Lieferung oder Dienstleistung geltenden allgemeinen umsatzsteuerlichen Regelungen zu beurteilen. Diese können von Land zu Land variieren. Hinsichtlich des Vertriebs von E-Books o.ä. lohnt sich eine genaue Betrachtung der Umsätze und der aktuellen Entwicklung.

43 BMF-Schreiben v. 5.8.2004 – IV B 7-S 7220-46/04 – BStBl. I 2004, S. 638.

44 Der BFH hatte bereits in seinem Urt. v. 13.3.1997 – V R 13/96 – eine Vergleichbarkeit zwischen Buch- und Softwareverkäufen in Bezug auf § 12 Abs. 2 Nr. 7 lit. c) UStG und im urheberrechtlichen Sinne fest gestellt.

45 *Blaufus/Freyer/Trinks*, DStR 2011, 2276.

46 Vgl. Europäische Kommission, Pressemitteilung vom 3.7.2010: http://europa.eu/newsroom/press-releases/index_de.htm.

47 Grünbuch über die Zukunft der Mehrwertsteuer – Wege zu einem einfacherem, robusteren und effizienteren MwSt-System v. 1.12.2010, KOM (2010) 695, 17.

G. Zusammenfassung

59 Die umsatzsteuerliche Abwicklung der Umsätze mit Apps und über Apps ist derzeit **nicht abschließend beurteilt**. Es existieren weder konkrete Verwaltungsanweisungen, noch besteht Klarheit über die tatsächlichen Leistungsbeziehungen und deren zutreffende Abwicklung. Daher wird die Rechtsanwendung sich auf o.g. **allgemeine umsatzsteuerliche Rechtsgrundsätze** stützen müssen. Eine genaue Untersuchung der Leistungsbeziehung beim Herunterladen einer App ist regelmäßig schwierig, aber für die Einordnung im Bereich der Umsatzsteuer notwendig. Zugleich wird neben einer Leistungsortsbestimmung auch die Frage der zutreffenden Abrechnung und ggf. der Steuerschuldverlagerung auf den Kunden beurteilt werden müssen. Plattformbetreiber und Anbieter müssen daher **zwischen unternehmerischen und nichtunternehmerischen Kunden unterscheiden**. Hierfür ist regelmäßig eine genaue Abfrage über den Status (Unternehmer/Nichtunternehmer) und die Ansässigkeit bei Anlage eines Neukundenkontos oder beim Herunterladen einer App notwendig.

60 Von besonderer Bedeutung ist die zutreffende Einordnung des Bezugs der App als sonstige Leistung, welche auf elektronischem Wege erbracht wird. Daneben werden die über die App als Vertriebsplattform vertriebenen Lieferungen oder Dienstleistungen separat zu beurteilen sein.

61 Für elektronische Dienstleistungen an Privatpersonen wird zum 1.1.2015 der Dienstleistungsort neu geregelt. Für Betreiberplattformern und Anbieter wird sich daraus Handlungsbedarf ergeben.

Stichwortverzeichnis

Die Zahlen und Buchstaben in Fettdruck beziehen sich auf die Kapitel des Werkes, die Ziffern beziehen sich auf die Randnummern innerhalb der Kapitel.

[redacted]

Printed and bound by CPI Group (UK) Ltd, Croydon, CR0 4YY
30/09/2026
14973063-0003